南方海相典型区块页岩气开发技术与实践

廖仕孟　桑　宇　李　杰　等编著

石 油 工 业 出 版 社

内容提要

本书介绍了页岩气藏地质评价、水平井钻井、压裂、工厂化作业、清洁开发等方面的技术。主要论述了我国南方海相页岩气开发过程的实用技术及现场应用经验，包括海相页岩区块沉积微相研究、储层评价方法、页岩气有利目标优选、钻完井技术、储层改造、低成本页岩气工厂化生产模式，以及页岩气环境友好型开采模式等技术方法，对我国南方海相页岩气开发有重要指导意义。

本书适用于从事页岩气开发的管理和工程技术人员参考阅读。

图书在版编目(CIP)数据

南方海相典型区块页岩气开发技术与实践/廖仕孟等编著. —北京：石油工业出版社，2018.8

ISBN 978-7-5183-2521-4

Ⅰ. ①南… Ⅱ. ①廖… Ⅲ. ①海相-油页岩-油气田开发-研究-中国 Ⅳ. ①P618.130.8

中国版本图书馆CIP数据核字(2018)第063982号

出版发行：石油工业出版社

(北京安定门外安华里2区1号楼 100011)

网 址：www.petropub.com

编辑部：(010)64523537 图书营销中心：(010)64523633

经 销：全国新华书店

印 刷：北京中石油彩色印刷有限责任公司

2018年8月第1版 2018年8月第1次印刷

787×1092毫米 开本：1/16 印张：16

字数：385千字

定价：118.00元

(如出现印装质量问题，我社图书营销中心负责调换)

#《南方海相典型区块页岩气开发技术与实践》

编　委　会

序

美国的页岩气革命对国际天然气市场及世界能源格局产生了重大影响，中国页岩气勘探开发起步较晚，但发展迅速。“十二五”期间，中国页岩气勘探开发取得了重大突破，先后在焦石坝、长宁、威远、昭通等区块实现了商业开采。2017 年中国页岩气产量达到 $90.2\times10^{8}m^{3}$。

国家对生态环境保护更加重视，对清洁能源的需求更加迫切。中国共产党第十九次全国代表大会上的报告明确提出，要“加快生态文明体制改革，建设美丽中国”，要“推进能源生产和消费革命，构建清洁低碳、安全高效的能源体系”，这为中国能源产业的发展指明了方向。国家能源局 2016 年 9 月 14 日发布了《页岩气发展规划(2016—2020 年)》。规划发展目标是 2020 年力争实现页岩气产量 $300\times10^{8}m^{3}$，2030 年实现页岩气产量 $(800\sim1000)\times10^{8}m^{3}$。中国的页岩气地质条件复杂、开发区域环境敏感，大量页岩气资源分布在 4000m 以深，推动中国页岩气的发展，必须及时总结中国在页岩气勘探开发中形成的经验和技术，加快指导下一步的页岩气勘探开发和科学研究。

该书主要依托国家 973 项目“中国南方海相页岩气高效开发的基础研究”课题六“南方海相典型区块页岩气开发理论与技术适应性研究”、四川省重点科技计划项目“四川盆地下古生界页岩气资源潜力评价及选区”的研究成果总结而成，立足于长宁—威远页岩气勘探开发实践，全面介绍了长宁—威远页岩气勘探开发过程中在储层评价与开发有利目标优选、水平井钻完井、储层改造、工厂化作业及页岩气开发对环境影响方面的实践与认识，是一部理论与实践并重的著作。

本书作者长期从事页岩气勘探开发实践和科学研究，该书对从事页岩气勘探开发实践的技术人员和科研工作者具有重要的参考价值。希望本书的出版能够进一步推动我国页岩气科学研究和勘探开发大繁荣、大发展。

中国工程院院士：

前　　言

页岩气是富有机质页岩中产出的非常规天然气，页岩气的大规模工业开发影响了世界天然气供给格局，在以美国为代表的北美国家掀起了一场“页岩气革命”。1973年美国实施“东部页岩气计划”开展先导试验；1978年出台的《能源意外获利法》为页岩气产业发展提供了强劲动力；2003年水平井分段压裂技术取得突破后，美国页岩气产量迅速提高，同时快速发展了工厂作业、微地震监测技术、清洁开发技术等配套技术；2009年美国成为世界第一天然气生产大国，至2015年美国页岩气产量已经达到$4291\times10^8m^3$。

中国南方海相页岩气藏地质、工程和地表条件与北美相比具有显著的差异。中国页岩地质年代更加古老、埋藏较深、页岩成熟度较高、经历了多期构造运动改造、地表条件复杂、开发区域人口稠密、环境敏感。George E. King在《30年的页岩气压裂：我们学到了什么？》（《Thirty Years of Gas Shale Fracturing：What Have We Learned?》）一文中指出：没有两个页岩气藏是完全相似的，没有一套最优的、适合所有页岩气藏的完井和增产改造模式。因此，中国的页岩气开发不能照搬北美的技术和开发模式，需要立足于中国页岩气藏自身特点，走适合中国的页岩气开发之路。

中国的页岩气开发起步较晚，但在“十二五”期间取得了巨大的进步。中国石油天然气集团公司2006年在国内率先开展页岩气藏地质综合评价和野外地质勘查，2007年与美国新田公司在威远地区开展了页岩气联合研究，2009年与壳牌公司在富顺—永川区块进行页岩气联合评价，2010年自主钻成国内第一口页岩气直井威201井并压裂获气，2011年钻成国内第一口页岩气水平井威201-H1井并压裂获气，2012年钻获国内第一口具有商业价值页岩气井宁201-H1井，2014年在长宁—威远国家级页岩气示范区实施规模建产，2016年如期建成长宁—威远国家级页岩气示范区。2016年中国页岩气产量已经达到了$78.82\times10^8m^3$，仅次于美国、加拿大，位居世界第三位。而这一系列里程碑式成果的取得，离不开页岩气地质评价、水平井钻井、压裂、工厂化作业、清洁开发等开发技术的不断进步。为了全面介绍这一系列技术成果，依托国家973项目“中国南方海相页岩气高效开发的基础研究”课题六“南方海相典型区块页岩气开发理论与技术适应性研究”和四川省重点科技计划项目“四川盆地下古生界页岩气资源潜力评价及选区”的研究成果，我们编写了本书。

中国南方海相页岩气开发虽然成效显著，但仍然面临着大量的难题和挑战，需要在今后的勘探开发实践中不断解决和突破。谨希望本书能抛砖引玉，与国内外同行及专家进行交流，为中国从事页岩气开发的工程技术人员提供参考。

本书由廖仕孟担任主编，桑宇、李杰、向启贵、曾波、宋毅、王莉担任副主编。第一章由孔令明、张鉴、赵圣贤、刘文平、石学文、田冲、邓晓航等编写；第二章由李杰、郭建华、胡锡辉、付志、沈欣宇、曹权等编写；第三章由桑宇、曾波、宋毅、刘友权、黄浩勇、刘卓旻、陈鹏飞、王星皓、郭兴午、周拿云、陈娟、杨毅、周小金、董莎、朱仲义、黄琦、宋雯静等编写；第四章由王莉、于荣泽、邵昭媛、雷丹凤、曾博、张晓伟、郭为等编写；第五章由向启贵、唐春凌、王政、李文君、王龙、焦艳军、黄玲玲等编写。

本书的出版得到了国家重点基础研究发展计划“中国南方海相页岩气高效开发的基础研究”(2013CB228000)的资助。本书的编写过程中还得到了中国石油西南油气田公司、中国石油勘探开发研究院、西南石油大学、中国石油川庆钻探工程有限公司等单位的领导、专家及工程技术人员的大力支持帮助，在此一并表示感谢。

由于作者水平有限，书中难免有疏漏乃至错误之处，敬请广大读者批评指正。

目　录

第一章 典型区块页岩储层评价与开发有利目标优选

第一节 龙马溪组页岩沉积微相研究

一、沉积背景

长宁、威远地区位于四川盆地南部低缓构造带，前人研究认为，从晚奥陶世凯迪期开始，四川盆地逐渐由浅水的碳酸盐岩台地相转变为陆表海的浅水海相沉积环境，主要以泥岩、泥页岩沉积为主，水动力弱、沉降速率快。凯迪期沉积一套上奥陶统五峰组含硅质黑色泥页岩，硅质含量由盆地东南到西北部逐渐降低(图1-1-1)，进入晚奥陶世晚期的赫南特期，全球气温骤降导致海平面迅速降低，沉积一套观音桥段浅水的赫南特贝—达尔曼虫生物带，岩性主要为灰黑色、灰色泥灰岩、介壳灰岩(图1-1-2)；进入早志留世鲁丹期，随着气温升高、基地抬升，海平面迅速升高导致四川盆地普遍沉积与凯迪期类似的一套黑色深水富有机质硅质、粉砂质泥页岩(图1-1-3)，而后海水开始逐渐褪去直至整个志留世早期(图1-1-4)。因此，四川盆地最优质的海相页岩普遍发育于凯迪期的五峰组—鲁丹阶的龙马溪组底部地层，厚度介于25~40m(观音桥段厚度介于0.3~1.0m)，是目前四川盆地页岩气开采的主要层系。

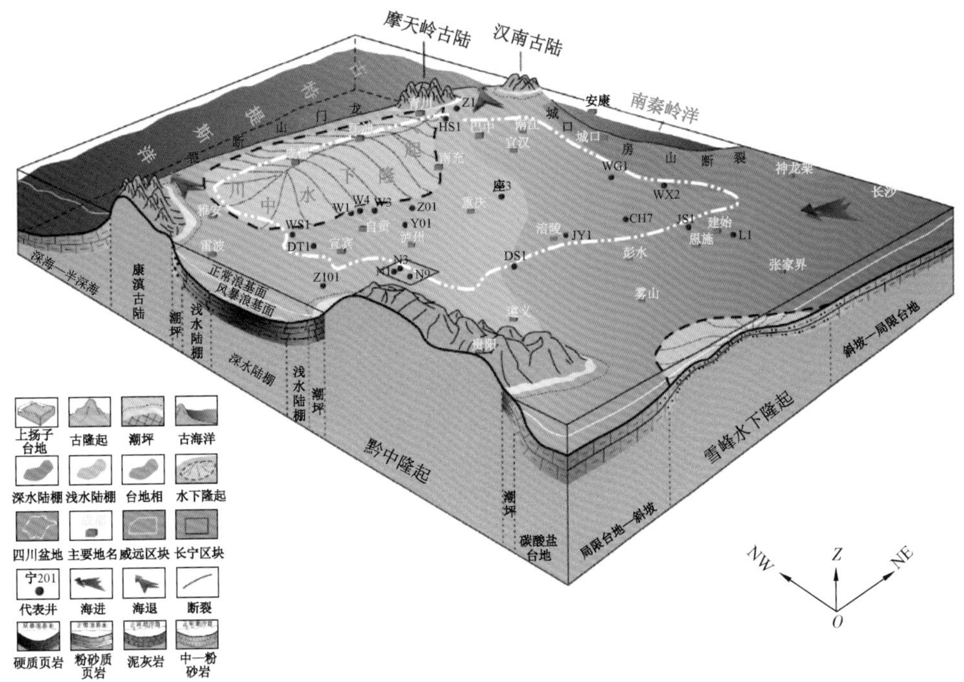

图1-1-1 四川盆地凯迪期沉积模式图

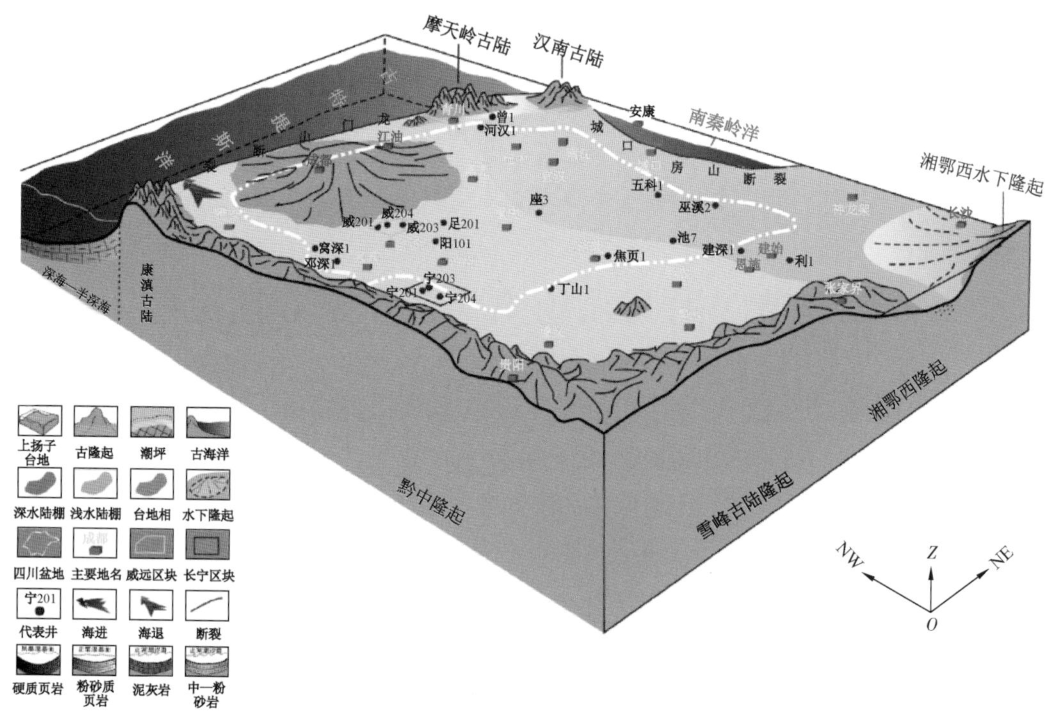

图 1－1－2　四川盆地赫南特期沉积模式图

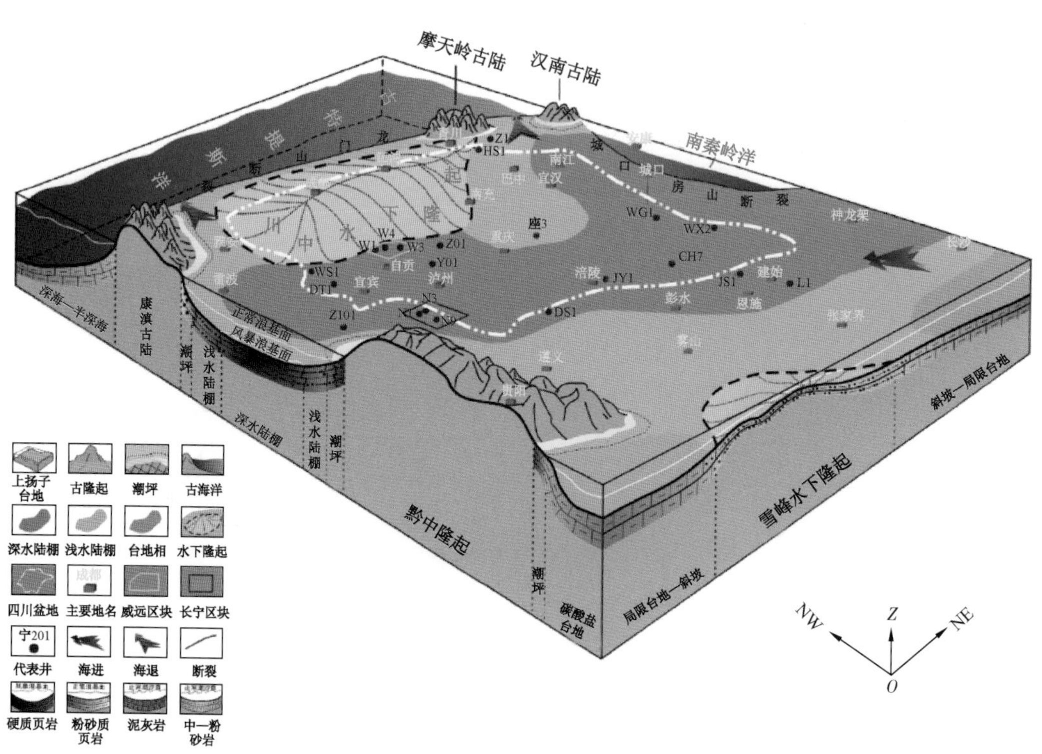

图 1－1－3　四川盆地鲁丹期沉积模式图

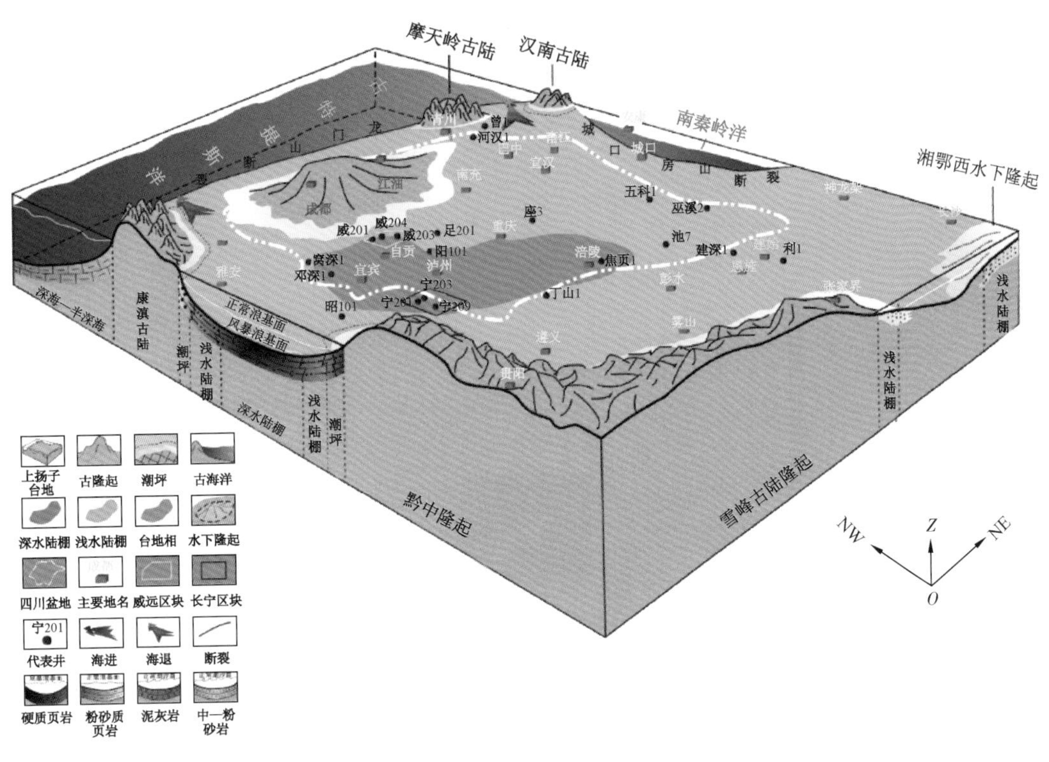

图 1－1－4　四川盆地埃隆期—特里奇期沉积模式图

二、沉积微相特征

根据岩心的宏观、微观特征，结合有机质含量及沉积水体的深浅，在蜀南地区五峰组—龙马溪组一段识别出了陆棚相一个大相，内陆棚、外陆棚两个亚相以及相应的 6 种沉积微相（表 1－1－1）。其中，五峰组存在 1 种微相类型，为富有机质硅质泥棚微相；龙马溪组存在 6 种微相类型，除富有机质硅质泥棚微相外，还包括泥质粉砂棚微相、灰泥质粉砂质棚微相、浅水粉砂质泥棚微相、深水粉砂质泥棚微相、富有机质粉砂质泥棚微相，其中富有机质硅质泥棚、富有机质粉砂质泥棚微相为页岩气最有利形成和储集的沉积相类型。

表 1－1－1　四川盆地志留系龙马溪组沉积相划分表

沉积相	亚相	微相
陆棚	内陆棚	泥质粉砂棚
		灰泥质粉砂棚
		浅水粉砂质泥棚
	外陆棚	深水粉砂质泥棚
		富有机质粉砂质泥棚
		富有机质硅质泥棚

1. 富有机质硅质泥棚微相

富有机质硅质泥棚微相处于外陆棚水体最深、水动力条件最弱的环境中，基本不受海流和风暴流的影响。该类微相在长宁、威远地区稳定发育(图1－1－5)。

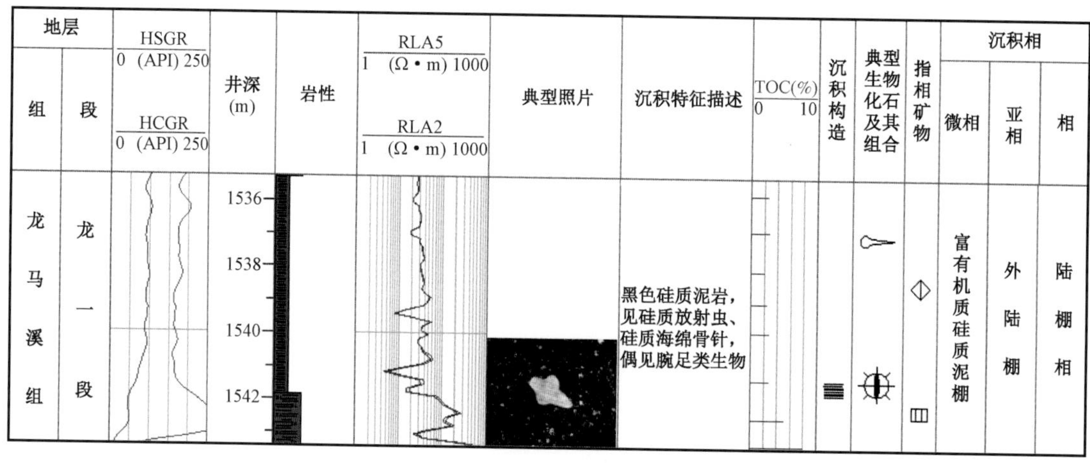

图1－1－5　威201井龙马溪组龙一段富有机质硅质泥棚沉积微相简图

该微相沉积产物以富有机质硅质页岩为主，局部夹暗色块状粉砂质泥岩。沉积构造以水平层理为主，结核状黄铁矿较发育[图1－1－6(a)]，黄铁矿条带也较常见[图1－1－6(b)]，扫描电镜下可以见到大量的同生—准同生莓球状黄铁矿存在[图1－1－6(c)]。富含笔石化石[图1－1－6(d)]，常见放射虫和硅质海绵骨针[图1－1－6(e)、图1－1－6(f)]，底栖生物化石较少，多不同程度硅化。以上特征反映了该沉积环境沉积作用极不活跃，指示了低能、还原以及低速欠补偿的深水沉积特征，适合丰富的有机质堆积保存，在适宜条件下向油气转化。

长宁、威远龙马溪组富有机质硅质泥棚在沉积过程中虽然长期稳定沉降，但沉积厚度不大，一般3～18m。其重要特点就是有机质含量极其丰富，有机碳含量高，长宁地区平均TOC大于4%，生烃潜力极大；主要发育富有机质硅质页岩，富含笔石化石，硅质生物含量高，常见硅质海绵骨针，局部层段见放射虫。显微镜下粉粒陆源石英、长石极少，低于10%，X衍射分析显示硅质组分含量较高，一般大于40%，脆性指数较高；测井曲线显示总GR高，通常大于200API。在页岩气勘探中，该微相是最有利的生油和储集相带。

2. 富有机质粉砂质泥棚微相

富有机质粉砂质泥棚微相沉积于水体能量低、水动力条件较弱的海域，基本不受海流和风暴流的影响，沉积界面处为还原环境。该类微相在长宁、威远地区稳定发育，典型井段为宁209井龙马溪组龙一段(图1－1－7)。

该微相沉积产物以黑色、黑灰色页片状或块状粉砂质泥岩为主，沉积构造主要以水平层理和韵律层理发育为主，结核状和侵染状黄铁矿发育，岩心断面见大量的笔石化石，底栖生物化石较少，见少量的生物碎屑，如硅质骨针、介形虫等，反映了该沉积环境低能、还原以及低速欠补偿的较深水的特征。

(a)宁208井，1304.15m，黄铁矿结核

(b)宁208井，1303.56m，黄铁矿条带

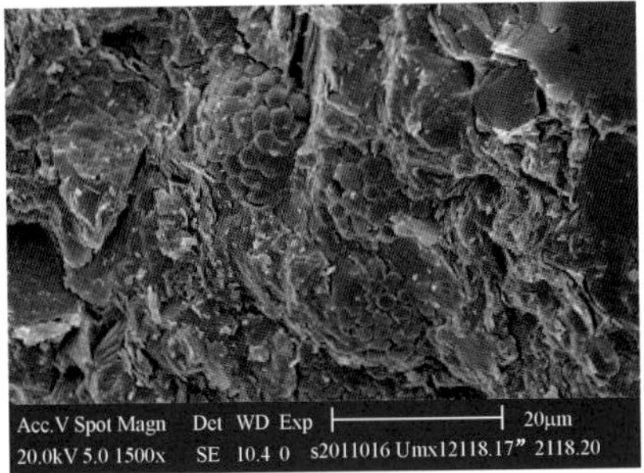

(c)宁203井，2118.17m，圆形、椭球形莓球状黄铁矿(扫描电镜)

(d)宁211井，2333.26～2333.41m，直笔石

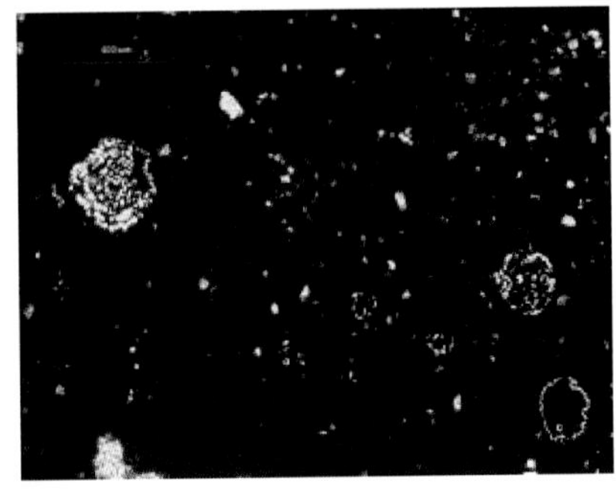
(e)宁201井，2505.77m，硅质放射虫

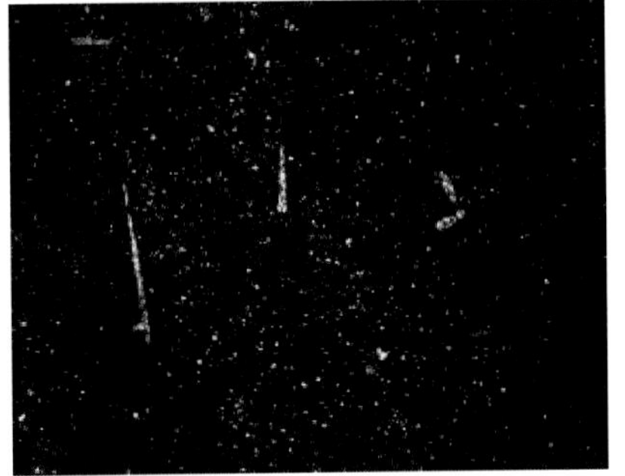
(f)宁201井，2509.91m，硅质骨针

图 1－1－6　富有机质硅质泥棚微相沉积特征图

地层		HSGR 0 (API) 250 HCGR 0 (API) 250	井深(m)	岩性	RLA5 1(Ω·m)1000 RLA2 1(Ω·m)1000	典型照片	沉积特征描述	TOC(%) 0 6	沉积构造	典型生物化石及其组合	指相矿物	沉积相		
组	段											微相	亚相	相
龙马溪组	龙一段		3140 3150				黑色泥岩与粉砂质泥岩薄层互层分布。底部颜色较深，向上变浅。见黄铁矿单晶分布，含大量笔石以双笔石为主，见一条近垂直的微裂缝被方解石充填、见方解石条带，见黄铁矿结核				◇	富有机质粉砂质泥棚	外陆棚	陆棚相

图 1－1－7　宁 209 井龙马溪组龙一段富有机质粉砂质泥棚沉积微相简图

与深水粉砂质泥棚比较，该微相有机质含量明显增加，环境还原性更强，笔石化石含量明显增加。其中，实测 TOC 平均值介于 1.6% ~2.9% 之间，生烃潜力强；X 衍射实验结果显示石英、长石平均含量为 46.33%，脆性指数较高；测井曲线 GR 值较高，平均值介于 150 ~ 180API 之间，U 平均含量为 $(5.5 \sim 9.6) \times 10^{-6}$，Th/U 一般介于 1.1 ~3.6 之间，反映该微相处于海相还原环境；测井 TOC 平均值大于 1.5%，生烃潜力强，是良好的生油相带。在页岩气勘探中，该微相是有利的生气和储集相带。

3. 深水粉砂质泥棚微相

深水粉砂质泥棚微相与浅水粉砂质泥棚微相相比，其沉积于水体相对更深、水体能量较低的海域，水动力条件较弱，为还原性更强的环境。该类微相在长宁、威远地区稳定发育，典型井段为宁 203 井龙马溪组龙一段（图 1－1－8、图 1－1－9）。

地层		自然伽马 0 (API) 250 无铀伽马 0 (API) 250	深度 (m)	岩性	浅侧向 1 (Ω·m) 1000 深侧向 1 (Ω·m) 1000	典型照片	岩性描述	TOC(%) 0 4	沉积构造	典型生物化石及其组合	指相矿物	沉积相		
组	段											微相	亚相	相
龙马溪组	龙一段		2320 2340 2360				灰黑色粉砂质页岩与黑色泥岩互层，笔石含量较少，笔石个头变小，以单笔石为主，偶见黄铁矿结核，裂缝较发育，并被方解石充填 灰黑色粉砂质泥岩，黄铁矿零星分布 深灰色粉砂质泥岩，呈块状分布，黄铁矿和裂缝不发育，笔石含量明显减少					深水粉砂质泥棚	外陆棚	陆棚相

图 1－1－8　宁 203 井龙马溪组龙一段深水粉砂质泥棚沉积微相简图

(a)宁209井，3132.84m，1.25×，(-)，水平纹层

(b)宁209井，龙马溪组，3160.18m，卷笔石

图 1－1－9　深水粉砂质泥棚微相沉积特征图

区内研究层段该微相沉积物中陆源的石英、长石含量都较高，沉积产物以深灰色粉砂质泥岩为主，沉积水体更浅，还原性更弱。沉积构造主要以块状层理、韵律层理和水平层理发育为

主，见结核状黄铁矿，少见冲刷侵蚀面。在龙马溪组的岩心断面上见少量的笔石化石，底栖生物化石较少，见少量的生物碎屑，这些都反映了低能、贫氧以及低速欠补偿的较深水的沉积环境。

该微相平均TOC在1%～1.5%之间，生烃潜力较强；沉积产物以粉砂质泥岩为主，笔石化石和硅质生物含量较少，偶尔可见到少量钙质生屑；测井曲线显示，GR值平均含量在140～170API之间，U含量一般为$(2.5\sim7.5)\times10^{-6}$，Th/U介于3.5～6之间，反映该微相处于海相弱还原环境。

4. 浅水粉砂质泥棚微相

浅水粉砂质泥棚微相一般发育于内陆棚底部，其沉积水体水动能较弱，泥质含量高。该类微相在龙二段较发育，其沉积特征如图1－1－10、图1－1－11所示。

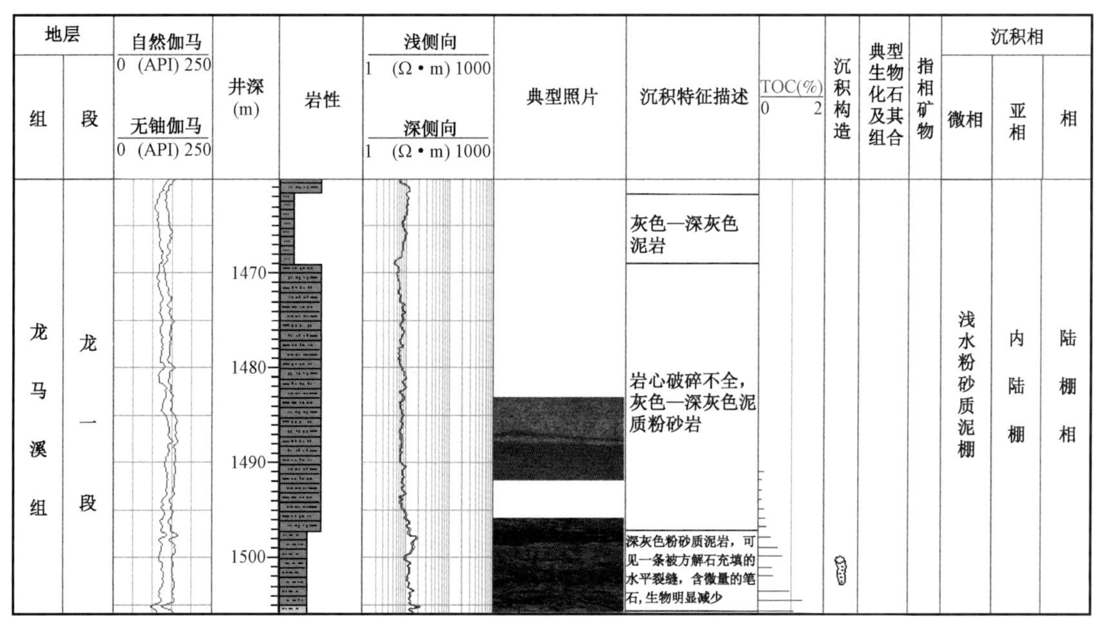

图1－1－10 威201井龙马溪组龙一段浅水粉砂质泥棚沉积微相简图

浅水粉砂质泥棚微相的主要特点是沉积物颜色相对较浅，主要为灰绿色、黄绿色、深灰色，岩性以粉砂质泥岩为主夹部分泥岩，局部夹薄层粉砂岩；有机质含量较低，一般小于1%，显示生烃潜力弱；块状层理、水平层理及韵律层理发育，见冲刷面、小型砂纹层理及少量结核状黄铁矿，偶见生物扰动构造。由于泥质含量较高，测井曲线GR值一般介于110～160API；U含量平均$(3.5\sim4)\times10^{-6}$，Th/U平均比值在4.5～7.7之间，反映微相处于海相弱氧化环境。陆源石英、长石含量稳定，但粒度多细小，X衍射实验表明硅质含量一般介于30%～40%。

5. 灰泥质粉砂棚微相

灰泥质粉砂棚位于靠近滨岸一侧的较浅水区域，由于海平面的频繁升降，导致了沉积环境的相应变化，从而在“清水”期间发生碳酸盐沉积，“浑水”期间则主要为细粒陆源碎屑物质沉

(a)宁203井，2330.25m，粉砂质页岩，韵律层理

(b)宁210井，2153.67～2153.83m，水平层理发育

(c)宁203井，2306.98m，双笔石、锯笔石

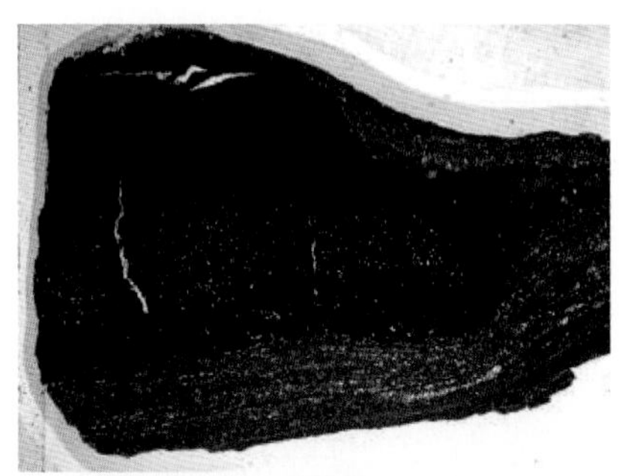

(d)宁203井，2327.94m，黄铁矿结核

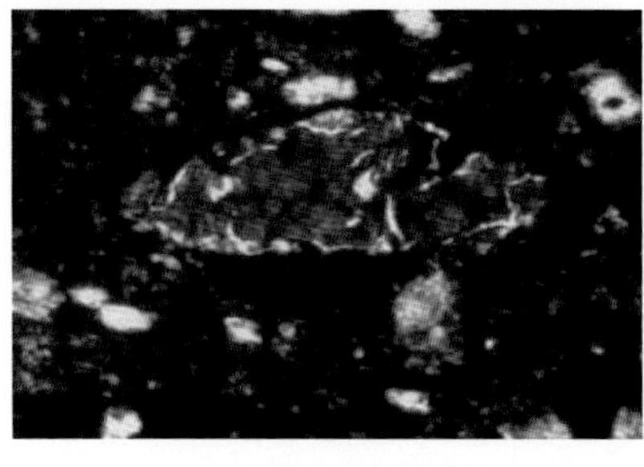

(e)宁203井，2285.81m，10×，(-)，
粉砂质页岩，生屑碎片

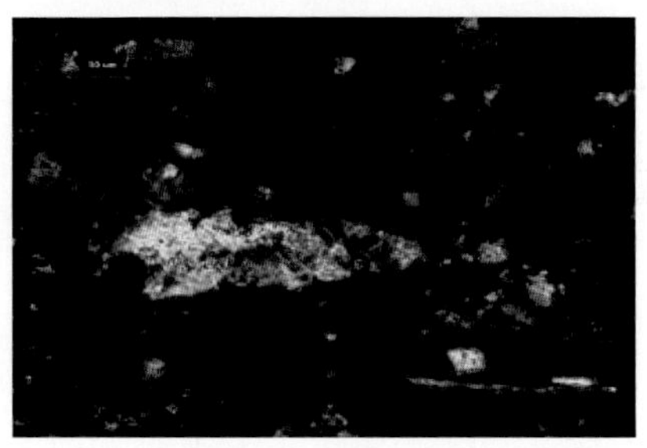

(f)宁211井，2288.04m，20×，(-)，
含粉砂页岩，硅质骨针

图 1－1－11　浅水粉砂质泥棚微相沉积特征图

积。该微相纵向上在海平面下降的晚期相对发育，即常出现在第一个沉积旋回的上部，典型井段为宁 203 井龙马溪组龙一段(图 1－1－12)。

随着海平面的频繁升降，形成的沉积产物色浅，以灰色块状泥质粉砂岩、钙质粉砂岩为主，偶夹薄层灰色含钙泥质粉砂岩及灰白色泥晶灰岩透镜体或团块，偶见风暴岩。沉积构造主要以块状层理、韵律层理为主，在长宁地区见生物潜穴、生物扰动构造和冲刷侵蚀面，生物化石较多，可见棘皮、介形虫、三叶虫等(图 1－1－13)。

该微相 GR 值表现为中—低值，一般在 60～125API，U 一般在$(1\sim4)\times10^{-6}$之间，Th/U 通常在 2.5～7 之间，说明微相处于弱氧化环境，有机碳含量低(TOC <1%)，生烃潜力较差。

地层		自然伽马 0 (API) 250 无铀伽马 0 (API) 250	深度 (m)	岩性	浅侧向 1 (Ω·m) 1000 深侧向 1 (Ω·m) 1000	典型照片	岩性描述	TOC(%) 0 4	沉积构造	典型生物化石及其组合	指相矿物	沉积相		
组	段											微相	亚相	相
龙马溪组	龙一段		2220 2240				灰黑色中—薄层状含钙粉砂质泥岩与似眼球状—眼球状灰白色钙质粉砂岩不等厚互层，单层厚约2～10cm，笔石含量较少，偶见黄铁单晶零星分布，见腕足、介形虫等生物碎屑 中薄层状灰黑色钙质粉砂岩，笔石含量少，见生物碎屑，偶见黄铁矿结核					灰泥质粉砂棚	内陆棚	陆棚相

图 1－1－12 宁 203 井龙马溪组龙一段灰泥质粉砂棚沉积微相简图

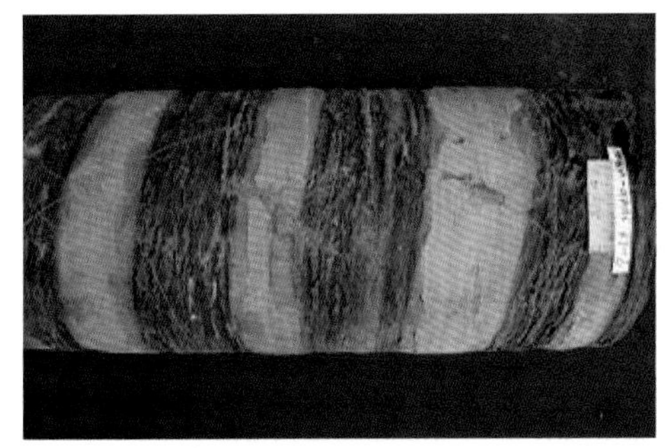

(a)宁203井，2214.10m～2214.41m，薄层状灰黑色含钙粉砂质泥岩与深灰色含钙泥质粉砂岩不等厚互层，韵律层理

(b)宁203井，2236.47m，灰黑色粉砂质泥岩夹灰白色钙质粉砂岩，形成似眼球状结构，接触面突变，生物扰动构造

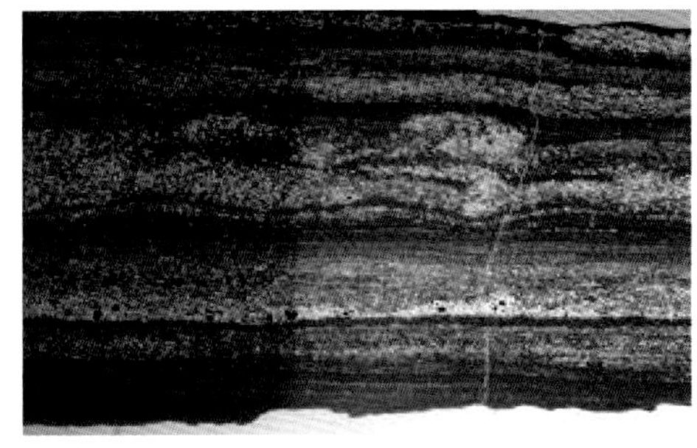

(c)宁203井，2232m，1×，(-)，生物扰动构造

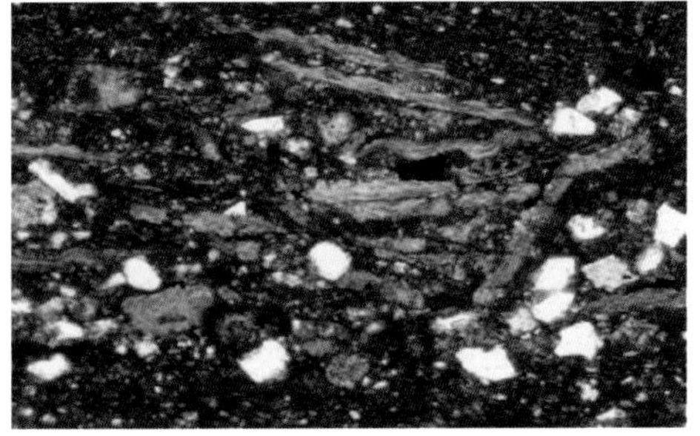

(d)宁203井，2235.11m，10×，(-)，腕屑成层堆积

图 1－1－13 灰泥质粉砂棚微相沉积特征图

6. 泥质粉砂棚微相

泥质粉砂棚位于靠近滨岸一侧的较浅水区域，间歇性受到波浪和波浪回流作用的影响，水动力相对较强，局部地区易受风暴流的影响。泥质粉砂棚微相纵向上在海平面下降的晚期相对发育，其沉积特征如图 1－1－14 所示。

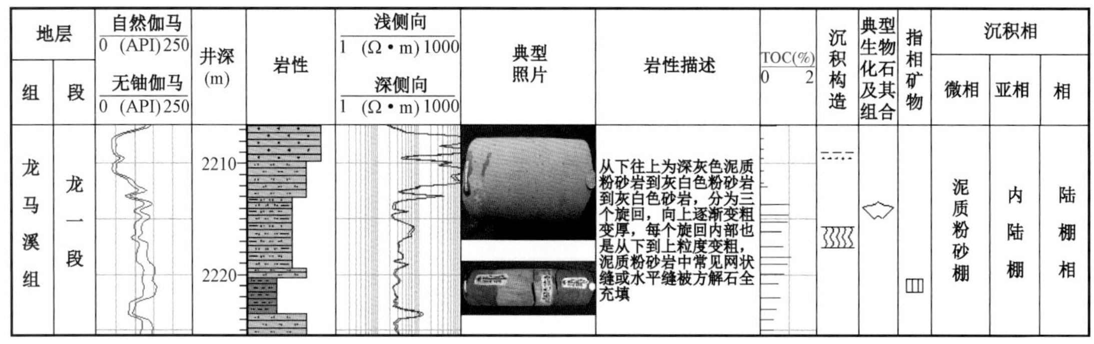

图 1－1－14　宁 211 井龙马溪组龙一段泥质粉砂棚沉积微相简图

区内研究层段泥质粉砂棚沉积产物颜色较浅，以泥质粉砂岩为主，部分层段夹一定量粉砂岩和粉砂质泥岩；沉积构造主要以块状层理、水平层理、韵律层理和小型沙纹层理为主，偶见变形构造、冲刷侵蚀面及生物扰动构造；生物化石较少，仅见少量笔石、棘皮、腹足、苔藓虫及腕足类等化石碎片。

三、沉积微相与页岩储层的关系

不同沉积环境具有不同的水介质条件，所形成的岩石类型、粒径大小、分选性、磨圆度、黏土含量和岩石组分等方面均有差异，从而导致不同沉积环境下页岩储层质量有很大差别。

在威远、长宁地区大量页岩气评价井测井解释基础上，总结了储层关键参数与沉积微相的关系（表 1－1－2、图 1－1－15～图 1－1－18）。优质页岩储层主要发育在外陆棚的富有机质硅质泥棚和富有机质粉砂质泥棚中，其平均有机碳含量分别为 3.64% 和 2.47%；平均含气量分别为 4.38m^3/t 和 3.10m^3/t，平均有效孔隙度分别为 5.01% 和 3.53%。其次是深水粉砂质泥棚微相，平均有机碳含量达 1.31%，平均含气量 1.52m^3/t，平均有效孔隙度为 2.00%；灰泥质粉砂棚、泥质粉砂棚、浅水粉砂质泥棚微相有机碳含量和有效孔隙度均较低，故含气量低，通常不是有利的页岩储层发育相带。

表 1－1－2　测井解释储层参数与沉积微相关系统计表

微相	TOC(%)	含气量(m^3/t)	总孔隙度(%)	有效孔隙度(%)	硅质含量(%)
富有机质硅质泥棚	3.64	4.38	8.20	5.01	56.19
富有机质粉砂质泥棚	2.47	3.10	9.22	3.53	46.31
深水粉砂质泥棚	1.31	1.52	6.27	2.00	46.55
浅水粉砂质泥棚	0.60	0.41	6.47	0.32	39.06
泥质粉砂棚	0.45	0.70	5.36	0.79	39.96
灰泥质粉砂棚	0.40	0.19	4.30	0.55	38.80

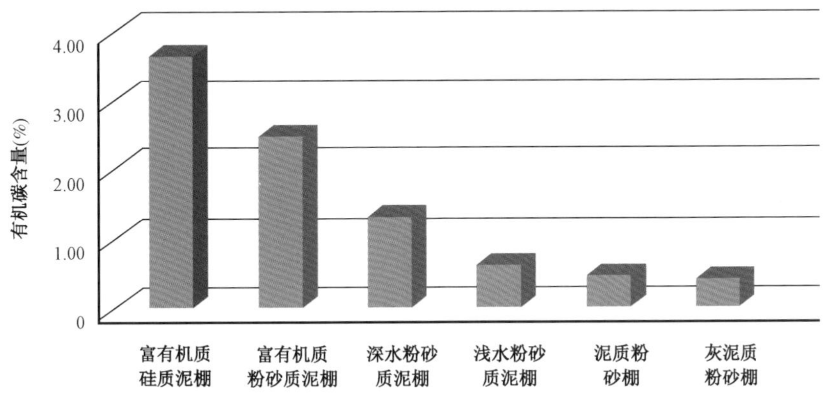

图 1－1－15　各沉积微相测井解释有机碳含量直方图

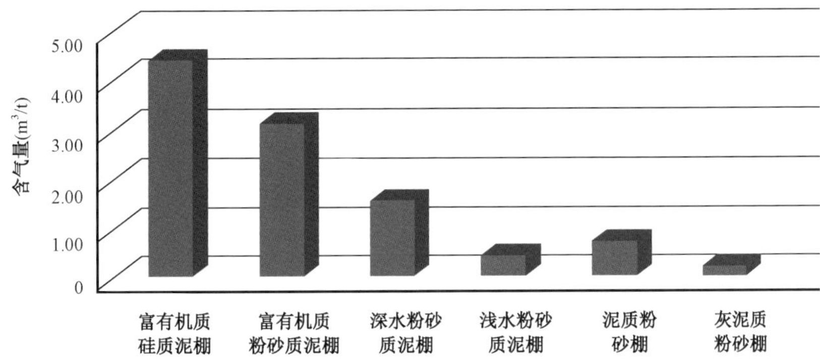

图 1－1－16　各沉积微相测井解释含气量直方图

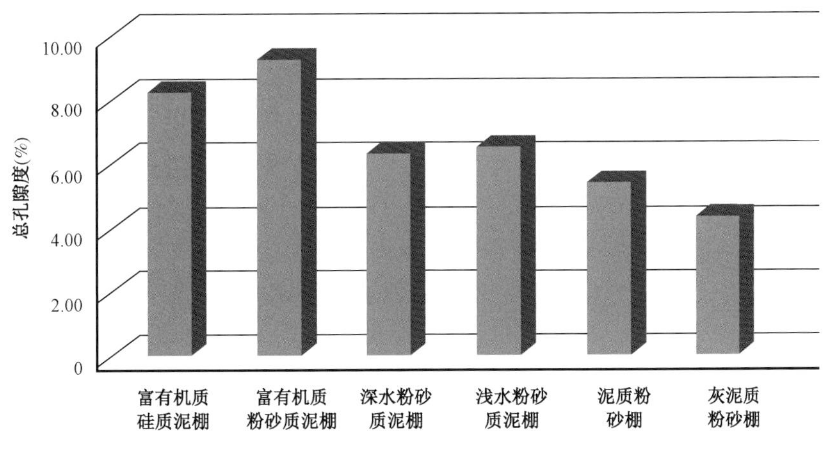

图 1－1－17　各沉积微相测井解释总孔隙度直方图

由此可见，沉积微相对储层的宏观控制作用是明显的，优质页岩储层均发育在水体能量较低、有机质产率高且强还原的沉积相带中。在这些相带中，有机质得以大量的保存。经过成岩转化，有机质热成熟形成大量的烃类，残留部分则原地形成页岩气藏。

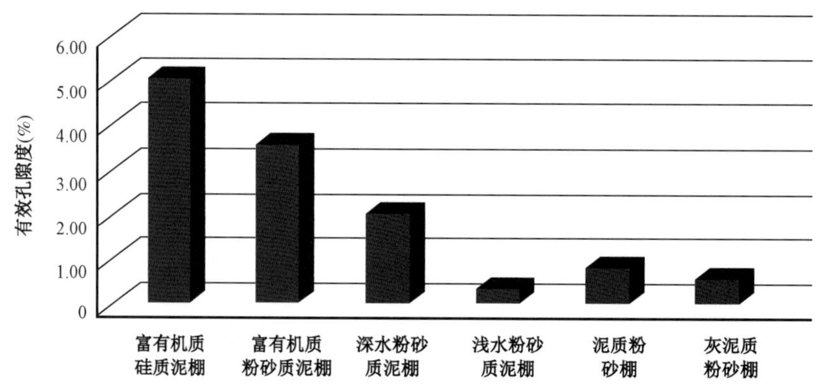

图 1-1-18　各沉积微相测井解释有效孔隙度直方图

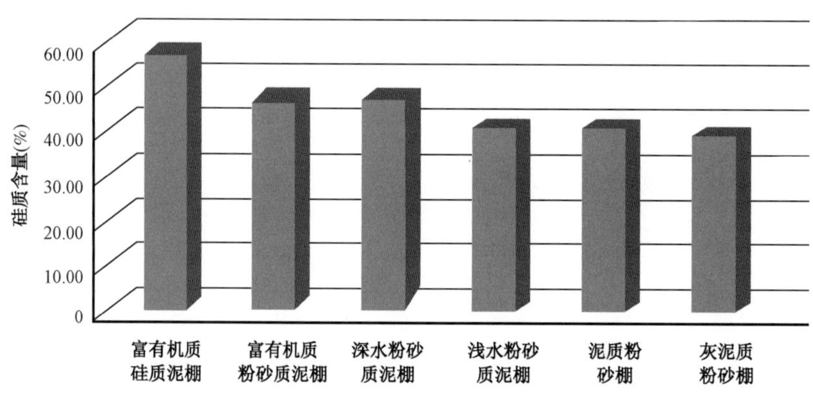

图 1-1-19　各沉积微相测井解释硅质含量直方图

第二节　页岩储层评价方法与指标

泥页岩由粒度小于 62μm 且含量大于 50% 的细粒碎屑物质组成。在常规油气勘探过程中，泥页岩通常仅作为烃源层或者盖层对待，石油地质学家们关注的重点是其作为烃源层的地球化学特征或者作为盖层的有效封隔能力。但伴随着非常规页岩气的勘探与开发，富有机质黑色泥页岩已经颠覆了传统石油地质学的定义，成为可自生自储的一类岩石类型，这时对它的研究就不能仅仅停靠在烃源层或盖层层面了，应当像常规储层一样对其开展相应的储层评价。

已有的勘探与研究表明，四川盆地下志留统龙马溪组优质泥页岩储层通常位于该套地层底部，其伽马值较高，通常大于 300API；岩石中有机碳含量通常大于 2%；含气量高，通常大于 $2m^3/t$。其泥页岩储层具有岩石类型多样、矿物组成复杂、孔隙结构差、孔隙类型复杂、低孔特低渗、非均质性强等特点，这些地质特征，与常规储层相比，显示出很强的特殊性和复杂性。因此，对泥页岩储层的评价参数与评价方法也与常规储层具有一定的差异。

一、页岩储层评价指标

根据北美地区页岩气勘探开发经验，结合四川盆地页岩气勘探开发实际经验，可总结出四川盆地页岩储层评价的主要内容，包括有机地球化学特征、岩石矿物学特征、物性特征、含气性特征与力学特征等方面。

1. 有机地球化学指标

页岩有机地球化学特征是页岩储层评价的重要内容，主要包括有机质丰度、类型和成熟度三个指标。

1）有机质丰度

地质体中的烃类和其他有机质主要由碳和氢元素组成，因此岩石中有机碳含量可确切地反映有机质的丰度，丰度值是评价其生烃能力大小的一个重要指标。在页岩气的勘探开发中，泥页岩中有机碳含量也是一项非常重要的评价指标，主要表现在如下三个方面：（1）有机质热成熟过程中形成的天然气是页岩气的物质来源，较高的有机碳含量表明岩石具有较强的生烃潜力。（2）页岩储层中除无机孔外，还有大量有机质演化而形成的纳米级有机质孔，研究表明有机碳含量的高低与岩石孔隙度存在明显的正相关关系。（3）吸附气主要是烃类气体吸附在有机质的表面，有机碳含量高低与岩石中吸附气含量存在明显正相关关系，有机碳含量可以间接的反映页岩中吸附气含量的高低。因此有机碳含量可以较为直接的反映页岩储层品质的好坏。

有机质的富集主要受沉积水体中有机质的生产速率、沉积物—水体界面处氧化反应与细菌的消耗等共同控制。Bohacs 等（2000）提出了如下公式：

有机碳含量 =（有机质的产量 - 有机质的消耗量）/ 无机矿物的稀释作用

有机质的生产速率是重要的影响因素。黑色页岩中的有机质主要来源于生活繁殖在浅水地区的藻类和低等浮游生物，这些生物死亡后大量沉积并保存于深水陆棚环境之中，此外还有部分由河流搬运而来的陆相有机质。有机质的生产速率由水体性质与气候等共同控制。温暖潮湿的气候环境，清洁透光富氧的水体以及充足的食物来源有利于生物的大量繁殖，从而提高有机质的生产速率。

有机质的消耗表现为沉积物—水体界面处的氧化反应，以及细菌的消耗，其过程涉及有机质的保存问题。水体的含氧量是影响有机质保存的主要因素。沉积水体是否存在因温度、盐度或地形差异而导致的水体分层，是否与大气存在良好的氧气交换，是否存在水体振荡或水体循环，均会导致水体含氧量的差异，从而进一步影响到有机质的保存。Kauffman（1986）总结了水体含氧量与有机碳含量的关系（图 1 - 2 - 1）。当沉积界面处含氧量较低时，由氧化作用导致的有机质消耗降低，由生物和细菌造成的有机质消耗同样大量减少，故有机质更有利于保存，有机碳含量相应也较高；反之，若沉积界面处含氧量较高，在埋藏之前有机质就被大量的氧化或者为生物或细菌所消耗，则有机碳含量相应的较低。

除了水体含氧情况外，沉积速率对于有机质的保存也具有重要的意义。沉积速率快，则有机质可快速地被埋藏，从而有利于有机质的保存；反之，若沉积速率慢，则有机质暴露于沉积界面的时间较长，经受氧化和细菌降解的时间也相应较长，从而不利于有机质的保存。

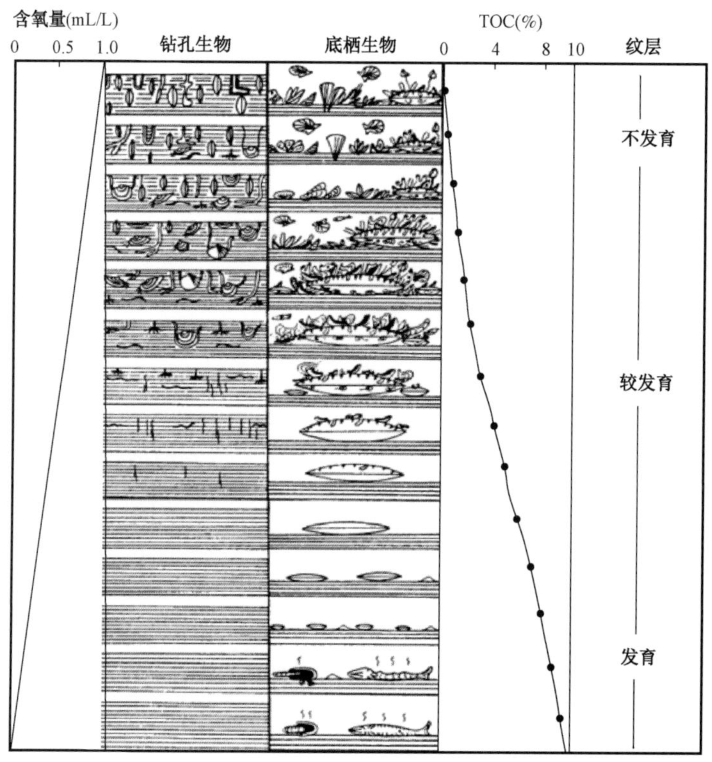

图 1－2－1 水体底部含氧情况与有机碳含量对应关系(据 Kauffman,1986)

无机矿物的“稀释作用”主要表现为陆源碎屑物质或盆内碳酸盐物质对有机质的影响。无机矿物产量高,供应充足,沉积快,则其在沉积产物中相对含量会较高,而有机质的相对含量则相应降低,从而无机矿物对有机质含量起到了“稀释”的作用。

研究认为,五峰组富有机质硅质岩、硅质页岩与上升流导致的生物繁盛密切相关;而龙马溪组底部优质页岩受沉积水体 Eh 值与陆源碎屑供应速度共同控制。

上升流是底层海水在各种因素作用下上升到海水表层而形成的一种洋流。上升流中丰富的溶解硅和营养物质将促使浅水区表层生物的繁盛,特别是硅质生物的繁荣。五峰组沉积时期,扬子板块处于低纬度地区。当时正经历全球性的冰期,极地与赤道温差巨大。从极地到低纬度区底流强劲,从而导致上升流的发育(据刘峰,2011)。上升流富含游离硅与营养物质,促进了放射虫、硅质海绵的大量繁殖,它们死后以蛋白石的形式沉积下来,经成岩作用逐步转变为玉髓(图 1－2－2、图 1－2－3)或石英,进而形成特征的富放射虫硅质岩。由于上升流具有阵发性,因此经常可见硅质岩与硅质页岩的互层出现,同时也导致了五峰组页岩储层品质的纵向与平面展布差异。

上升流的识别标志主要包括以下几点:(1)游泳能力较差生物的大量繁殖(据吕炳全,2004)。由于上升流带来了丰富营养物质,生物繁盛,无须外游觅食,因而生物的游泳能力较差,大部分营底栖、爬行、浮游或半游泳生活。五峰组中常见的笔石、三叶虫等生物中除少数具有游泳能力外,大多数游泳能力较弱。(2)硅质生物大量富集出现。上升流带来的深海游离硅促进了硅质生物的大量繁盛,在五峰组中常见特征的富放射虫条带(图 1－2－4、图 1－2－5)。

(3)岩性通常为富有机质硅质岩(图1-2-6)、硅质页岩,二者常互层出现,硅质、有机碳含量均较高。吕炳全(2004)在研究中发现上升流强度与有机质丰度二者之间存在正相关关系,表明它们存在着成因上的联系(图1-2-8)。

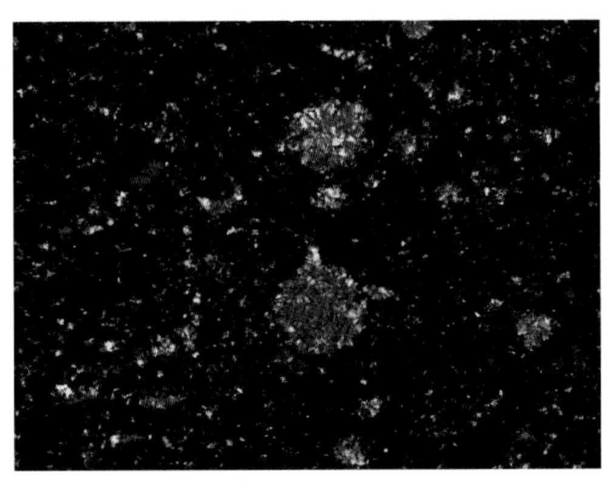

图1-2-2 足201井,4370.46m,(+),×10,放射虫,成分为玉髓

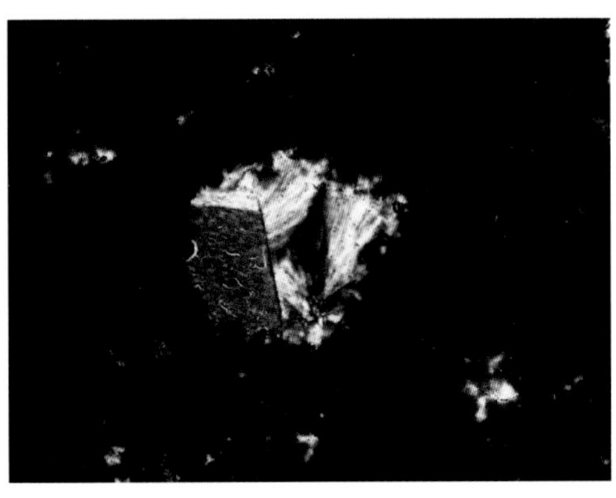

图1-2-3 华浅5,124.45m,(+),×20,放射虫,成分为玉髓

图1-2-4 足201井,4370m,(-),×2.5,富放射虫纹层

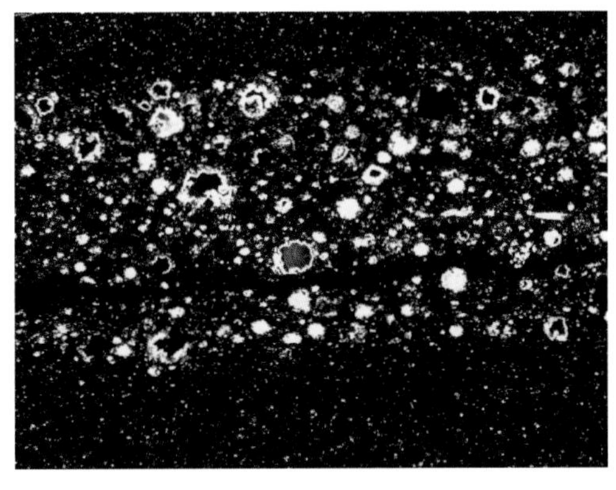

图1-2-5 荣201井,4245.89m,(-),×2.5,富放射虫纹层

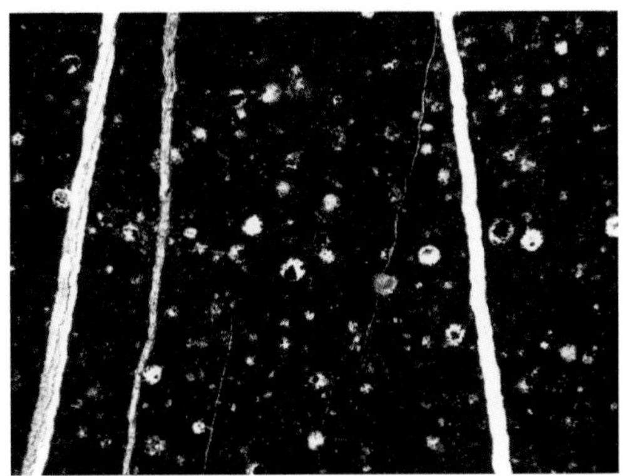

图1-2-6 华浅2井,122.92m,(-),×2.5,富放射虫硅质岩

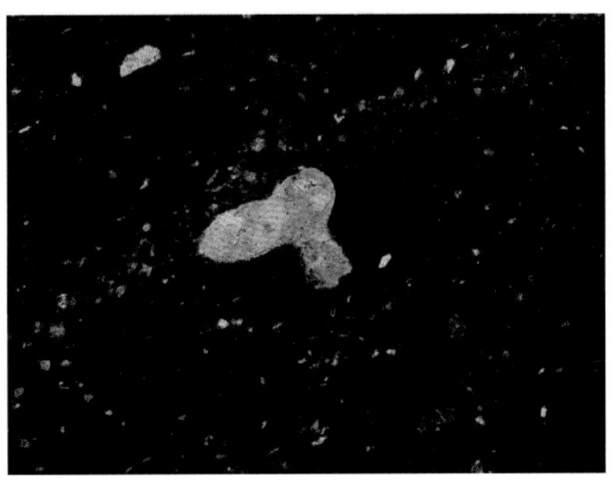

图1-2-7 宁203井,2380.77m,(-),×10,硅质海绵骨针

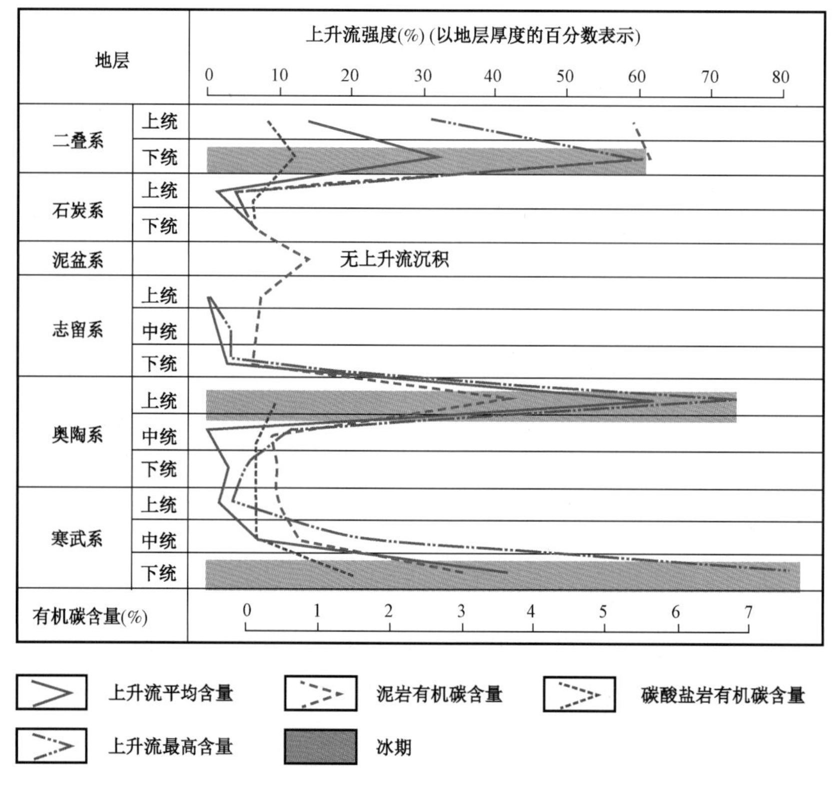

图1-2-8　下扬子区古生界上升流与有机质含量

龙马溪组底部地层有机碳含量较高,向上含量逐渐降低。这主要是因为底部页岩沉积于深水陆棚环境,沉积水体较深,为强还原环境,故有利于有机质的保存,向上水体逐渐变浅,逐渐过渡为弱还原—弱氧化环境,有机质被大量氧化,同时为细菌所消耗,故上部地层有机碳含量明显降低。

此外龙马溪组优质页岩有机质的富集还与陆源物质的供应量有关。王同(2015)研究认为五峰组沉积速率低,仅1.18~2.19m/Ma,龙马溪组下段及上段底部沉积速率为15m/Ma,而龙马溪组上段中上部沉积速率高达216.25~340m/Ma。王淑芳(2014)通过元素地球化学方法证明龙马溪组底部富有机质页岩中硅质非陆源碎屑成因,这也间接的表明龙马溪组底部陆源物质含量较低。这些均表明龙马溪组底部沉积时陆源物质供应不足,导致沉积速率较低,从而有利于有机质的富集。

在页岩气勘探开发实践过程中,有机碳含量是一项重要的特征参数,根据威远、长宁地区大量样品的统计分析,确定出有机碳含量储层分类标准(表1-2-1)。当泥页岩中有机碳含量大于3%时,为优质页岩储层;当有机碳含量介于2%~3%之间时,储层品质较好;当有机碳含量介于1%~2%时,储层品质相对较差;当有机碳含量小于1%时,通常不能作为页岩储层。

表1-2-1　威远、长宁地区有机碳含量储层分类标准

参数	Ⅰ类(优质)	Ⅱ类(较好)	Ⅲ类(较差)	Ⅳ类(差)
总有机碳含量(%)	>3	2~3	1~2	<1

2）有机质类型

页岩中有机质性质不同，其生烃潜力、生烃类型（油、气）和门限深度（温度）均相差甚大，因而有机质性质的研究自然成为评价页岩有机地球化学特征的重要内容之一，目前表征有机质性质的参数甚多，常用的分析方法包括：干酪根显微组分鉴定法、干酪根稳定碳同位素分析法、有机元素分析法等。

四川盆地龙马溪组主要形成于陆棚沉积环境之中，水体能量低、强还原、缺氧，沉积物颗粒极细。此外，早古生代，全球范围内缺乏高等植物，生物组合主要为笔石、腕足类、三叶虫、蓝藻、软舌螺、角石及介形虫等低等水生生物。这些低等水生浮游生物、藻类和动物体所形成的有机质多为腐泥型（Ⅰ型），而由陆源低等植物演化而形成的有机质大多为腐殖型。根据北美页岩气含气盆地烃源岩统计，页岩气主要来源于Ⅰ型与$Ⅱ_1$型干酪根，如 Barnett 页岩干酪根类型为$Ⅱ_1$型；Marcellus 页岩干酪根类型为Ⅰ型与$Ⅱ_1$型；Haynesville 页岩干酪根类型同样也为Ⅰ型与$Ⅱ_1$型。

3）有机质成熟度

表征有机质成熟度的指标很多，如镜质组反射率、孢粉碳化物、可溶有机质的化学组成特征、干酪根自由基含量、干酪根颜色、H/C－O/C 原子比关系和时间温度指数（TTI）等，其中镜质组反射率是确定成熟度最直接的指标。镜质组反射率起源于煤岩学，是确定煤阶的可靠标志之一，后来用于评价干酪根热成熟度。它是借助于显微镜在反射光条件下观察并测定镜质组表面反射光强度与入射光强度的百分比，其结果用 R_o 表示，其中“O”表示在油浸条件下进行。

虽然在油气勘探及研究工作中，常用镜质组反射率来研究有机质的成熟度。但在下古生界及碳酸盐岩地层中，由于镜质组贫乏，使得这一可信度较大的热演化指标在油气勘探中的应用受到一定限制。然而在上述地层中普遍含有固体沥青，为探索有机质热演化规律提供了基础。丰国秀等通过热模拟实验证实，沥青反射率（R_b）与镜质组反射率（R_o）之间呈线性关系，具有相似的热演化特征，因此可用沥青反射率折算等效镜质组反射率。实验表明，四川盆地龙马溪组页岩等效镜质组反射率通常大于2%，处于过成熟阶段。

2. 岩石矿物学指标

1）矿物组成、成因及产状

目前，针对页岩储层矿物学特征的研究，国内外学者已经做了大量的工作。研究手段主要是应用常规薄片鉴定、扫描电镜、阴极射线、X 射线衍射和测井解释来获得岩石的矿物学信息，而根据矿物学信息可对页岩的脆性进行评价。这种研究方法较为粗略，仅能获得岩石各组成矿物的含量而忽略掉了不同矿物的产状和成因。而矿物的产状和成因对于泥页岩的力学特征有重要影响，同时对于沉积、成岩环境的恢复也具有重要的意义。本文利用盆地内针对龙马溪组取心的页岩气评价井、浅井以及野外露头样品，充分利用岩石薄片鉴定技术和扫描电镜分析技术开展针对龙马溪组页岩矿物学特征的研究。

在岩心精细描述、岩石薄片鉴定、X 射线衍射、扫描电镜等实验分析基础上，识别出龙马溪组页岩主要的矿物类型包括了石英、长石、云母、碳酸盐矿物（方解石、白云石）、黏土矿物（伊利石、绿泥石、高岭石、伊蒙混层)、黄铁矿,同时偶尔可见少量文石、蛋白石、玉髓、菱铁矿等。总体来说,包括了陆源碎屑成因、化学成因以及盆内物质三类,见表1-2-2。

表1-2-2 四川盆地志留系龙马溪组常见矿物类型、产状及成因

矿物成因	产状	矿物类型
陆源碎屑物质	黏土碎屑	黏土矿物
	碎屑颗粒	石英、长石、云母等
化学成因	胶结物	石英、方解石、白云石、黏土矿物等
	缝洞充填物	石英、方解石、白云石等
	结核	硅质、黄铁矿、钙质
	交代产物	方解石、白云石、黄铁矿等
盆内物质	化石碎屑	文石、方解石、硅质等
	碳酸盐泥	方解石

泥页岩是地壳表层分布最广的沉积岩。通常情况下,陆源碎屑组分是其最主要的组分类型。粒度小于4μm的碎屑黏土通常源于地壳表层岩体的化学风化,而粒度介于4~64μm之间的碎屑粉砂绝大多数学者认为其为物理风化产物。

龙马溪组页岩中黏土碎屑多成片状,无特殊完整晶形,由此可与自生黏土矿物相区别,经强烈压实多顺层定向排列[图1-2-9(a)]。粒度通常为2~4μm,少数大于10μm者多为成岩阶段自生加大所致。通过X射线衍射分析,其组成以伊利石、绿泥石、伊蒙混层为主,偶含少量的高岭石,该种黏土矿物组合通常反映地层目前处于中—晚成岩阶段,经历了强烈的成岩作用改造与叠加。

龙马溪组页岩中的陆源粉砂碎屑主要包括石英和长石。石英颗粒绝大多数为单晶石英,粒度较细,多为粉砂级,分选较好,磨圆度中等,以次棱角—次圆状为主。在龙马溪组下段通常呈条带状富集出现,颗粒支撑结构,颗粒间充填黏土矿物或方解石胶结物[图1-2-9(b)];或者呈分散状漂浮于黏土颗粒之间[图1-2-9(c)]。龙马溪组上段石英粉砂含量较高,通常大于50%,以粉砂质页岩的形式存在[图1-2-9(d)];或者在黏土质页岩中集中呈团块状富集于生物扰动处[图1-2-9(e)]。这类石英通常经河流长距离搬运而来,并经受了波浪和潮汐作用的改造,因此磨圆较好。偶尔还可见较粗粒的石英,粒度达中—细砂级,磨圆度极高呈滚圆状,含量低,分散分布于黏土间,可能为滨岸砂由风搬运而来[图1-2-9(f)]。此外,还可见特征的定向石英粉砂纹层,通常其与水平纹层呈一定夹角,具有侧向迁移特征,可能为底流沉积[图1-2-9(g)]。

长石属于机械不稳定矿物,在搬运过程中容易沿解理缝发生解理,同时又是化学不稳定矿物,容易发生各种次生变化,因此在龙马溪组地层中长石碎屑的含量较石英碎屑低。长石通常呈分散状与石英粉砂共同条带状产出,可通过特征的双晶结构与石英区别[图1-2-9(h)]。现今地层中长石含量较低,这是因为大多数长石在成岩过程中发生了次生变化,通常为方解石或黏土矿物所交代[图1-2-9(i)]。

龙马溪组页岩中除了陆源碎屑物质外,还可见大量化学沉淀的自生矿物,主要包括各种胶结物、缝洞充填物以及结核。它们是在成岩过程中,在适宜的温度、压力条件下从地层

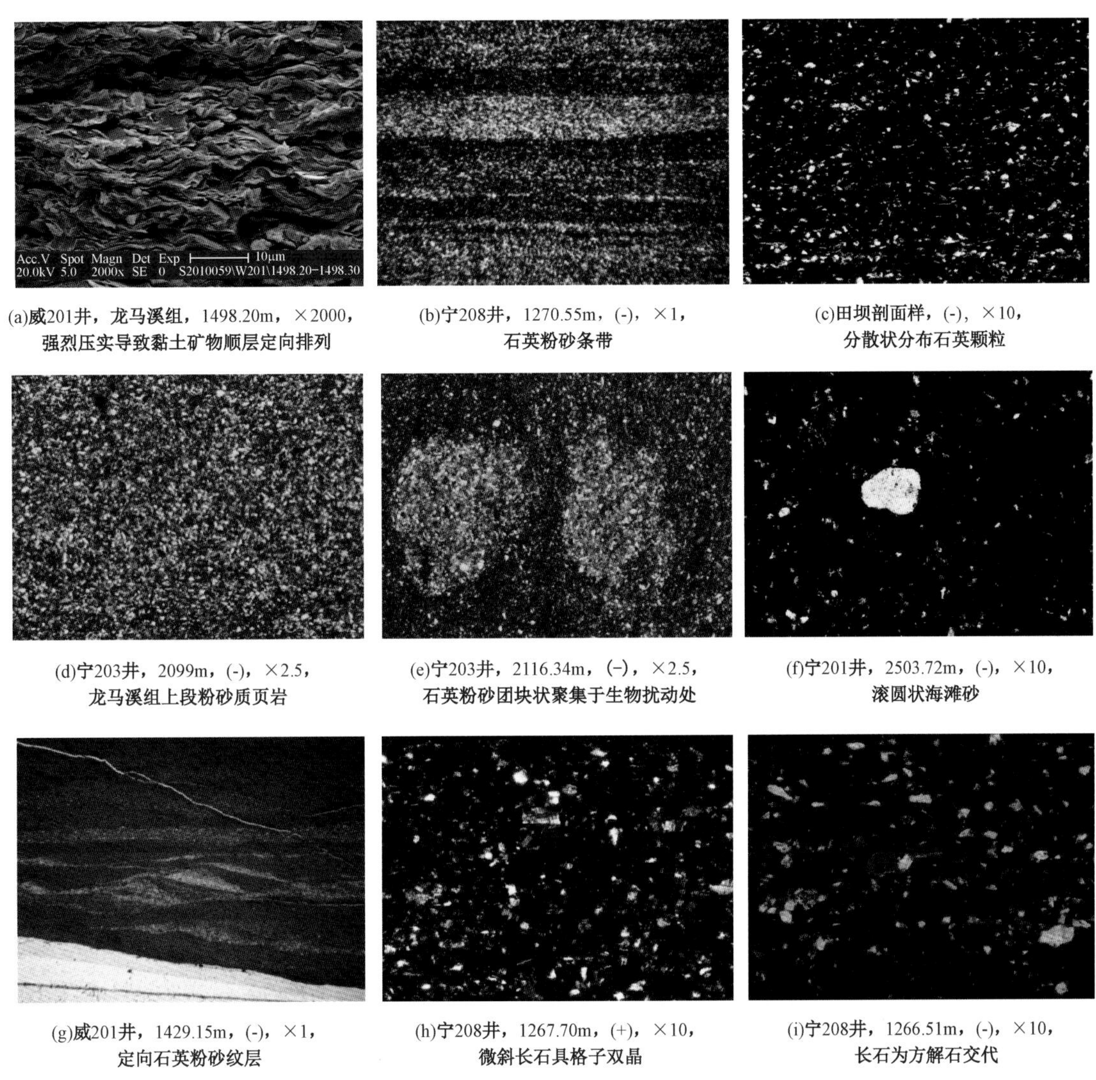

(a)威201井，龙马溪组，1498.20m，×2000，强烈压实导致黏土矿物顺层定向排列

(b)宁208井，1270.55m，(-)，×1，石英粉砂条带

(c)田坝剖面样，(-)，×10，分散状分布石英颗粒

(d)宁203井，2099m，(-)，×2.5，龙马溪组上段粉砂质页岩

(e)宁203井，2116.34m，(-)，×2.5，石英粉砂团块状聚集于生物扰动处

(f)宁201井，2503.72m，(-)，×10，滚圆状海滩砂

(g)威201井，1429.15m，(-)，×1，定向石英粉砂纹层

(h)宁208井，1267.70m，(+)，×10，微斜长石具格子双晶

(i)宁208井，1266.51m，(-)，×10，长石为方解石交代

图 1－2－9 龙马溪组陆源碎屑物质岩石薄片图

水中直接化学沉淀出的，它们的存在可提供关于成岩温度、压力、地层水 pH 值等成岩方面的信息。

胶结物和洞缝充填物类型较为多样（图 1－2－10），包括碳酸盐胶结物、硅质胶结物、黏土胶结物以及硫化物等，其中碳酸盐胶结物又分为方解石、白云石，硅质胶结物可见石英、玉髓与少量蛋白石。方解石胶结物多出现在粉砂质页岩中，充填孔隙呈基底式胶结，表明其形成于强烈压实之前，也可以裂缝填充物形式存在。白云石胶结物呈自形—半自形晶分散状产出或以裂缝充填物形式存在。硅质胶结物以石英次生加大、自生石英或缝洞充填物的形式出现。黏土胶结物含量较少，仅偶尔可见。

结核是泥页岩中常见的一种矿物集合体，通常呈圆形或椭圆形，与围岩有着清晰的接触界面，大小从显微级到米级均有。龙马溪组页岩中的结核通常出现在下部地层中，成分以硅质或

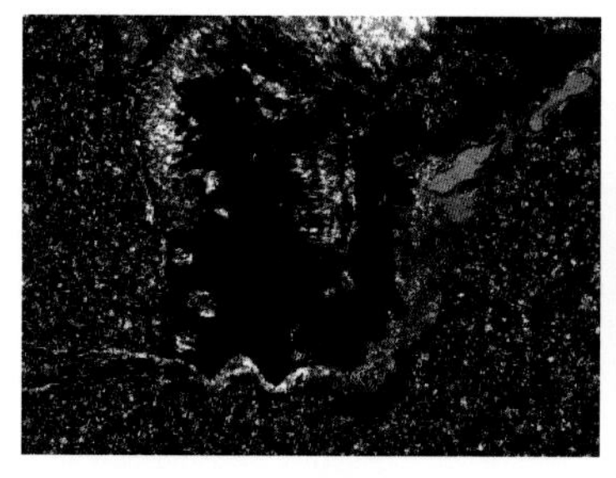

(a)黄草剖面样，龙马溪组，(+)，×2.5，玉髓、方解石、黄铁矿胶结

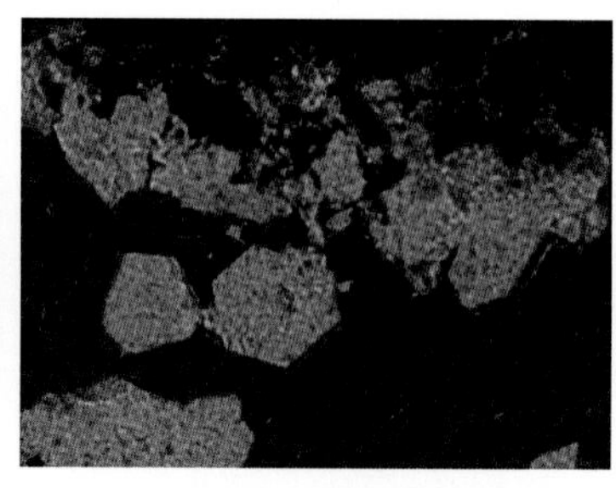

(b)华蓥页浅2井，龙马溪组，122.92m，(-)，×20，自生石英、方解石、黄铁矿胶结物充填裂缝

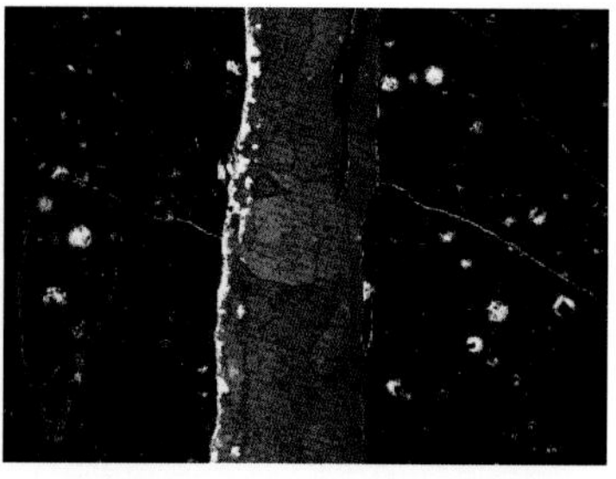

(c)华蓥页浅2井，龙马溪组，122.92m，(-)，×2.5，方解石胶结物充填微裂缝

(d)华蓥页浅2井，龙马溪组，118.28m，(+)，×2.5，石英胶结物充填微裂缝

(e)华蓥页浅2井，龙马溪组，39.55m，(+)，×2.5，白云石胶结物充填裂缝

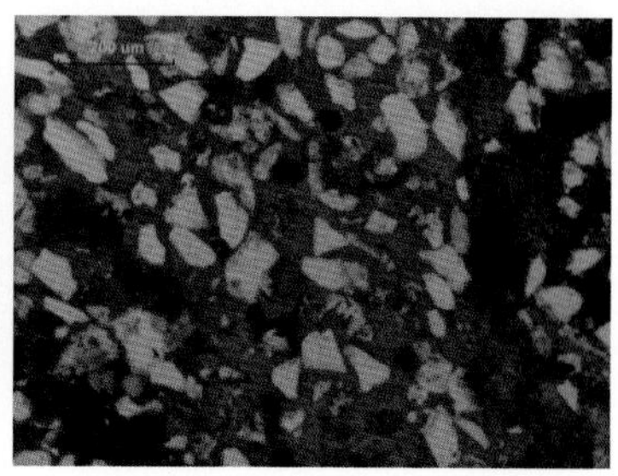

(f)宁203井，龙马溪组，2210.85m，(-)，×10，方解石基底式胶结

(g)宁203井，龙马溪组，2508.55m，(+)，×10，自形—半自形晶白云石胶结物

(h)南川山王坪龙马溪组露头，硅质结核在横向上呈串珠状排列

(i)宁208井，1304.15m，黄铁矿结核，具明显圈层结构

图1-2-10　龙马溪组化学成因矿物图

黄铁矿为主，偶尔可见钙质结核。在野外剖面可见到硅质结核呈串珠状顺层分布[图1-2-10(h)]。P. E. Potter(2005)认为大多数的结核形成于生物活跃带中，且位于生物强烈扰动带之下。龙马溪组中结核也符合这一规律，通常分布于地层下部，尤以底部居多，形成于水体安静且强烈还原的环境中，主要是在水体—沉积物界面以下数米之内形成最初的晶核，伴随埋深增大，逐渐以环边的形式增大[图1-2-10(h)]。

交代作用为一种矿物被另一种矿物所替换。龙马溪组页岩中常见的交代作用包括硅质交代、钙质交代和黄铁矿的交代作用。硅质交代主要为自生石英对早期胶结物的交代，自生石英晶形良好，通常呈特征的六方锥形[图1-2-11(a)]。钙质交代主要是晚期的铁白云石对早期胶结物的交代，铁白云石通常为自形晶并具特征的雾心亮边[图1-2-11(b)]。黄铁矿交代物也呈特征的自形晶[图1-2-11(c)]，成分散状分布或以集合体的形式出现。

(a)宁203井，2102.22m，(+)，×20，自生石英交代方解石胶结物

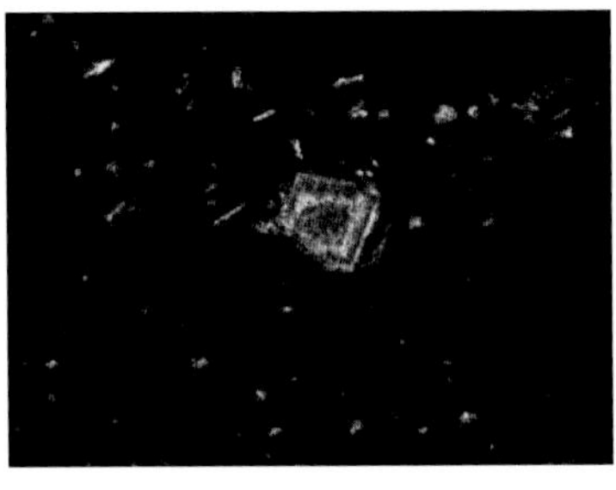

(b)宁208井，龙马溪组，1292.56m，(-)，×20，白云石交代黏土矿物

(c)宁208井，龙马溪组，1307.07m，(-)，×10，黄铁矿交代硅质生物

图1-2-11　龙马溪组常见交代作用岩石薄片图

龙马溪组页岩中除了盆外陆源碎屑矿物、成岩自生矿物外，还包括部分盆内物质，主要以生物介壳、骨骼或硬体等化石碎屑形式出现。在龙马溪组上部可见棘屑[图1-2-12(a)]腕足、腹足[图1-2-12(b)]、三叶虫、介形虫[图1-2-12(c)]等，成分多为方解石，少量文石。在龙马溪组下段常见的是硅质放射虫[图1-2-12(d)]与硅质海绵骨针[图1-2-12(e)]，其成分多为玉髓或石英。此外，部分层段还可见碳酸盐泥，成分以方解石为主，并且随方解石含量增加逐渐过渡为含陆源碎屑的泥晶灰岩[图1-2-12(f)]。

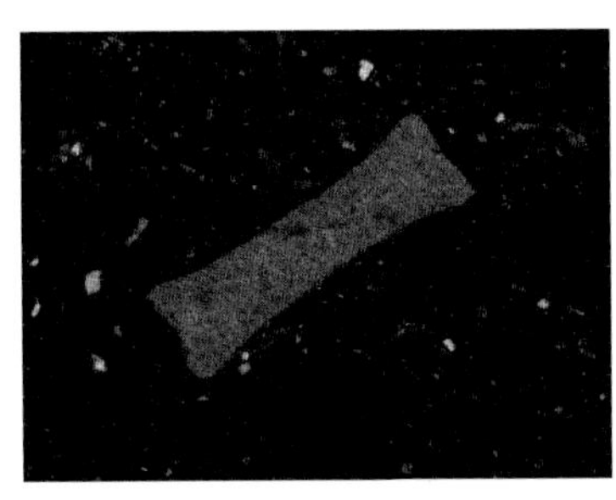

(a)宁203井，龙马溪组，2188.37m，(+)，×5，棘皮碎屑

(b)黄草剖面样品，龙马溪组，(-)，×5，腹足

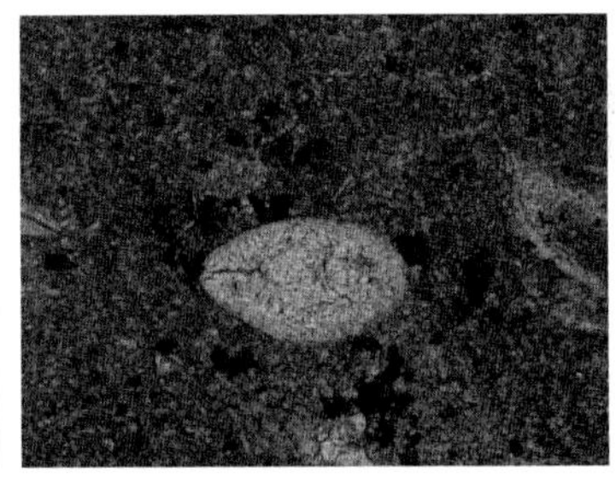

(c)黄草剖面样品，龙马溪组，(-)，×5，介形虫

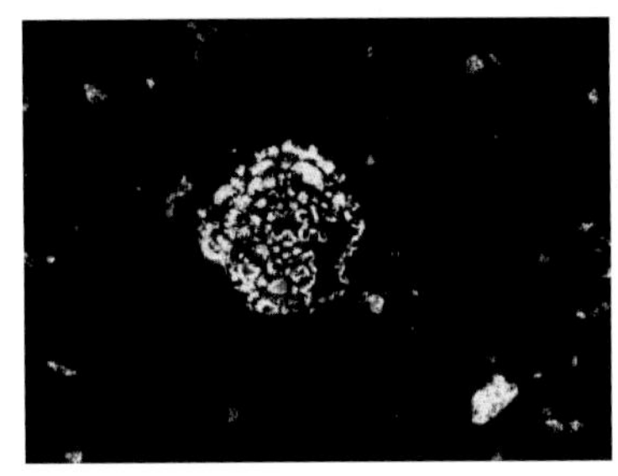

(d)宁203井，龙马溪组，2505.77m，(-)，×10，硅质放射虫

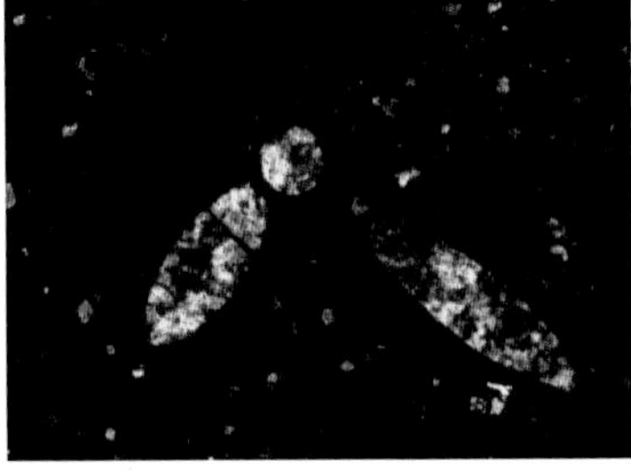

(e)宁201井，龙马溪组，2509.91m，(+)，×10，硅质海绵骨针

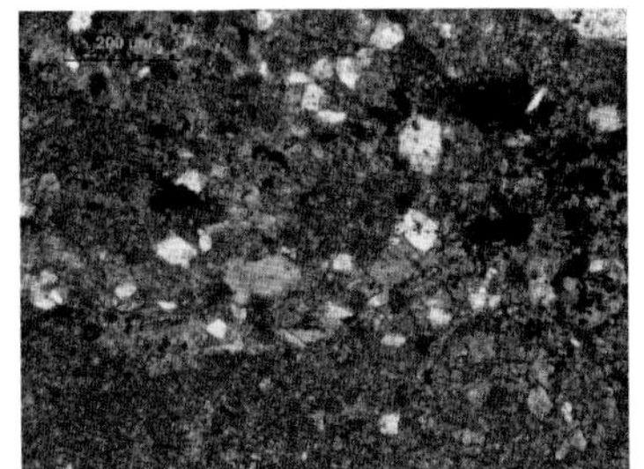

(f)宁203井，龙马溪组，2214.44m，(-)，×10，泥晶方解石

图1-2-12　龙马溪组盆内物质的岩石薄片图

2)岩石类型

对于泥岩和页岩的定义,目前还没有统一的标准。页岩具有两层含义:(1)狭义的定义是指成层性很好的黏土质岩。(2)广义的定义是所有细粒硅质碎屑岩的统称,从这层意义上来说,页岩就与砂岩、砾岩、石灰岩一样,成为一类岩石的总称(表1-2-3)。

表1-2-3 岩石基本类型—碎屑岩命名原则

<table>
<tr><th rowspan="2">隐含粒径的沉积物或沉积岩名称
(Sediment and rock terms imolying grain size)</th><th rowspan="2" colspan="3">经典名称(Glass terms)</th><th colspan="2">粒径 $\phi=-\log_2 d$</th></tr>
<tr><th>ϕ</th><th>d(mm)</th></tr>
<tr><td rowspan="9">砾石(gravel)
砾屑岩
(rudite)
砾状沉积岩
(rudaceous sedments)
砾岩(cong lomerates)
角砾岩(breccias)</td><td colspan="3">巨砾(boulders)</td><td>< -8</td><td>>256</td></tr>
<tr><td colspan="3" rowspan="3">粗砾(cobbles)</td><td>-8</td><td>256</td></tr>
<tr><td>-7</td><td>128</td></tr>
<tr><td>-6</td><td>64</td></tr>
<tr><td colspan="3" rowspan="3">中砾(pebbles)</td><td>-5</td><td>32</td></tr>
<tr><td>-4</td><td>16</td></tr>
<tr><td>-3</td><td>8</td></tr>
<tr><td colspan="3" rowspan="2">细砾(granules)</td><td>-2</td><td>4</td></tr>
<tr><td>-1</td><td>2</td></tr>
<tr><td rowspan="5">砂(sand)
砂岩(sandstone)
砂状岩(arenaceous sediments)
砂屑岩(arenites)</td><td colspan="2" rowspan="5">砂(sand)</td><td>极粗砂(v. coarse)</td><td>0</td><td>1</td></tr>
<tr><td>粗砂(coarse)</td><td>1</td><td>0.5</td></tr>
<tr><td>中砂(medium)</td><td>2</td><td>0.25</td></tr>
<tr><td>细砂(fine)</td><td>3</td><td>0.125</td></tr>
<tr><td>极细砂(v. fine)</td><td>4</td><td>0.062</td></tr>
<tr><td rowspan="5">泥岩(mudrocks)
页岩(shale)</td><td rowspan="4">粉砂(silt)
粉砂岩(siltstone)</td><td rowspan="4">粉砂
(silt)</td><td>粗粉砂(coarse)</td><td>5</td><td>0.031</td></tr>
<tr><td>中粉砂(medium)</td><td>6</td><td>0.016</td></tr>
<tr><td>细粉砂(fine)</td><td>7</td><td>0.008</td></tr>
<tr><td>极细粉砂(v. fine)</td><td>8</td><td>0.004</td></tr>
<tr><td>黏土(clay)
黏土岩(claystone)</td><td colspan="2">黏土(clay)</td><td>>8</td><td><0.004</td></tr>
</table>

正是由于页岩具有双重含义,所以在实际使用过程中极易发生混淆,因此许多研究者建议使用泥岩作为细粒沉积物的统称。P. E Potter 等(2005)认为:泥岩由粒度小于62μm 且含量大于50%的细粒碎屑物质组成,这些细粒物质包括了陆源泥质或泥岩碎屑,碳酸盐泥和泥晶碳酸盐岩碎屑,粉砂和粉砂岩碎屑,以及深海软泥和腐泥。在这个定义中,泥岩粒度的上限是62μm,实际上就包括了黏土和粉砂的粒径范围,这是因为无论是泥岩还是页岩,其岩石组成中除了大量黏土外,都普遍富含粉砂颗粒。此外,相关但范围更小的一个专业术语是黏土岩,黏土岩中黏土矿物含量大于50%且在含水时呈现出塑性。对于黏土的上限,目前也没有统一的规定,通常认为上限为小于4μm(F. Bergaya 和 G. Lagaly,2006)。

结合四川盆地志留系龙马溪组页岩研究的实际,认为泥岩和页岩都是细粒碎屑沉积岩的统称,它们均是由粒度小于62μm(包括了黏土和粉砂)且含量大于50%的细粒沉积物组成,在这层意义上它们完全可以互换使用。它们的区别在于页岩成层性好,页理和纹层发育,而泥岩成层性不好,显示为块状结构,在这一层意义上来说,页岩就是页理和纹层发育的泥岩。因此,在实际使用过程中,我们建议将纹层发育的细粒沉积物(粒度小于62μm且含量大于50%)称之为页岩,而将纹层不发育显示块状结构的细粒沉积物(粒度小于62μm且含量大于50%)称之为泥岩。

在岩心描述的基础上,结合岩石薄片鉴定、扫描电镜、X射线衍射分析实验成果,对五峰组—龙马溪组主要岩石类型进行了相应的研究。主要识别出黏土质页岩、粉砂质页岩、硅质页岩和钙质粉砂质页岩。

黏土质页岩在龙马溪组普遍存在。黏土质页岩可见黑色、灰黑色或者灰色,表现为其有机碳含量变化较大,一般来说,随着颜色的变深,有机质含量增加。其沉积时水体相对较深,沉积物粒度最细,缺乏生物活动痕迹及生物化石,可见黄铁矿呈团块状集合体或交代有机质形式产出。黏土质页岩黏土矿物含量高,表现为塑性,故不利于后期的压裂改造。

粉砂质页岩在龙马溪组中均普遍存在,但岩石颜色存在明显差异,下部以灰黑色为主,上部逐渐过渡为灰色或者灰绿色。下部由于富含有机质故岩石颜色较深,向上水体逐渐变浅,则沉积产物中有机质含量相应降低,岩石颜色逐渐变浅。粉砂质页岩水平纹层发育,表现为富粉砂条带与泥质纹层频繁互层,但明显砂多泥少。纹层之间突变表明相邻层之间发生过短暂的沉积间断或介质条件的突然改变;渐变则表征着沉降速度不同的细粒碎屑物的连续加积沉积作用;不连续或不规则的水平层理可能反映了受底流轻微的冲刷作用。黑色—灰黑色粉砂质页岩中少见生物化石,仅在层面可见笔石,同时有机碳、黄铁矿含量较高,表明其沉积时为一深水还原环境;灰色—灰绿色粉砂岩中则偶尔可见腕足、介形虫等生物化石,但有机碳含量较低,其沉积时为一相对水浅的弱氧化—弱还原环境。

硅质页岩主要出现在龙马溪组底部,硅质岩主要出现在五峰组。硅质组分除了部分石英粉砂外,更多的是黏土级的石英成岩产物,此外还可见硅质放射虫和硅质海绵骨针(图1-2-13)。硅质页岩有机碳、黄铁矿含量高,有机质弥漫状分布侵染黏土矿物,是最有利的页岩气储层岩石类型。同时,由于硅质含量高,岩石显示为脆性,故有利于后期的压裂改造。

图1-2-13 巫溪2,1585m,(-),×5,富有机质硅质页岩

钙质页岩多以灰色、浅灰色为主。方解石含量较高,包括沉积成因的泥晶方解石和方解石胶结物与交代产物。岩石有机碳含量较低,可见介形虫、三叶虫、棘皮碎屑、腕足碎屑等。介形虫和腕足碎屑通常个体较小,壳体较薄,反映其生存环境较为恶劣,含氧量不正常,为一弱氧化环境。这种岩石类型主要形成于相对浅水期,同时陆源碎屑供应不足,沉积水体较为清洁干净,因而才沉积了泥晶方解石并发育了各种钙质生物。

钙质粉砂质页岩(图1-2-14)岩石颜色以灰—浅灰为主,有机碳含量较低。粉砂主要为陆源石英,少量长石,钙质以方解石胶结物或长石交代物的形式存在。此类岩石沉积时水体相对较

图 1-2-14　华浅 2 井，113.75m，(+)，×5，钙质粉砂质页岩

浅，生物扰动较为强烈，可见生物潜穴和生物碎屑。

3. 物性指标

在常规油气勘探中，岩石物性是储层评价的重要内容，在页岩气储层评价中，孔隙度也是储层评价的关键指标。据北美页岩气勘探开发经验，北美页岩储层孔隙度一般在 3%～5%，部分地区甚至可大于 10%。

页岩孔隙度的常见实验方法主要包括液体饱和度法、氦气法和 GRI 方法。其中液体饱和度法适用于柱塞样或者不规则样品，其最终实验结果为有效孔隙度。氦气法适用于柱塞样或颗粒样品（粒度 20～35 目），其中柱塞样实验结果表征为有效孔隙度，而颗粒样品实验结果表征为总孔隙度（包含原本不连通的孔隙）。GRI 方法为美国天然气研究所研制，该方法可以测定页岩基质孔隙度和含气孔隙度，但目前此技术在国内应用不够普遍。因此，在使用孔隙度实验结果进行对比分析时要特别注意其孔隙度的测试方法，不同方法得到的测试结果不能直接进行比较。

页岩储层孔隙度主要受有机质丰度、有机质成熟度、成岩作用和构造作用的共同控制。

1）有机质丰度对孔隙度的影响

有机质在岩石中占有一定的体积，且总体上与 TOC 具有很强的相关性（图 1-2-15），有机质丰度主要对有机孔影响较大。不同类型的有机质生烃效率不同，在相同阶段生成的有机孔也不同，一般Ⅰ型和$Ⅱ_1$型生成烃类和有机孔最多。现有研究结果表明，在相同热演化阶段下同类型的有机质，有机质丰度越高，孔隙度越大，当有机质丰度达到一定值后（TOC＞5%），由于有机质在岩石中所占体积相应达到一定值（体积分数为 10%）（图 1-2-15），其抗压实能力减弱，孔隙度反而减小。

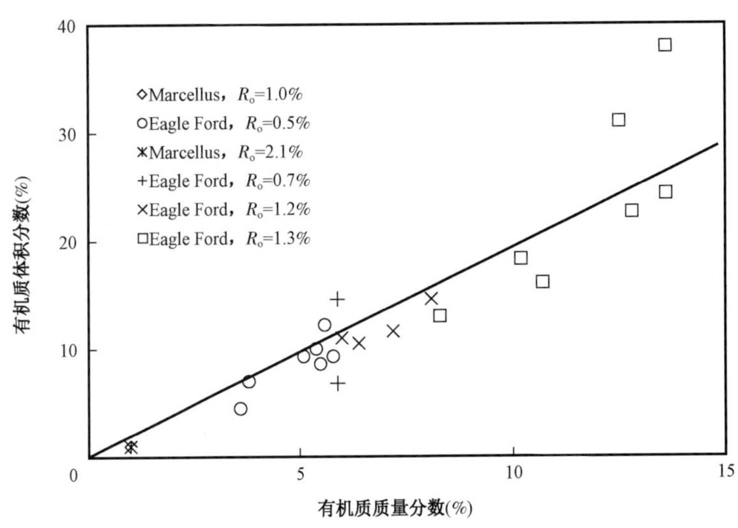

图 1-2-15　有机质质量与有机质体积相关性图

对四川盆地龙马溪组页岩储层的TOC与孔隙度的关系进行研究发现，有机质丰度对孔隙度的影响有一定规律性。长宁和威远区块在TOC低值区（TOC<2%），孔隙度随TOC的增加而快速变大，这可能与有机孔从无到有关系密切（图1－2－16、图1－2－17）；在TOC高值区趋势一致但拐点不同，长宁区块在TOC为6%左右孔隙度开始降低，威远区块在TOC为4%左右开始降低；在TOC中值区长宁区块（TOC介于2%～5%）和威远区块（TOC介于2%～4%）均出现了与前人研究不同的趋势，孔隙度随着TOC的增加呈先降低再增加的特征。对北美典型页岩有机质含量和体积的分析发现，TOC值在2.5%～3.5%区间内，有机质体积与有机质丰度有较强的负相关性（图1－2－18），正好与上述趋势一致，但有机质丰度和体积在该区间存在这一趋势的原因尚需进一步的研究。总体上，有机质丰度在不同区间范围内控制有机孔的发育，影响孔隙度大小。

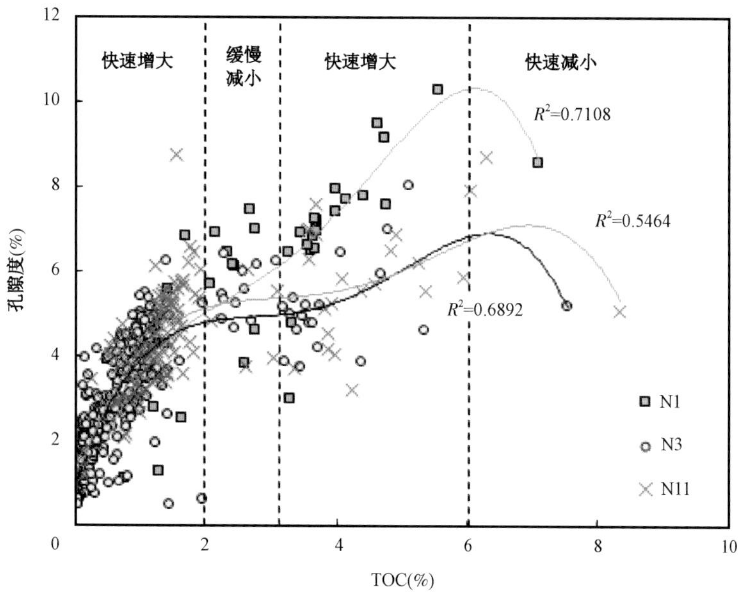

图1－2－16 长宁区块龙马溪组页岩储层TOC与孔隙度关系图

2）有机质热成熟度对孔隙度的影响

有机质成熟度主要体现地层在地质时期内的最大埋藏深度，对页岩有机孔有很大的影响，总体上孔隙度随成熟度的变大而逐渐减小［图1－2－19（a）］。有机质在未成熟阶段（$R_o<0.5\%$）有机质内有机孔的分布并不规律，有的页岩有机质内存在较多有机孔，有的页岩在未成熟阶段几乎不存在有机孔，孔隙以介孔和宏孔为主；当有机质进入生油窗（R_o为0.5%～1.2%）即开始形成有机孔，同类型和同有机质丰度样品在该阶段总体上随成熟度增加孔隙度逐渐增加，孔隙以微孔和介孔为主；进入凝析油和生湿气阶段（R_o为1.2%～2.0%），由早期成熟阶段生烃形成的有机孔被生成的沥青质充填，导致孔隙度减小，孔隙以介孔为主；进入生成干气阶段（R_o为2.0%～3.5%），有机孔内的长链烃类或沥青二次裂解使有机质生成新的微孔，导致孔隙比表面积和孔容同时增大，孔隙度随之增大，孔隙以微孔为主。

根据长宁和威远区块页岩样品的沥青反射率（R_b），利用丰国秀等经验公式折算出等效R_o

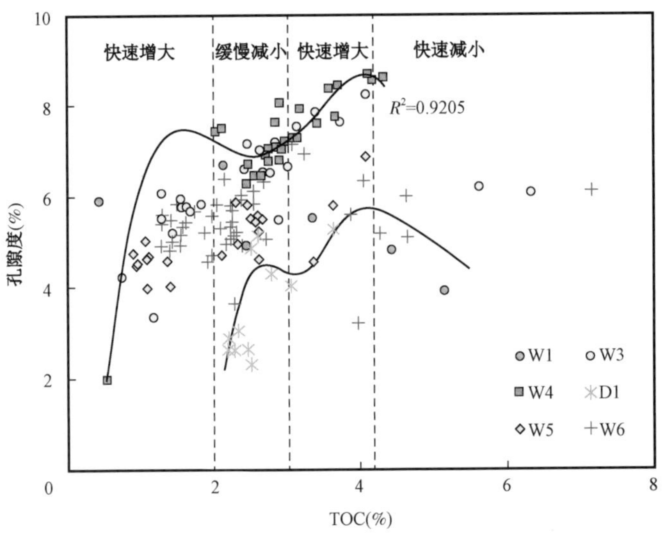

图 1－2－17　威远区块龙马溪组页岩储层 TOC 与孔隙度关系图

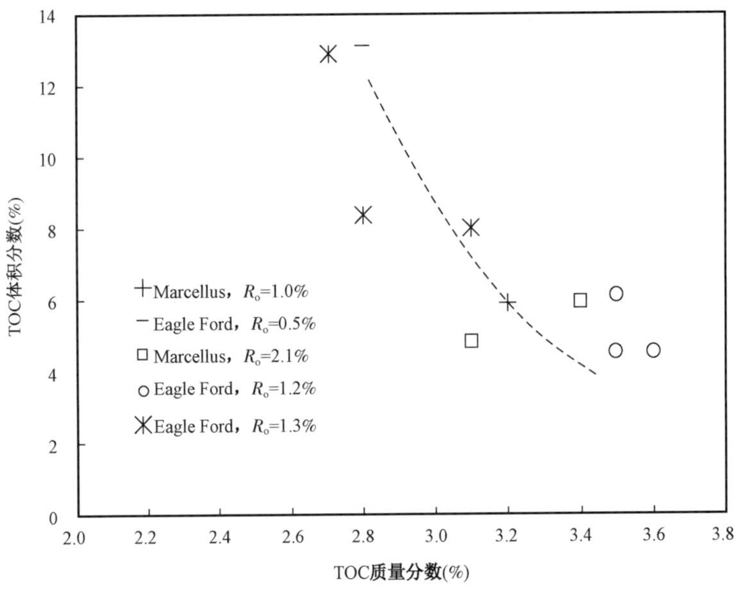

图 1－2－18　北美页岩 TOC 质量分数与 TOC 体积分数的关系图(TOC 为 2.5% ~3.5%)

值,即当量 R_o 值,为消除有机质丰度等因素对孔隙度的影响,筛选出构造作用较弱的长宁、威远和焦石坝区块 TOC 为 1%、2%、3%、4% 和大于 4% 的样品分别进行分析[图 1－2－19(b)]。结果表明,当当量 R_o 在 1.5% ~2.2% 阶段,由于该阶段生成的沥青等填充孔隙,导致孔隙度随成熟度增加而迅速减小;当当量 R_o 在 2.2% ~2.7% 阶段,原油和沥青等二次裂解,孔隙度随成熟度增加而增加;当当量 R_o 在大于 2.7% 阶段,因二次裂解形成的有机孔体积达到最高值,页岩储层孔隙度主要受成岩作用影响导致孔隙度随成熟度增加而减小。

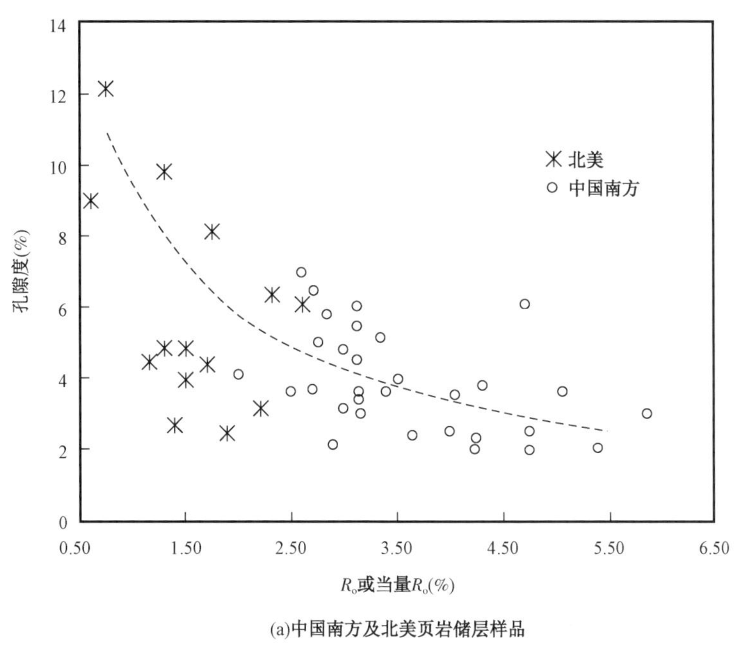

(a)中国南方及北美页岩储层样品

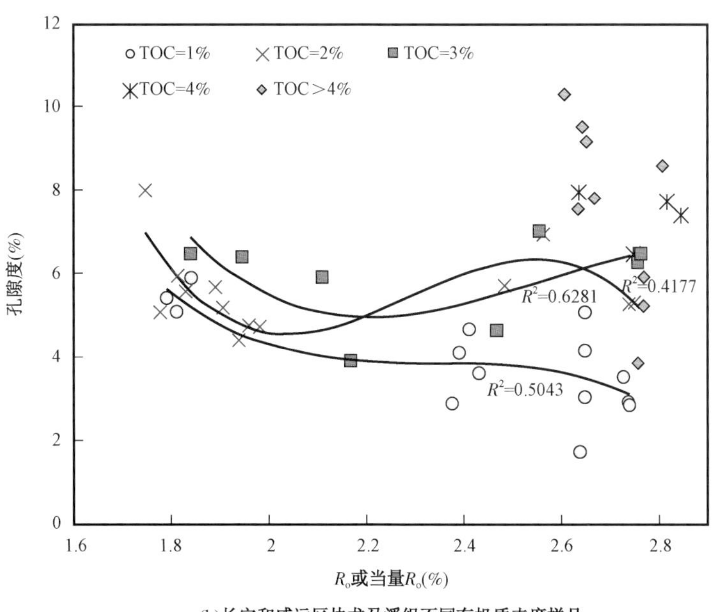

(b)长宁和威远区块龙马溪组不同有机质丰度样品

图1-2-19 有机质成熟度与页岩孔隙度关系图

3)成岩作用对孔隙度的影响

成岩作用对页岩储层孔隙的研究非常关键，成岩作用类型及强度对无机孔和有机孔的发育都有不同程度的影响。通过岩石薄片、扫描电镜、X射线衍射等实验分析，四川盆地龙马溪组页岩储层具有压实作用、胶结作用、黏土矿物转化作用、交代作用、溶蚀作用、有机质热成熟作用以及构造破裂作用等多种成岩作用，成岩演化达到中成岩B亚段—晚成岩阶段。由于四川盆地龙马溪组页岩源储一体的特征，因此其成岩过程也分为有机成岩过程和无机成岩过程，其中有机成岩过程即烃类演化过程，即前文有机质成熟度对孔隙度的控制作用，无机成岩过程与其他碎屑岩一致。

为深入分析无机成岩作用对页岩储层的控制作用，必须将有机孔和无机孔进行定量化，一般将同一层段页岩储层孔隙度与TOC交汇曲线中的孔隙度截距作为无机孔孔隙度。刘文平等(2017)选取长宁地区N1、N3井和威远区块W1井龙马溪组TOC介于0~2%的样品(同一口井内样品位置分布集中、有机质成熟度基本相同)进行研究，结果表明成熟度越高(无机成岩作用越强)，无机孔孔隙度越低(图1-2-20)。同时，页岩储层整体处于晚成岩阶段，主要以弱胶结、交代作用为主，原生无机孔保留极少，次生溶蚀孔不再生成，该阶段对无机孔的影响较弱，成熟度由2.41%增加至2.55%，无机孔仅从1.0%降低至0.5%，尽管降幅达到50%，但绝对量较小。因此，有机成岩作用对四川盆地龙马溪组页岩储层孔隙度的影响强于无机成岩作用。

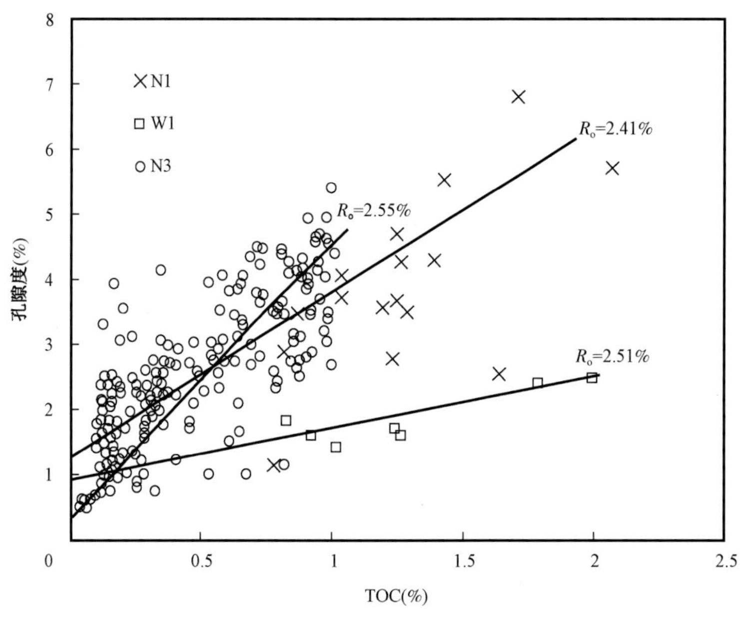

图1-2-20　长宁、威远区块无机成岩作用对无机孔孔隙度的影响

4)构造作用对孔隙度的影响

目前国内外关于构造作用对页岩储层孔隙影响有一定研究，与断层发育的构造强烈改造部位页岩相比，构造稳定部位的页岩孔隙度及孔隙体积均明显偏高，构造作用对比表面积的影响不明显。构造部位和挤压强度不同，对孔隙度影响不同。威远地区和焦石坝地区构造作用较弱，长宁地区受NE-SW方向应力挤压成背斜，但作用较弱。丰都地区紧邻焦石坝地区，但逆断层发育。巫溪地区为大巴山断裂带，受的挤压变形强烈。

通过对丰都、巫溪、长宁、威远和焦石坝等区块具有相同有机质丰度样品的孔隙度特征分析，威远和焦石坝区块构造作用最弱，孔隙度最高，丰都和巫溪区块构造作用最强，孔隙度最低（表1－2－4）。尤其是焦石坝区块JY1井和丰都区块B1井直线距离仅7km，且丰都区块断层主要在喜山期形成，即两口井的龙马溪组页岩具有相同的沉积环境、成熟度和成岩作用，但由于不同的构造作用影响，在孔隙度上表现出两种完全不同的特征：有机碳含量从2%增加到4%，B1井孔隙度从1.8%增加至3.0%，JY1井孔隙度从7.0%降低至4.5%，X2井和JY1井具有相同的趋势，而N3井及B1井则刚好相反。

表1－2－4　四川盆地不同构造作用下相同有机质丰度龙马溪组样品孔隙度分布统计表

区块	井号	构造类型	孔隙度（%）		
			TOC＝2%	TOC＝3%	TOC＝4%
丰都	B1	断层＋较强挤压	1.8	2.4	3.0
巫溪	X2	强挤压	2.5	2.4	2.0
长宁	N3	弱挤压	5.3	6.3	6.5
威远	W4	弱构造	7.4	7.2	8.7
焦石坝	JY1	弱构造	7.0	5.0	4.5

由于烃类滞留在孔隙中对孔隙空间有较好的保护作用，因此，构造作用对页岩孔隙的影响需要结合生烃史进行综合研究。若主要构造作用在生烃高峰期之前，则早期构造挤压对页岩孔隙的破坏作用明显，此后的断裂活动对页岩孔隙的影响降低；若主要构造作用在生烃高峰期之后，则构造挤压对孔隙的破坏作用较弱，但是在断裂发育区域，由于烃类大量散失造成支撑孔隙空间的压力减小，再受挤压作用则会严重破坏页岩孔隙。

4. 含气性指标

页岩气赋存状态与常规天然气有所不同，常规天然气赋存状态是以游离态为主，而页岩气赋存状态是以游离态和吸附态为主。页岩含气量是指每吨页岩中所含天然气折算到标准温度和压力条件下（101.325kPa，0℃）的天然气总量。它是页岩气储层评价中的重要指标。

页岩含气量测定方法可以分为两类，一类是直接法（解吸法），其原理是将新鲜岩心密闭解吸，测得实际解吸量，然后通过经验公式推算岩心被密闭前损失的气量，而在解吸结束后测试岩心中的残余气体，最后总和三者得到总的含气量；另一类是间接法，依据页岩气存在的两种主要赋存状态，通过获取游离气量和吸附气量后总和而得。

1）游离气含量影响因素

页岩中游离气赋存状态与常规天然气赋存状态类似，游离气含量主要受孔隙度、含水饱和度和地层压力等因素的影响，考虑到页岩中吸附态甲烷占孔隙体积，在计算游离气含量时需要剔除该部分孔隙的体积。页岩中游离气含量计算公式如下：

$$V_F = \frac{\phi \times (1 - S_w) - \phi_s}{\rho} \times \frac{p_0 \times 273.15}{0.101325 \times (273.15 + T_0)} \quad (1-2-1)$$

式中 V_F——游离气含量,m^3/t;

ϕ——孔隙度,%;

S_w——含水饱和度,%;

ρ——密度,g/cm^3;

ϕ_s——吸附气所占孔隙度,%;

p_0——地层压力,MPa;

T_0——地层温度,℃。

孔隙度和含水饱和度影响着页岩中天然气的储存空间,孔隙度越大,含水饱和度越低,页岩中天然气的储存空间越大,越有利于游离气的赋存。宁203井龙马溪组取心段实测孔隙度为0.7%~8.0%,从顶部到底部有逐渐增大的趋势(图1-2-21);含水饱和度为14.6%~98.8%,从顶部到底部有逐渐减小的趋势。含气孔隙度为孔隙中气体所占的孔隙度,是孔隙度与含气饱和度的乘积,龙马溪组页岩段含气孔隙度为0.3%~3.7%,从顶部到底部亦有逐渐增大的趋势。整体上,孔隙度和含水饱和度变化幅度大,相应的含气孔隙度变化范围大,对游离气含量的变化影响较大。

表1-2-5 宁203井龙马溪底部优质页岩物性统计(实验数据)

分层	深度(m)/厚度(m)	孔隙度(%)	含水饱和度(%)	含气孔隙度(%)
龙马溪组	2075~2394.2/319.2	0.7~8.0	14.6~98.8	0.3~3.7
优质页岩段	2363~2396.4/33.4	3.8~8.0	14.6~44.2	2.3~6.2
		5.2(平均)	27.0(平均)	3.8(平均)

对宁203井龙一$_1$下段—五峰组优质页岩段孔隙度和含水饱和度实验数据统计表明,优质页岩段孔隙度为3.8%~8.0%,平均5.2%,含水饱和度为14.6%~44.2%,平均为27.0%,含气饱和度为2.3%~6.2%,平均为3.8%,该层段相对龙马溪组其他层段,页岩孔隙度大,含水饱和度小,对应的游离气含量最大,说明孔隙度和含水饱和度对游离气含量有重要影响。

近年来国内外较多学者认为吸附态甲烷是占一定孔隙空间的,即在计算游离气含量时,需要剔除吸附态甲烷所占的孔隙空间。通过调研国内外研究成果,认为甲烷吸附态密度为0.34~0.42g/cm^3,平均为0.38g/cm^3,根据甲烷吸附态密度数据,对密度为2.5g/cm^3的页岩样品中不同吸附气量下的吸附态所占孔隙度进行了计算,计算结果表明甲烷密度取0.38g/cm^3时,1m^3/t吸附气量占孔隙度为0.47%,2m^3/t吸附气量占孔隙度为0.94%,3m^3/t吸附气量占孔隙度为1.41%。由上可见甲烷吸附态是占一定孔隙体积的,忽略甲烷吸附态所占体积,计算出的游离气含量是偏大的,因此在计算游离气含量时应该考虑吸附态所占体积。

地层压力是地层条件下岩石孔隙中流体的压力,地层压力越大,地层条件下岩石孔隙中单位体积游离气转换到标准温压条件下的体积越大。游离气含量与地层压力成正比,其他条件一定时,地层压力越大,游离气含量越高(图1-2-22)。对长宁地区页岩气评价井龙马溪组优质页岩段地层压力与游离气含量统计表明,优质页岩段所测地层压力变化范围大,为6.708~

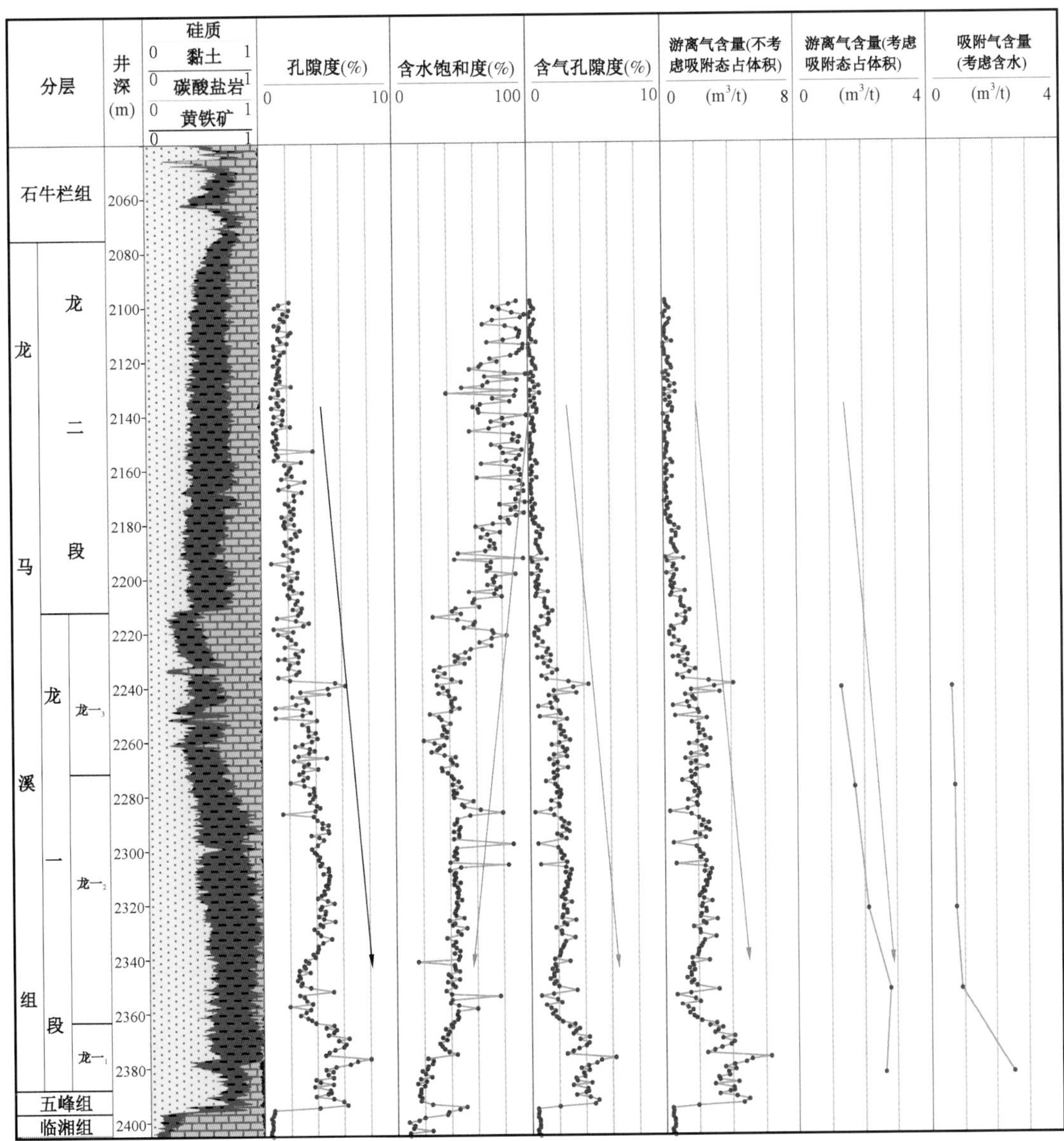

图 1-2-21 宁 203 井龙马溪组页岩随深度变化情况

61.02MPa，游离气含量为 0.67～4.09m³/t。对比发现，龙马溪优质页岩段游离气含量与地层压力有较好的正相关性，表明地层压力对游离气含量有重要的影响。

2）吸附气含量影响因素

物质在固体表面上或孔隙容积内积聚的现象被称为吸附，其中被吸附物质称为吸附质。吸附又分为物理吸附和化学吸附两种。物理吸附又称之为范德华吸附，在物理吸附过程中，吸附质与吸附剂之间为分子间作用力，被吸附分子的化学性质保持不变，并且吸附过程与解吸附过程为可逆的；化学吸附过程中，吸附质与吸附剂在相界面上发生化学反应，相互作用的成分间发生电子重新分配，相互作用力为化学键，吸附与解吸附是不可逆的。

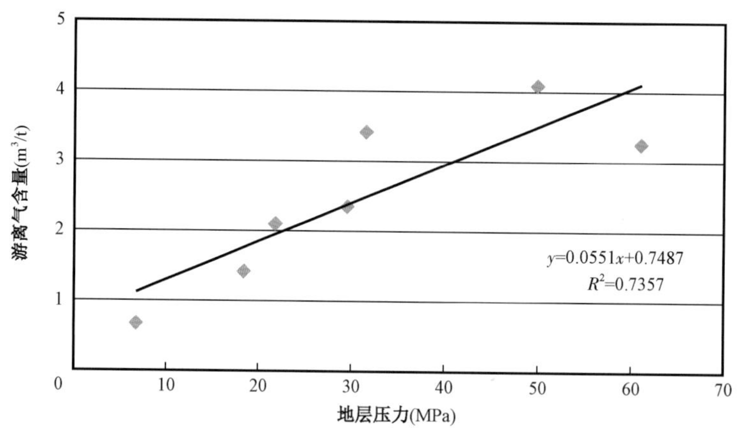

图 1-2-22　长宁地区龙马溪组优质页岩段地层压力与游离气含量相关性分析图

页岩气是页岩地层中赋存的天然气，气体成分以甲烷为主，甲烷分子在岩石上的吸附为物理吸附。根据煤层气领域的相关研究成果，认为甲烷在岩石表面的吸附为单层分子吸附，符合兰格缪尔方程，如式(1-2-2)，对应兰格缪尔等温吸附曲线如图 1-2-23 所示。

$$V_s = \frac{p_0 \times V_L}{p_0 + p_L} \tag{1-2-2}$$

式中　V_s——压力为 p 时的吸附量，m^3/t；

p_0——地层压力，kPa；

V_L——兰氏体积(m^3/t)；

p_L——兰氏压力(kPa)。

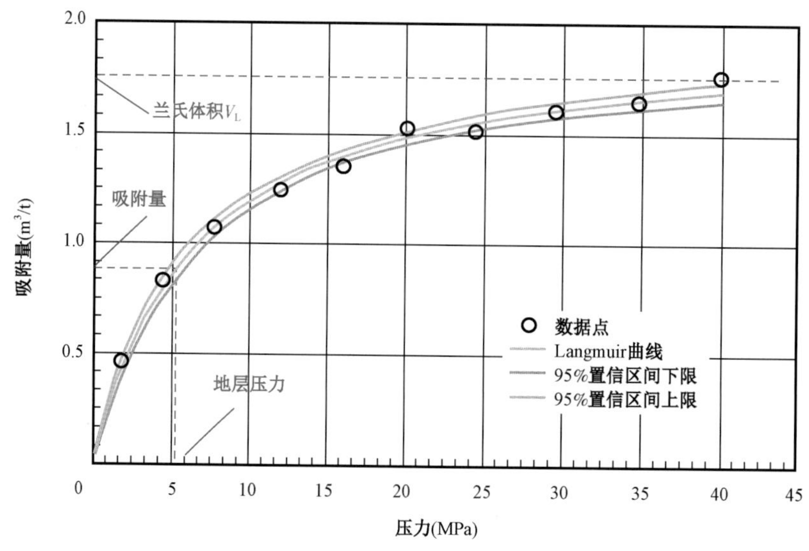

图 1-2-23　兰格缪尔等温吸附曲线

等温吸附方程中兰氏体积 V_L 为理论上每吨岩石所能吸附气体的最大体积，兰氏压力 p_L 为二分之一兰氏体积所对应的等温吸附曲线上的压力。根据等温吸附方程，地层压力所对应的等温吸附曲线上的吸附量，即为该地层压力条件下的最大吸附能力。

地层条件下的实际吸附量与最大吸附量的比值为吸附饱和度，对于煤层气藏而言，煤层气赋存状态以吸附态为主，吸附态通常达不到饱和，即吸附饱和度小于 1，因此，煤层气井的产出通常需要经过一段时间的排水降压阶段，随着地层水的排出，地层压力降低，煤层的最大吸附能力也会随压力的降低而降低，当对应地层压力的最大吸附能力降低到小于实际吸附量时，吸附气会发生解吸，并转化为游离态，进而游离态的天然气随着压降漏斗流入井底，从井口产出。

而对于页岩气藏而言，与煤层气藏一样都是“自生自储”，即作为烃源岩，又作为储层，在有机质热演化生烃过程中先要满足页岩层自身的吸附量，当所生成的天然气量超出自身吸附能力时，超过吸附能力的天然气便以游离态存在页岩层中，达到排烃条件后即发生排烃。

大量国内外研究表明，页岩气赋存状态是以游离态和吸附态为主，游离气的存在说明吸附气已经达到对应地层压力的最大吸附量。所以，对于页岩气，地层压力所对应的等温吸附曲线上的吸附量，即为页岩地层条件的吸附量。

宁 203 井龙马溪组 9 块页岩样品兰氏体积范围为 1.34 ~ 4.37m^3/t，平均为 2.41m^3/t，从龙马溪组顶部到底部兰氏体积有增大的趋势，龙马溪组底部龙一$_1$ 页岩段兰氏体积最大，如图 1－2－24 所示。

另外，对 7 口评价井龙马溪组全段共 46 样次等温吸附实验结果中，页岩兰氏体积与吸附气量进行相关性分析（图 1－2－25），表明兰氏体积与吸附气量相关性好，也进一步说明兰氏体积对吸附量有重要的影响。

进一步分析表明，有机碳含量、地层温度与兰氏体积也有较好的相关性（图 1－2－26、图 1－2－27），说明有机碳含量和温度是影响兰氏体积的主要因素。

5. 岩石力学指标

页岩气储层具有低孔、超低渗特征，其开采主要依赖水平井水力压裂。在实施水力压裂方案设计之前，要对储层岩石脆性进行评价。目前，页岩脆性评价方法较多，常用的主要分为基于矿物组分的脆性评价法和基于弹性参数的脆性评价法。

岩石矿物组分是影响力学性质的重要因素，众多学者开展了基于岩石矿物成分的岩石脆性评价工作。总体而言，黏土矿物是公认的塑性矿物，而石英和长石是公认的脆性矿物，对于碳酸盐矿物不同学者间则稍有分歧，部分学者认为其为脆性矿物，部分学者则认为其不应归于脆性矿物之列。基本的思路为通过计算脆性矿物所占比重多少来确定岩石脆性值大小。

另一种常用的脆性评价法为基于弹性参数的脆性评价法。弹性模量和泊松比是岩石力学里两个重要的弹性参数。其中杨氏模量是表征物体弹性变形难易程度的指标，其值越大，发生一定弹性变形的应力也越大，发生弹性变形越小。杨氏模量越大，表明页岩脆性越好，越有利于水力压裂。泊松比是指在单向受拉或受压时，横向正应变与轴向正应变的绝对值的比值。岩石泊松比越小，岩石脆性越强。

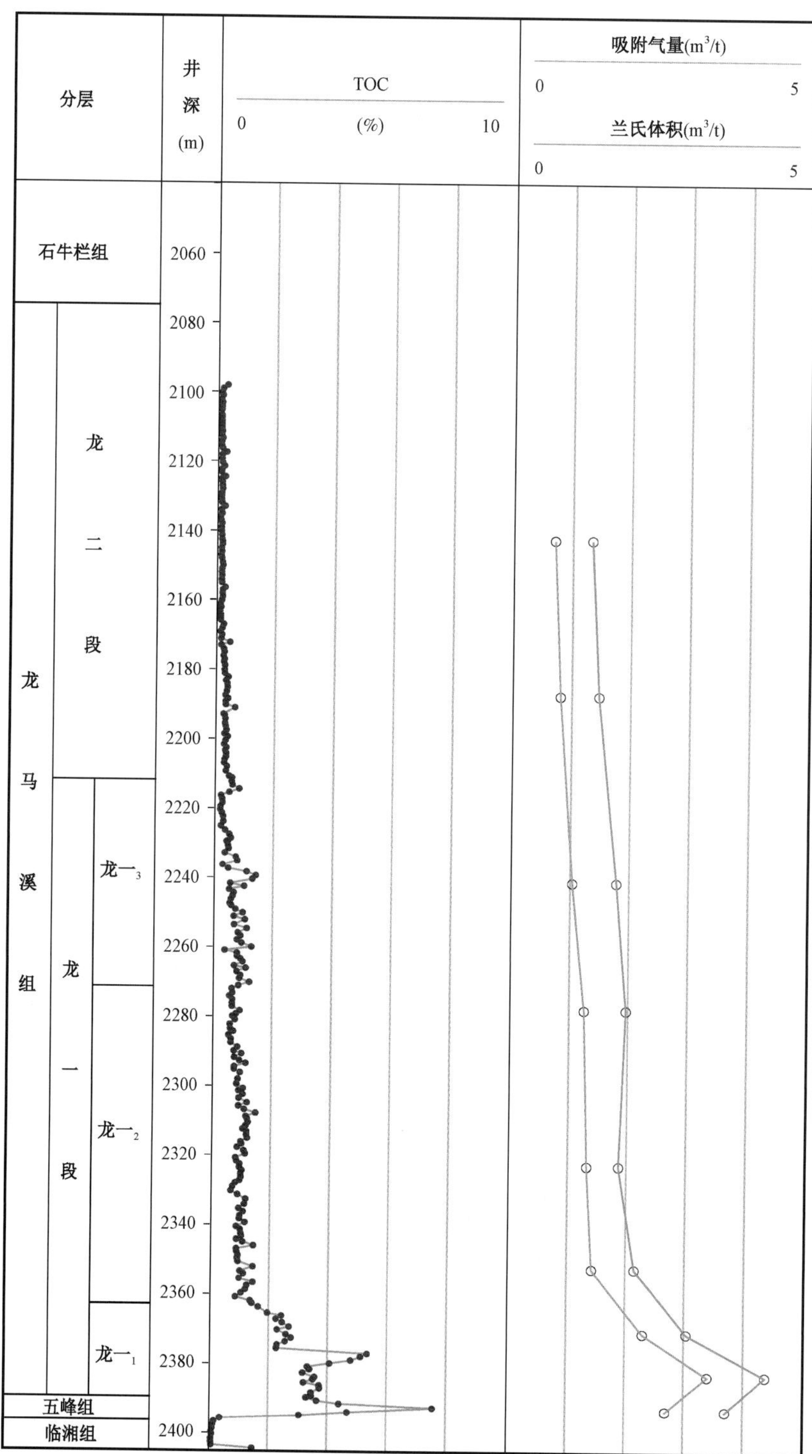

图 1-2-24　宁 203 井龙马溪组页岩兰氏体积和吸附气量随深度变化情况

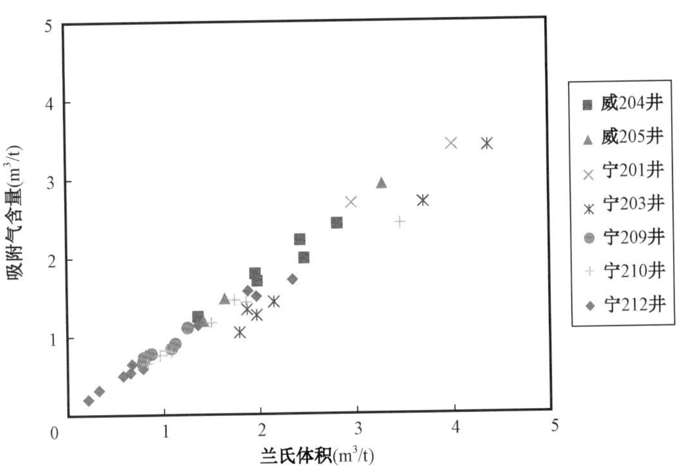

图 1－2－25　蜀南地区龙马溪组页岩兰氏体积和吸附气量关系图

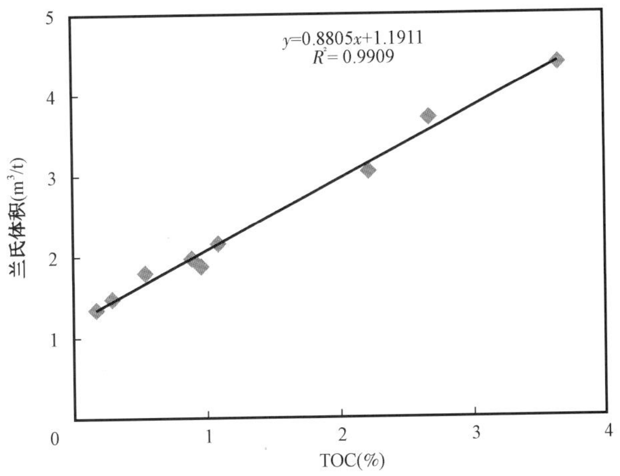

图 1－2－26　宁 203 井龙马溪页岩 TOC 含量与兰氏体积相关性分析

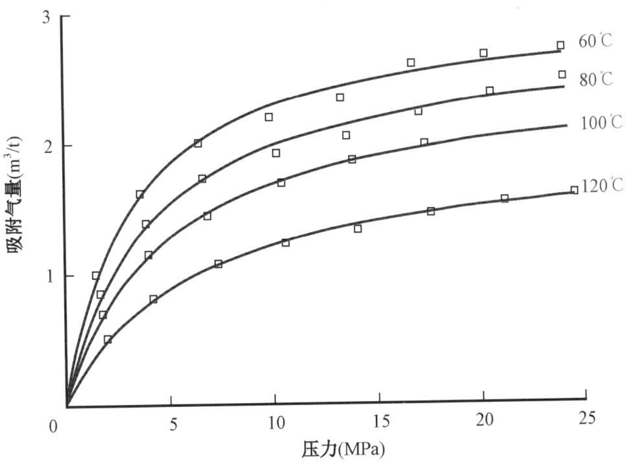

图 1－2－27　威 206 井页岩样品不同温度条件下等温吸附曲线

6. 地层特征参数指标

1)埋深

足够的埋深能够提供有机质向油气转化所必需的温度和压力,多期次的抬升导致埋深变化使得泥页岩中的有机质可以多期次的进入生烃门限。同时,埋深的变化导致地层温度、压力变化,从而使得页岩中吸附气与游离气的比例发生变化。图1-2-28为长宁、威远地区井深与压力系数关系图,二者表现出良好的正相关关系,井深2000m时,对应地层压力系数约1.0,井深超过2250m时,对应压力系数大于1.2。

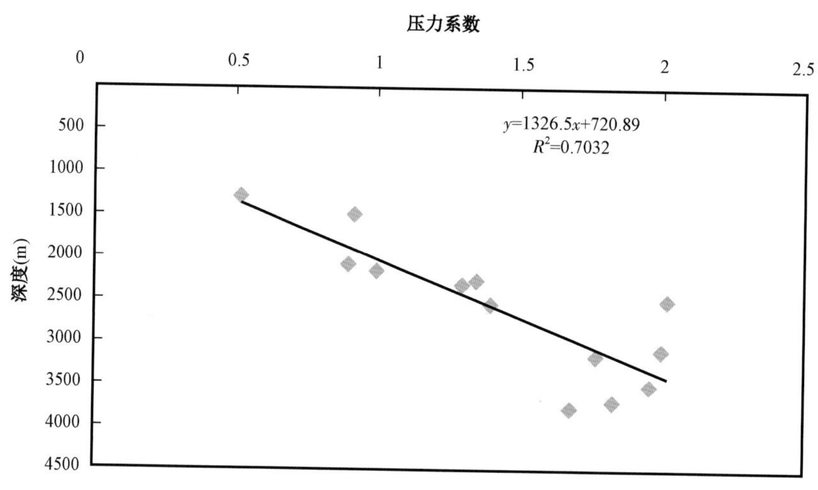

图1-2-28　长宁、威远地区井深与压力系数关系图

2)储层厚度

与常规油气储层评价一样,页岩储层必须要达到一定的厚度才能成为有效储层。在海相沉积体系中,富有机质页岩主要形成于盆地相、陆棚相、台地坳陷等水体较深且相对稳定的环境中,因此海相页岩通常具有广泛的分布范围。在TOC大于2%且热成熟度处于生气窗以上演化阶段的条件限定下,页岩厚度越大,所含有机质总量就越大,天然气生成量与滞留量就越大,页岩气藏的含气丰度就越高。

根据北美地区主力页岩气藏统计资料,页岩储层的厚度一般都在30m以上。页岩储层厚度越厚,页岩气资源越丰富,其勘探潜力亦越大。根据北美地区的勘探实践情况,满足商业开采的页岩储层厚度一般在15m以上,核心区一般在30~50m以上。页岩厚度控制着页岩气藏的经济效益,根据页岩厚度及展布范围可以判断页岩气藏的边界。虽然目前对于页岩成藏的最小厚度还没有统一的认识,但一般认为,页岩厚度越大资源量就越大。

长宁—威远示范区五峰组—龙马溪组页岩储层主要分布在龙马溪组底部(含五峰组),其厚度一般分布在30~50m之间,尤其是底部伽马值最高段的龙一$_1$下亚段有机质最丰富(TOC值一般为3%~6%),厚度一般分布在15~25m之间,为目前勘探的主要目的层段。

7. 保存条件指标

1) 距剥蚀线距离

抬升剥蚀造成优质页岩储层段以上岩层厚度减薄，甚至出露地表，上覆地层压力减小而破坏了原有的平衡状态，从而导致页岩气的逸散。在威远、长宁地区受强烈构造运动影响，地层挤压剧烈，剥蚀量相对较大，部分地区志留系地层出露地表，甚至背斜核部遭大量剥蚀。抬升剥蚀使得优质页岩储层段顶部盖层遭到破坏，从而导致页岩气的散失。在远离剥蚀区地区，优质页岩储层段顶底板相对完整，优质页岩深埋于地下，相应的保存条件伴随这个距离的增大而逐渐变好。

图 1－2－29 为威远地区井距剥蚀边界距离与压力系数相关图，显而易见，伴随距剥蚀边界距离的增大，地层压力系数呈现明显增大的趋势，即地层的保存条件逐渐变好。但压力系数也不是一直增大，而是呈逐渐减缓的趋势，当距离超过 20km 之后，增幅明显变缓。据此图，我们还可以得到两个经验数据，即据剥蚀线距离 8km 以上，地层压力系数可达 1.0，而距离 10km 以上，压力系数可达 1.2，在以后页岩气选区评价过程中可参考该数据。

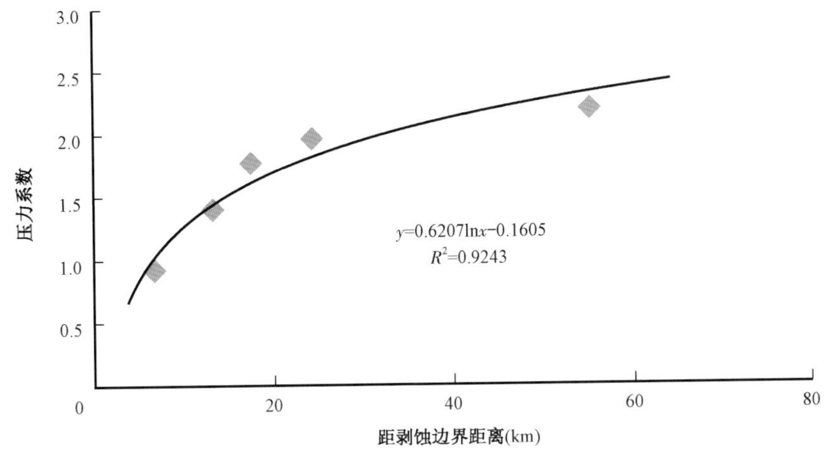

图 1－2－29 威远地区井距剥蚀边界距离与压力系数关系图

2) 压力系数

地层压力系数是页岩气保存条件的综合指标。一般而言，页岩气藏若呈现出异常高压特征，可能意味着页岩在生成油气漫长的地质历史时期，未发生过大规模运移或破坏、散失而被更多地保存下来。在异常高压条件下，页岩储层的孔隙度、渗透率以及含气量均可得以增加。因此，一般情况下，页岩储层品质随压力系数的增加而增加。四川盆地下古生界页岩气钻井实践也表明，高产井均存在异常高压现象，而低产井和微含气井一般都为常压页岩气层。这就说明较高的压力系数体现了页岩气藏好的保存条件，低的压力系数则代表保存条件差。

二、页岩储层评价方法

国外油气公司在页岩气勘探开发过程中形成了一系列的储层评价方法与技术系列（表

1－2－6)，各公司虽侧重点有所差异，但总体而言，选择的评价参数却基本一致，这些参数几乎囊括了地化特征、物性特征、岩矿特征、含气性特征、岩石力学特征和地层特征等。

表1－2－6　国外油气公司页岩储层评价参数表

公司	评价参数
雪佛龙	TOC、有机质热成熟度、优质页岩厚度、脆性物质含量、地层埋深、压力、沉积环境、构造复杂性
埃克森美孚	TOC、有机质热成熟度、气藏压力、页岩净厚度、空间展布、可压性、裂缝及其类型，含气量(吸附气与游离气比例)、孔隙类型及大小、埋深、岩性、气体组分
英国石油(BP)	TOC、页岩空间展布、脆性矿物含量、压力系数、有机质热成熟度、孔隙度、有效厚度
哈利伯顿	TOC、脆性矿物含量、黏土矿物含量、有机质热成熟度、孔隙度、渗透率、有效厚度

虽然四川盆地龙马溪组页岩储层和北美主要页岩气产气盆地的多数参数基本相当，但通过研究发现，四川盆地与北美相比至少存在4个不利因素：(1)四川盆地所处扬子地台经历的构造运动次数多而且剧烈，所以页岩气藏经历的改造历史和保存条件显然不同于北美地台。(2)四川盆地页岩气有利区有机质演化程度处于高—过成熟阶段，而美国页岩气主要处于高成熟阶段。随着成熟度增加，页岩气藏的成藏条件会有哪些变化目前还不十分清楚。(3)四川盆地页岩气藏埋深小于3000m的相对较少，部分页岩储层埋深可超过5000m，而美国泥盆系、密西西比系页岩埋深范围介于1000～3500m。(4)四川盆地页岩气有利区多处于丘陵—低山地区，地表条件比北美地区复杂得多。

在借鉴国外油公司页岩气储层评价方法的基础上，结合近几年来在四川盆地及其周边地区开展的海相页岩气开采试验工作，提出了适合四川盆地页岩气勘探开发的储层评价参数与阈值。与国外油公司页岩储层评价方法相比，重点增加了对页岩储层保存条件的评价。

表1－2－7　四川盆地海相页岩储层评价参数及阈值

类别	评价项目	阈值
地化特征	有机碳(%)	>2
	成熟度(%)	>1.35且<3.5
岩矿特征	脆性矿物(%)	>40
	黏土矿物(%)	<40
物性特征	孔隙度(%)	>2
	渗透率(nD)	>100
	含水饱和度(%)	<45
含气性特征	含气量(m^3/t)	>2
岩石力学特征	杨氏模量(MPa)	$>2.07\times10^4$
	泊松比	<0.25
地层特征	优质页岩厚度(m)	>30
	埋深(m)	<4000
保存条件	压力系数	>1.2
	距剥蚀线距离(km)	>7～8

在此基础上，优选了TOC、有效孔隙度、脆性指数和总含气量四个指标，进一步制定了页岩储层分级评价标准。其大致分级评价原则为：按照页岩储层评价中重点考虑的四个关键点（生气潜力、储集物性、宜开采性和含气性），分别选取有机碳含量（TOC）、孔隙度、脆性矿物含量以及含气量四个参数作为四大类别的代表，将页岩储层分为Ⅰ、Ⅱ、Ⅲ三类。Ⅰ类储层必须满足：(1)TOC≥3%；(2)总含气量≥3m³/t；(3)有效孔隙度≥5%；(4)脆性矿物≥55%；Ⅱ类储层须满足：(1)TOC介于2%～3%；(2)总含气量介于2～3m³/t；(3)有效孔隙度介于3%～5%；(4)脆性矿物含量介于45%～55%；Ⅲ类储层须满足：(1)TOC介于1%～2%；(2)总含气量介于1～2m³/t；(3)有效孔隙度介于2%～3%；(4)脆性矿物含量介于30%～45%。

表1-2-8 页岩储层分类标准

参数	页岩储层		
	Ⅰ类	Ⅱ类	Ⅲ类
TOC(%)	≥3	2～3	1～2
有效孔隙度(%)	≥5	3～5	2～3
脆性指数(%)	≥55	45～55	30～45
总含气量(m^3/t)	≥3	2～3	1～2

第三节 开发有利目标优选指标与方法

页岩气开发有利目标优选是根据页岩空间展布、地化特征、储层特征等地质特征选区评价的基础上，优选能够获得高产工业气流和具有商业开采价值的核心建产区。因此，开发有利目标优选就包含了两方面的内容，一是优选地质上的页岩气富集区，二是优选工程上易于实施的目标。

一、开发有利目标优选指标

1. Ⅰ类+Ⅱ类优质页岩厚度

优质页岩厚度是开发有利目标优选的最重要指标之一，通常应该选取优质页岩厚度大且稳定分布的区域。在四川盆地龙马溪组页岩勘探开发实践中，将Ⅰ类与Ⅱ类储层定义为优质页岩储层，且页岩储层的分级标准是由有机碳含量、孔隙度、脆性指数和总含气量四个参数共同控制的。因此，在页岩气开发有利目标优选过程中，选择使用优质页岩厚度这一综合参数来进行评价，可有效地避免因为参数过多而导致复杂不易实施的问题。此外，在北美页岩气开发实践中还发现，页岩气直井测试产量与优质页岩厚度存在一定的正相关关系。北美地区满足商业开采的页岩储层厚度一般在15m以上，且核心区一般在30m以上。结合四川盆地实际情况，将Ⅰ+Ⅱ类优质页岩储层厚度下限设为20m。

2. 压力系数

压力系数是指地层压力与同一深度静水压力的比值，它是表征页岩储层保存条件最直观的指标。同时,压力系数在一定程度上影响着页岩含气量和单井初始测试产量(图1-3-1),高的压力系数是天然气富集的标志,通常意味着高含气量与高测试产量。这在北美主要页岩气产区和四川盆地威远、长宁地区页岩气开发实践中都得到了良好的证实。因此,压力系数也是开发有利目标优选的重要指标之一,通常压力系数大于1.2时(含气量大于$3m^3/t$),直井测试产量大于$1\times10^4m^3/d$。

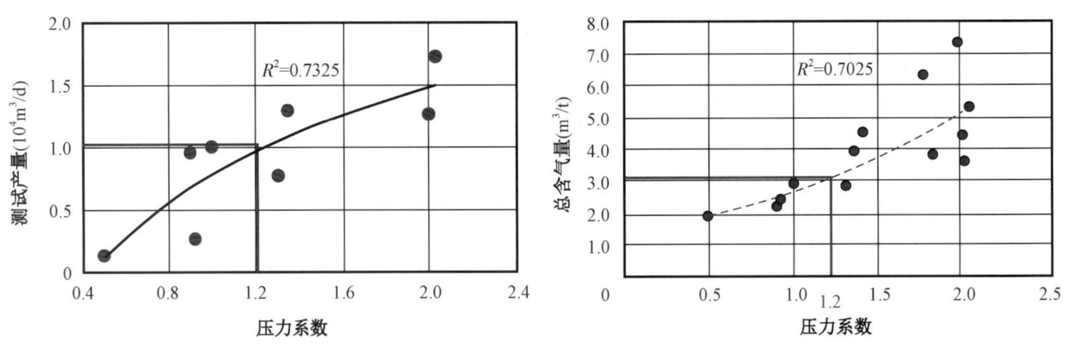

图1-3-1　蜀南地区龙马溪组地层压力系数与单井测试产量和总含气量关系图

3. 埋深

页岩气的商业开发主要是依靠水平井和大型水力压裂,而水平井钻井和压裂工艺又较大程度地受到地层埋深的影响,因此,优质页岩储层埋深就成为页岩气开发有利区优选中的重要因素。埋深相对较浅的页岩储层开发更具有经济效益,工程上也更易于实施,埋深太大对开发成本和工艺都提出了更为严格的要求,但伴随着页岩气开发配套技术的不断提升和开发成本的不断降低,埋深对于页岩气开发的限制将会逐渐削弱。

四川盆地页岩气开发过程中已经形成了页岩气水平井钻完井与体积压裂技术,基本解决了3500m以内浅页岩储层体积改造问题。对于埋深超过3500m的页岩储层,水平井钻井井深将超过5000m,压裂工程作业难度增大,工程施工的稳定性还需进一步提升。因此,在现阶段工艺水平状况下,优先选择埋深小于3500m的区域作为开发有利目标。

4. 地面条件

为了降低生产成本,提高内部收益率,页岩气的开采需要利用大量的水平井实现对地下资源的动用,为了降低井场的建设成本,还需要采用丛式井的开发方式,而且储层改造中需要用到大量的水资源。因此,地面条件是选区评价中需要考虑的因素之一。

与北美地区地广人稀、地形平坦、水源丰富的情况相比,四川盆地页岩气富集区主要集中在山区,地面条件复杂,水资源缺乏,对有利开发目标的选择就不应该仅仅考虑地下资源状况,对于地面条件的评价同样是必要的。

地面条件主要包括地形、水系、可工作区域(避开城市规划区、风景区、煤矿等)等评价内容。地形条件和水源决定了页岩气开发的难易程度和开发成本。页岩气作为连续大面积成藏的非常规资源,需要依靠大量水平井平台来充分动用地下资源,而地形条件则极大地制约了井场位置的选择。同时,由于页岩储层低孔特低渗的特征,需要大型水力压裂对储层进行人工改造,一般来说,页岩气开发具有“万吨水,千吨砂”之说。因此,其对水资源的需求也明显高于常规储层。地面可工作区域受城市规划区、风景区、煤矿等共同控制,川南地区存在大量煤矿采空区,这些区域无法进行钻井作业,因此在有利开发目标优选过程中要注意避让。

二、开发有利目标优选方法

有利开发目标的优选不但需要静态地质参数的优异,还需要工程上的易于实施;不但需要地下资源的富集,还需要地面条件的可行。在此基础上,本文建立了适合四川盆地海相页岩气有利开发目标优选的标准。

表 1-3-1 四川盆地页岩气开发有利目标优选指标

Ⅰ类+Ⅱ类优质页岩厚度	压力系数	埋藏深度	地面条件
大于20m	>1.2(同时含气量大于3m^3/t,直井测试产量大于$1\times10^4m^3$/d)	<3500m	满足井场部署需要

优选方法通常采用单因素分析、多因素综合叠加法。具体操作步骤为:通过区内地质资料、钻井资料、测井和地震解释成果,形成优质页岩厚度、压力系数、埋深以及地面条件四张基础地质图件,分别从单因素角度考虑其对应的有利区分布范围;在此基础上叠加四张图件,重叠的有利区范围即为最终优选出的开发有利目标。该方法所需要的基础资料众多,涉及分析实验数据、测井与地震解释成果和钻井资料等,单参数对有利区优选结果影响较大。通常是资料越多、精度越高,最终优选结果的准确性也就越高。

参考文献

[1] Potter P E, Maynard J B, Depetris P J. Mud and Mudstones[M]. Germany: Springer, 2005.

[2] Aplin A C, Macquaker J H S. Mudstone diversity: Origin and implications for source, seal, and reservoir properties in petroleum systems[J]. AAPG Bulletin, 2011, 95(12): 2031-2059.

[3] Shalaby M R, Hakimi M H, Abdullah W H. Organic geochemical characteristics and interpreted depositional environment of the Khatatba Formation, northern Western Desert, Egypt[J]. AAPG Bulletin, 2012, 96(11): 2019-2036.

[4] Filani A, Hanson A D, Chen Z Z, et al. Geochemical characteristics of oil and source rocks and implications for petroleum systems, Talara basin, northwest Peru[J]. AAPG Bulletin, 2005, 89(11): 1519-1545.

[5] Jarvie D M, Hill R J, Ruble T E, et al. Unconventional shale-gas systems: The Mississippian Barnett Shale of north-central Texas as one model for thermogenic shale-gas assessment[J]. AAPG Bulletin, 2007, 91(4): 475-499.

[6] Ross D J K, Bustin R M. Characterizing the shale gas resource potential of Devonian-Mississippian strata in the Western Canada sedimentary basin: Application of an integrated formation evaluation[J]. AAPG Bulletin, 2008, 92(1): 87-125.

[7] Kinley T J, Cook L W, Breyer J A, et al. Hydrocarbon potential of the Barnett Shale (Mississippian), Delaware Basin, west Texas and southeastern New Mexico[J]. AAPG Bulletin, 2008, 92(8): 967-991.

[8] Montgomery S L, Jarvie D M, Bowker K A, et al. Mississippian Barnett Shale, Fort Worth basin, north-central Texas: Gas-shale play with multi-trillion cubic foot potential[J]. AAPG Bulletin, 2005, 89(2): 155-175.

[9] Rodriguez N D, Philp R P. Geochemical characterization of gases from the Mississippian Barnett Shale, Fort Worth Basin, Texas[J]. AAPG Bulletin, 2010, 94(11): 1641-1656.

[10] Pollastro R M. Total petroleum system assessment of undiscovered resources in the giant Barnett Shale continuous (unconventional) gas accumulation, Fort Worth Basin, Texas[J]. AAPG Bulletin, 2007, 91(4): 551-578.

[11]《页岩气地质与勘探开发实践丛书》编委会．中国页岩气地质研究进展[M]．北京：石油工业出版社，2011.

[12] 王玉满，董大忠，李建忠，等．川南下志留统龙马溪组页岩气储层特征[J]．石油学报，2012，33(4)：551－561.

[13] 刘树根，马文辛，Luba Jansa，等．四川盆地东部地区下志留统龙马溪组页岩储层特征[J]．岩石学报，2011，27(8)：2239－2252.

[14] 刘树根，王世玉，孙玮，等．四川盆地及其周缘五峰组—龙马溪组黑色页岩特征[J]．成都理工大学学报(自然科学版)，2013，40(6)：621－639.

[15] 郭彤楼，张汉荣．四川盆地焦石坝页岩气田形成于富集高产模式[J]．石油勘探与开发，2014，41(1)：28－36.

[16] 曾祥亮，刘树根，黄文明，等．四川盆地志留系龙马溪组页岩与美国 Fort Worth 盆地石炭系 Barnett 组页岩地质特征对比[J]．地质通报，2011，30(2)：372－384.

[17] 蒋玉强，董大忠，漆麟，等．页岩气储层的基本特征及其评价[J]．天然气工业，2010，30(10)：7－12.

[18] 刘峰，蔡进功，吕炳全，等．下扬子五峰组上升流相烃源岩沉积特征[J]．同济大学学报(自然科学版)，2011，39(3)：440－444.

[19] 吕炳全，王红罡，胡望水，等．扬子地块东南古生代上升流沉积相及其与烃源岩的关系[J]．海洋地质与第四纪地质，2004，24(4)：29－35.

[20] 王同，杨克明，熊亮，等．川南地区五峰组—龙马溪组页岩层序地层及其对储层的控制[J]．石油学报，2015，36(8)：915－925.

[21] 王淑芳，邹才能，董大忠，等．四川盆地富有机质页岩硅质生物成因及对页岩气开发的意义[J]．北京大学学报(自然科学版)，2014，50(3)：476－486.

[22] Milliken K. L.，M. Rudnicki，D. N. Awwiller，et al. Organic matter－hosted pore system，Marcellus Formation (Devonian)，Pennsylvania：AAPG Bulletin，2013，97(2)：177－200.

[23] Pommer M，Milliken K. Pore types and pore－size distributions across thermal maturity，Eagle Ford Formation，southern Texas[J]. Aapg Bulletin，2015.

[24] Tian H，Pan L，Xiao XM，et al. A preliminary study on the pore characterization of Lower Silurian black shales in the Chuandong Thrust Fold Belt，southwestern China using low pressure N_2 adsorption and FE－SEM methods[J]. Mar Pet Geol. 2013，48：8－19.

[25] Löhr S C，Baruch E T，Hall P A，et al. Is organic pore development in gas shales influenced by the primary porosity and structure of thermally immature organic matter? [J]. Organic Geochemistry，2015，34(3)：249－57.

[26] 田华，张水昌，柳少波，等．压汞法和气体吸附法研究富有机质页岩孔隙特征[J]．石油学报，2012，33(03)：419－427.

[27] Wei M，Zhang L，Xiong Y，et al. Nanopore structure characterization for organic－rich shale using the non－local－density functional theory by a combination of N_2，and CO_2，adsorption[J]. Microporous&Mesoporous Materials，2016，227：88－94.

[28] 曹涛涛，宋之光，王思波，等．不同页岩及干酪根比表面积和孔隙结构的比较研究[J]．中国科学：地球科学，2015(2)：139－151.

[29] 曹涛涛，宋之光，刘光祥，等．氮气吸附法—压汞法分析页岩孔隙、分形特征及其影响因素[J]．油气地质与采收率，2016，23(02)：1－8.

[30] 牛露，朱如凯，王莉森，等．华北地区北部中—上元古界泥页岩储层特征及页岩气资源潜力[J]．石油学报，2015，36(6)：664－672，698.

[31] Xiao X M，Wei Q，Gai H F，et al. Main controlling factors and enrichment area evaluation of shale gas of the Lower Paleozoic marine strata in south China[J]. Petroleum Science，2015，12(4)：573－586.

[32] Curtis M E，Cardott B J，Sondergeld C H，et al. Development of organic porosity in the Woodford Shale with in-

creasing thermal maturity[J]. International Journal of Coal Geology,2012,103(23):26-31.

[33] 郭旭升,李宇平,刘若冰,等. 四川盆地焦石坝地区龙马溪组页岩微观孔隙结构特征及其控制因素[J]. 天然气工业,2014,34(06):9-16.

[34] 杨锐,何生,胡东风,等. 焦石坝地区五峰组—龙马溪组页岩孔隙结构特征及其主控因素[J]. 地质科技情报,2015(05):105-113.

[35] 姜振学,唐相路,李卓,等. 川东南地区龙马溪组页岩孔隙结构全孔径表征及其对含气性的控制[J]. 地学前缘,2016,23(02):126-134.

[36] 孔令明,万茂霞,严玉霞,等. 四川盆地志留系龙马溪组页岩储层成岩作用[J]. 天然气地球科学,2015,26(08):1547-1555.

[37] 王秀平,牟传龙,王启宇,等. 川南及邻区龙马溪组黑色岩系成岩作用[J]. 石油学报,2015,36(09):1035-1047.

[38] 李恒超,刘大永,彭平安,等. 构造作用对重庆及邻区龙马溪组页岩储集空间特征的影响[J]. 天然气地球科学,2015,26(09):1705-1711.

[39] 吉利明,吴远东,贺聪,等. 富有机质泥页岩高压生烃模拟与孔隙演化特征[J]. 石油学报,2016,37(02):172-181.

[40] 何治亮,聂海宽,张钰莹. 四川盆地及其周缘奥陶系五峰组—志留系龙马溪组页岩气富集主控因素分析[J]. 地学前缘,2016,23(02):8-17.

[41] 丰国秀,陈盛吉. 岩石中沥青反射率与镜质体反射率之间的关系[J]. 天然气工业,1988(3):7,30-35.

[42] 刘文平,张成林,高贵冬,等. 四川盆地龙马溪组页岩孔隙度控制因素及演化规律[J]. 石油学报,2017,38(2):175-184.

第二章　典型区块页岩气储层钻完井技术与实践

在页岩气勘探开发过程中，钻完井起了非常重要的作用，如寻找和证实含气构造、获得工业页岩气流、探明含气面积和储量、取得有关页岩气田的地质资料和开发数据、将页岩气从地下取到地面上来等，无一不是通过钻完井来完成，钻完井是勘探开发页岩气资源的重要环节与手段。长宁—威远页岩气示范区钻完井技术经历了探索、试验、推广阶段，各项技术日趋成熟，已形成了自主的页岩气钻完井技术系列。本章主要介绍了长宁—威远页岩气示范区钻完井理论和在水平井钻完井设计、钻井液、地质导向设计、提高固井质量等方面形成的适用性技术。

第一节　水平井钻完井设计技术及现场试验

一、页岩气水平井井身结构优化

1. 页岩气井井身结构设计原则

(1)生产套管的尺寸应与完井工具尺寸匹配，满足大规模分段体积压裂改造、采气工程及后期作业的要求；

(2)有利于减少漏、喷、垮、卡等井下复杂事故的发生，保证钻井施工安全；

(3)有利于保证固井质量，符合井筒完整性管理要求；

(4)有利于优化钻井技术的实施，缩短钻井周期；

(5)符合行业规范与标准。

2. 长宁页岩气井套管必封点分析

根据长宁页岩气示范区实践及前期钻井试验，认为长宁页岩气井套管必封点有以下两处：

必封点一：嘉二^{3}亚段以上地层易漏，飞一段—长兴组钻井过程中出现过气侵、气测异常等油气显示情况，表层套管必须下至嘉二^{3}亚段顶部，封固上部嘉陵江组易漏层，为下部钻井可能钻遇浅层气做好井控准备。针对山上地表条件复杂的井，导管下深必须超过山下河床底部50～100m左右。

必封点二：龙马溪组与上部易垮塌、漏失地层必须分隔；龙潭组易垮塌，茅口、栖霞组承压能力低，易井漏，下部龙马溪组页岩储层段需高密度钻井液来平衡页岩垮塌应力；技术套管需要封隔上部易漏层和低压层，为下部高密度钻井液钻进创造井筒条件。

3. 长宁页岩气水平井井身结构优化

长宁页岩气示范区所钻水平井井身结构经历了3个阶段的持续优化，形成了现阶段应用成熟的井身结构方案。

1) 第一阶段

N201-H1 井是 2010 年部署在长宁页岩气田的第一口页岩气先导试验水平井，采用“三开三完”的井身结构设计，ϕ444.5mm 钻头钻至 311m，下 ϕ339.7mm 表层套管封隔上部易漏层，ϕ311.2mm 钻头钻至韩家店顶部，下 ϕ244.5mm 技术套管封隔上部垮塌层及漏层，ϕ215.9mm 钻头钻至完钻井深，下 ϕ139.7mm 油层套管射孔完成（图 2-1-1）。

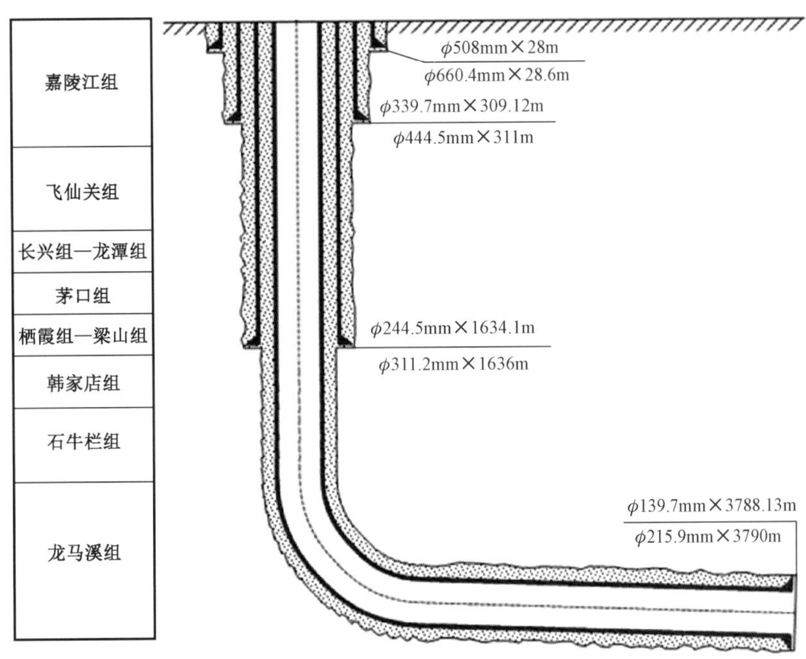

图 2-1-1　N201-H1 井实钻井身结构图

由于当时钻井液技术不成熟，页岩储层井壁失稳机理还不是很清楚，N201-H1 井在实钻过程中龙马溪组页岩垮塌严重，钻进至井深 3447.17m 发生卡钻故障，处理未果后从井深 2150m 开始侧钻至完钻井深 3790m，全井钻井周期 156.22d，非生产时效占其 60.24%。

2) 第二阶段

针对 N201-H1 井页岩储层垮塌严重的难题，平台井 NH2-1、NH2-2、NH2-3、NH2-4 和 NH3-1、NH3-2、NH3-3 共 7 口井的井身结构做出了相应改变，一是采用非标井身结构，二是将技术套管下至龙马溪组接近 A 点（井斜在 50°~60°处），实施龙马溪组水平段专打（图 2-1-2）。实钻过程中井壁稳定，平均钻井周期 63.5 天，非生产时效占 4.90%，较 N201-H1 井大大减少。

该套井身结构能有效维持页岩层井壁稳定性，有利于井下安全钻进，但存在着两大弊端：一是韩家店—石牛栏组高研磨性地层机械钻速慢，该套井身结构无法实施气体钻提速，二是大尺寸井眼定向耗时费力，不利于钻井提速，该套井身结构仍存在着优化的空间。

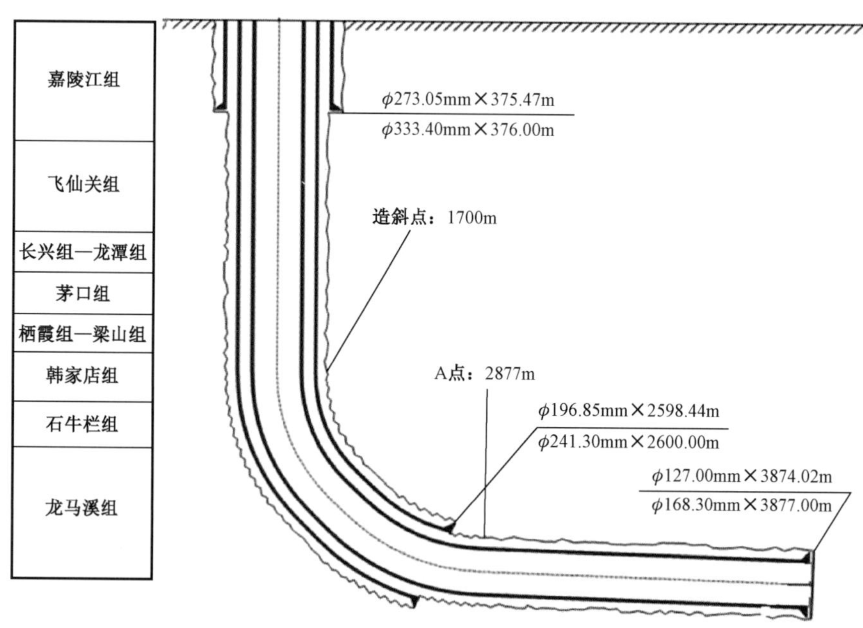

图 2－1－2　NH3－2 井实钻井身结构图

3）第三阶段

通过国外技术引进和合作，油基钻井液技术逐渐成熟，解决了龙马溪组页岩井壁垮塌难题。在第三阶段，将技术套管下至韩家店组顶，三开用气体钻井穿过韩家店—石牛栏组高研磨性地层，钻至龙马溪组顶再转成油基钻井液开始造斜定向（图 2－1－3）。实钻过程中提速效果显著，NH3－5 井完钻周期 33.7 天，创造了长宁页岩气田最短钻井周期记录。

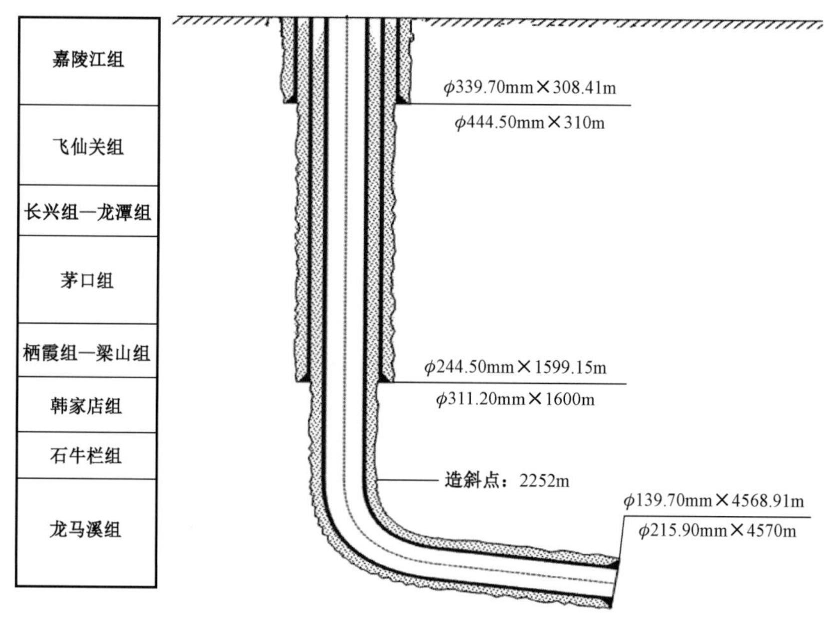

图 2－1－3　NH3－5 井实钻井身结构图

随着现场试验的推进和技术进步，第三阶段的井身结构技术日趋成熟，基本满足了现有条件下安全快速钻井的需要，成为长宁页岩气示范区水平井广泛应用的井身结构方案（图 2－1－4）。

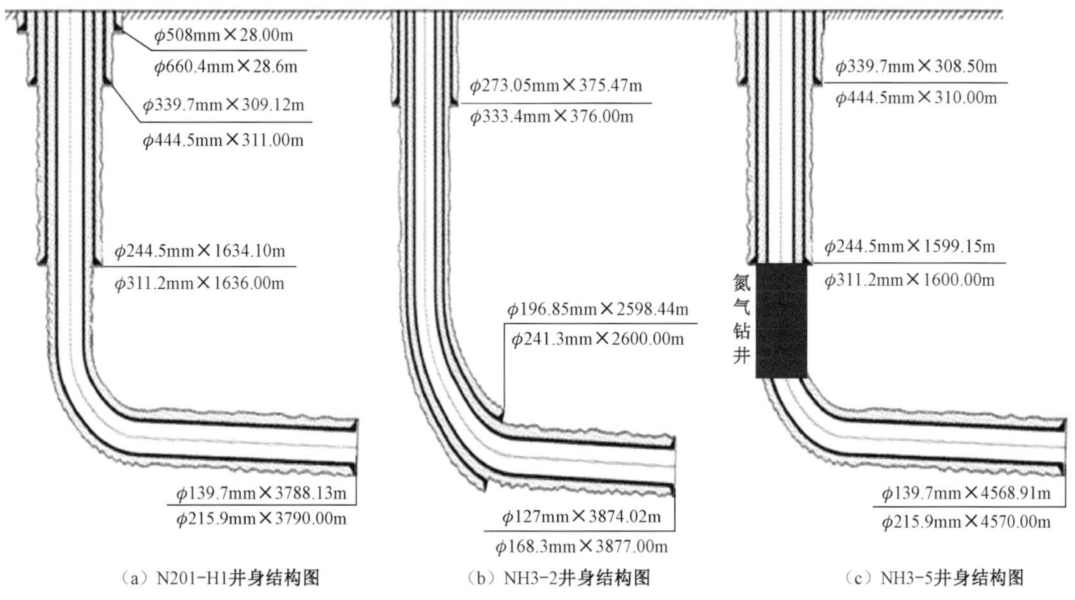

图 2－1－4　长宁页岩气井井身结构优化示意图

二、页岩气水平井优快钻井

1. 气体钻井技术

长宁页岩气示范区部分井区表层碳酸盐地层溶洞裂缝发育，采用钻井液钻井方式时，部分井表层井漏严重；中下部韩家店组—石牛栏组岩性致密，可钻性差，研磨性强，钻井表现为机械钻速低，单只钻头进尺少，钻井周期长；针对表层嘉陵江组易漏和韩家店组—石牛栏组提速瓶颈问题，进行了气体钻井适应性分析，经过现场试验及应用推广，气体钻井技术取得了良好的治漏、提速效果。

1）气体钻井参数优化

长宁页岩气田表层无浅层气，但有水侵现象，因此表层段采用空气钻井，一旦钻进中地层出水，则转换为雾化钻井或充气钻井；韩家店组—石牛栏组为干层或差气层，无水层，因此该井段首先采用空气钻井，若钻遇地层出气，则转换为氮气钻井。

表层 φ444.5mm 井段气体钻井主要在 600m 以内井段进行，地层出水量在 $5m^3/h$ 左右。据此特点设计计算参数如下：钻头井深 600m、井口压力 0.1MPa、岩屑颗粒直径 2.5mm、最高机械钻速 10m/h、地层出水量 $5m^3/h$。

气体钻井时，井底压力低，破岩效率高，注入压力越高，对设备、管汇抗压能力要求越高。从井底压力、注入压力随注气量变化曲线可知，当注气量达到 $120m^3/min$ 后，井底压力随气量的增加降低很小，而此时注气压力最低（图 2－1－5）。

从岩屑浓度随注气量变化曲线可知，当注气量低于 $125m^3/min$ 时，岩屑浓度随气量的增

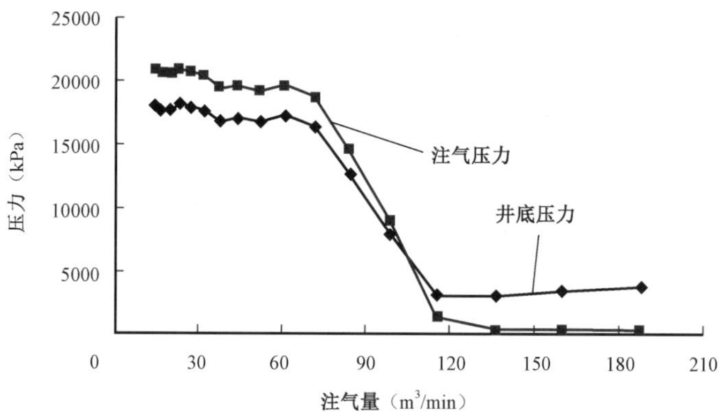

图2-1-5　井底压力、注入压力随注气量变化曲线

加而降低，当注气量达到125m³/min时，最高岩屑浓度为0.52%，当超过此气量后，环空最高岩屑浓度随注气量影响甚微（图2-1-6）。

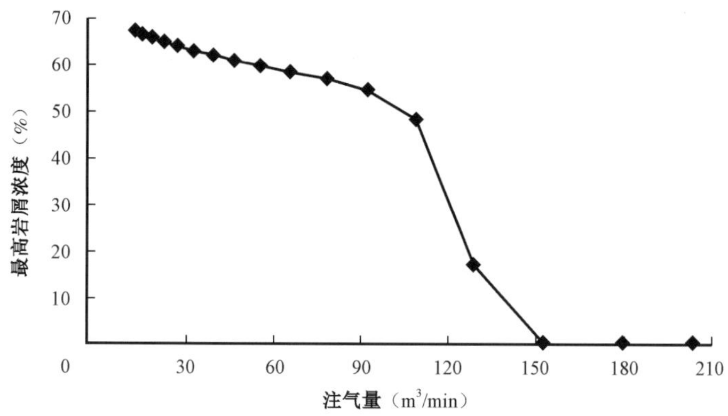

图2-1-6　最高岩屑浓度随注气量变化曲线

雾化钻井时，根据气体与液体注入量的关系曲线可知，当注气量为125m³/min时，此时合适的注液量为0.3m³/min（图2-1-7）。

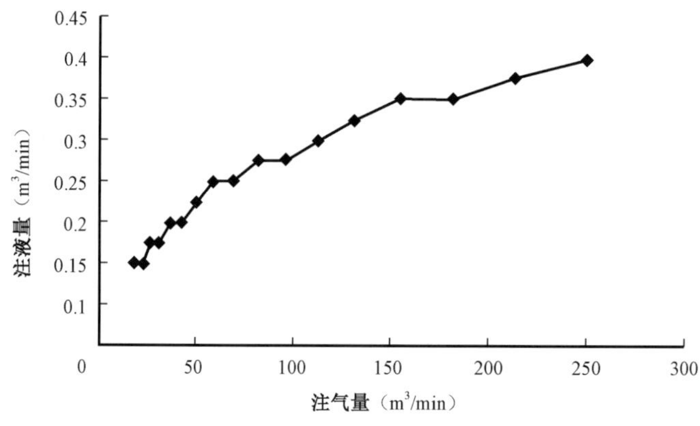

图2-1-7　注气量与注液量的关系

根据模拟计算结果，结合以往相邻构造气体钻井经验，ϕ444.5mm 井眼雾化钻井注气、注液参数优化见表 2－1－1。

表 2－1－1　ϕ444.5mm 井眼雾化钻井注气、注液参数优化表

井段(m)	钻井介质	注入压力(MPa)	注气量(m^3/min)	注液量(m^3/min)
0～600	雾化	2.5～4.0	100～180	0.3

采用同样方法，设计韩家店组—石牛栏组钻井参数见表 2－1－2。

表 2－1－2　ϕ215.9mm 井眼气体钻井注气参数优化表

井段(m)	钻井介质	注入压力(MPa)	注气量(m^3/min)
1600～2200	空气/氮气	2.0～3.2	60～120

表层应用气体钻井治理井漏，不出水可考虑使用空气锤，出水后采用牙轮钻头钻进，韩家店组—石牛栏组采用牙轮钻头进行防斜打快（表 2－1－3）。

表 2－1－3　钻井参数优化表

井眼尺寸(mm)	钻井介质	钻头类型	钻压(kN)	转速(r/min)
444.5	空气	空气锤	20～50	30～40
	雾化	牙轮	100～200	70～90
215.9	空气/氮气	牙轮	70～120	60～70

2）气体钻井应用效果

2014 年，长宁页岩气示范区开发井一开表层实施气体钻井 8 井次，均顺利钻达设计层位，平均单井漏失量由钻井液钻井时的 2816m^3降低至 0，井漏复杂损失时间由平均 2.09d 降为 0（图 2－1－8）；韩家店组—石牛栏组实施气体钻井 12 井次，均为 1 只钻头顺利钻至中完井深，比钻井液钻井节约钻头 3.5 只，平均机械钻速达 8.35m/h，比钻井液钻井的 3.1m/h 提高了 169.35%，平均钻井周期 4.1d，比钻井液钻井缩短 14d（图 2－1－9），气体钻井取得了良好的治漏、提速、降本效果。

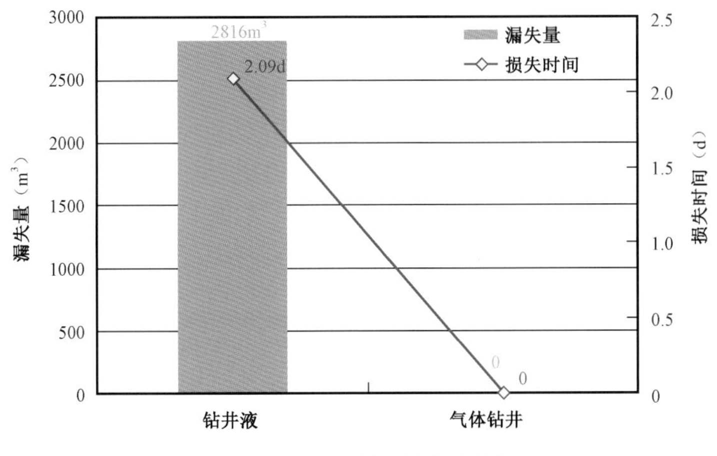

图 2－1－8　表层气体钻井效果

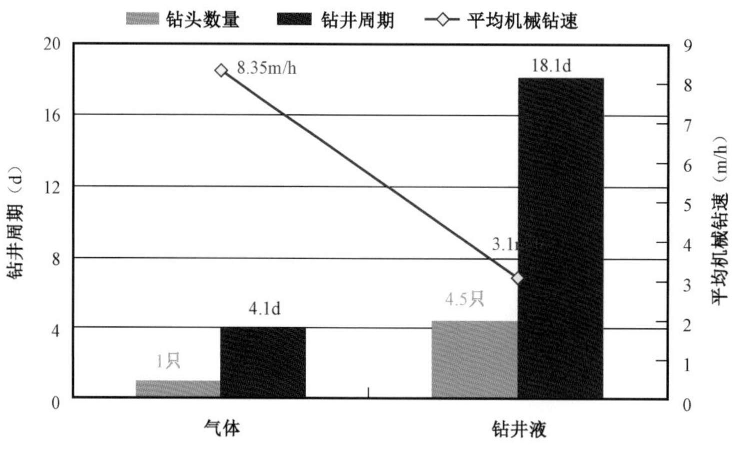

图2－1－9　韩家店组—石牛栏组气体钻井效果

2. 旋转导向钻井技术

1)旋转导向技术综述

旋转导向钻井技术是20世纪90年代初发展起来的一项自动化钻井新技术。在水平井、大位移井、大斜度井及三维多目标井中应用旋转导向钻井技术,能提高机械钻速,缩短钻井周期,降低钻井成本。

旋转导向钻井系统的核心是旋转导向井下工具系统,按其工作方式分为推靠式和指向式。旋转导向钻井工具由稳定平台单元、工作液控制分配单元和偏置执行机构单元组成。工作时,利用测试元件将测得的井眼参数通过短程通讯传输到随钻测量仪,再由随钻测量仪将信息传输到地面,随后由地面发出指令,并通过稳定平台单元调控工作液来控制分配单元中的上盘阀高压孔的位置,工作液控制分配单元将过滤后的钻井液依次分配到3个柱塞,给推板提供推靠动力,并使该推靠力的合力方向始终保持在上盘阀高压孔所对应的位置,在近钻头处形成拍打井壁的侧向力,通过对侧向力的大小、方向和拍打频率的调整,可直接控制该工具的导向状态。

美国是应用旋转导向钻井技术最为成功的国家,近年来其国内导向钻井使用量占定向井总进尺比例逐年递增。发展至今,其国内三家油田服务公司所研发的旋转导向钻井系统较为成熟,在世界范围内得以推广应用。

(1)斯伦贝谢公司于2002年推出了第二代导向工具(Power Drive Xtra),该工具采用偏置钻头的导向方式。2005年又推出新一代近钻头随钻地质导向工具(Peri Scope15),能连续探测距钻头前方5m处流体界面和地层的变化,具有360°测量和成像能力。经美国康菲石油公司现场应用统计,Peri Scope15在薄储层钻遇率由常规MWD/LWD技术的50%~60%提高到93%,产量比预期值提高60%。

为进一步满足陆地钻井市场,斯伦贝谢研制出Power Drive Archer高造斜率旋转导向系统(图2－1－10),在Marcellus、Woodford页岩地层水平井钻井中发挥了重要作用。这是一种将推靠式和指向式相结合的混合型旋转导向系统,既可以实现高狗腿度(最大造斜率16.7°/30m),同时又可以达到常规旋转导向系统的机械钻速。

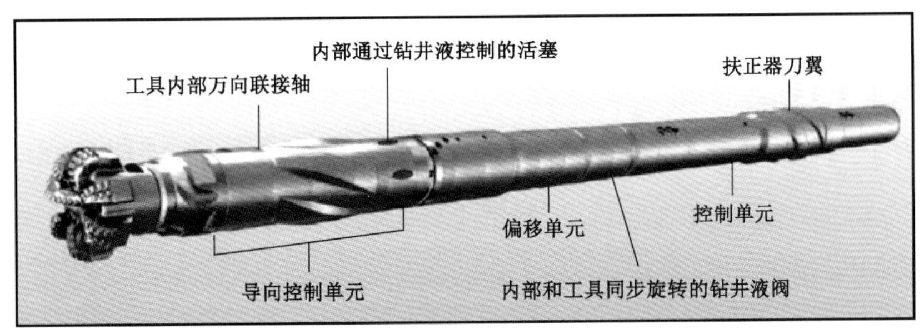

图 2－1－10 PowerDrive Archer 高造斜率旋转导向系统

(2)贝克休斯公司于 2002 年推出第三代 Auto－Trak 导向系统，是贝克休斯 INTEQ 公司与 Agip 公司在早期的垂直钻井系统(VDS)和直井钻井装置(SDD)基础上研制的旋转闭环钻井系统。该技术把闭环导向技术与螺杆钻具结合在一起，增加了旋转导向马达的钻井能力，速度、可靠性和精度更好。该系统可精确地按设计钻出井眼轨迹，可以用连续旋转钻井的方式在油藏内自动精确导向钻达目标，实现了旋转闭环钻井。

最新一代 Auto－Trak Curve 导向系统可实现一趟钻快速钻进井眼垂直段、曲线段和水平段，减少起下钻次数，实现更快速建井。该系统在钻头附近安装有伽马射线探测器，有效缩短了工具长度，帮助进行更为精确的地质导向，系统最高造斜率超过 15°/30m，允许钻井液添加堵漏剂，拓展了钻井液选用范围。与传统旋转导向系统相比，Auto－Trak Curve 钻入储层时间更短，井眼控制能力更强，成本更低，适用范围更广。

(3)哈里伯顿公司于 2000 年 2 月研制出第二代旋转导向系统(Geo－Pilot)，该系统采用偏置钻柱、不旋转外筒式导向方式，同年 10 月份开始商业化应用，实现了井眼轨迹控制精确、水平井扭矩摩阻降低、井下复杂和卡钻事故等减少的目的。

针对上述三家公司的代表性旋转导向系统做对比，结果见表 2－1－4。

表 2－1－4 代表性旋转导向系统对比表

系统	工作方式	旋转导向程度	造斜能力(°/30m)	钻井安全性	位移延伸能力	螺旋井眼	井眼尺寸(mm)
AutoTrack RCLS	静态偏置推靠式	外筒不旋转	6.5	中	低	存在	215.9～311.2
PowerDrive SRD	动态偏置推靠式	全旋转	8.5	高	高	存在	152.4～463.6
Geo－Pilot	静态偏置指向式	外筒不旋转	5.5	中	中	消除	215.9～311.2

2)长宁页岩气示范区应用情况

长宁页岩气采用三维丛式井组，大部分采用 6 口井双向平行井眼分布，单边 3 口井。由于井口与靶点存在偏移距，为求水平井矢量入靶，需从三维扭方位段变为目标垂面内二维轨迹，轨迹剖面复杂，井眼轨迹控制难度大，滑动钻进存在“托压”现象，钻井提速增效大大受限。为解决以上问题，长宁页岩气井在造斜段及水平段普遍采用旋转导向钻井技术，相比“弯螺杆＋MWD”钻井方式，优质储层钻遇率及平均机械钻速更高。

经过 NH2、H3、H6 等平台 13 口井的旋转导向技术现场试验，逐步摸清了各类旋转导向工具组合在页岩气地层的造斜规律和特性，根据轨迹控制要求，形成了水平段分段优化旋转导向钻具组合（图2-1-11）。

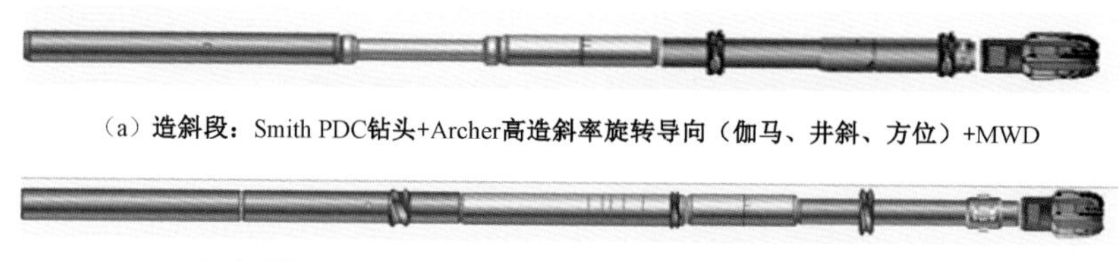

（a）造斜段：Smith PDC钻头+Archer高造斜率旋转导向（伽马、井斜、方位）+MWD

（b）水平段：Smith PDC钻头+Archer/PD Vortex附加动力旋转导向+MWD

图2-1-11　旋转导向钻具组合示意图

NH2、H3、H6平台应用旋转导向工具（Archer/PD），造斜段周期从28.8d降至10.68d，水平段在平均段长增加500m的情况下，周期从17.94d降至14d，提速效果明显，试验井段平均机械钻速6.80m/h，较前期井提高31.27%，定向钻井平均周期16.89d，较前期井缩短33.61d。长宁H3-6井使用PDX 6及Xceed旋转导向工具，用时24.43d安全完成1841m水平段，平均机械钻速7.78m/h，较该区第一阶段井平均机械钻速5.1m/h提高了50%。长宁H3-5井造斜段和水平段使用旋转导向工具，取得了33.7d完钻的优秀指标，创长宁页岩气井多项最佳指标（表2-1-5、图2-1-12）。

表2-1-5　长宁区块旋转导向部分施工井统计

序号	井号	层位	岩性	试验井段（m）	进尺（m）	定向段周期（d）	纯钻时间（h）	机械钻速（m/h）	全井钻井周期（d）
1	NH2-1	龙马溪组	页岩	2837.3~4190	1352.68	23.43	302	4.48	84.5
2	NH3-6	龙马溪组	页岩	2240~4522	2282	29.1	307.13	7.43	59.71
3	NH2-7	龙马溪组	页岩	2059~4530	2471	11.04	353.65	6.99	48.83
4	NH3-5	龙马溪组	页岩	2252~4570	2318	5.83	246.52	9.4	33.7
5	NH3-4	龙马溪组	页岩	2258~3142	884	22.73	128.54	6.88	42.45
6	NH2-6	龙马溪组	页岩	2071~4035	1964	8.29	247.55	7.93	35.33
7	NH6-1	龙马溪组	页岩	2086~3347.5	1261.5	22.03	232.04	5.44	77.16
8	NH6-6	龙马溪组	页岩	2083~3081.87	998.87	12.69	171.43	5.83	87.56

三、页岩气水平井井眼轨迹设计及控制

1. 页岩气水平井井眼轨迹设计

长宁页岩气丛式井组大部分采用6口井双排平行井眼分布，单边3口井，横向偏移距最小为400m，垂直靶前距300m，属于典型的三维水平井。

针对三维轨迹剖面设计，依据不同造斜点深度和形状可设计三种井身剖面：

（1）第Ⅰ类剖面：高造斜点，“直—增—降—增—稳”轨迹剖面。

该剖面类型造斜点垂深浅，最大造斜率6.0°/30m，最大狗腿度6.16°/30m，降斜段长500m，下部造斜段长422m，具体剖面参数见表2-1-6。

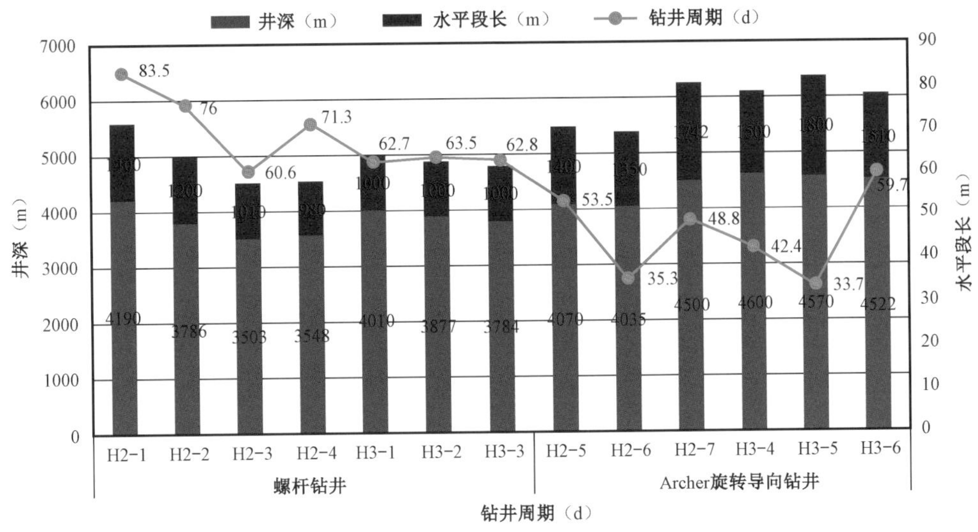

图 2－1－12　旋转导向钻具与常规定向钻具效果对比图

表 2－1－6　第 I 类井眼轨迹剖面参数

测深(m)	段长(m)	井斜角(°)	方位角(°)	垂深(m)	闭合距(m)	狗腿度(°/30m)	造斜率(°/30m)
500	500	0	0	400	0	0	0
700	200	20	3	595.96	28.69	3	3
1450	750	20	3	1394.7	270.07	0	0
1750	300	0	0	1688.65	313.11	2	－2
2250	500	0	0	2188.65	313.11	0	0
2279.5	29.54	5.47	34.43	2218.14	314.52	5.553	5.553
2298.5	18.93	5.47	34.43	2236.99	316.32	0	0
2721.5	422.9	90	90	2500	500	6.164	5.995
4221.5	1500	90	90	2500	1843.91	0	0

(2)第Ⅱ类剖面:中造斜点,“直—增—稳—增(扭)—水平”轨迹剖面。

该类剖面最大造斜率 3.5°/30m,最大狗腿度 6.0°/30m,中部稳斜段长 162.9m,下部增斜、扭方位段长 437.3m,具体剖面参数见表 2－1－7。

表 2－1－7　第Ⅱ类井眼轨迹剖面参数

测深(m)	段长(m)	井斜角(°)	方位角(°)	垂深(m)	闭合距(m)	狗腿度(°/30m)	造斜率(°/30m)
1800	1800	0	0	1800	0	0	0
1900	100	10	0	1899.4	1.89	3	3
2188.8	288.7	38.85	4.07	2159.6	33.87	3	2.997
2351.7	162.95	38.85	4.07	2286.5	63.06	0	0
2788.9	437.26	90	90	2500	379.63	6	3.51
4288.9	1500	90	90	2500	1843.91	0	0

(3)第Ⅲ类剖面:低造斜点,“直—增—稳—增(扭)—水平”轨迹剖面。

该类剖面最大造斜率6.62°/30m,最大狗腿度6.62°/30m,中部稳斜段长162.9m,下部增扭段长437.3m,具体剖面参数见表2-1-8。

表2-1-8 第Ⅲ类井眼轨迹剖面参数

测深(m)	段长(m)	井斜角(°)	方位角(°)	垂深(m)	闭合距(m)	狗腿度(°/30m)	造斜率(°/30m)
2200	2200	0	0	2200	0	0	0
2550.13	350.13	77.27	12.3	2453.3	85.21	6.621	6.621
2907.14	357.01	90	90	2500	379.63	6.55	1.069
4407.14	1500	90	90	2500	1843.91	0	0

含上述三种类型不同井眼剖面的平台丛式井如图2-1-13所示。

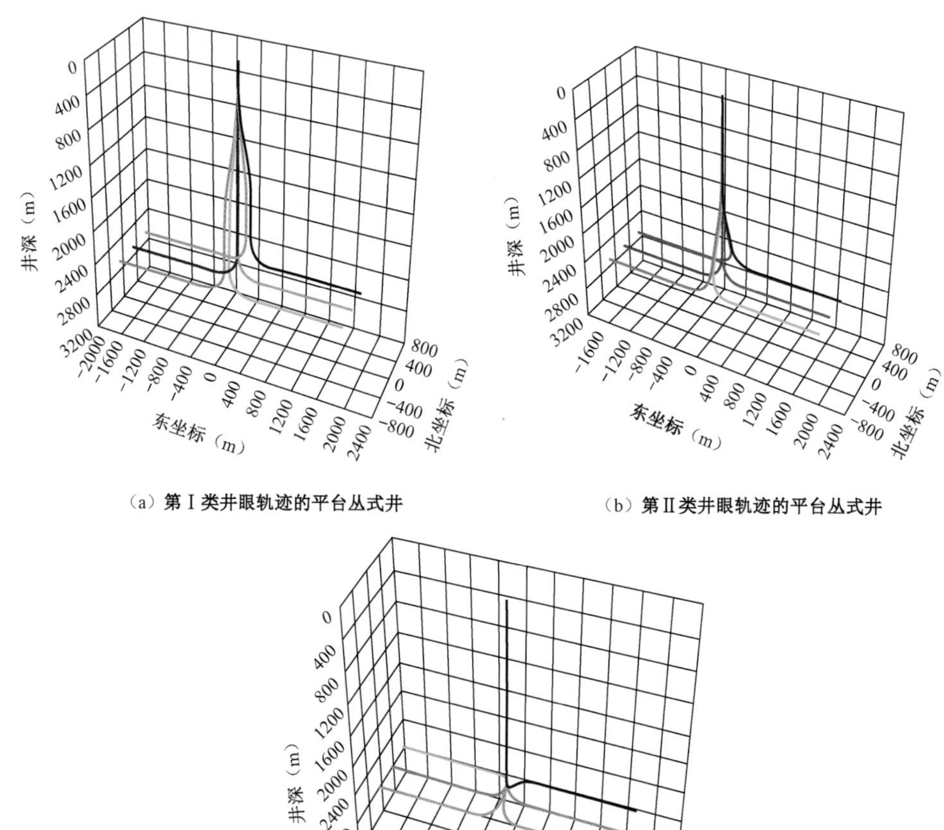

(a)第Ⅰ类井眼轨迹的平台丛式井

(b)第Ⅱ类井眼轨迹的平台丛式井

(c)第Ⅲ类井眼轨迹的平台丛式井

图2-1-13 三类剖面平台示意图

第Ⅰ类井眼轨迹剖面尽管减少了下部井段扭方位，但在上部大尺寸井眼段过早造斜又降斜，造成机械钻速低，已钻井中该类型剖面的钻井周期最长，因此不推荐该类轨迹剖面。

第Ⅱ类和第Ⅲ类井眼轨迹剖面考虑了工具的造斜能力，适当的狗腿度，并兼顾钻井提速，实钻中这两类剖面应用较广泛。

长宁页岩气丛式井前期主要采用“直—增—稳—增（扭）—稳”模式（图2-1-14），造斜点为龙马溪顶（2000m左右）。现场实际应用过程中存在直井段长，防碰难度大；少数井部分层段造斜率超过8°/30m，轨迹控制难度大，应对储层垂深变化能力弱；油层套管下入摩阻偏大等问题。

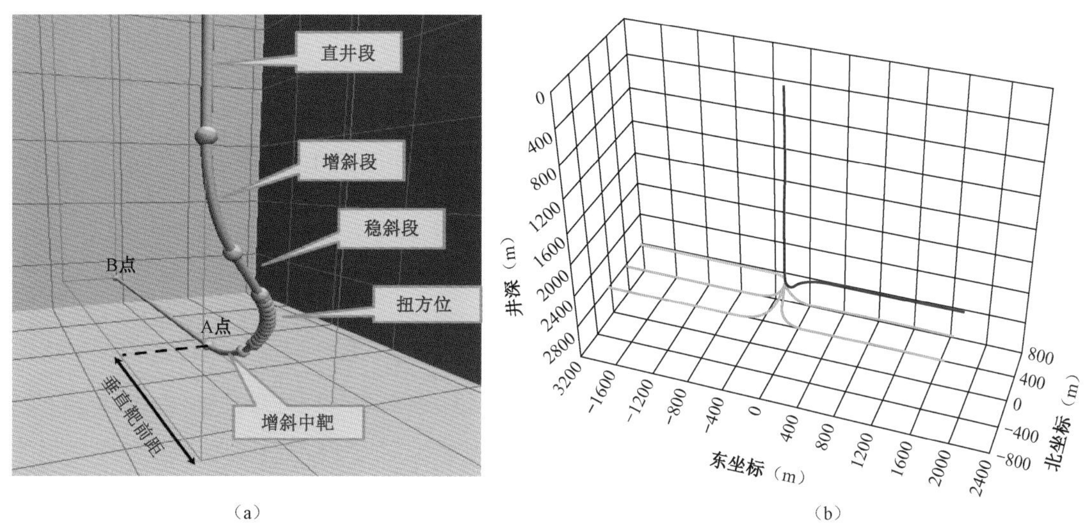

图2-1-14　长宁页岩气水平井前期井眼轨迹

针对前期井眼轨迹设计存在上部井段井间距小（5m），直井段长（2000m左右），防碰难度大；下部井段造斜率大，套管安全下入困难等难题。后期井眼轨迹剖面优化采用“直—增—降—增—稳”模式（图2-1-15）：即从表层（350m左右）开始定向造斜，对井口间距“预放大”，增加井眼间的空间距离，降低井眼相碰风险；利用上部井段小井斜将方位扭至靶点所处的方位，使下部井段的井眼轨迹处在二维平面内，有效地降低了狗腿度，为套管安全下入创造了条件，同时达到了提高钻速、降低井下事故复杂风险的目的。

2. 页岩气水平井井眼轨迹控制

1）随钻测量工具选择

定向造斜井段：采用钻井液脉冲式随钻测量系统MWD，测量参数包括井斜、方位、工具面等，要求全程监测。

水平井段：采用钻井液脉冲式随钻地层评价参数测量系统LWD，测量参数包括自然伽马、电阻率、井斜、方位等，全程监控，确保轨迹在最优储层中。

2）水平井井眼轨道控制措施

丛式水平井井身剖面为三维井眼，井眼轨迹不规则、不光滑会带来很大的摩阻，钻进和下套管也会出现“托压”等问题，采用旋转导向钻井技术效果比较好，也是目前国外普遍应用的

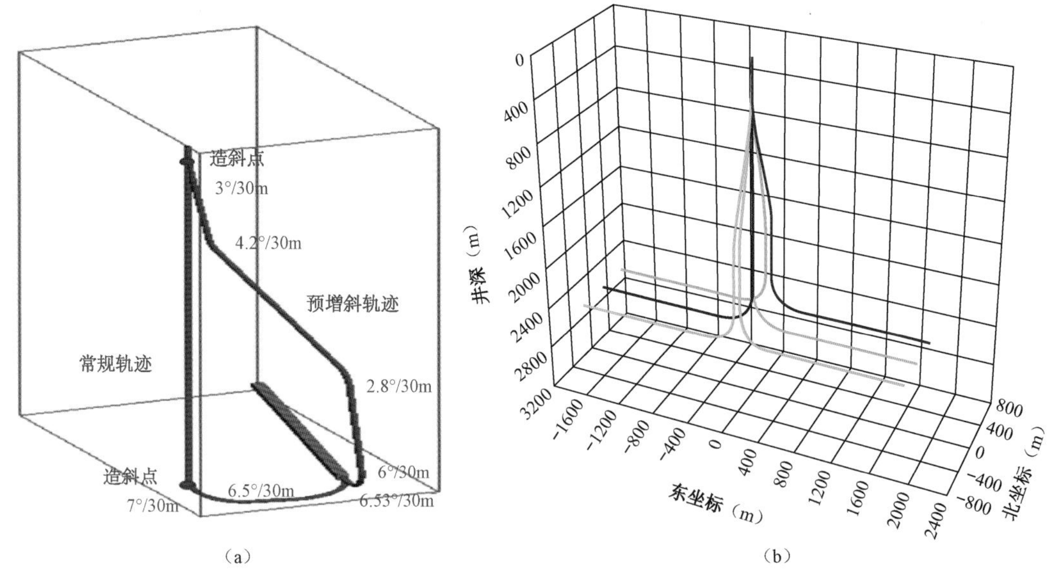

图 2-1-15　长宁页岩气水平井后期井眼轨迹剖面

技术。旋转导向钻井技术的主要特点是:旋转导向、实时监测、双向通讯、连续导向、实时可视化,高端旋转导向还具有地质导向、闭环控制和耐温能力强等特点。可提高钻速,减少起下钻次数,提高井眼清洁度,钻成的井眼圆滑,有利于水平段延伸和后续作业施工。测量仪器距离钻头近,可以精确控制轨迹,提高优质储层钻遇率,为提高产量创造条件。因此,页岩气井水平井段推荐全程采用高性能的旋转导向技术,提高井身质量和高品质储层钻遇率。

第二节　保持井壁稳定性的钻井液现场试验

一、页岩储层井壁稳定性分析

1. 岩石力学特征与地应力分析

岩石力学与地应力是进行页岩气钻井井壁稳定分析所需基础力学参数,其主要通过室内实验获得。见表 2-2-1,不同地区、埋深层段页岩力学性质差异较大,且均具有较高的强度。

表 2-2-1　页岩气钻井区块室内岩石力学实验结果

井号	层位	测深(m)	抗压强度(MPa)	弹性模量(10^4MPa)	泊松比	实验类型
W201	龙马溪组	1525~1526	142.506	1.336	0.182	三轴
		1526.45~1526.66	51.47	1.282	0.142	单轴
	筇竹寺组	2627.47~2686.72	306.8	3.034	0.2	三轴
N203	龙马溪组	2384.15~2385.36	307.609	3.321	0.2	三轴
		2330.22~2381.02	81.86	1.96	0.122	单轴
N201	龙马溪组	2479.44~2479.73	261.47	3.56	0.2	三轴

基于岩石力学实验结果，修正根据自然伽马、声波时差、密度以及电阻率等相关测井资料计算结果，如图2－2－1所示，建立纵向岩石力学参数剖面，为井壁稳定预测提供数据参考。

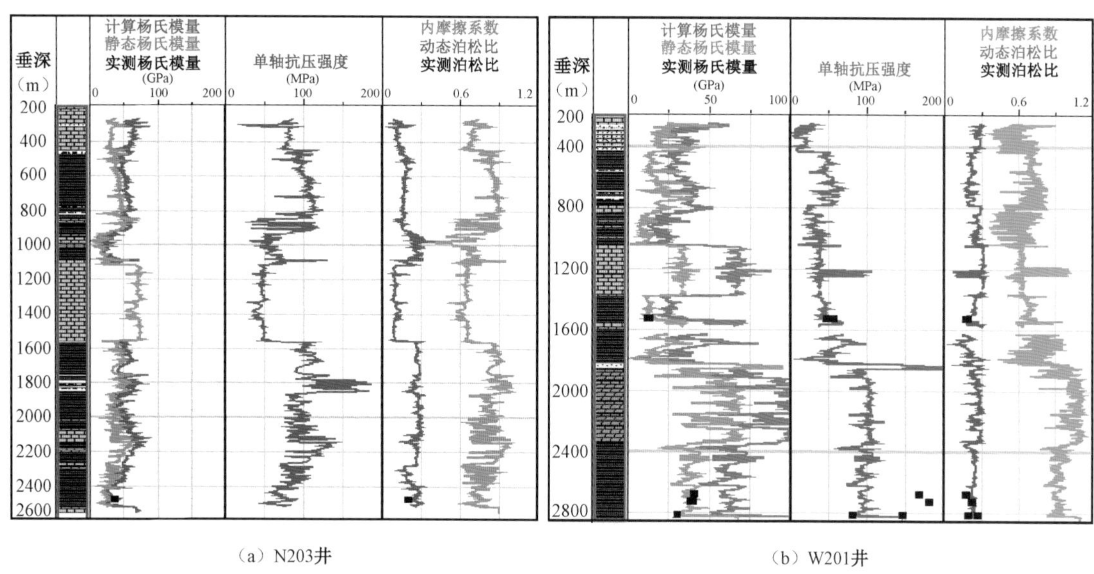

图2－2－1　页岩气区块建立岩石力学剖面

对于地应力大小主要通过地层压裂与测井资料反算、室内实验计算，而地应力方向则主要结合成像与井径测井资料分析，对应力垮塌及裂缝精确识别确定地应力方向，如图2－2－2所示。

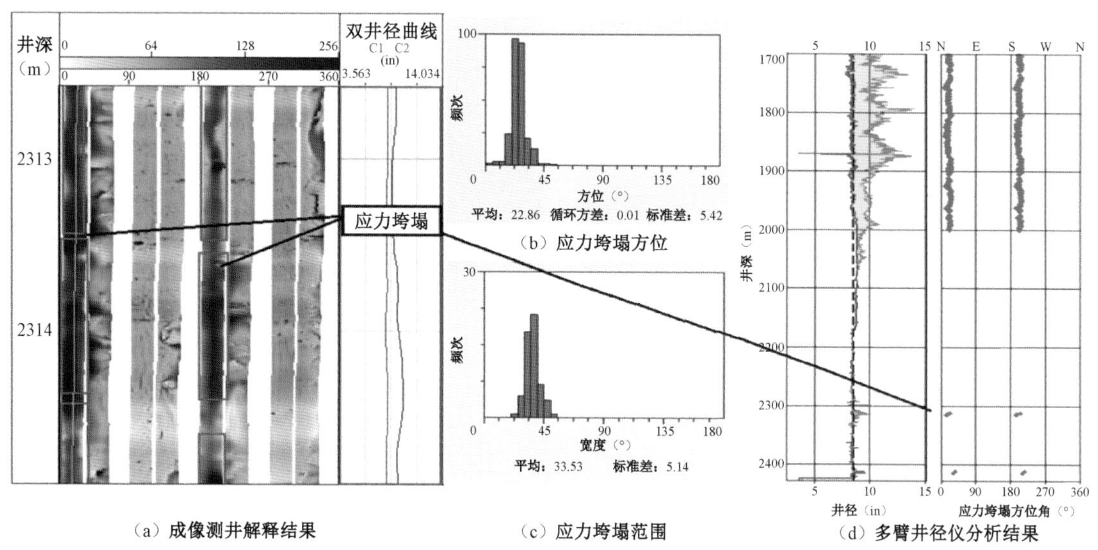

图2－2－2　测井解释分析示意图(N203井)

经过分析计算,长宁—威远页岩气区块属于走滑应力机制(最小水平主应力 S_{hmin} < 垂直主应力 S_v < 最大水平主应力 S_{Hmax})(表2-2-2);水平方向钻进中较大的应力差加大了井壁稳定控制难度。

表2-2-2　页岩气主要工区地应力分析表

井号	层位	测深(m)	三向主应力梯度(MPa/100m)			最大水平主应力方向(°)
			水平最大	垂向	水平最小	
N201	龙马溪组	2574	2.8	2.56	2.15	NE115°
N203		2312	3.06	2.6	2.2	NE112°
W201	龙马溪组	1525	3.09	2.3	1.9	NE135°
	筇竹寺组	2685	2.53	2.3	1.72	NE119°

2. 页岩特征与失稳机理

与常规砂岩与碳酸盐岩储层相比,页岩储层具有明显的层理特征。本节重点基于力学与化学两个方面分析弱层理面与一定水化作用条件对井壁稳定的影响机理。

1)页岩微观组构分析

通过室内观察分析,如图2-2-3所示,页岩层理面反光颗粒对应存在一定伊利石,分布的黑色碳质胶结颗粒的力学机理为易脆性;垂直层理方向观察得出页岩发育极薄(<1mm)层理,夹杂石英、云母等矿物,层理面整体较光滑,对应摩擦系数较小,这也是走滑应力场下实钻井下页岩易沿层理产生滑移的主要原因。

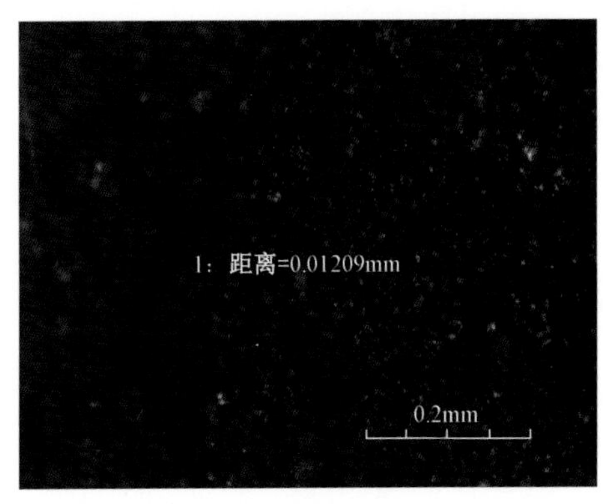

(a) 平行层理

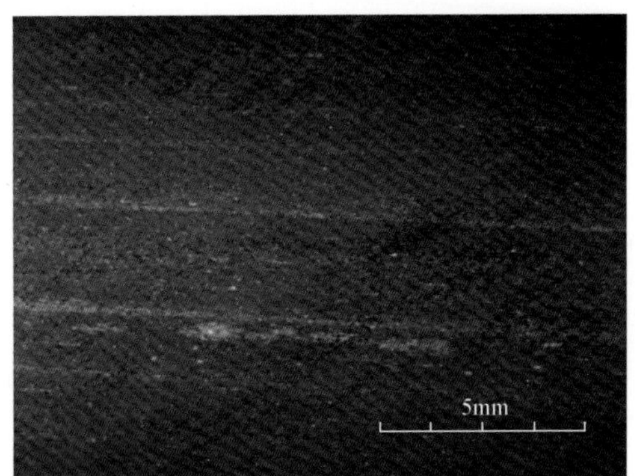

(b) 垂直层理

图2-2-3　龙马溪组页岩体式显微镜照片

基于SEM测试分析,如图2-2-4、图2-2-5所示,平行层理方向观察得出页岩沿页理面的片状剥落明显,黏土矿物包含明显的伊利石与一定量伊蒙混层;垂直层理方向上多见团装或片状黏土杂基,发育一定量伊蒙混层,存在以石英为主的粉砂颗粒。整体上,页岩较高石英含量导致不膨胀矿物包围在黏土矿物周围,一定条件下引起水化膨胀压差,增加页岩机械不稳定性;同时存在的一定微裂隙将进一步加大钻井过程中钻井液的侵入与水化作用。

（a） （b） （c）

图 2－2－4 龙马溪组页岩平行层理方向扫描电镜照片

（a） （b） （c）

图 2－2－5 龙马溪组页岩垂直层理方向电镜扫描照片

2）页岩层理对岩石力学参数影响分析

为分析层理结构对页岩力学特征影响，模拟钻井与页岩层理关系，分别制备取心方向与层理方向呈不同夹角的岩心进行三轴力学实验。基于实验岩样分析，如图 2－2－6 所示，平行层理面取心（即与层理面法向夹角 90°）主要表现为剪切破坏，垂直层理面取心（即与层理面法向夹角 0°）主要表现为脆性张裂破坏，而呈一定角度取心则明显表现为沿着页岩层理面方向破坏。

（a）与层理夹角0° （b）与层理夹角30° （c）与层理夹角45° （d）与层理夹角60° （e）与层理夹角90°

图 2－2－6 龙马溪组页岩不同角度取心岩样实验测试后照片

结合实验结果，如图 2－2－7，取心方向与层理夹角不同，岩石三轴抗压强度有明显差异，其中取心方向与层理角度呈 45°～60°时，页岩强度最低。由于页岩层理面力学强度明显低于岩石本体，当与页岩层理呈一定夹角时，岩石在外力作用下，将由岩石本体破坏变为沿层理弱面结构破坏，伴随岩石强度快速下降。对应实际钻井中，页岩储层直井段井壁稳定性明显好于水平段，其中定向钻井段一定井斜角（40°～60°）受弱面层理影响，井壁垮塌风险最高。

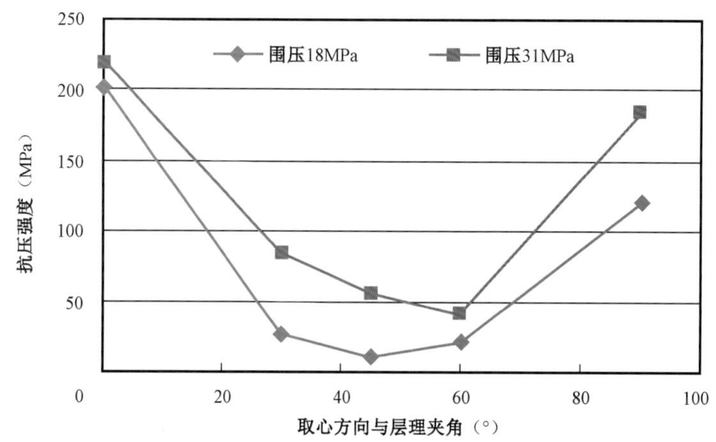

图 2－2－7　不同取心方向页岩三轴抗压强度分布图

3）页岩水化膨胀影响分析

页岩是一种由黏土矿物组成的岩石，离子交换、化学势差异渗透、钻井液沿微裂隙侵入、毛细管力渗析都会使黏土矿物发生水化膨胀。一方面，膨胀应力影响围岩应力分布；另一方面，黏土矿物水化将导致岩石强度降低。考虑到黏土矿物类型与含量不同，水化能力存在较大区别：伊利石或伊蒙混层（混层比小）的页岩水化膨胀能力较弱，岩石硬而脆，但往往存在微裂隙或弱层理面，随钻井液侵入出现片状、板状垮塌掉块，对此展开水化膨胀实验评价。

利用径向、轴向应变测试页岩在不同液体介质（合成基钻井液与柴油）浸泡 40 小时过程中平行和垂直于层理面上的水化膨胀应变测试结果（图 2－2－8），可以看出，无论是垂直还是平行层理，膨胀应变都具有明显的时间效应。在现场钻井液浸泡 43 小时后，平行层理面膨胀应变为 1%，垂直层理面膨胀应变为 3.5%；在柴油里面浸泡 50 小时后，平行层理面膨胀应变很小，不足 0.5%，垂直层理面膨胀应变在 1.5% 左右，说明油基钻井液将有效降低页岩水化膨胀。同时，以层理面间水化对应的垂直层理面膨胀应变大于以基质水化对应的平行层理面膨胀应变，说明页岩层理间与微裂缝水化作用最为明显。对于弱面结构层理以及微裂缝（隙）发育的页岩，易出现钻井液侵入引起水化膨胀造成的沿层理面剥落垮塌掉块。

页岩水化作用除引起层理与基质不同程度膨胀外，还会导致岩石力学强度降低。在平行于层理方向（与层理夹角为 0°）龙马溪页岩取心，分别以干样和钻井液浸泡 48 小时岩样进行力学实验对比分析，如表 2－2－3 所示，三轴抗压强度最高降低 14.6%，内聚力降低 69.5%。整体上，钻井液对页岩层理面力学参数影响高于岩石本体影响，同时页岩井壁稳定对于钻井液的水化抑制性与侵入封堵性能提出了较高的要求。

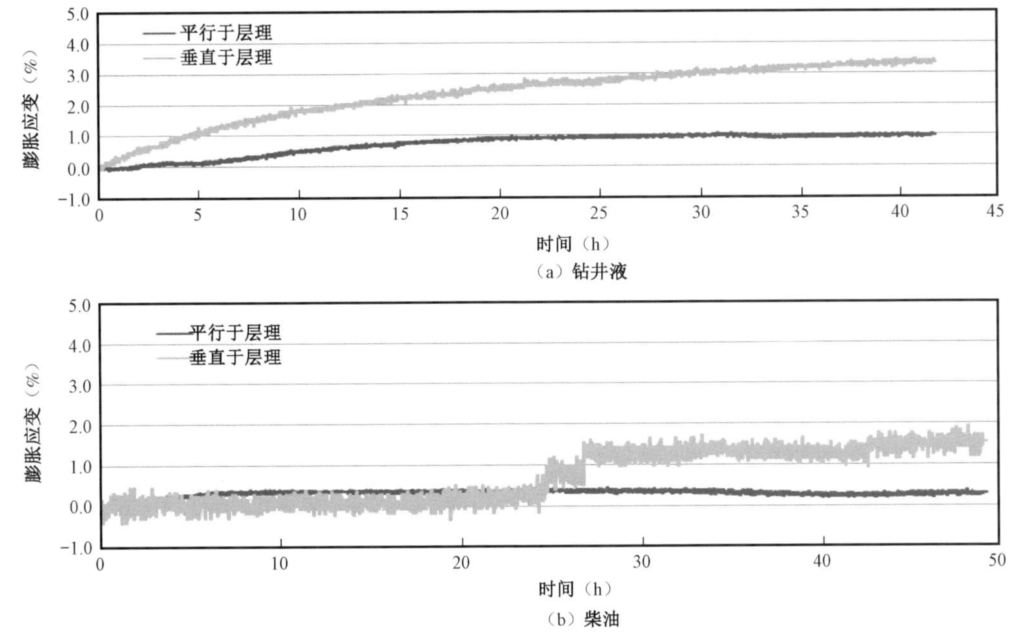

图 2－2－8　页岩轴向、径向膨胀应变测试曲线

表 2－2－3　页岩三轴力学参数实验表（N201－H1 井 2327～2382m 岩心）

序号	岩样情况	围压（MPa）	温度（℃）	泊松比	弹性模量（10^4MPa）	抗压强度（MPa）	内聚力（MPa）	内摩擦角（°）
1	干样	18	60	0.338	2.76	196.3	54.96	24.48
2		30	60	0.318	2.88	214.7		
3	钻井液浸泡	18	60	0.36	2.6	172	16.76	45.22
4		30	60	0.31	2.2	183.3		

二、页岩气水平井油基钻井液体系评价及现场试验

页岩具有易水化膨胀的特性，膨胀产生的应力会破坏地层本身的应力系统，从而引发井塌、井漏等一系列工程问题。而这些问题不仅会对储层产生严重伤害，甚至会造成填井侧钻。因此，如何安全、快速、高效地钻进是钻井工程作业中最关心的问题。

在页岩储层水平段，对钻井液抑制性、封堵性等性能的要求更加严格。通过以往钻井中出现的问题及实验室检测结果显示，普通的水基钻井液在总体上还没有达到油基钻井液的性能标准，油基钻井液在封堵性、抑制性上有比普通水基钻井液更突出的优势。同时，油基钻井液在保持井壁稳定、润滑防卡等方面也具有更加优越的性能。因此，目前全世界的页岩气开采绝大部分都采用油基钻井液，在一些海上钻井、超深井、大斜度井等特殊复杂钻井工程中也采用油基钻井液。

基于页岩储层层理剥落和应力释放脱落掉块等失稳机理，结合室内评价和现场试验，优选了处理剂并优化了配方，逐步形成了长宁—威远区块页岩丛式水平井分段钻井液优选及配套技术，解决了页岩储层垮塌问题（表 2－2－4）。

表 2-2-4　长宁地区分段钻井液技术

地层	密度(g/cm³)	钻井液体系
嘉四—嘉二	1.05~1.10	聚合物钻井液
嘉二—长兴	1.05~1.08	聚合物无固相钻井液
长兴—韩家店	1.30~1.45	KCL 聚合物钻井液
韩家店—龙马溪	1.45~1.90	高效水基钻井液
龙马溪	1.95~2.10	油基钻井液

其中，通过引进消化国外油基钻井液技术，形成了承压堵漏和重复利用技术，基本解决了页岩储层水平段井壁失稳难题。在实际应用中，使用油基钻井液体系，降低了井壁垮塌风险，事故时间大大降低(表 2-2-5)。

表 2-2-5　引进国外油基钻井液前后复杂处理时间对比表

井号	井深(m)	钻井周期(d)	井壁垮塌处理时间(d)	钻井液体系
W201-H3	3648	151	62(侧钻 59)	水基
N201-H1	3790	155.65	73(侧钻)	水基
NH3-1	4010	62.75	2.2	油基
NH3-2	3877	63.5	4.93	
NH3-3	3784	62.83	1.63	
W206	3826	82	0	

同时，引进国外油基钻井液技术期间，油基钻井液国产化也稳步推进。中国石油下属某研究院自主研发并批量生产的乳化剂、封堵剂、降滤失剂、流型调节剂、润湿剂、纳米材料等 6 种关键处理剂，性能达到国际大公司同等水平，形成了无土相白油基钻井液体系。

通过对比可以看出，国产油基钻井液有以下特点(表 2-2-6)：

表 2-2-6　国产油基钻井液与国外公司油基钻井液性能对比

公司	哈里伯顿			MI-SWACO			川庆钻采院
密度(g/cm³)	2.14	2.14	2.2	2.13	2.14	2.2	2.2
破乳电压(V)	660	780	620	911	1500	650	1088~1184
120℃时高温高压滤失量(mL)	1	0.9	4.2	10	4	6.4	3.4
油水比	83:17	85:15	85:15	86:14	86:14	85:15	85:15
备注	长宁现场		实验室	Shell 现场		实验室	实验室

(1)乳化稳定性方面，国产油基钻井液破乳电压高于国外服务商的钻井液体系；

(2)流变性方面，国产油基钻井液与 MI-SWACO 公司体系相当，优于哈里伯顿油基钻井液；

(3)封堵性方面，国产油基钻井液高温高压滤失量 FL_{HTHP} 优于 MI-SWACO，接近哈里伯顿。

国产油基钻井液在 WH3－1 井成功应用，水平段安全穿行 1505m，井径扩大率 2.35%，电测、下套管一次性成功，防塌性能和配套工艺可替代国外产品，降低钻井费用超过 200 万元。

WH3－1 井国产油基钻井液现场试验达到以下指标：

（1）进尺达 2069m（井段 2781～4850m）；

（2）最大井斜 97.15°/4164.24m，水平段长 1505m，为该地区最长纪录；

（3）钻井周期 79.8d，为该地区最短纪录；

（4）电测成功率 100%，井径扩大率 2.35%；

（5）下套管无阻卡，固井作业一次成功。

（a）

（b）

图 2－2－9　国产油基钻井液现场试验

三、页岩气水平井水基钻井液体系评价及现场试验

页岩气水平井钻井采用油基钻井液体系优势不言而喻，具有极好的抑制泥页岩水化的能力，很好的润滑减阻防卡性能，以及抗地层矿物质（如盐、膏、卤水、黏土等）伤害能力强，对储层伤害小等特点，加之目前国内常用水基钻井液在防塌性、封堵性、润滑性等又与油基钻井液相比相差甚远，综合而言油基钻井液性能远远优于常用水基钻井液。但不容忽视的是，油基钻井液也突显了成本高、废弃钻井液处理及岩屑处置等环保问题。同时，随着新的《环境保护法》正式实施，对于油基钻屑对环境影响的要求也更加严格，油基岩屑含油量高，处理周期长，处理成本高，成为制约页岩气水平井钻井的又一重大难题。针对油基钻井液应用中所暴露的这一系列问题，从业者对性能指标接近油基钻井液的高性能防塌水基钻井液技术展开了研究，以满足页岩气水平井安全、快速钻井的需要。

2015 年，长宁—威远页岩气示范区开展了高性能水基钻井液现场试验。其中，一种 GOF 高性能水基钻井液在长宁 H9 平台三口井成功应用（表 2－2－7、表 2－2－8）。

表 2－2－7　长宁 H9 平台钻井液使用情况

井号	钻井液体系	使用情况	井段（m）	段长（m）	纯钻（h）	作业时间（d）
H9－6	油基	定向＋水平段	2310～4380	2070	302.25	34.83
H9－2	油基	定向＋水平段	2369～4475	2106	358	40.71
H9－1	油基	定向＋水平段	2404～4560	2156	360.75	35.44
H9－4	高性能水基	水平段	2890～4225	1335	124.17	16.81
H9－3	高性能水基	定向＋水平段	2242～4250	2008	311.4	37.56
H9－5	高性能水基	定向＋水平段	2373～4560	2187	271.3	27.96

表 2-2-8 长宁 H9 平台高性能水基钻井液使用效果

井号	使用情况	井段(m)	段长(m)	纯钻(h)	机械钻速(m/h)	裸眼作业时间	井径扩大率
H9-4	水平段	2890～4225	1335	124.17	10.8	16d 19.5h	未测
H9-3	定向+水平段	2242～4250	2008	311.4	6.45	37d 13.5h	6.27%
H9-5	定向+水平段	2373～4560	2187	271.3	8.06	27d 23h	13.38%

相比同平台龙马溪组使用油基钻井液钻进的井次，使用高性能水基钻井液相关井次的使用段平均机械钻速提高 15.81%，裸眼作业时间缩短 4.23 天，最长裸眼作业时间达 37.56 天，全井钻井周期平均单井节约 15.17 天。此外，钻进过程中未出现井下复杂事故。

中石油下属某钻探公司持续在长宁、威远页岩气区块开展了高性能水基钻井液现场试验。到目前为止，现场试验 12 口井，成果得到不断优化和完善（表 2-2-9、图 2-2-10、表 2-2-10、图 2-2-11）。

表 2-2-9 长宁区块现场试验情况

井号	NH13-3	NH13-4	NH13-5	NH13-2	NH13-1	NH13-6
完钻井深(m)	4421	4700	4520	4440	4956	4800
水平段长(m)	1500	1500	1500	1500	1500	1500
最大井斜(°)	100.5	87.13	87.01	100.8	101.6	87.87
斜井段定向方式	旋转导向	旋转导向	旋转导向	旋转导向	旋转导向	旋转导向
水平段定向方式	MWD 弯螺杆	旋转导向	旋转导向	旋转导向	旋转导向	旋转导向
水平段平均钻速(m/h)	8.1	10.56	6.02	6.43	4.3	5.4
水平段钻井周期(d)	16	17	21.5	12	20.3	36.5
水平段井径扩大率(%)	6.28	7.9	4.11	5.87	6.9	14.09
使用井段(m)	2921～4421	2523～4700	2517～4520	2517～4440	2514～4956	2536～4313

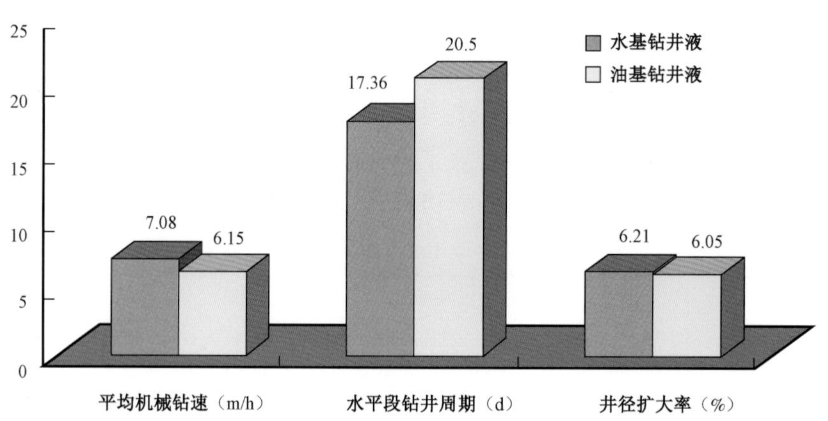

图 2-2-10 长宁高性能水基钻井液与油基钻井液水平段指标对比

在长宁现场试验中，高性能水基钻井液水平段平均机械钻速高于油基钻井液，水平段钻井周期有所下降，平均井径扩大率与油基钻井液相当。

表 2-2-10 威远区块现场试验情况

井号	W204H6-2	W204H6-1	W204H11-3
完钻井深(m)	5250	5211	5152
水平段长(m)	1500	1500	1500
最大井斜(°)	91.46	92.93	94.96
斜井段定向方式	CURVE 旋转导向	CURVE 旋转导向	CURVE 旋转导向
水平段定向方式	CURVE 旋转导向	CURVE 旋转导向	CURVE 旋转导向
水平段平均机械钻速(m/h)	5.41	5.18	6.28
水平段钻井周期(d)	20.25	37	19.52
水平段井径扩大率(%)	6.13(定向至 A 点)	5.90(定向至 A 点)	6.78(定向至 A 点)
CQH-M1 使用井段(m)	3012~5250	3197~5315	3117~5152

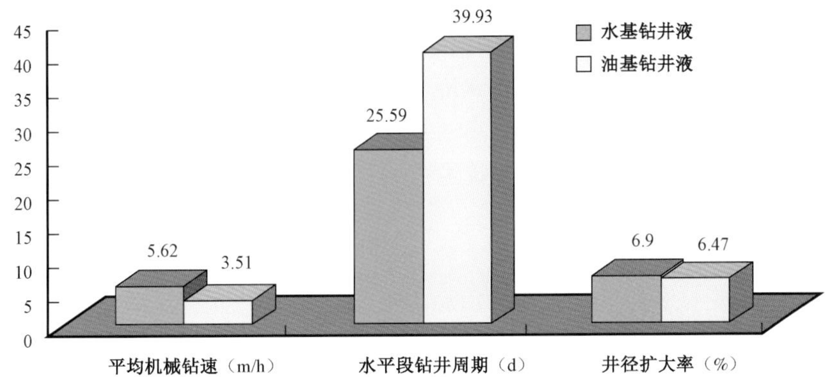

图 2-2-11 威远区块高性能水基钻井液与油基钻井液水平段指标对比

在威远现场应用中，高性能水基钻井液水平段平均机械钻速高于油基钻井液，水平段钻井周期有所下降，平均井径扩大率与油基钻井液相当。

另外，高性能水基钻井液所具有的“低表面润湿”和“对高价金属络合”特性使得该体系对水泥浆体系有较好的兼容性，致使水泥浆与井壁界面结合致密，固井质量明显优于油基钻井液，很好地保证了井眼完整性。

高性能水基钻井液在页岩气水平井的成功应用，对处于探索阶段的中国页岩气勘探注入了生机和活力，突破了开发过程中的环境保护、可持续发展、保证井筒完整性等方面的技术瓶颈。

第三节 水平井地质导向设计现场试验

水平井的开发过程是首先通过对区域地质、地震、测井和油藏资料的综合研究，结合工程施工的要求设计出井眼轨迹，然后交由现场施工人员去实施。但是由于钻井设计使用的地震等地质资料的精度等因素，往往会导致实钻过程中沿着设计轨迹钻进的水平井不在预期最佳的位置，影响了目的层的钻遇效果，需通过有效手段来控制井眼轨迹。页岩气分布区域广，各施工区块地质情况各有特点，井眼轨迹控制时遇到的问题也不一样，主要表现在以下 4 个方面：

(1)实钻地质情况复杂多变，储层深度与设计变化较大，井眼轨迹需要随地质情况变化进行调整。

(2)水平段储层垂深在水平方向上是变化的，有时高有时低。

(3)不同区域用同样的造斜工具得到的效果是不一样的，地层特点对工具的造斜能力和井眼轨迹有不同影响。

(4)无线随钻工具测量的数据有些滞后，影响实时地层评价和井眼轨迹的预测，不方便工程人员及时作出调整。

页岩气水平井井眼轨迹控制总体原则是：以钻井工程设计为指导，结合各区块地层特点制订最佳的井眼轨迹控制方案；以地质导向为手段，根据地层的实时变化及时调整斜井段及水平段的轨迹，实现地质目的。

水平井地质导向钻井是通过综合利用构造、地震、随钻测井、随钻测量、综合录井等工程地质参数，对所钻地层的地质参数进行实时评价和对比，根据对比结果调整控制井眼轨迹，使之命中最佳地质目标并在其中有效延伸，提高钻井效率，实现增产目标。

目前，随钻测井的实时地质导向钻井技术在页岩气水平井中获得广泛应用，已经成为页岩气钻井技术的核心技术之一。其优势为：

(1)实时掌握垂向上和横向上的储层变化，更全面及时地进行储层评价。

(2)提供井眼稳定性和钻井动态监测信息。

(3)评价确认储层构造变化，实现地质导向能动性，降低储层非均质影响。

(4)提高完井作业效率和有效性。

一、着陆段优化轨迹控制

着陆段控制是指从造斜井段开始钻至储层内的靶窗这一过程。增斜是着陆段控制的主要特征，进靶控制是着陆段控制的关键和结果。靶点垂深的不确定性，是影响水平井着陆最重要的因素。

水平井从直井段造斜点到目的层位入靶点的设计垂深增量和水平位移增量是一个定值，如果实钻轨迹点的位置和矢量方向偏离设计轨迹，就会改变未钻井眼的垂深增量和位移增量的关系，也将影响未钻井眼轨迹的中靶精确度。

水平井工程设计中所列出的井眼轨迹是根据以往的钻井实践和理论计算设计出来的，随着理论计算和实际施工得出的数据不断增多，综合分析并设计出的井眼轨迹与实际钻出的井眼轨迹符合程度也会不断提高，但是地层情况是复杂和多变的，所以这种符合程度也是相对变化的。实际施工中的井眼轨迹相对设计的井眼轨迹总是会出现提前或滞后。井斜角大小也是超前或滞后。

实钻井眼轨迹点的位置和点的井斜角大小对未钻井眼轨迹中靶的影响规律是：

(1)如果实际钻进中轨迹点位置超前就相当于靶前位移缩小，此时如果井斜角偏大，会使稳斜钻进至目的层位时产生的位移超过目标窗口平面的位置，这样就必须延迟入靶，而且经常会在窗口处脱靶。

(2)如果实际钻进中轨迹点位置适中且井斜角大小也适中，是实际井眼轨迹和设计井眼轨迹相符合的最理想状态，但如果井斜角大小超前过多就需要增加稳斜段，有可能造成延迟入靶或在窗口处脱靶。

(3)如果实际钻进中轨迹点位置滞后就相当于靶前位移增加，这时如果井斜角偏低，就要通过提高造斜率来改变未钻井眼的垂深和位移增量之间的关系，通常是采用较高的造斜率提前入靶。

各种实际施工经验表明，控制轨迹点的位置接近或少量滞后于设计井眼轨迹，并确保适合的井斜角，对井眼轨迹的控制非常有利。点的井斜角偏大可能会使造斜率太高，或导致脱靶。综上所述，水平井造斜段的井眼轨迹控制也是轨迹点的位置和矢量方向的综合控制，对于没有设计稳斜调整段的井深剖面更适用。

在水平井地质导向钻井过程中，实现储层的准确着陆非常重要，良好的入靶姿态有利于水平段的安全快速钻进，否则可能出现钻穿储层需填井侧钻或井眼轨迹入靶姿态不佳而进行大幅度的轨迹调整，给水平段储层跟踪钻进带来工程困难。

精细地层对比是准确预测目的层位置的基础。在入靶前钻进过程中，把随钻检测到的测井曲线（主要是 GR 曲线）与邻井测井曲线资料进行实时对比，并结合综合录井（钻时、岩屑、荧光）和气测录井等资料，对层位进行地层对比及划分。在着陆和入靶期间，对随钻测井和综合录井进行加密采样，准确预测目的层位，进而对钻井轨迹计算，以保证在满足狗腿度及钻完井施工要求的前提下，准确入靶。随钻对比的关键是寻找 GR 标志界面。现场实施过程中，根据随钻 GR 曲线特征变化，逐一识别出各个标志。利用标志点深度和其间地层厚度变化来预测地层倾向、地层视倾角、预测入靶点垂深。

着陆段导向一般需综合考虑靶前距、入靶井斜角、垂深的关系，通过随钻测井曲线精细对比，结合岩屑录井，不断修正储层垂深变化情况，并实时进行随钻井眼轨迹调整，实现井眼轨迹在储层准确着陆。

二、水平段地质导向钻井

进入水平段后，根据着陆情况及时校正构造地质及储层品质模型，充分考虑优质储层的钻井箱体范围和构造微形变特征，对水平段钻井轨迹进行二次优化，尽量减少轨迹调整次数，在确保优质储层钻遇率的同时，努力提高水平井钻进轨迹光滑度及钻井效率。

在水平段储层跟踪钻进过程中，钻前地质模型一般不可能完全准确，需要综合利用随钻测井资料、录井资料、工程参数等识别地层界面、计算地层倾角及计算井眼与层界面距离，判断钻头上下行方向，精确定位轨迹在储层中的位置，适时调整钻井参数，确保高的储层钻遇率。同时将地质模型随着认识的不断深入而实时更新。

(1)钻头在储层中位置判断。通过随钻测井曲线对比特征、井眼距离层界面计算、随钻测井仪器径向探测深度计算、沉积微相等方法进行判断或计算。

(2)地层倾角计算。计算方法主要有随钻测井资料镜像重复计算法、地震资料层位解释计算法、构造图计算法、井旁构造解释计算法、井间平均地层倾角计算法等，实际应用中需要采用多种方法进行计算以验证倾角计算的正确性，从而判断钻头与地层的相对关系。

(3)实时储层识别。通过随钻测井曲线特征、岩屑录井识别、气测显示等实时判别储层，分析井眼轨迹是否在目标储层中穿行。

(4)根据前段储层钻遇情况，预测后续钻进地层，进行风险预判。

三、地质导向现场应用效果评价

目前，地质导向钻井技术已经在长宁—威远区块页岩气水平井中得到了推广应用。针对长宁—威远区块页岩气储层的特点，通过对构造、地质、地震剖面等的研究，并充分利用 LWD、录井及工程参数等，形成了页岩气地质建模与储层跟踪钻进技术，实现了页岩气储层的随钻跟踪钻进。

页岩气储层在随钻测井曲线上的特征非常明显，即为高伽马层段，水平井井眼轨迹是否在目的储层中钻进可由此判断。

A 井为某页岩气水平井平台中 6 口水平井之一，其目的层为志留系龙马溪组，该井钻探目的是评价下古生界龙马溪组页岩气水平井产能状况，试验并形成适用的水平井开发配套技术，探索页岩气"工厂化"钻井技术的生产模式。

1. 钻前模型的建立

对三维地震资料进行精细处理，追踪龙马溪组底部层位，沿井眼轨迹方向上进行深度剖面切片、波阻抗反演剖面切片和波阻抗反演与深度叠加剖面，可以得到储层的构造形态模型。同时，沿井眼轨迹进行三维地震数据切片，结合邻井测井资料和区域上各小层厚度从而得到 A 井钻前地质导向模型，如图 2－3－1 所示。在实际导向过程中，结合实钻情况，可以加以修正。

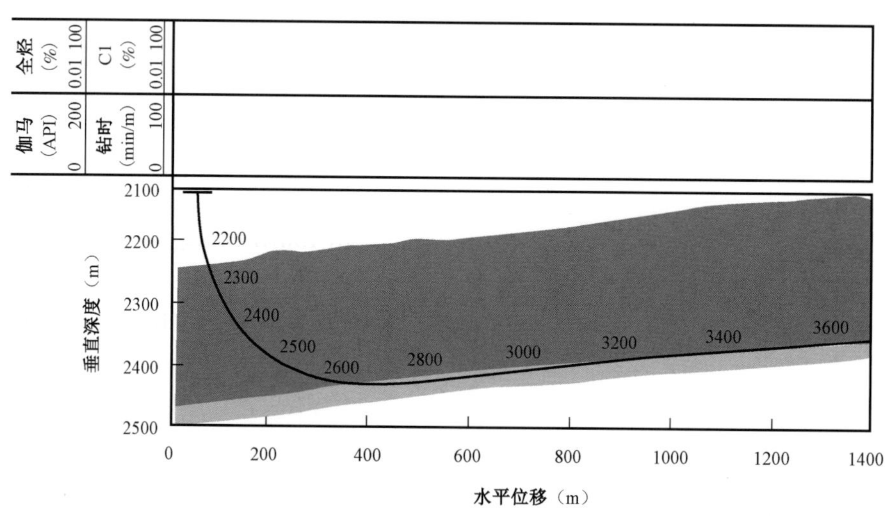

图 2－3－1　A 井钻前地质导向模型

2. 入靶段

从井深 2419.88m(井斜 92.78°，方位 10.85°，垂深 2463.84m)开始地质导向，与邻井对比发现，已从设计靶体底穿出垂深约 2m，建议调整轨迹，预测地层上倾 7°，以 5°/30m 的狗腿度增井斜至99°。

钻至井深2749.7m(垂深2460.80m,井斜99.01°,方位10.85°),本井进入设计靶体,伽马由190.3API降至156.6API,岩屑为黑色页岩,气测全烃由3.1588%升至6.9044%,准备入靶。

继续钻进至井深2784.00m(井斜99.09°,方位10.72°,垂深2454.97m,闭合距520m,闭合方位10°)入本井A点着陆。该井入靶段地质导向实钻如图2-3-2所示。

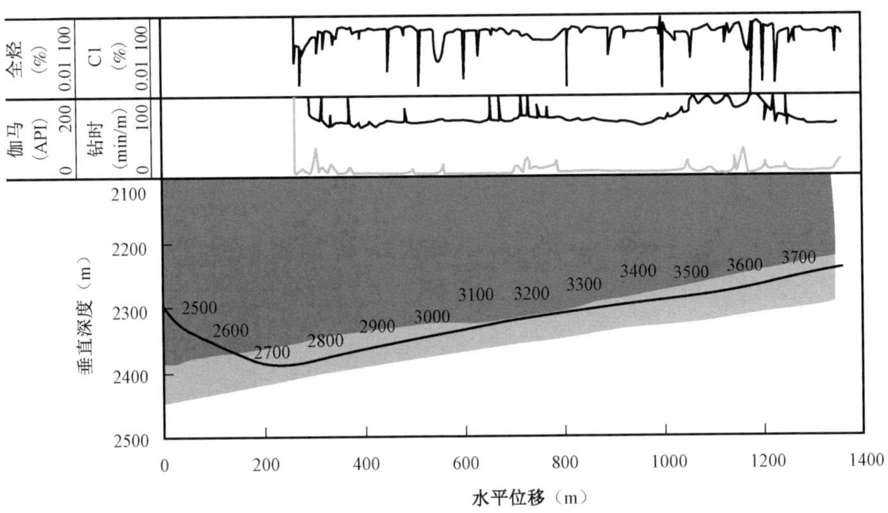

图2-3-2 A井入靶段和水平段地质导向实钻图

3. 水平段

根据本井实钻情况,水平段地质导向钻进共分五个阶段(图2-3-2):

(1)正常储层钻进段(2784~3159m)。降井斜至96°~97°,井斜控制在96.5°左右钻进。岩性为黑色页岩,全烃20%~30%,伽马130~140API,各参数比较稳定。

(2)调整轨迹段(3159~3235m)。钻至井深3159m(井斜96°,方位10°,垂深2411.7m),岩性变为深灰色页岩,气测全烃由20%降至13%,伽马由130API升高至160API,根据随钻数据分析,本井轨迹进入设计靶体顶部,降井斜至95°~95.5°钻进,钻至井深3235m(井斜94.92°,方位10.85°,垂深2404.52m),岩性变为黑色页岩,气测全烃由10%升至15%,伽马由160API降至130API,回到目的层。

(3)正常储层钻进段(3235~3480m)。钻至井深3235m找回目的层后,分析目前井眼轨迹在目的层上部,预测地层上倾5°,降井斜并控制在94°~95°水平钻进,根据实际情况再调整。岩性为黑色页岩,全烃25%~30%,伽马120~140API,各参数比较稳定。

(4)触底调整轨迹段(3480~3636m)。钻至井深3480m(井斜94°,方位9.0°,垂深2385.64m),伽马由150API升至180API,观察钻进至井深3510m,气测全烃由10%升至35%左右,伽马涨到200API,对比分析已钻设计靶体底部优质页岩储层段,建议以6°/30m的狗腿度增井斜至97°~98°。钻至井深3636m(井斜98.3°垂深2371.5m,方位10.2°),伽马由180API降至150API,气测全烃由30%降至20%,回到目的层。

(5)正常储层钻进段(3636~3784m)。从井深3636m找回目的层后,复合钻自然降斜钻进，全烃15% ~25%，伽马120 ~140API，各参数比较稳定。钻至3784m完成水平段1000m，本井完钻。完钻井深3784m，井斜95°，方位9.45°，垂深2353.76m，本井完成水平段钻进。

4. A井完井钻遇率统计

本井从井深2719.88m地质导向钻进至井深3784m完钻，累计进尺1064.12m，钻遇目的层长度1018.22m，储层钻遇率95.7%。

通过上述实例可知，页岩气井水平段钻进时利用地质导向技术可以准确地判断出岩性变化，确定岩性边界，定向井工程师和油藏工程师可以更准确地推演预测出目的层的构造、厚度变化情况，为准确控制井眼轨迹顺利进入油层提供了指导依据，有效地提高了整个井眼轨迹控制的精度和储层钻遇率。

第四节　提高固井质量技术及现场试验

一、页岩气水平井固井液体体系优选与评价

固井流体是指固井作业过程中用于封固管柱与井壁环空的水泥浆和协助水泥浆安全优质封固环空的所有流体，包括前置液、水泥浆和顶替液。

页岩气开发作业的井眼轨迹设计、钻井液选择、完井方式的确定等决定了页岩气开发固井作业的流体属性以及段塞和流体性质。页岩气开发采用的水平井多段压裂完井方式需要大幅度提高水泥石的韧性，而页岩属性以及水平井开发选择的油基钻井液需要在固井作业时，必须将套管外壁和井壁的油基钻井液滤饼清除干净，从而确保水泥石与井壁、套管壁的胶结性能。这决定了固井流体在施工安全的前提下，具有满足多段及重复水力压裂的井眼完整性需要，并需要增加具有清洗功能的前置液段塞来清除油基滤饼，采用双凝水泥浆防窜和压稳，以及采用低密度顶替液来保证管柱一定的漂浮和提高固井质量。

1. 前置液

固井作业使用前置液的主要目的不仅是为了防止钻井液与水泥浆的混合，也是为了尽可能地提高对钻井液的顶替效果。页岩气井前置液主要包括冲洗液和隔离液。

1）冲洗液

页岩气产层一般采用油基钻井液进行钻井，在注水泥浆前，需先注入一定量的冲洗液。使用冲洗液的目的除了使套管外壁和井壁二界面发生润湿反转，保证环空处于水润湿环境，从而提高固井二界面胶结质量外，另一个主要目的就是利用冲洗液的抗污染作用，隔离钻井液与水泥浆，防止钻井液与水泥浆接触时的污染增稠，提高固井施工注水泥浆的顶替效率和安全性。根据使用冲洗液的两大主要目的，理想的化学冲洗液应满足以下性能要求：

（1）与钻井液和水泥浆有良好的配伍性；

（2）具有较低的基液密度（1.00 ~1.03g/cm^3），接近牛顿流体模型的流体特性；

（3）对井壁疏松滤饼具有一定的浸透力和相应的悬浮能力，使滤饼易于被冲洗剥落并防止冲蚀的滤饼堆积；

(4)临界流速在0.3～0.5m/s范围或者更小，以便稀释钻井液改变其流变性，使之能在较低流速下达到紊流；

(5)具有较低的塑性黏度，能降低钻井液的黏度和切力，使之易于被顶替；

(6)不伤害地层或对地层伤害小；

(7)不对套管产生腐蚀；

(8)对井壁和套管壁油污和滤饼具有强有力的冲洗效果。

针对油基钻井液而言，表面活性剂化学冲洗液最为合适，其具有冲洗、润湿、渗透及乳化性等作用。目前简单且普遍使用的是根据表面活性剂的HLB值来选取。表面活性剂的HLB值是表面活性剂分子亲水亲油性的一种相对强度的数值量度，HLB值低，表示分子的亲油性强，是形成油包水型乳状液的表面活性剂；HLB值越大，则亲水性越强，是越易形成水包油型乳状液的表面活性剂。水包油型乳状液的表面活性剂HLB值常在8～18之间；油包水型乳状液的表面活性剂HLB值常在3～6之间。表面活性剂的HLB值与性质的对应关系如图2－4－1所示。

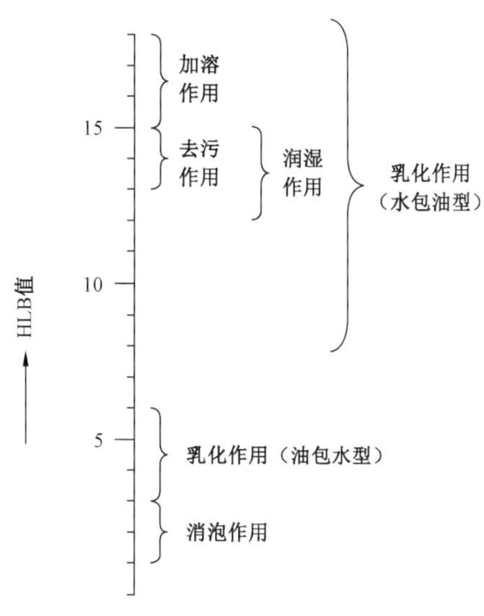

图2－4－1　表面活性剂的HLB值与性质的关系

用于油基钻井液的冲洗液常使用HLB值在8以上的亲水性强的水包油型表面活性剂或复配的水包油型表面活性剂体系。为了达到更好的冲洗油基泥浆效果，要求冲洗液应同时具有良好的润湿、加溶、乳化等化学作用。由图2－4－1可以看出，不同HLB值的表面活性剂表现出来的作用也不同，因此一般高效的冲洗液需要不同HLB值的表面活性剂复配使用才能达到完成冲洗油基钻井液的效果。表面活性剂冲洗液中所用的表面活性剂主要是非离子型表面活性剂和阴离子型表面活性剂。

冲洗效率和润湿性是评价冲洗液性能优劣的主要技术指标。

(1)冲洗效率评价。采用第一界面冲洗效率评价方法和长宁地区钻井现场油基钻井液取样，对长宁—威远应用成熟的冲洗液配方开展室内评价试验，结果如表2－4－1、图2－4－2所示。实验表明：冲洗液对油基钻井液的清洗效果优良，清洗效率达95%以上。

表2－4－1　实验样品的冲洗效率评价结果

样品号	转筒重(g)	冲洗前重量(g)	附浆量(g)	冲洗后质量(g)	洗掉浆量(g)	冲洗效率(%)
样品1	143.18	145.60	2.42	143.22	2.38	98.3
样品2	143.18	145.83	2.65	143.24	2.59	97.7
样品3	143.18	145.80	2.62	143.22	2.58	98.4
自来水	143.18	145.84	2.66	143.94	1.90	71.4

(a)

(b)

(c)

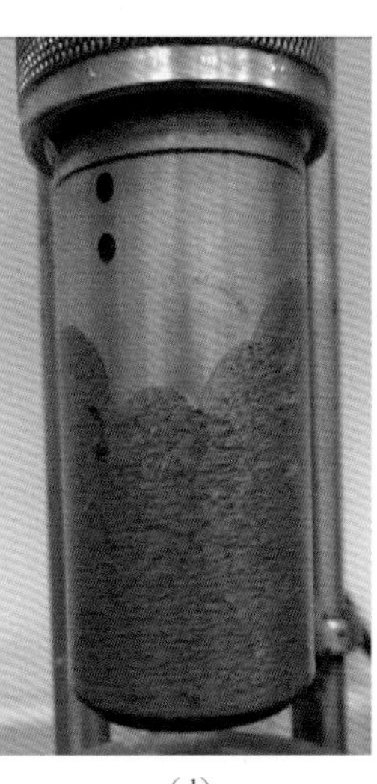
(d)

图 2-4-2　4 个样品对转筒清洗后的形貌

(2)润湿性评价。取 2 块相同材质的钢片(N80)和 2 块页岩岩片,分别放入取样的油基钻井液中浸泡 24h;将一块钢片和一块页岩岩片取出,用压缩空气将其表面多余的钻井液吹走,将钢片和岩片放置在分析仪上,通过针筒注射水滴,滴在表面,测量接触角;将其余一块钢片和一块页岩岩片取出,用冲洗液冲洗,持续时间 10min,然后用压缩空气将其表面多余的液体吹走,用同样的方法将水滴在钢片和页岩岩片表面,测量接触角。实验结果如表 2-4-2、图 2-4-3~图 2-4-6 所示。

表 2-4-2　润湿角测定结果

浸泡液体	介质	接触角(°)	表面清洁度	亲水性
油基钻井液	钢片	78.18	—	差
冲洗液清洗后	钢片	6.6	高	高
油基钻井液	页岩	59.82	—	差
冲洗液清洗后	页岩	0	高	高

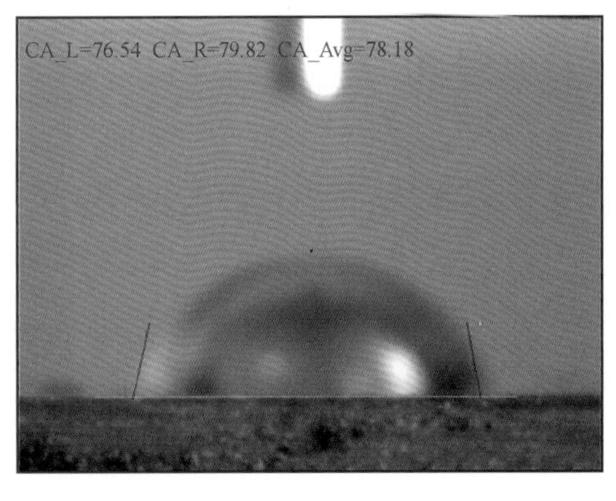

图 2-4-3　钢片介质下冲洗前接触角

图 2-4-4　钢片介质下冲洗后接触角

图2-4-5 页岩介质下冲洗前接触角

图2-4-6 页岩介质下冲洗后接触角

实验表明:水在油膜表面基本上没法铺展,接触角很大,冲洗液清洗油膜后接触角明显降低,铺展效果好。真实页岩表面完全铺展,接触角为0,说明冲洗液对于油基钻井液具有良好的润湿性能。

2)隔离液

作为前置液重要的一部分,隔离液在注水泥过程中与冲洗液一起使用,注于冲洗液之后,水泥浆之前。隔离液最基本的作用就是实现钻井液与水泥浆的有效隔离,通过材料的优选合理设计隔离液体系,使隔离液与钻井液、水泥浆具有良好的相容性,确保隔离液与钻井液、水泥浆接触时不会产生钻井液絮凝和缩短水泥浆稠化时间的现象。同时,充分驱替和隔离钻井液,避免钻井液与水泥浆相互接触污染,减少固井施工事故。现行行业标准(SY/T 5480—2007)对隔离液的性能要求有以下几点:

(1)不影响工程设计对水泥浆滤失量和稠化时间的要求;

(2)悬浮性能、热稳定性好;

(3)塞流隔离液的触变力强、动塑比较高,悬浮顶替效果好;

(4)对油基钻井液的润湿性能,有利于提高水泥界面胶结力;

(5)控制滤失量,不腐蚀套管。

具体的性能指标要求是:密度在1.08~2.60g/cm^{3}范围之内;循环温度下动塑比为0.05~0.12;在30min、7MPa条件下,27~103℃时失水小于250mL,大于103℃时失水小于150mL;高温热稳定性好。

悬浮稳定剂是隔离液最基本的组成成分,它不仅有悬浮稳定的作用,而且还能起到增黏、增稠、降失水的作用。目前常用纤维素衍生物和淀粉类衍生物作为悬浮稳定剂,通过比较纤维素类、淀粉类的增黏悬浮材料性能,优选出聚多糖类的悬浮稳定剂。

页岩气示范区应用成熟的隔离液配方:水+聚多糖类悬浮稳定剂+重晶石。通过调节悬浮稳定剂和重晶石的加量,可调节出综合性能良好的隔离液,密度在1.50~2.40g/cm^{3}之间可调,耐温120℃。对其流变性可根据实际情况调节,保证其屈服值介于钻井液和水泥浆之间,实现良好的逐级顶替。

相容性试验是评价隔离液性能优劣的主要手段,分流变性试验和稠化试验。

(1)流变性试验。按水泥浆、隔离液与钻井液以不同比例混合后测试浆体的流动度,结果如表2-4-3所示。

表2-4-3 相容性流动度试验

水泥浆	100%	—	1/3	70%	20%	70%	50%	30%	95%
隔离液	—	—	1/3	10%	10%	—	—	—	5%
钻井液	—	100%	1/3	20%	70%	30%	50%	70%	—
常流(cm)	20	18	20	19	20	12	13	12	21
90℃高流(cm)	22	19	22	20	21	13	13	13	23

由表2-4-3可知水泥浆与油基钻井液混合稠度增大,无法流动,污染严重,隔离液能够有效改善水泥浆和钻井液的流变性,无论在低温还是高温下都具有良好的相容性,混浆流动度均在18cm以上,随着温度的升高,混合液的流动度增加。

(2)稠化试验。把隔离液、水泥浆、油基钻井液三项按一定比例混合,搅拌充分且均匀,进行高温高压稠化实验,结果见表2-4-4。水泥浆配方:G级水泥+铁矿粉+微硅1.5%+SD66 1.0%+SD35 0.5%+SDp-1 3.0%+SD130 2.0%+SD21 0.04%+SD52 0.02%,水灰比0.32,密度2.20g/cm^3。实验条件:70℃×35min×40MPa。

表2-4-4 相容性稠化时间试验(70℃)

配比及参数	编号			
	1号	2号	3号	4号
水泥浆	100%	70%	70%	70%
隔离液		30%		10%
油基钻井液			30%	20%
高温高压稠化时间	175	270min(19Bc)	15	294(70Bc)

由表2-4-4可以看出隔离液不会使水泥浆出现闪凝、絮凝等现象;水泥浆与钻井液7∶3比例混合后稠化时间急剧缩短,70℃稠化时间只有15min,加入一份隔离液代替一份钻井液,即7∶2∶1,三项污染实验294min(70Bc)仍未稠。实验稠化曲线如图2-4-7~图2-4-10所示。

相容性实验表明,该隔离液与水泥浆、钻井液相容性好,可以解决水泥浆与钻井液的接触污染,保障施工安全,提高固井质量。

2. 水泥浆

页岩气固井要求水泥浆稳定性好、无沉降,不能在水平段形成水槽;失水量小,储层保护能力好;具有良好的防气窜能力,稠化时间控制得当;流变性控制合理,顶替效率高;水化体积收缩率小等。水泥石属于硬脆性材料,形变能力和止裂能力差、抗拉强度低。页岩气水平井的储层地应力高且复杂,套管居中度低引起水泥环不均匀,射孔和压裂施工时水泥环受到的冲击力和内压力大。因此,页岩气井水泥浆设计不仅要考虑层间封隔和支撑套管,而且要考虑到后续的压裂增产措施。

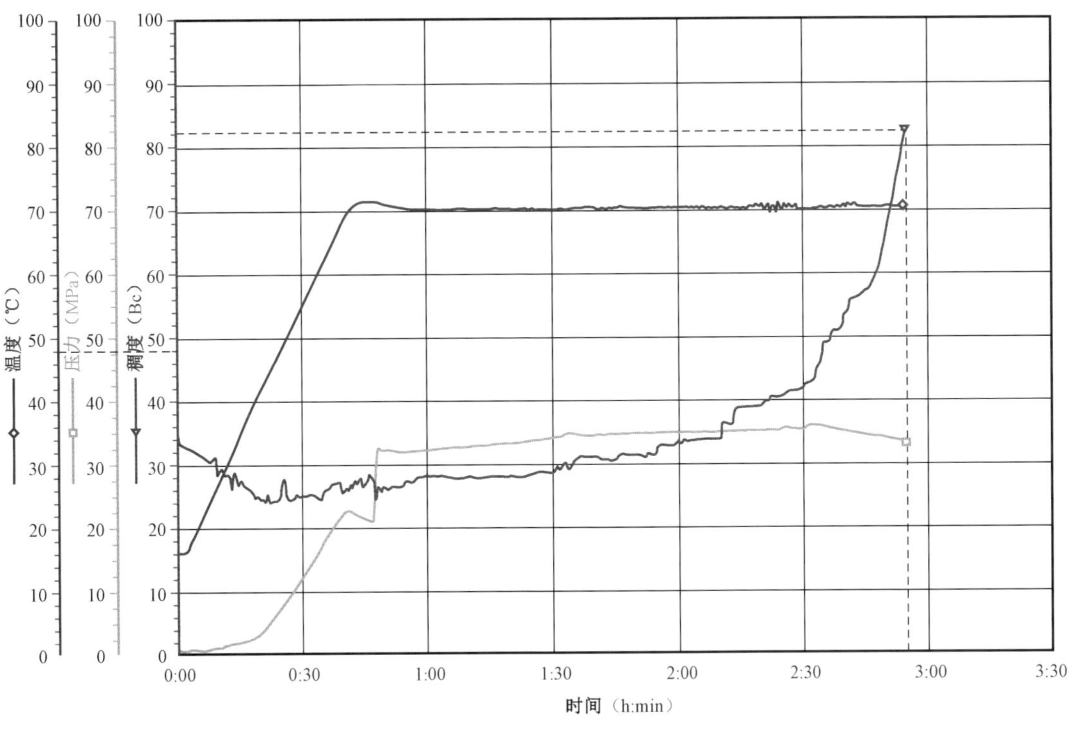

图 2－4－7　水泥浆稠化曲线图

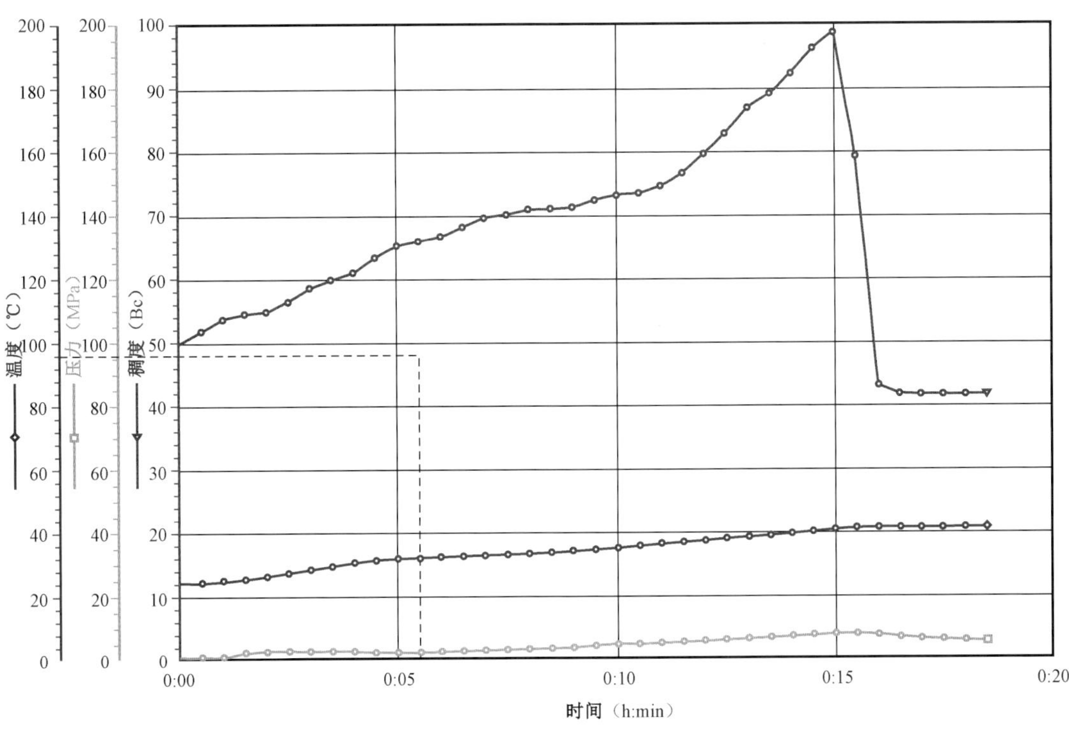

图 2－4－8　水泥浆与钻井液污染稠化曲线

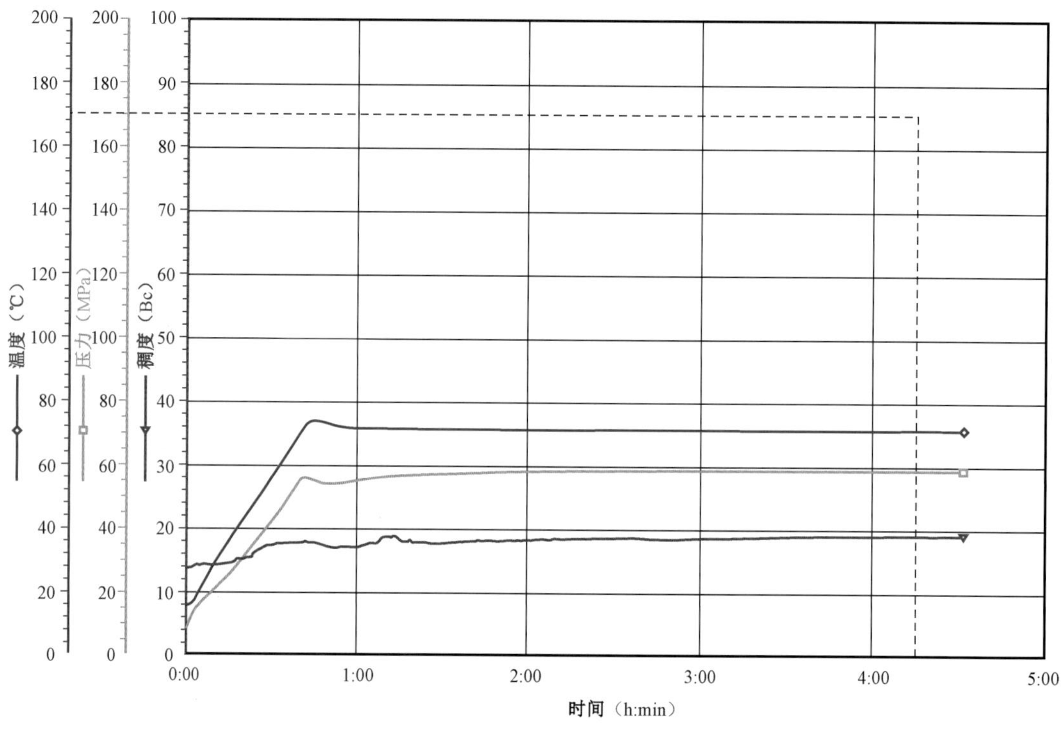

图 2-4-9　水泥浆与隔离液污染稠化曲线

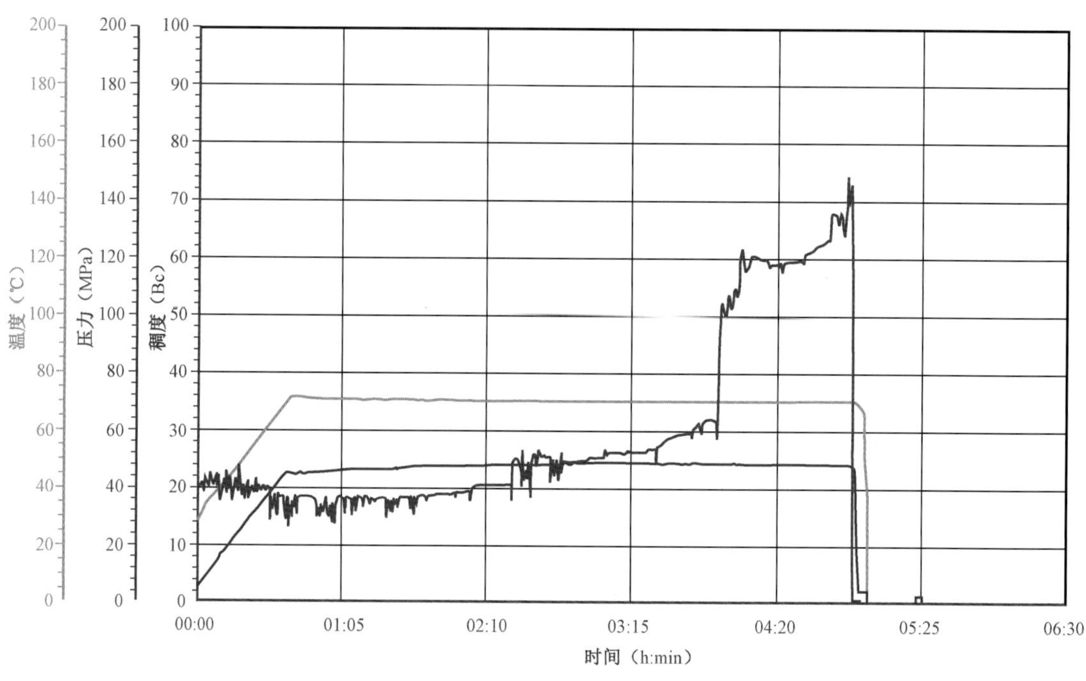

图 2-4-10　7∶2∶1 混浆污染稠化曲线

长宁—威远区块采用密度为1.85~2.20g/cm^{3}油基钻井液体系，结合地区特点，针对水平井要求稳定性要好、无沉降，不能在水平段形成水槽；失水量小及后期大型分段压裂对水泥石力学性能有特殊要求，开发了一套微膨胀韧性水泥浆体系，配方见表2-4-5。

表2-4-5 微膨胀韧性水泥浆配方

密度 (g/cm^3)	G级 (g)	铁矿粉 (g)	微硅 (%)	SD35 (%)	SD66 (%)	SDP-1 (%)	SD13 (%)	SD21 (%)	SD52 (%)	液固比
1.90	800	0	3.0	0.6	1.5	3.0	2	0.08	0.2	0.44
2.00	750	250	2.0	0.7	1.0	3.0	2	0.08	0.2	0.40
2.10	650	350	1.5	0.8	1.0	3.0	2	0.08	0.2	0.36
2.20	550	450	1.5	0.9	1.0	3.0	2	0.08	0.2	0.33
2.30	480	520	1.5	0.9	1.0	3.0	2	0.08	0.2	0.30

室内按照API操作规范对以上配方进行了水泥浆综合性能测试，得到微膨胀韧性水泥浆体系综合性能，见表2-4-6。

表2-4-6 微膨胀韧性水泥浆综合性能

密度(g/cm^3)	流动度(cm)	游离液(%)	API失水(mL)	稠化时间(min/100Bc)	抗压强度(MPa/48h)
1.90	21	0	38	252	31.3
2.00	20	0	42	211	26.3
2.10	20	0	48	231	24.5
2.20	20	0	44	258	21.4
2.30	20	0	45	254	20.2

下面以密度为2.20g/cm^{3}的微膨胀韧性水泥浆(配方：G级水泥+铁矿粉+微硅1.5%+SD66 1.0%+SD350.5%+SDp-1 3.0%+SD130 2.0%+SD21 0.04%+SD52 0.02% W/C=0.32)为例，全面评价该体系的各项性能指标。

(1)流变性。所测数据见表2-4-7。

表2-4-7 水泥浆流变性测试

试验温度(℃)	ϕ_{300}	ϕ_{200}	ϕ_{100}	塑性黏度(mPa·s)	动切力(Pa)
80	275	198	114	241.5	17
25	298	207	132	249	25

(2)稠化性能。稠化实验条件：70℃×50MPa×40min，测试曲线如图2-4-11所示。

图2-4-11表明，水泥浆的初始稠度为31Bc，随着温度的升高，稠度最后在25Bc左右附近趋于稳定，在整个实验过程中，稠度的变化值不大，流变状态在整个实验过程中较好。水泥浆稠度从30Bc到100Bc的过渡时间不到1min，具有直角稠化性能。

(3)静胶凝强度性能。测试曲线如图2-4-12所示。

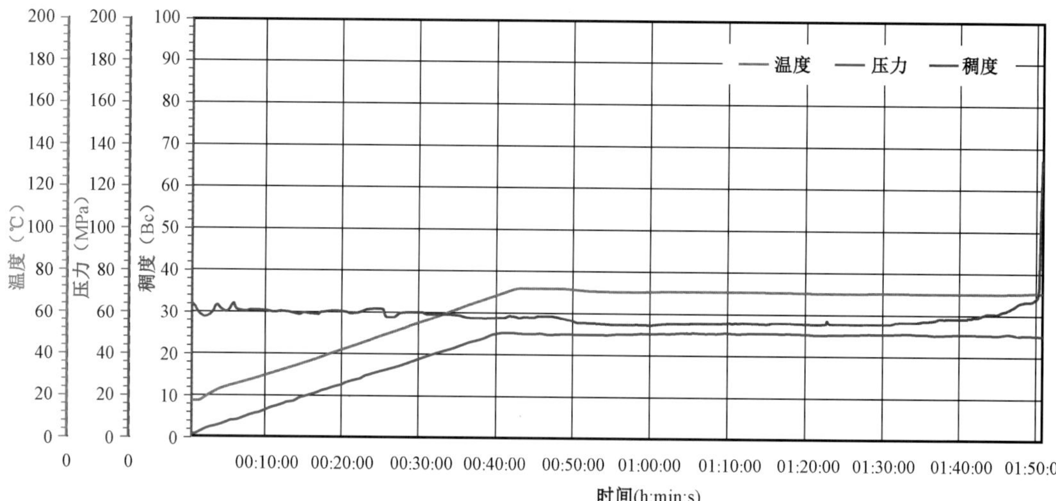

试验名称		样品编号 HTR-300	试验日期 2009-02-19 9:40:43	初始稠度开始 15min
初始温度 17.3℃	初始压力 1.1MPa	初始稠度 31.1Bc	报答稠度 70Bc	初始稠度结束 30min
目标湿度 0℃	目标压力 0MPa	30Bc稠化时间 0:00:00 h:min:s	稠化时间 0:00:00 h:min:s	主检人
40Bc稠化时间 1:50:26 h:m:s	50Bc稠化时间 1:50:26 h:min:s	60Bc稠化时间 1:50:27 h:min:s	70Bc稠化时间 0:00:00 h:min:s	签名
试验配方 JJG:G33S:CaS04:膨胀剂:W/S=800:1.8%:3.1%:1%:0.44				
试验备注 实验条件:70℃×50MPa×40min: D=1.9g/cm^3				

图 2－4－11 微膨胀韧性水泥浆稠化实验曲线

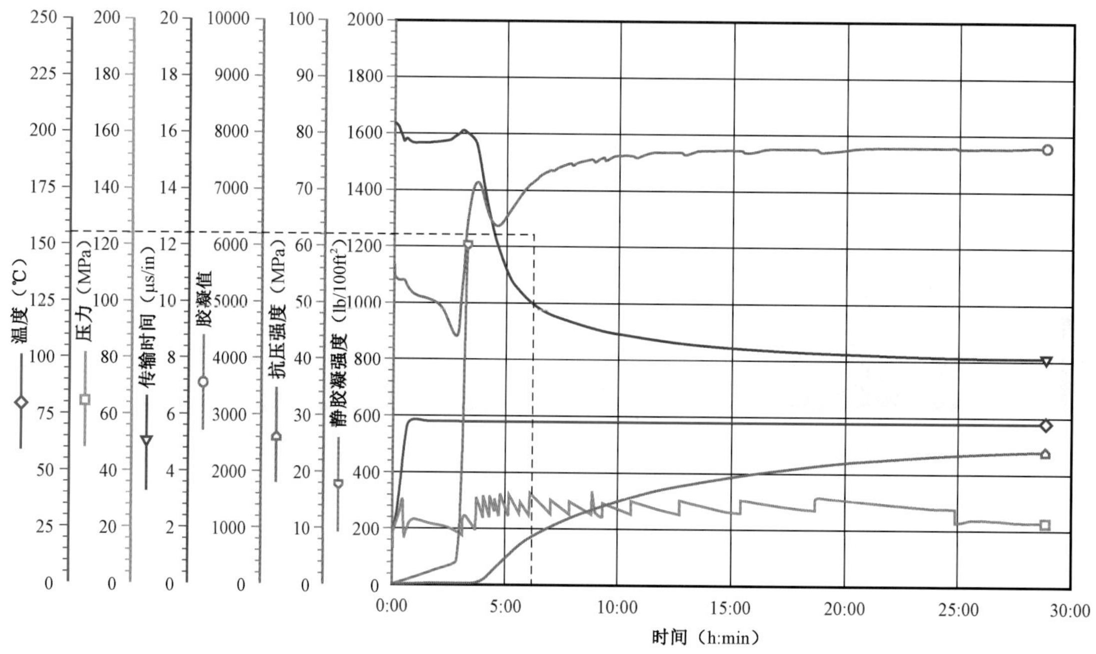

图 2－4－12 微膨胀韧性水泥浆静胶凝曲线

从防气窜的角度来说，静胶凝强度值从 48Pa 到 240Pa 的过渡时间越短越好，静液柱压力小于地层气体孔隙压力的时间刚好落在这个区间的概率越小，此时，水泥浆能有效防止气体侵入。从图 2－4－12 静胶凝强度曲线可以发现：静胶凝强度值从 48Pa 到 240Pa 的过渡时间为 10～20min，说明该水泥浆体系能有效防止气体侵入。

（4）防气窜性能。测试曲线如图 2－4－13 所示。

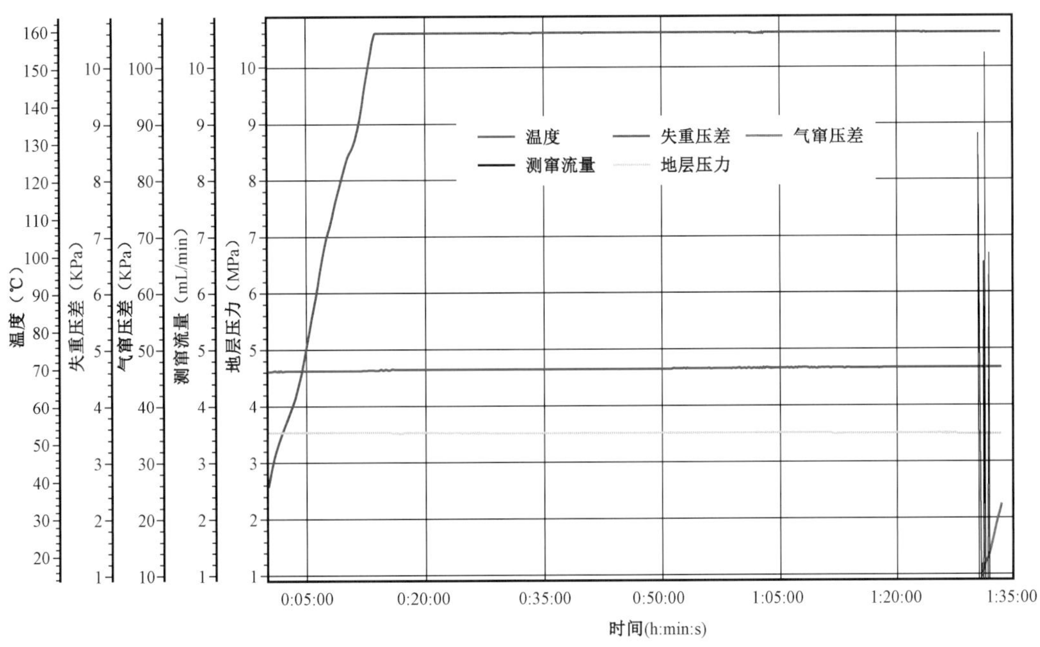

图 2－4－13　微膨胀韧性水泥浆的失重实验曲线

该体系水泥浆失重实验曲线图表明：失重压差值随时间增加不但没有往下走反而往上攀升，并维持在一个恒定的值，最后测得，微膨胀韧性水泥浆失重时间为 96min。

（5）微膨胀性能。水泥石微观结构如图 2－4－14、图 2－4－15 所示。

图 2－4－14　净浆水泥石微观结构

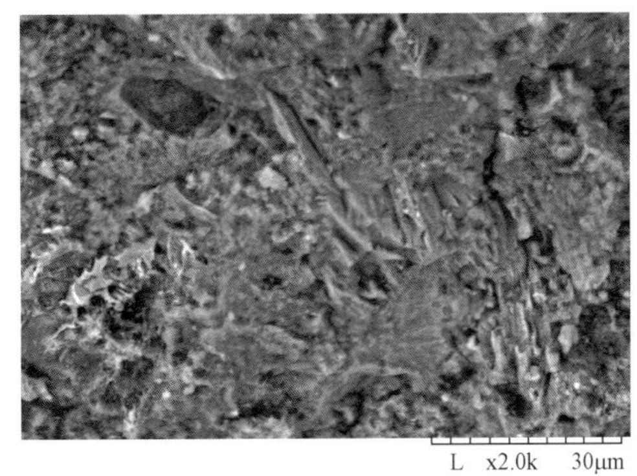

图 2－4－15　膨胀水泥石微观结构

在电子显微镜下，净浆水泥石以簇状的 C－S－H 凝胶为主（图 2－4－14），微膨胀水泥石的表面以六方长条状的 $Ca(OH)_2$ 和针状的钙矾石（AFt）为主（图 2－4－15）。该体系水泥浆水化后会产生大量的 $Ca(OH)_2$ 和钙矾石(AFt),成为膨胀水泥的膨胀源,可以有效地封堵和解决固井过程中产生的微环隙、微裂隙问题。

(6)水泥石力学性能。为增强水泥石的韧性,增强其抗破裂的能力,在水泥浆中应用了表面处理的抗高温矿物纤维材料,在80℃恒温水浴养护条件下,测试了加筋增韧剂SD66掺量为0,0.5%,1.0%,1.5%,2.0%时(外掺)水泥石48h的力学性能,测试结果见表2-4-8。

表2-4-8 水泥石力学性能(80℃×48h)

编号	抗压强度(MPa)	抗折强度(MPa)	抗冲击功(J/m²)	抗拉强度(MPa)	膨胀应力(MPa)
①	35.2	10.9	570	2.5	-2.22
②	36.7	10.7	600	2.6	—
③	32.6	11.5	660	2.9	—
④	30.0	12.3	730	3.2	0.68
⑤	27.5	13.2	800	3.6	0.97

注:① 0.0% SD66;② 0.5% SD66;③ 1.0% SD66;④ 1.5% SD66;⑤ 2.0% SD66。

从表2-4-8可知,增韧剂SD66对水泥石的力学性能影响比较明显。随着SD66的增加,水泥石的抗折强度、抗冲击功、抗拉强度升高,由于纤维的吸水肿胀作用,在水化早期(2d)还具有一定的膨胀应力(掺量1.5%),而抗压强度下降。当SD66掺量增加到2.0%时,水泥石的抗折强度、抗冲击功、抗拉强度分别上升了21%、40%、44%,说明纤维增韧剂在增韧的同时还有降低水泥石脆性的功能。当SD66掺量较高时,由于SD66中的纤维在水泥浆中的拉筋搭桥会导致水泥浆的流动性和可泵性变差,同时较高掺量时,水泥石的抗压强度损失也较大,所以SD66的掺量不宜过高,一般低于2.0%。

从以上性能评价来看,该套水泥浆体系各项性能满足施工要求,水泥浆的防气窜性能和膨胀性能有明显的改善。在长宁—威远页岩气井的实践证明该体系满足了后期开采的需求。

3. 顶替液

顶替液是后置液、替浆液、碰压液的统称。后置液使套管内替浆液中的固相颗粒在候凝期间不沉降,不至于使测井工具受阻而需要通井;如一旦胶塞损坏或周围泄露,替浆液就会与水泥浆混合,可能发生早凝而顶替不到位,进而发生施工事故,也可能混浆后不促凝而产生过缓凝,延长候凝时间。后置液应具有两种功能:(1)具有足够的悬浮钻井液固相颗粒的黏度和静切力;(2)不使水泥浆受污染后产生早凝或缓凝作用。

替浆液的选择在深井和水平井中要考虑其密度对固井施工压力,提高套管居中度、测井仪器下行的影响。在页岩气水平井中,采用低黏切低密度流体作为替浆液时,控制固井施工压力,能使套管漂浮,提高居中度和替浆效率,测井仪器也能最大限度地发挥作用,所以低黏切低密度流体作为顶替液是较好的选择。

二、提高水平井固井质量作业工艺措施研究与现场试验

页岩气水平井固井工艺难点首先表现在于井壁稳定性差,井眼轨迹复杂,岩屑床在水平段堆积难以清除,其次在于高密度油基钻井液黏切值较高,密度差对顶替影响较小;水泥浆与泥浆兼容性差。通过室内研究及多口页岩气井现场固井实践总结,形成了重浆段塞举砂、优化安

放扶正器安放技术、大排量施工技术、钻井液性能调整技术、环空浆柱结构优化技术等提高大位移水平井顶替效率综合技术和控制水泥浆返高、全井低密度顶替大排量地面施工技术等质量控制技术。

1. 提高顶替效率技术

影响水泥环封固质量的首要因素是顶替效率，没有良好的顶替效率，其他任何措施都不会对固井质量起到很好作用（如防止窜槽措施），但顶替效率是固井施工过程中最难控制的因素，受到井眼条件、钻井液性能、水泥浆性能、浆体结构设计、施工参数、前置液接触时间等等的影响，针对长宁—威远页岩气水平井实钻情况，主要采取高密度稠浆段塞举砂清洁井眼、加入半刚性与螺旋刚性套管扶正器、优化浆柱结构、优化注替排量、优化浆柱流变性等措施提高顶替效率。

1）高密度稠浆段塞举砂

长宁—威远区块由于地质条件存在如下特点：(1) 龙潭铝土质泥岩极易水化膨胀，引起垮塌。(2) 页岩地层岩性硬脆、层理发育，且存在一定垮塌周期，因此，在钻井过程中极易出现垮塌。(3) 页岩性脆，容易出现掉块和破碎性垮塌，试验研究表明，龙马溪组和筇竹寺组的平均脆性特征参数值分别为 46 和 55。(4) 页岩对流体敏感性强，钻井液长时间浸泡易导致页岩膨胀，出现垮塌。页岩气丛式水平井钻井过程容易出现掉块，如图 2－4－16 所示。

(a)

(b)

(c)

图 2－4－16　威远—长宁水平井返出地层岩石掉块

在进行有效地层隔离之前，必须清除钻屑和稠化钻井液，清除钻屑和稠化钻井液的影响因素有：

(1) 钻井液性能、失水量、塑性黏度等，地层温度、压力和压差，关井时间，钻井液成分，井筒状况；

(2) 套管/钻杆尺寸、循环钻井液前关井时间、井眼尺寸、偏距/偏心率、孔隙压力、压裂梯度；

(3) 要成功清除井下稠化钻井液，施加于环空窄间隙和宽间隙的压力必须大于稠化钻井液屈服应力；

(4) 压力大小由以下因素决定：钻井液流量、偏距/偏心率、钻井液性能、钻杆运动、井眼几何形态、刮泥器；

(5)应泵入隔离液,将钻屑和固相物质携带出井筒。

为了优化作业设计,必须对这些参数进行具体评估。

2)优化扶正器选型与安放

与轴向流顶替方式相比,螺旋流顶替更能有效提高顶替效率。螺旋运动方式能实现顶替界面平缓,同时,顶替液通过螺旋流运动,其周向分量可以将窄间隙的被顶替液携带出来而进入宽间隙,在轴向驱替的联动作用下,实现替净。除此之外,螺旋流运动还增加了主流对壁面的接触时间,利于清除两界面附着虚滤饼。

实现螺旋流可采用两种方式:一是轴向顶替的同时旋转套管;二是使用旋流扶正器。

页岩气油层套管固井水平段套管难以居中,水平井井段难以实现转动固井。为保证顶替效率,在页岩气水平井宜选用滚珠或者旋流扶正器,并合理设计安装间距。通过大量实践,形成了页岩气水平井扶正器安放模式:造斜点以下井段每一根加一只旋流扶正器,裸眼直井段每三根加一只旋流扶正器,重合井段每五根加一只普通刚性扶正器。模拟显示套管平均居中度达到67%以上。

3)注替排量优化

环空返速决定着液体的流态,影响流速分布,与顶替效率密切相关。经典流体力学理论研究表明,随着流体流速增加,其流态将逐步从塞流转变为层流,并最终过渡为紊流。塞流转变为层流的标志是流速剖面发生较明显变化,速度梯度增大,流核缩小,塞流的雷诺数一般在60~100之间,平缓的流速剖面有利于提高顶替效率,但较小的壁面剪切应力不利于清除井壁虚滤饼及长期未参与循环的“死泥浆”。当流速进一步增大,层流失去稳定性,形成紊流漩涡,脱离原来的流层或流束,冲入临近的流层或流束,流速分布及压力分布表现出明显的扰动,出现了类似脉冲波动现象,流态正式转变为紊流。漩涡的形成要以两个物理现象为基本前提,其中一个是流体具有黏性。在各流层的相对运动中,由于流体的黏性作用,在相邻各层的流体间会产生切应力。对于某一选定流层而言,流速高的一层施加于其上的切应力与流动方向相同;流速低的一层施加于其上的切应力与流动方向相反。因此,该流层所承受的切应力,有构成力矩并从而促成漩涡产生的趋向。促成漩涡产生的另一个物理现象是流层的波动。在流动过程中,由于某种原因,使流层受到微小扰动后,产生了流层的轻微波动。在波动凸起一边,由于微小流束的过流截面积减小,而造成流速增大;反之,在凹入的一边,由于微小流速的过流断面增大,而导致流速降低。流速高处,压力低;而流速低处,压力高。这样,使发生波动的流层由于局部速度改变而承受了附加的横向力作用。显然,受横向力作用后,流动波动会加剧。若此情况继续存在时,上述附加横向力与切应力的综合作用,将促成漩涡产生。

套管偏心条件下流速分布见表2-4-9。在套管偏心度为0.3的条件下,由于环空间隙不同,宽窄间隙处流速分布不同,宽间隙处平均流速约为窄间隙处平均流速的4倍左右。

表2-4-9 套管偏心条件下流速分布

平均返速(m/s)	0.5	0.75	1	1.25	1.5	1.75	2.0
宽间隙平均流速(m/s)	0.790	1.185	1.579	1.977	2.369	2.764	3.160
窄间隙平均流速(m/s)	0.176	0.264	0.352	0.441	0.529	0.617	0.705

偏心套管顶替效率数值计算结果如图2-4-17～图2-4-24所示。数值模拟结果表明，当顶替速度由0.5m/s逐步上升到2m/s后，壁面剪切应力增加，有助于清除壁面虚滤饼，顶替效率有了较明显提高。特别是当流速超过1～1.25m/s后，顶替液进入高速层流阶段，接近紊流状态，顶替效率骤然大幅度提高。因此，建议在机泵能力及地层承压能力允许条件下，采用大排量施工，保证环空返速在1～1.25m/s以上，在215.9mm井眼下139.7mm套管折算成施工排量1.2～1.5m^3、168.3mm井眼下127mm套管折算成施工排量0.9～1.2m^3。

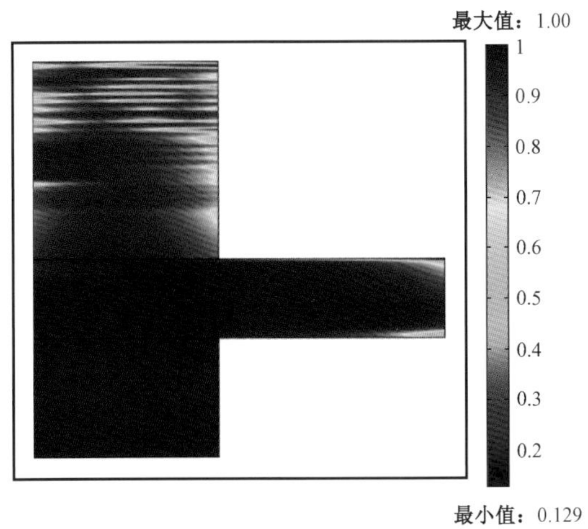

图2-4-17 顶替效率计算结果(v=2m/s)

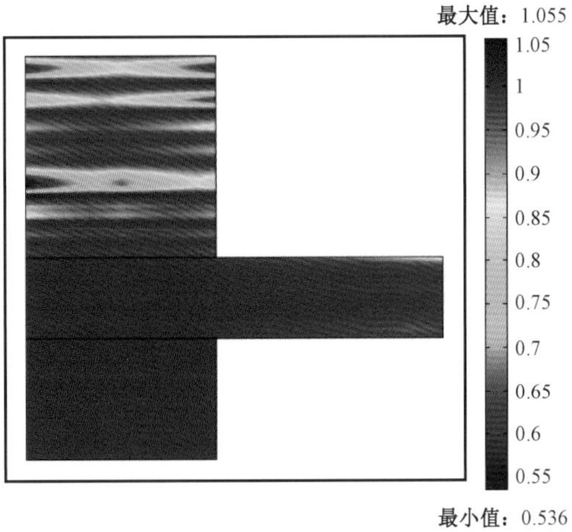

图2-4-18 顶替效率计算结果(v=1.75m/s)

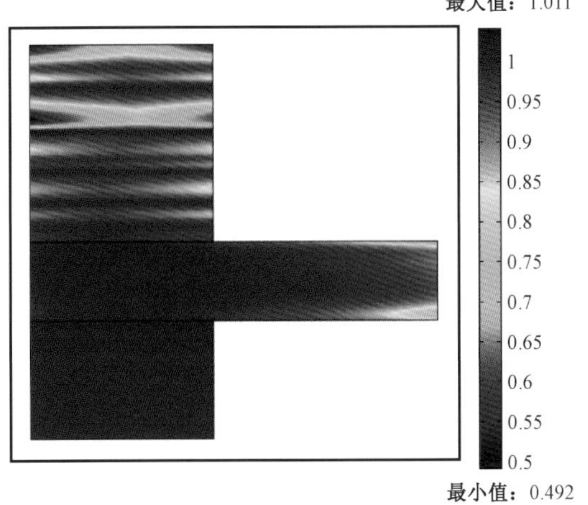

图2-4-19 顶替效率计算结果(v=1.5m/s)

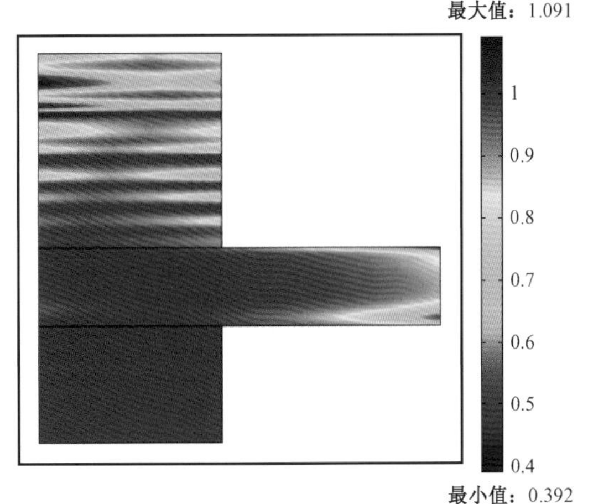

图2-4-20 顶替效率计算结果(v=1.25m/s)

4）调整钻井液性能降低钻井液滞留风险

国内页岩气井钻至大斜度段或水平段时，通常使用较高动塑比的高密度油基钻井液。以NH2-4井为例，钻至大斜度段及水平段时，将井内钻井液置换为油基钻井液。其基本组成包括了白油、氯化钙、石灰、乳化主剂、乳化助剂、润湿剂、封堵剂、降滤失剂、增黏剂、重晶石等。

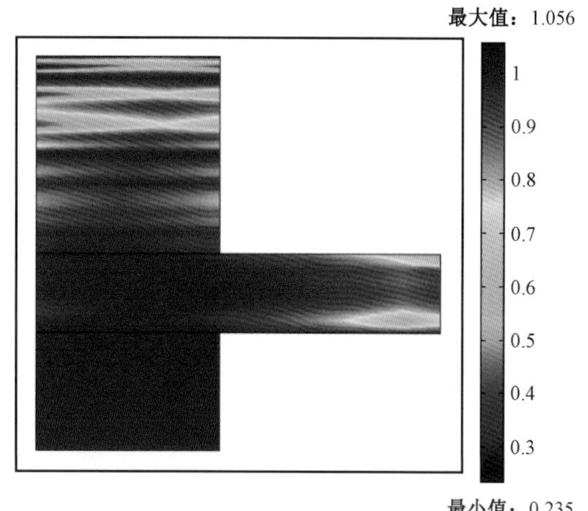

图 2-4-21　顶替效率计算结果（v = 1m/s）

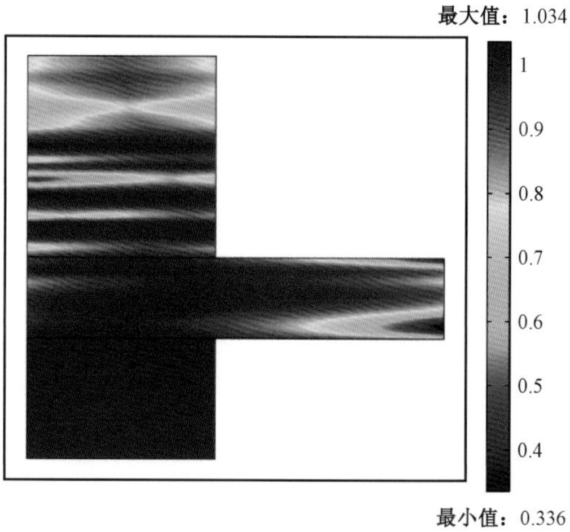

图 2-4-22　顶替效率计算结果（v = 0.75m/s）

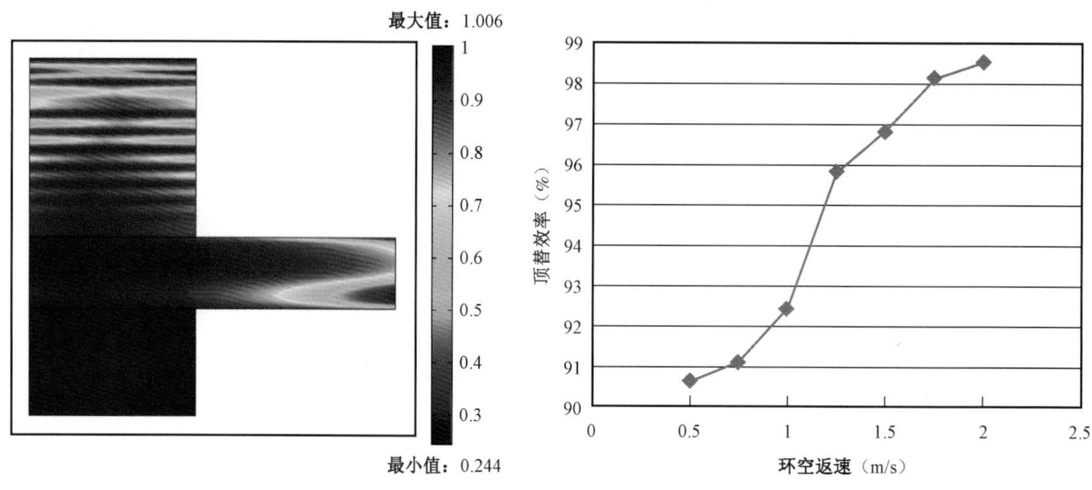

图 2-4-23　顶替效率计算结果（v = 0.5m/s）

图 2-4-24　顶替效率变化规律

白油毒性小、污染低、黏度不高，是油基钻井液理想基油。氯化钙作用是控制水相活度，增加有效离子浓度，防止页岩中土相成分吸水膨胀，通常钻井液中氯根含量在 50000mg/L 以上。石灰主要用于调节 pH 值，同时提供的钙离子有利于二元金属皂的生成，从而保证所添加的乳化剂可充分发挥其效能，也可防止地层中酸性气体对钻井液的污染。乳化主剂与乳化辅剂协同作用，保证浆体性能稳定，油相与水相均匀混合。两种乳化剂构成的膜比单一乳化剂的膜更为结实，强度更大，表面活性大大增强，液相间更不易聚结，形成的乳状液就更加稳定。乳化主剂主要形成膜的骨架。乳化辅剂的 HLB 值一般大于 7，可使乳化主剂更为稳定，增加外相黏度。润湿剂是具有两亲作用的表面活性剂，分子中亲水的一端与固体表面有很强的亲和力。润湿剂的加入使刚进入钻井液的重晶石和钻屑颗粒表面迅速转变为油湿，从而保证它们能较好地悬浮在油相中。封堵剂作用是提高地层承压能力，同时降低滤失量，保证井眼条件具备采用高密度钻井液钻进的能力。采用增黏剂而不使用有机土是哈里伯顿油基钻井液的一大特色。它能有效提高表观黏度和动切力,保证体系稳定性,同时对塑性黏度影响较小,有利于悬浮岩屑。

由上述分析可知,页岩气井钻进过程中对钻井液性能的要求与提高固井质量的钻井液性能要求之间存在一定的矛盾。在钻进过程中,为保持井控、钻速、防漏防卡、安全起下钻等,要求钻井液密度适当过平衡,滤失量低,抑制能力强,因此,体系必须具有较高黏度和切力,保证高悬浮和高携屑能力以及形成优质滤饼;而在固井时,为提高井眼净化程度及有效提高顶替效率和二界面胶结质量,希望钻井液具有较低黏度、切力、高悬浮、高携屑能力及优质滤饼、优良流变性、弱凝胶特性。

为了获得较好的顶替效率(超过90%),建议高密度钻井液动切力小于11Pa,尽量控制在9Pa左右。长宁区块油基钻井液动切力高,一般在15Pa左右,施工前,在保证井壁稳定前提下,可适当降低钻井液密度0.1g/cm^{3}左右,并改善钻井液流变性,根据情况提高油水比,及时补充乳化剂,保证体系稳定,流动性能良好,利于顶替。

5)优化环空浆柱结构提高顶替效率

合理的环空浆柱结构是保证钻井液替净,以及水泥石完美充填环空并有效封隔气层的关键。因此需要对环空浆柱结构进行优化,科学设计水泥浆两凝界面及前置液体系组成。主要考虑隔离液流变性对顶替效率的影响,隔离液与钻井液密度差在0.05g/cm^{3}左右,隔离液用量应保证隔离液有效隔离钻井液与水泥浆、缓冲水泥浆窜入钻井液中、清洗固井二界面。

2. 提高井筒密封完整性配套技术

1)管内外大压差预应力固井技术

微间隙一般情况下是封油不封气,所以在高压气井开采过程中,由于微间隙的存在会导致气体的管外窜流,图2-4-25表示了实际气体的运移路径,不能有效开采地层天然气。理论研究表明,只要套管与水泥环之间的间隙大于0.02cm就会严重影响到电测声幅质量。同时由于微间隙的出现,导致后期在套管附近形成一条连续或不连续的气窜通道,使气体窜入水泥孔隙中,发生环空带压现象,或者其酸性气体对水泥环和套管的腐蚀将降低套管强度,严重影响到后期油气井的开采作业。

虽然微间隙不影响生产层间的水力密封,但水泥环与套管间没有切变耦合,致使在声幅固井质量检测中套管波幅度偏高。与发生窜槽一样,在声波测井资料中,微间隙井段与套管—水泥界面窜槽的曲线特征相似,即套管波和地层波都以中等以上的幅度出现,表现为胶结不好,严重影响到固井质量的评价。因此,固井作业过程中应该注意到微间隙的存在,并尽量降低微间隙出现的可能,保证固井过程、固井候凝和电测固井质量期间管内外

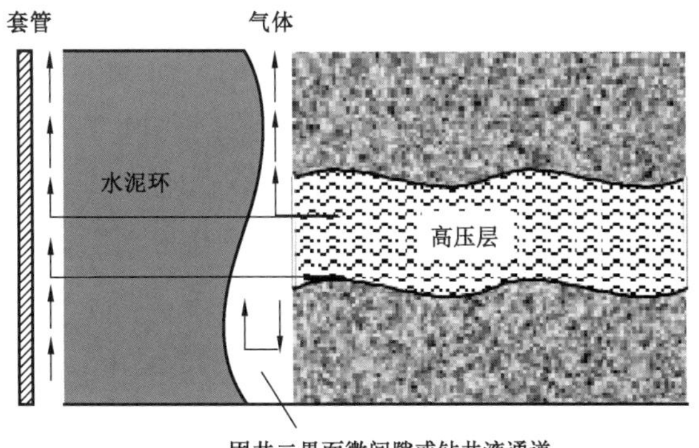

图2-4-25 实际气体的运移路径

压差变化不大。

为解决微间隙问题,固井施工中在水泥石收缩之前就给套管一个受挤压的预应力,而待水泥石收缩后,根据作用力与反作用力的原理,套管在弹性条件范围内就会试图恢复原状态,产生向外的挤压力,该力迫使套管恢复形变来弥补水泥环收缩时留下的微裂缝,始终保证水泥环与套管间的紧密接触,保持套管与水泥环之间的封隔效果,从而提高电测固井质量。在气井固井时,采用高密度(相对而言)水泥浆和低密度(如清水或轻质钻井液等)液体作为顶替液,使其在替浆结束后,套管环空相比管内形成较大的液柱差;同时在保证套管安全条件下,候凝期间在环空憋一定高压,而管内敞压候凝,这样使套管内外形成较大的负压差,对套管产生一个向内的挤压应力,套管在弹性变形范围内向内挤压,就形成了预应力。

固井作业后,如果水泥发生收缩时套管就会因弹性变形而试图恢复初始状态,从而保持与水泥环的紧密结合,形成较好的胶结质量。另一方面,避免了电测期间或完井作业期间需要替低密度液体而使套管向内挤压从而影响固井质量,防止水泥环整体密封性能受到进一步的破坏。

基于此原理,页岩气井预应力固井时,采用低密度顶替液并在施工结束后环空憋压增大管内外负压差,减小后期作业引起的套管收缩变形,降低后期作业对水泥环整体密封性能破坏,达到消除微间隙的目的。

2)水泥浆返高控制技术

由于常规水泥环固有的脆性、套管钢材既定的力学特性,体积压裂产生的巨大压力将破坏常规水泥环和套管的完整性。增产作业必须采用大排量高泵压的体积压裂工艺,井口压力是不能减小的,对环空全封的套管是无法实施。但可以采用油层套管只封固到上层套管鞋以上300~500m,其上部重合段不封固。压裂时可在环空加压20~30MPa,从而相应减小上部套管所受内压力。在这种情况下,相当于对环空水泥面以下的水泥环少施加了20~30MPa的压力,将会减小12.9um的间隙产生,同时增加了水泥石围压,进一步提高水泥石的抗破坏能力。

3. 现场试验

1)基础资料

(1)井身结构。

NH3-2井井身结构见表2-4-10和图2-4-26。

表2-4-10 NH3-2井井身结构设计数据

序号	钻头		套管			
	尺寸(mm)	钻深(m)	尺寸(mm)	壁厚(mm)	下深(m)	封固井段(m)
1	333.4	376.00	273.05	10.16	374.50	0~374.50
2	241.3	2600.00	196.85	11.51	2598.44	0~2598.44
3	168.28	3877.00	127	12.14	1920~3875	1900.00~3875.00
				11.10	0~1920	

注:(1)ϕ127mm油层套管下深3877.00m,储层最大垂深2475m,KOP点位置1700m,A点位置2877.00m,B点位置3877.00m,水平段长1000m。

(2)采用双凝加重水泥浆,封固1900.00~3875.00m井段(重合段700m),设计水泥塞长30m。

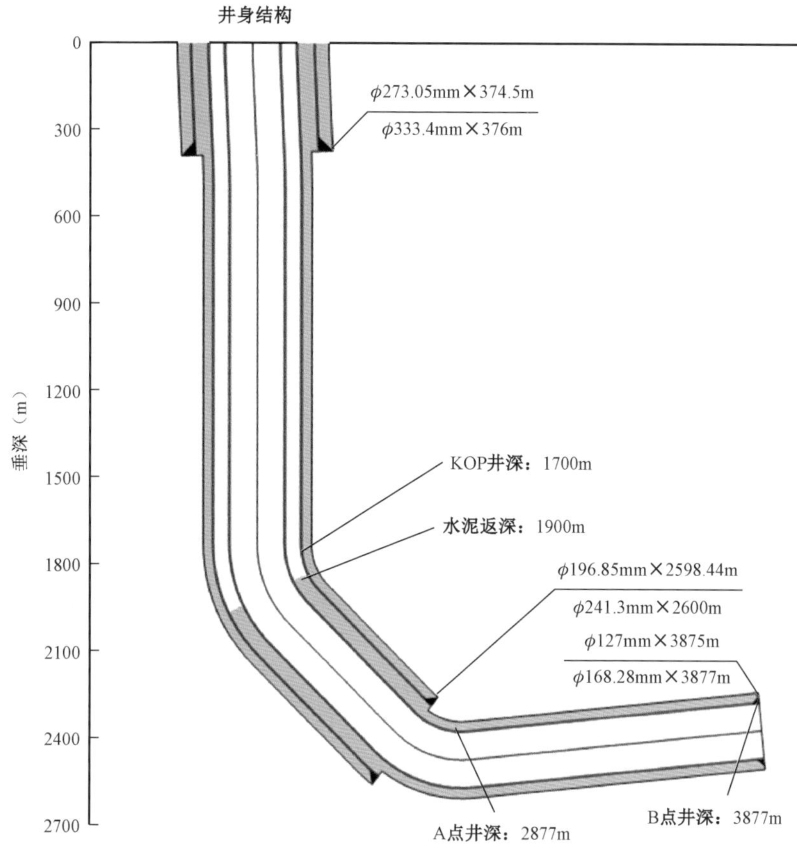

图 2－4－26　NH3－2 井井身结构图

(2)钻井液性能。

NH3－2 井使用白油基钻井液，油水比为 80：20，密度 2.13g/cm^3。钻井液性能参数见表 2－4－11。

表 2－4－11　NH3－2 井钻井液性能

密度(g/cm^3)	漏斗黏度(s)	失水量(mL)	动切力(Pa)	静切力(Pa)		破乳电压(V)	表观黏度(mPa·s)	塑性黏度(mPa·s)
				初切力	终切力			
2.13	84	0.9	7	4	9	610	67	60
ϕ_{600}	ϕ_{300}	ϕ_{200}	ϕ_{100}	ϕ_6		ϕ_3	Ca^{2+}含量(mg/L)	Cl^-含量(mg/L)
134	74	51	30	8		6	9600	27000

(3)套管串结构。

NH3－2 井套管串设计见表 2－4－12。

表 2-4-12 NH3-2 井套管串设计

名称	厂家	钢级	壁厚(mm)	数量	单长(m)	累长(m)	下深(m)
铝制加长引鞋				1	0.37		
管鞋				1	0.20	0.20	3873.41
浮箍					0.23	0.43	3873.21
短套管	天钢	P110	12.14	1	1.36	1.79	3872.98
套管	天钢	P110	12.14	3	31.08	32.87	3871.62
浮箍				1	0.23	33.10	3840.54
套管	天钢	P110	12.14	173	1900.70	1933.80	3840.31
套管	天钢	P110	11.1	173	1929.21	3863.01	1939.61
双公短节				1	0.25	3863.26	10.40
悬挂器				1	0.60	3863.86	10.15
联入				1	9.55	3873.41	9.55

2)固井工艺

(1)段塞举砂。

① 井深2587.30~2625.80m,复合钻进期间,用密度2.25g/cm^3,黏度250s的高密度钻井液3次共9m^{3}举砂,振动筛上返出大量钻屑。

② 井深2663.6~2699.00m,利用密度2.25g/cm^3,黏度250s的高密度钻井液2次共6m^{3}举砂,振动筛上返出钻屑比复合钻进时多点。

③ 井深2744.00~2787.00m,复合钻进期间利用密度2.25g/cm^3、黏度250s的高密度钻井液2次共6m^{3}举砂,振动筛上基本上无钻屑返出。

④ 井深3548m,用3m^3 密度2.40g/cm^{3}的高密度钻井液举砂,返出15cm×6cm×0.5cm的水泥块以及细小岩屑。

⑤ 单扶通井:井段3246.15~3548.00m,划眼期间用6.0m^3 密度2.40g/cm^{3}的高密度钻井液举砂,无明显钻屑;划眼至3548m用8.0m^3 密度2.40g/cm^{3}的高密度钻井液举砂,无明显钻屑;分别起钻至井深3192.29m、井深2813.90m循环无砂子;起钻至井深2522.98m用5.0m^3 密度2.40g/cm^{3}的高密度钻井液举砂,振动筛上基本上无钻屑返出。

(2)扶正器优选方案与居中度。

图2-4-27是NH3-2井套管居中度模拟图。

(3)注替排量设计与施工泵压预评估。

排量设计原则:环空返速按照1.2~1.5m/s进行水泥浆注替施工,则注替排量:

$$Q_{min} = V_{返} \times A = 1.2 \times 14.35 = 17.2L/s$$

$$Q_{max} = V_{返} \times A = 1.5 \times 14.35 = 21.5L/s$$

综合考虑地面施工配套工艺及管线承压能力、固井质量需求,注完冲洗液时泵注水泥浆排量为1.0m^3/min,冲洗液返出环空后施工排量不低于1.2m^3/min。

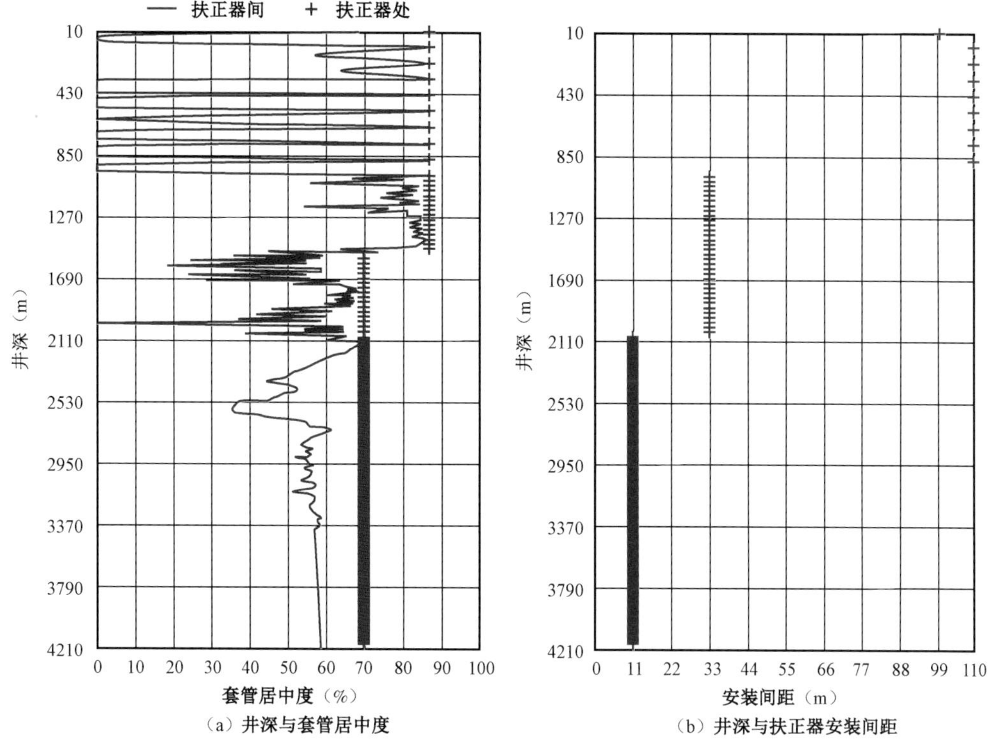

（a）井深与套管居中度
（b）井深与扶正器安装间距

图 2－4－27 NH3－2 井套管居中度模拟图

(4)环空浆柱结构设计与压力分布。

① 浆柱结构。

NH3－2 井浆柱结构设计见表 2－4－13。

表 2－4－13 NH3－2 井浆柱结构设计表

顺序	浆柱结构	工作量(m^3)	密度(g/cm^3)
1	油基钻井液		2.10
2	含润湿反转剂隔离液	25	2.15
3	前置液	2.0	2.10
4	车注水泥浆	27.0	2.20
5	顶替液(全为清水)	32.6	1.00

② 环空压力分布。

3)固井工作液设计

(1)冲洗隔离液体系。

取现场高密度钻井液处理后，加不同比例润湿反转剂进行模拟冲洗效果，最终确定冲洗隔离液配方为 SD80 15%＋水基钻井液。

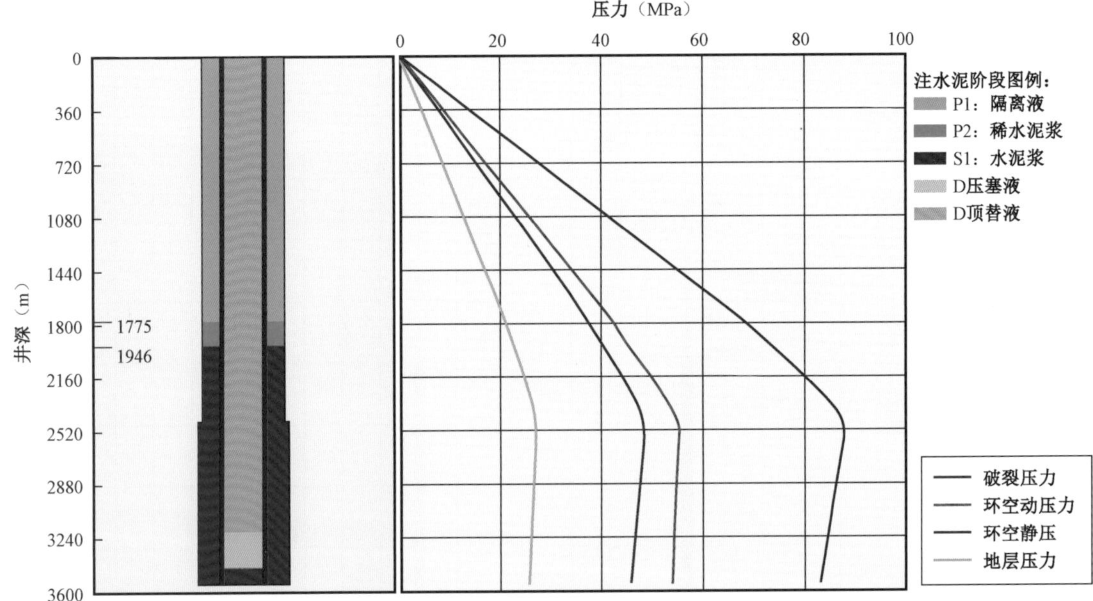

图 2－4－28　NH3－2 井环空压力分布模拟图

冲洗实验结果：旋转黏度计，600r/min，冲洗 10min，然后用清水洗去表面黏附的水基钻井液，观察冲洗效果（图 2－4－29）。

（a）

（b）

图 2－4－29　NH3－2 井冲洗隔离液冲洗效果

表 2－4－14　NH3－2 井隔离液流变性试验（试验温度 80℃）

项目	ϕ_{600}	ϕ_{300}	ϕ_{200}	ϕ_{100}	ϕ_6	ϕ_3	流性指数 n	稠度系数 K（$mPa \cdot s^n$）
隔离液	124	74	54	34	8	6	0.707	0.461

（2）水泥浆体系。

NH3－2 井水泥浆体系及性能见表 2－4－15，该体系污染试验数据见表 2－4－16。

表 2-4-15　NH3-2 井水泥浆体系基本性能

水泥浆配方	夹江 G 级水泥 + 精铁矿粉 + 微硅 1.5% + SD130 2% + SD35 0.5% + SDP-1 3% + SD52 0.3% + SD21 0.05%（夹江 G 级水泥:精铁矿粉 = 65 : 35）		
试验条件	80℃ × 52MPa × 30min	89℃ × 52MPa × 30min	80℃ × 52MPa × 30min
水泥浆密度（g/cm³）	2.25	2.25	2.28（密度高点）
水灰比	0.31	0.31	0.29
流动度（cm）	19	19	17
压力 7MPa,30min 失水量（mL）	42		
自由水含量（%）	0		
初始稠度（Bc）	35	34	45
40Bc 稠化时间（min）	177	140	
100Bc 稠化时间（min）	195	151	150
强度（MPa）		18.8（89℃ ×48h）	

表 2-4-16　NH3-2 井水泥浆体系污染试验数据

各种浆液所占比例（%）				常流（cm）	高流（cm）	初稠（Bc）	稠化试验结果
水泥浆	油基浆	隔离液	冲洗液				
30	70			不流	干		
50	50			半成型	干		
70	30			半成型	干		
70		30		21	18	18	120min ×14Bc
70	20	10		17	半成型	23	120min ×18Bc
20	70	10		18	15		
33.3	33.3	33.3		20	17		
95		5		20	17		
5		95		26	25		
70	20	5	5	19	18		130min ×14Bc

注:污染试验条件:80℃ ×0.1MPa ×120min,污染稠化试验条件与缓凝水泥浆试验相同。

4）现场施工工序

NH3-2 井固井施工工艺流程见表 2-4-17。

表 2-4-17　NH3-2 井固井施工工艺流程

工作内容	数量（m³）	排量（L/s）			泵压（MPa）			密度（g/cm³）		
		最大	最小	平均	最高	最低	一般	最高	最低	一般
冲管线,管线试压					55					
装胶塞										
车注冲洗液	2	16	9	12	13	8	10			1.00

续表

工作内容	数量(m^3)	排量(L/s)			泵压(MPa)			密度(g/cm^3)		
		最大	最小	平均	最高	最低	一般	最高	最低	一般
泵替钻井液	25			17	24	20	21			2.20
车注加重水泥浆	27	20	6	16	28	20	22	2.26	2.15	2.20
冲洗管线开挡销,倒闸门投上胶塞										
压裂车替清水碰压	32.6			15	49	20	43			1.00

注:憋压35.0MPa候凝(23:18碰压49.0MPa后泄压至36.0MPa候凝,其中23:18至06:10用水泥车共补偿压力5次,压力保持在30~35MPa候凝。)

5)测井结果

设计水泥浆返高1900m,实际电测1346.6~3715.0m声幅测井固井质量全优(图2-4-30)。

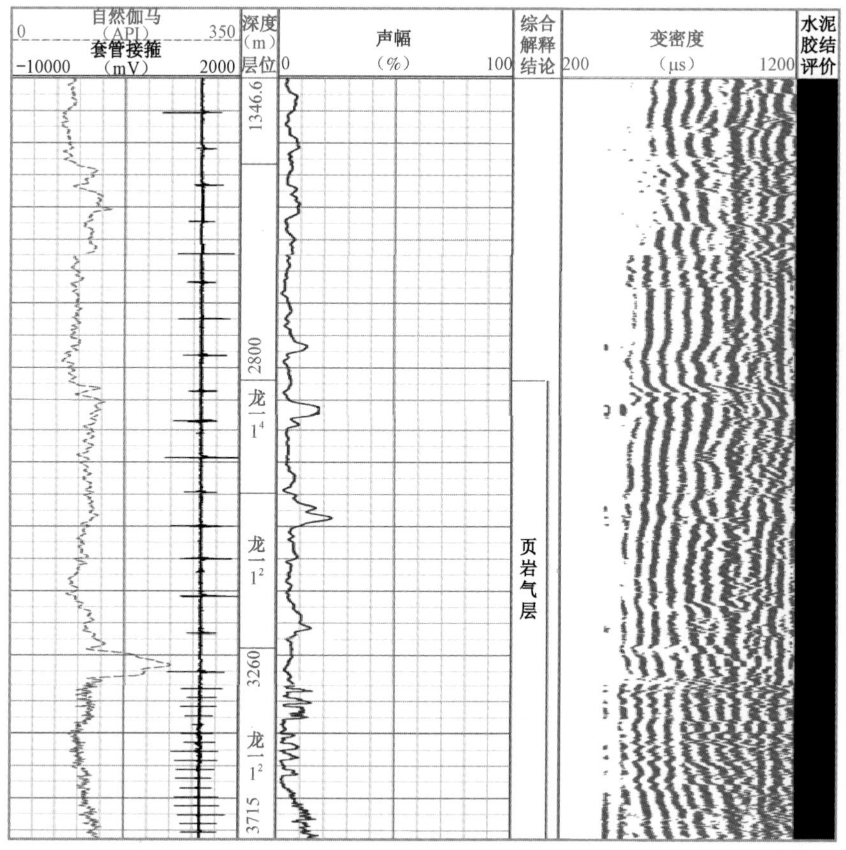

图2-4-30 NH3-2井电测声幅质量

参考文献

[1] 王鹏,盛利民,窦修荣,等.国外旋转导向最新技术进展与发展趋势[J].钻采工艺,2013,36(6):32-35.

[2] 肖仕红,梁政.旋转导向钻井技术发展现状及展望[J].石油机械,2006,34(4):66-70.

[3] 苏义脑,窦修荣.旋转导向钻井系统的功能、特征和典型结构[J].石油钻采工艺,2003,25(4):5-7.

[4] 赵金洲,孙铭新. 旋转导向钻井系统的工作方式分析[J]. 石油机械,2004,32(6):73-75.

[5] 罗健生,鄢捷年. 页岩水化对其力学性质和井壁稳定性的影响[J]. 石油钻采工艺,1992,21(2):7-13.

[6] 聂兴平,杨川琴,孙宝华,等. 泥页岩井壁失稳机理研究[J]. 内蒙古石油化工,2010,24:183-184.

[7] 王京印. 2007. 泥页岩井壁稳定性力学化学耦合模型研究[D]. 北京:中国石油大学博士论文,2007.

[8] 李文阳,邹洪岚,吴纯忠,等. 从工程技术角度浅析页岩气的开采[J]. 石油学报,2013,34(6):1218-1224.

[9] 万玉金,韩永新,周兆华. 2013. 美国致密砂岩气地质特征与开发技术[M]. 北京:石油工业出版社.

[10] 戴长林,石文睿,程俊,等. 基于随钻录井资料确定页岩气储层参数[J]. 天然气工业,2012,32(12):17-21.

[11] 王凯明,韩克宁. 页岩气水平井地质导向中的几个问题[J]. 油气藏评价与开发,2014,4(1):69-73.

[12] 王玉满,董大忠,李建忠,等. 川南下志留统龙马溪组页岩气储层特征[J]. 石油学报,2012,33(4):551-561.

[13] 颜希超,王升辉. 随钻测井实时决策系统研究[J]. 石油钻采工艺,2010,32(3):45-48.

[14] 吴奇. 地质导向与旋转导向技术应用及发展[M]. 北京:石油工业出版社,2012.

[15] 张程光,吴千里,王孝亮,等. 塔里木深井薄油层旋转地质导向钻井技术应用[J]. 石油勘探与开发,2013,40(6):747-751.

[16] 苏义脑. 地质导向钻井技术概况及其在我国的研究进展[J]. 石油勘探与开发,2005,32(1):92-95.

[17] 徐显广,石晓兵,夏宏全,等. 地质导向钻井技术的现场应用[J]. 西南石油学院学报,2002,24(2):53-55.

[18] 陈志鹏,梁兴,王高成,等. 旋转地质导向技术在水平井中的应用及体会—以昭通页岩气示范区为例[J]. 天然气工业,2015,35(12):64-70.

[19] 高彦峰,赵文帅. FEWD 地质导向技术在深层页岩气水平井中的应用[J]. 石油钻采工艺,2016,38(4):427-431.

[20] 张德军. 页岩气水平井地质导向钻井技术及其应用[J]. 钻采工艺,2015,38(4):7-10.

[21] 刘旭礼. 页岩气水平井钻井的随钻地质导向方法[J]. 天然气工业,2016,36(5):69-73.

[22] 刘伟,刘学鹏,陶谦. 适合页岩气固井的洗油隔离液的研究与应用[J]. 特种油气藏,2014,21(6):119-122.

[23] 刘伟,陶谦,丁士东. 页岩气水平井固井技术难点分析与对策[J]. 石油钻采工艺,2012,34(3):40-43.

[24] 齐静,李宝贵,张新文,等. 适用于油基钻井液的高效前置液的研究与应用[J]. 钻井液与完井液,2008,25(3):49-51.

[25] 谢玉银,侯吉瑞,张建忠,等. 基于低质量浓度表面活性剂的复合驱效果评价[J]. 油气地质与采收率,2014,21(1):74-77.

[26] 王广雷,谌德宝,王海森,等. 一种新型的冲洗效率评价方法[J]. 钻井液与完井液,2011,28(3):45-46.

[27] 黄文红,李爱民,张新文,等. 油基泥浆固井清洗液评价方法初探及性能研究[J]. 新疆石油天然气,2006,2(2):33-35.

[28] 吴超,田荣剑,罗健生,等. 油基钻井液润湿剂评价[J]. 西南石油大学学报:自然科学版,2012,34(3):139-143.

[29] 陶谦,丁士东,刘伟,等. 页岩气井固井水泥浆体系研究[J]. 石油机械,2011,39(增刊):17-19.

[30] 杜建平,顾军,张辉,等. 有效提高页岩气井固井质量的泥饼固化防窜固井技术[J]. 天然气工业,2015,35(9):89-94.

[31] 赵常青,冯彬,刘世彬,等. 四川盆地页岩气井水平井段的固井实践[J]. 天然气工业,2012,32(9):61-65.

[32] 郑友志,佘朝毅,姚坤全,等. 川渝地区含硫气井固井水泥环界面腐蚀机理分析[J]. 天然气工业,2011,31(12):85-89.

[33] 顾军,杨卫华,秦文政,等. 固井二界面封隔能力评价方法研究[J]. 石油学报,2008,29(3):451－454.

[34]《页岩气地质与勘探开发实践丛书》编委会. 北美地区页岩气勘探开发新进展[M]. 北京:石油工业出版社,2009.

[35] Nelson S G,Huff C D. Horizontal woodford shale completion cementing practices in the arkoma basin southeast oklahoma:A Case History[C]. SPE120474.

[36] Morris W,Criado M A,Robles J,et al. Design of high toughness cement for effective long lasting well isolations [C]. SPE81001.

[37] Williams R H,Khatri D K,Keese R F,et al. Flexible Expanding Cement System (FECS) successfully provides zonal isolation across Marcellus shale Gas trends [C]. SPE149440.

[38] Teodoriu C,Shadravan A,Amani M,et al. HPHT cement sheath integrity evaluation method for unconventional wells[C]. SPE168321.

[39] Reddy B R,Santra A K,Mcmechan D E,et al. Cement mechanical property measurements under wellbore conditions [J]. SPE Drilling & Completion. 2007,22(01):33－38.

[40] Dillenbeck R L,Boncan G,Clemente V,et al. Testing cement static tensile behavior under downhole conditions [C]. SPE97967.

第三章　典型区块页岩气储层改造技术与实践

第一节　影响页岩压裂缝网形成的主控因素

对于常规油气藏而言，储层孔渗条件较好，储层改造主要立足于解除近井地带伤害、提高近井地带的渗流能力、提高泄流面积。页岩储层非常致密，渗透率低，四川盆地长宁区块五峰组—龙一$_1$亚段页岩室内测量渗透率在$0.714\times10^{-7}\sim1.48\times10^{-7}\mu m^2$，平均值为$1.02\times10^{-7}\mu m^2$。理论研究表明：当基质渗透率为$0.1\times10^{-7}\mu m^2$、裂缝间距为91m时，大部分区域流体流动所需驱动压力高达20MPa；当基质渗透率为$0.1\times10^{-7}\mu m^2$时，流体穿透100m基质渗流入裂缝需要的时间将超过100×10^4a。因此，要实现页岩储层的有效开采，必须通过压裂改造缩短基质到裂缝的渗流距离，即尽可能地在储层中形成复杂的裂缝网络。

页岩储层压裂能否形成复杂的裂缝网络，受储层特征、工程因素等综合影响，本节主要介绍影响缝网形成的主要地质及工程因素。

一、影响缝网形成的地质因素

压裂能否形成复杂的裂缝网络，主要受储层地质特征的影响。影响页岩储层压裂缝延伸的地质因素包括储层的岩石矿物成分、岩石力学性质、地应力特征以及天然裂缝分布等。

1. 岩石矿物组成

岩石的矿物组成即岩石中硅质矿物和钙质矿物与黏土矿物之间的相对含量，对岩石的可压性有非常重要的影响。页岩中黏土矿物含量越低，石英、长石、方解石等脆性矿物含量越高，岩石在压裂时越易形成人工裂缝网络。高黏土矿物含量的页岩一般塑性强，水力压裂时不易形成复杂裂缝。

2. 岩石力学性质

岩石力学参数对页岩储层的可压性具有重要影响，泊松比反映了岩石在应力作用下的横向变形能力的弹性常数，而弹性模量反映了岩石弹性变形阶段发生形变的能力，显著影响水力裂缝宽度。弹性模量越高、泊松比越低，页岩的脆性就越好。从杨氏模量和泊松比等反映页岩脆性的力学参数来看，杨氏模量越大，泊松比越小，压裂越容易形成复杂裂缝。

3. 脆性

Rickman首先提出脆性特征参数的概念，认为岩石脆性特征参数越大，岩石的脆性越高，岩石越容易发生断裂形成网络裂缝。关于岩石脆性的评价，国内外学者提出了多种表征方法，评价脆性指数主要是基于矿物组成、岩石力学、硬度、强度、坚固性以及岩石碎屑和比例等评价方法,但大多缺乏针对性以及实用性,目前应用比较广泛的是基于岩石力学和基于矿物组分的脆性指数计算方法。

(1)基于岩石力学参数的脆性指数计算公式为:

$$BI = \frac{YM_{\text{brit}} + PR_{\text{brit}}}{2} \times 100\% \tag{3-1-1}$$

式中 BI——脆性指数,%;

YM_{brit}——归一化后的杨氏模量值;

PR_{brit}——归一化后的泊松比。

式(3-1-1)中 YM_{brit} 计算公式为:

$$YM_{\text{brit}} = \frac{YM_{\text{C}} - YM_{\text{Cmin}}}{YM_{\text{Cmax}} - YM_{\text{Cmin}}} \tag{3-1-2}$$

式中 YM_{C}——单井综合测定的杨氏模量值,MPa;

YM_{Cmax}——单井综合测定的杨氏模量最大值,MPa;

YM_{Cmin}——单井综合测定的杨氏模量最小值,MPa。

式(3-1-1)中 PR_{brit} 计算公式如下:

$$PR_{\text{brit}} = \frac{PR_{\text{C}} - PR_{\text{Cmin}}}{PR_{\text{Cmax}} - PR_{\text{Cmin}}} \tag{3-1-3}$$

式中 PR_{C}——单井综合测定的泊松比;

PR_{Cmax}——单井综合测定的泊松比最大值;

PR_{Cmin}——单井综合测定的泊松比最小值。

(2)基于脆性矿物含量的脆性指数计算公式如下:

$$BI = \frac{M_{\text{brit}}}{M_{\text{t}}} \times 100\% \tag{3-1-4}$$

式中 M_{t}——页岩岩样的总质量,g;

M_{brit}——页岩岩样中石英、长石、方解石等脆性矿物的质量,g。

4. 天然裂缝及层理

天然裂缝的存在是地应力不均一的表现,其发育区带往往是地层应力的薄弱地带,天然裂缝的存在降低了岩石的抗张强度,并使井筒附近地应力改变,对人工裂缝的产生和延伸产生影响。天然裂缝越发育,压裂后越容易形成复杂裂缝。

水力裂缝与天然裂缝相交时,作用于天然裂缝壁面上的应力发生变化,促使天然裂缝开启或发生剪切滑移。当水力裂缝遇到天然裂缝时,水力裂缝存在三种延伸模式:一是水力裂缝直接穿过天然裂缝继续延伸;二是水力裂缝沿天然裂缝延伸一段长度后在天然裂缝面上重新造缝;三是天然裂缝张开,水力裂缝沿天然裂缝延伸。在天然裂缝的作用下,压裂后形成的裂缝进一步复杂化。

5. 地应力特征

通常认为在高水平应力差下页岩不易产生复杂裂缝，在低水平应力差下页岩容易产生复杂裂缝。图 3－1－1 为对野外页岩露头进行水力压裂模拟实验的结果，从图中可以看出，当采用同样的液体和参数注入页岩露头模型时，应力差异越大越不容易形成复杂裂缝；应力差异较小时容易形成复杂裂缝。

(a)应力差12MPa，液体黏度3mPa·s，排量60mL/min

(b)应力差3MPa，液体黏度3mPa·s，排量60mL/min

图 3－1－1 不同应力差下裂缝扩展模式实验对比

为了进一步评价应力差异的影响，国内学者提出应力差异系数的概念，用水平应力差值与最小水平主应力的比值来表征。

$$K_h = \frac{\sigma_H - \sigma_h}{\sigma_h} \tag{3-1-5}$$

式中 K_h——水平应力差异系数；

σ_H——最大水平主应力，MPa；

σ_h——最小水平主应力，MPa。

根据 NB/T 14001《页岩气藏描述规范》，一般认为应力差异系数小于 0.05，裂缝容易发生扭曲或转向，同时形成多裂缝；水平应力差异系数在 0.05～0.1 之间，可以形成大范围的裂缝网络；水平应力差异系数大于 0.1，裂缝易发生扭曲或转向，同时形成双翼裂缝。

二、影响缝网形成的工程因素

页岩储层压裂形成的裂缝形态除受到地质特征制约外，工程条件也对缝网形成有一定的影响。影响页岩储层裂缝延伸的工程因素主要包括施工净压力、压裂液黏度、射孔方式、施工排量等。

1. 净压力

净压力是指压裂施工过程中裂缝内的延伸压力与最小水平主应力的差值，裂缝内的净压力越高，越有利于形成复杂裂缝。在压裂时除了考虑页岩地层的地应力分布、岩石力学性质之外，还需要考虑天然裂缝张开的情况。天然裂缝张开临界压力计算如下：

$$p_{fo}=\frac{\sigma_H-\sigma_h}{1-2v} \tag{3-1-6}$$

式中 p_{fo}——天然裂缝张开的缝内临界压力，MPa；

σ_H、σ_h——水平最大主应力和水平最小主应力，MPa；

v——岩石的泊松比。

在压裂过程中，如果裂缝内的压力超过了天然裂缝张开的临界压力，则容易导致天然裂缝张开，使水力裂缝以网络裂缝模式扩展。针对裂缝储层压裂时，多裂缝同时延伸过程中，水力裂缝与天然裂缝之间相互作用，得克萨斯大学的 Jon E. Olson 和 Arash Dahi Taleghsni 在 2009 年采用边界元法进行延伸模拟研究，提出了采用净压力系数 R_n 来表征施工压力对裂缝延伸的影响：

$$R_n=\frac{p_f-\sigma_h}{\sigma_H-\sigma_h} \tag{3-1-7}$$

式中 p_f——裂缝内的流体压力，MPa；

σ_H、σ_h——水平最大主应力和水平最小主应力，MPa。

对于人工裂缝与天然裂缝夹角为 90°的水平井来说，当 $R_n=5$ 时，多裂缝形成的缝网较为明显和充分；当 $R_n=2$ 时，缝网有一定的延伸，但不充分；当 $R_n=1$ 时，人工裂缝不连接天然裂缝，缝网不发育。图 3-1-2 为施工压力与裂缝延伸形态图，可见 R_n 越大，净压力越大，裂缝形态越复杂。Rahman 等人基于流固耦合理论，利用有限元研究了孔隙压力变化和天然裂缝与人工裂缝之间的相互作用，提出了在人工裂缝和天然裂缝夹角较小的情况下(30°)，无论水平应力差多大，天然裂缝都会张开，改变原有路径，为形成缝网创造条件；夹角中等情况下天然裂缝在低应力差条件下会张开；在夹角大于 60°情况下，无论水平主应力差多大，天然裂缝都不会张开。

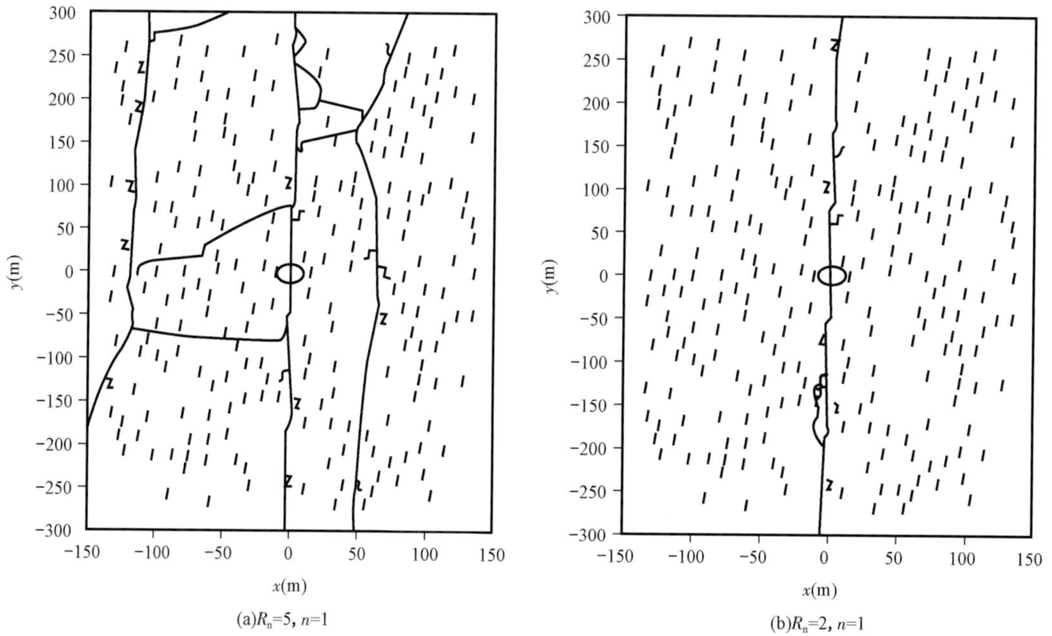

图 3-1-2 不同施工压力下裂缝延伸形态模拟图

压裂施工中裂缝内的净压力受多种因素影响，压裂液的黏度、施工排量以及射孔方式等都对净压力有一定的影响。

2. 压裂液黏度

压裂液黏度对压裂形成的裂缝复杂程度具有重要影响，压裂液黏度越高，液体越不容易进入或沟通天然裂缝。黏度越低，压裂过程中液体越容易进入或沟通天然裂缝，从而形成复杂的裂缝网络。

图 3－1－3 为某区不同压裂液体系压裂微地震监测成果图，从图中可以看出采用交联液压裂的事件点方向性明显，呈现典型双翼裂缝特征；采用滑溜水压裂监测的微地震事件波及范围更大。

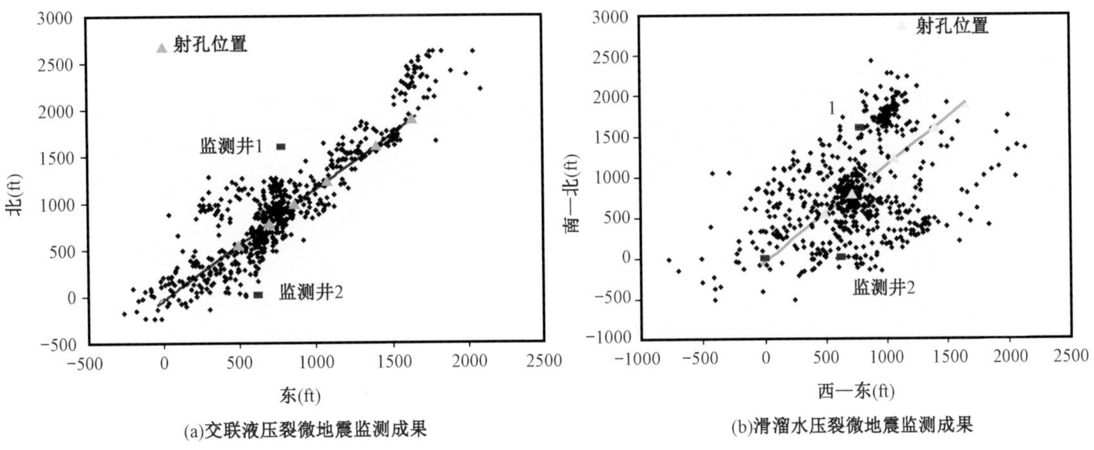

图 3－1－3　交联液压裂与滑溜水压裂微地震监测对比

3. 射孔方式

国内外许多专家学者对油气开采中射孔参数（包括孔密、孔径、相位和射孔方式）进行了深入的研究。一致认为，螺旋射孔可以减少近井地带的渗流阻力，有利于油气从地层流进井筒，而且是降低套管强度最低的射孔方式。在非常规油气藏压裂中，为了形成复杂裂缝，一般采用更易于形成复杂缝网的分簇射孔方式，同时配合大排量的压裂施工，压裂时多簇裂缝同时扩展，裂缝延伸过程中，各簇孔眼形成的裂缝相互影响相互干扰，并与页岩储层中的层理、天然裂缝等因素共同作用，形成复杂的空间网状裂缝。

三、典型区块储层可压性评价

Chong 等总结了北美页岩区块在过去 20 年中成功压裂的方法，认为可压性是页岩储层具有能够被有效压裂从而增产能力的性质，不同可压性的页岩在水力压裂过程中形成不同的裂缝网络。

储层可压性的影响因素较多，部分因素相互关联，相互影响，要评价目的层的可压性，需要考虑多种因素进行综合评价。李文阳等认为可压性评价的主要内容是评价裂缝和层理、页岩脆性、水平应力差，这三者是决定页岩能否“压碎”的关键因素。孙健等在评价焦石坝区块的可压性时同时考虑了泊松比、杨氏模量、石英含量、黏土含量、地应力差异系数、裂缝等。唐颖等将成岩作用中有机质镜质组反射率(R_0)指标引入到页岩的可压裂性评价指标中,并将影响可压裂性的页岩脆性、天然裂缝、石英含量、成岩作用等参数采用极差变换和经验赋值方法标准化,采用层次分析法确定不同因素对可压性影响的权重,使用标准化值与权重系数加权得到可压系数,从而实现了对页岩可压性的定量评价。根据储层各参数的特征将页岩可压性分为3个级别:第一级别的页岩储层脆性低,天然裂缝基本不发育或发育很差,岩石中石英含量低,有机质热成熟度低,还处于早成岩作用阶段,可压系数为0.13~0.28,可压性低,对该类储层进行水力压裂效果不佳。第二级别的页岩储层脆性处于中等水平,天然裂缝发育中等,岩石中石英含量较高,热成熟度适中,处于中成岩A期或B期,页岩可压系数为0.28~0.46,可压性中等,进行水力压裂能够取得较好的效果。第三级别页岩脆性较高,天然裂缝发育,石英含量高,成岩作用已经达到晚成岩作用阶段,微裂缝发育,可压系数为0.46~0.78,可压性高,是优质的可压层。

表3-1-1 不同级别可压性页岩储层特征表

可压性级别	页岩脆性指数(%)	天然裂缝发育	石英含量(%)	成岩作用	可压系数	可压性评价
Ⅰ	10~30	不发育	20~30	早成岩阶段 (R_o≤0.5%)	0.13~0.28	低
Ⅱ	30~50	中等发育	30~35	中成岩阶段 (0.5%≤R_o≤2%)	0.28~0.46	中等
Ⅲ	50~70	发育	35~80	晚成岩作用阶段 (R_o>2%)	0.46~0.78	高

综合国内相关可压裂性评价研究成果,结合相关标准,选取表3-1-2中的相关指标对长宁区块龙马溪组页岩与焦石坝龙马溪组页岩进行了对比评价。从对比结果可以看出,长宁龙马溪组与焦石坝龙马溪组页岩可压性基本相当,均具有较好的可压性,有利于形成复杂裂缝。

表3-1-2 可压性综合评价表

评价参数	可压性好的指标	焦石坝龙马溪组	长宁龙马溪组
镜质组反射率(%)	>2.0	2.8	2.6
泊松比	<0.25	0.19	0.20
杨氏模量(GPa)	>20.0	35.42	36.5
脆性指数(%)	>50	54.1	61.0
石英含量(%)	>35	44.42	55.0
黏土含量(%)	<30	34.6	27.9
地应力差异系数	<0.1	0.11	0.17
裂缝(天然/次生/层理/页理)	发育	发育	发育

第二节　页岩气水平井压裂设计方法

由于页岩储层具有渗透率极低、气体赋存状态多样等特点，一般页岩储层完井后无法直接投产，只有采用大规模的水力压裂，沟通天然裂缝，形成复杂缝网，提高井筒附近储层的流动能力，才具有商业开发价值。目前，水平井分段压裂技术是页岩气开发最有效的手段，但是如何形成复杂裂缝网络，提高储层改造体积，将页岩气藏改造为“人工气藏”，压裂设计尤为重要。

一、水平井压裂工艺优选

为了提高单井产量，提高开发效益，页岩气藏均采用水平井进行开发。水平井压裂工艺的选择必须立足实现对整个水平井段的有效改造，提高储量动用程度。

水平井分段压裂工艺的选择主要依据储层改造的目的。页岩储层物性差，要立足于对全井段进行有效改造，就要尽可能地形成复杂裂缝和提高储层的改造体积。为了满足形成复杂裂缝和提高储层改造体积的目的，多采用套管完井，采用大排量、大液量、分簇射孔工艺；同时为了实现对整个水平段的有效改造，一般要求分段级数不受限制；为了井筒后期作业需要，一般希望改造后能够实现井筒全通径。

目前针对水平井分段压裂国内主要有双封单压分段压裂、固井滑套分段压裂、水力喷射分段压裂、裸眼封隔器分段压裂、速钻桥塞分段压裂及液体胶塞分段压裂工艺等。液体胶塞分段压裂可以代替封隔器等工具进行分段压裂改造。用高强度的液体胶塞封堵不压裂的井段，然后对目的层进行压裂，压裂施工完成后，在控制时间内胶塞破胶返排。液体胶塞分段压裂多用于解决复杂结构水平井、套管变形井、段间距过小、井下有落物等无法使用机械封隔器和其他分段改造工艺施工井的分段压裂难题。不同类型水平井分段压裂工艺的适应性对比见表3－2－1。

表3－2－1　不同水平井分段压裂工艺对比表

工艺类型	大排量	分簇射孔	分段级数	压后井筒全通径	作业时效	完井方式
双封单压分段压裂	否	能	受限	否	低	套管
固井滑套分段压裂	能	否	受限	是	高	套管
水力喷射分段压裂	否	能	不受限	是	较高	套管
裸眼封隔器分段压裂	否	否	受限	否	高	裸眼
泵送桥塞分段压裂	能	能	不受限	是	较低	套管
液体胶塞分段压裂	能	能	不受限	是	高	套管

表3－2－2为北美不同地区非常规油气藏水平井分段压裂工艺运用情况，从表中可以看出，电缆泵送桥塞分簇射孔分段压裂工艺在北美页岩气开发中应用最为广泛，是目前页岩气水平井完井压裂的主体工艺。

表 3－2－2　北美不同地区非常规油气藏水平井分段压裂工艺运用情况

工艺类型	Fayetteville	Barnett	Woodford	Marcellus	Bakken	Niobrara	Haynesville	Eagle Ford
桥塞分段压裂	75%	97%	98%	99%	40%	20%	100%	99%
裸眼封隔器分段压裂	25%	2%	2%	1%	60%	80%		1%
水力喷射分段压裂		1%		1%				

注：Bakken：水平段长度大于 3000m；Niobrara：水平段长度大于 2000m。

国内针对页岩气的分段压裂主要采用泵送桥塞分簇射孔分段压裂技术（图 3－2－1），该工艺目前已经成熟并大规模推广应用。根据建产的不同需求，桥塞工具也不断发展，目前主要有速钻桥塞、大通径桥塞、可钻大通径桥塞、可溶桥塞四种类型。不同桥塞的优缺点对比见表 3－2－3。随着材料技术的进步，可溶桥塞相对于其他类型的桥塞具有不用钻磨、能够保持井筒全通径、复杂易处理等优点，随着技术的不断成熟，将在页岩气水平井分段压裂中得到广泛的应用。

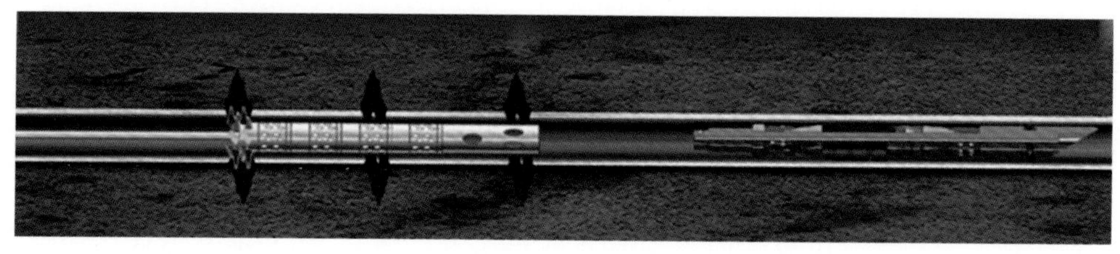

图 3－2－1　电缆泵送桥塞分簇射孔分段压裂工艺示意图

固井滑套压裂工艺由于作业效率较高、可降低对压裂设备的需求，目前在国内的一些页岩气井开展了先导性试验。

表 3－2－3　不同类型桥塞工具优缺点对比表

桥塞类型	优点	缺点
速钻桥塞	钻磨后能实现井筒全通径、满足生产测井等要求	深井钻磨风险大、套管变形不易钻磨、作业成本高
大通径桥塞	无需钻磨、节省作业成本	无法实现压后全通径，井筒后期作业及复杂处理困难
速钻大通径桥塞	兼具大通径和速钻桥塞的优点	深井钻磨风险大、套变不易钻磨
可溶桥塞	无需钻磨、遇到复杂易处理，保持井筒全通径、满足生产测井要求	一般难以实现桥塞全可溶

二、入井材料选择

1. 压裂液

1）压裂液的类型

压裂液是水力压裂施工作业中的工作液，它具有传递压力、形成地层裂缝、在裂缝沿程输送及填充压裂支撑剂的作用，在影响压裂成败的诸因素中，压裂液及其性能极为重要。

目前国内外使用的压裂液有很多种，主要有油基压裂液、水基压裂液、乳状压裂液和泡沫压裂液等，压裂液体系的选择主要取决于储层和工艺的需要。

2）压裂液的选择

借鉴北美页岩气开发经验，一般脆性指数较大（大于50%）的页岩储层，在其增产改造中通常采用以滑溜水为主体的压裂液体系，由于仅仅采用了清水和减阻剂的原因，所以具有黏度低、支撑剂量少的特点，但需要依靠大排量泵注来携砂，以及尽可能地沟通天然裂缝形成连通的裂缝网络，增大改造的范围和规模。而对于黏土含量高，塑性较强的页岩储层，则采用小排量高黏度压裂液的注入方式。交替注入低黏度和高黏度压裂液的混合压裂液体系兼具了滑溜水和冻胶压裂的优点，虽然在成本上有所增加，但降低了水的用量。压裂液流体黏度对缝网复杂度的影响也得到了室内实验和现场微地震数据的验证。现场实践表明，低黏压裂液更适用于裂缝型页岩储层。各种压裂液性能比较见表3－2－4。

表3－2－4　各种压裂液性能比较

开启微缝的能力	滤失	携砂能力	返排效率	储层伤害	成本
滑溜水＞混合压裂液＞泡沫＞冻胶	滑溜水＞混合压裂液＞冻胶＞泡沫	冻胶＞混合压裂液＞泡沫＞滑溜水	泡沫＞冻胶＞混合压裂液＞滑溜水	冻胶＞混合压裂液＞泡沫＞滑溜水	泡沫＞冻胶＞混合压裂液＞滑溜水

图3－2－2为储层特征与压裂液体系选择的模板。从图中可以看出，对于脆性地层，宜采用低黏度压裂液，采用大排量、低砂比的加砂方式，压裂后形成网状裂缝；对于塑性地层，随着压裂液黏度逐渐增加，需要注入高浓度支撑剂，压裂后形成相对简单的裂缝。李宗田等提出了选择滑溜水压裂液的技术条件：(1)石英、碳酸盐岩等脆性矿物较多(50%以上)，黏土含量较少(40%以下)，水敏较弱；(2)三轴岩石力学实验：杨氏模量大于24GPa，泊松比小于0.25；(3)三轴岩石力学实验：脆性指数大于50%；(4)水平应力差异系数小于13%。

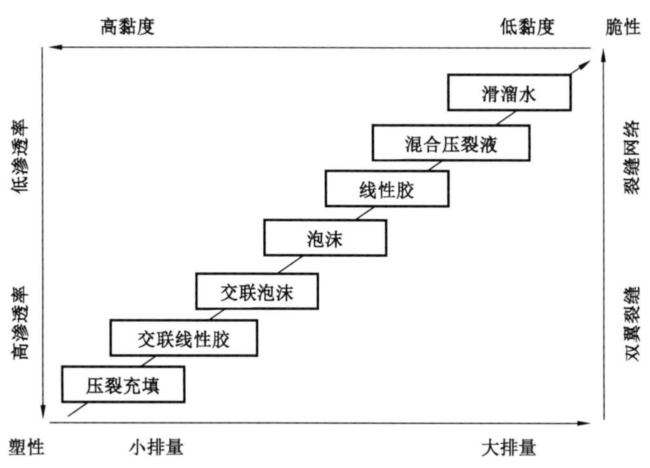

图3－2－2　储层特征与压裂液的选择模板

同时,国外采用微地震监测对比了不同压裂液体系压裂后形成的裂缝形态。对比表明采用胶液压裂形成的裂缝方向性较好,改造的储层体积较小;采用滑溜水压裂后形成的裂缝虽也具有一定的方向性,但是事件点分布范围更广,沟通的储层体积更大。

2. 支撑剂

支撑剂是在压裂过程中随着压裂液一起进入地层裂缝中,当压裂施工停止井底压力下降至闭合压力后用来支撑裂缝,使之不再闭合的一种固体颗粒。压裂后支撑剂支撑在水力裂缝中,从而形成具有一定导流能力的通道,达到提高油气井产量或注水井增注的目的。

裂缝的导流能力是影响压裂改造效果的重要因素。选择合适的支撑剂类型、粒径和支撑剂铺置浓度对于确保压裂施工的顺利实施和提高压裂效果尤为重要。

1)支撑剂的主要类型

支撑剂大致可分为天然和人造两大类,曾经使用的金属铝球、塑料球、核桃壳与玻璃球等支撑剂由于自身存在的缺点已被淘汰,目前国内外压裂工艺所用的支撑剂主要以石英砂、陶粒为主(图3-2-3)。石英砂主要应用于浅层低闭合压力井的压裂作业,陶粒主要应用于中深井压裂工艺。

(a)石英砂

(b)陶粒

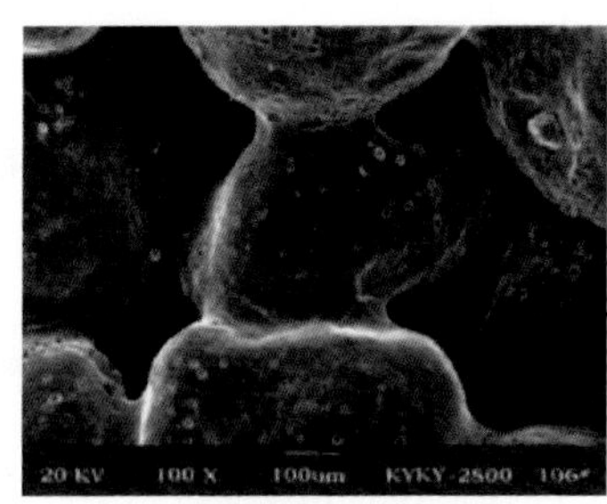

(c)覆膜陶粒固化后形态

图3-2-3 不同类型的压裂支撑剂

(1)石英砂。

石英砂是一种分布广、硬度较大的天然支撑剂,20世纪60年代开始现场使用并逐步推广应用,也是目前应用最广泛的支撑剂。石英砂主要化学成分是二氧化硅(SiO_2),同时伴有少量的铝、铁、钙、镁、钾、钠等化合物及少量杂质。石英含量是衡量石英砂质量的重要指标,中国石英砂的石英含量一般在80%左右;国外优质石英砂的石英含量可达98%以上。石英砂多产于沙漠、河滩或沿海地带,其中河北承德、甘肃兰州、福建福州和湖南岳阳等地是中国石英砂的主要产地。石英砂颗粒的视密度一般在$2.65g/cm^3$左右,体积密度一般在$1.60 \sim 1.65g/cm^3$之间。

石英砂具有以下特点:

① 石英砂密度相对低,沉降速度慢,便于泵送;

② 粉砂(70~140目)可作为压裂液降滤剂,充填与主裂缝沟通的天然裂缝;

③ 石英砂的强度较低,开始破碎压力约为20MPa,破碎后将大大降低裂缝的导流能力,而且受嵌入、微粒运移、堵塞、压裂液伤害及非达西流动等因素的影响,其裂缝导流能力可降至初

始值的10%以下,因此不适合深井或高闭合压力储层;

④ 价格便宜,部分地区可以就地取材。

(2)陶粒。

陶粒是为满足深层高温、高闭合压力储层压裂要求而研制的一种人造支撑剂,20世纪70年代后期研制成功并逐步推广应用。陶粒从生产工艺上分为电解和烧结两种,主要由铝矾土烧结、成型、造粒制成。国内人造陶粒主要产自四川成都、河南郑州、山西垣曲、贵州贵阳和江苏宜兴等多个厂家。陶粒支撑剂按照密度可分为三类:低密度、中等密度和高密度,其中低密度陶粒支撑剂是体积密度不大于1.65g/cm^3、视密度不大于3.00g/cm^{3}的陶粒;中等密度陶粒支撑剂是体积密度在1.65~1.8g/cm^{3}之间、视密度在3.00~3.35g/cm^{3}之间的陶粒;高密度陶粒支撑剂是体积密度大于1.8g/cm^3、视密度大于3.35g/cm^{3}的陶粒。Al_2O_3的含量是衡量陶粒的重要指标,一般而言Al_2O_3的含量越高,密度越大,抗压强度就越高。高强度支撑剂的Al_2O_3含量达80%~85%。

陶粒具有以下特点:

① 同石英砂相比,陶粒支撑剂具有更高的强度,在相同的闭合压力下具有更低的破碎率,可以提供较高的裂缝导流能力;

② 随着闭合压力增加或承压时间延长,陶粒的破碎率比石英砂低得多,导流能力递减也慢得多;

③ 陶粒具有耐盐、耐高温、耐腐蚀等性能,在150~200℃含10%盐水中陈化240h后抗压强度不变;

④ 陶粒密度较大,在压裂液中沉降快,长距离泵送困难。特别是对于滑溜水施工而言,由于滑溜水黏度低,陶粒沉降速度快,很难输送至裂缝深部;

⑤ 陶粒的生产工艺复杂,因此价格昂贵,大规模使用时会增加压裂作业成本。

(3)覆膜支撑剂。

覆膜支撑剂是指通过覆膜技术在陶粒或石英砂的表面覆膜一层或多层树脂的支撑剂,主要分为预固化树脂覆膜支撑剂和可固化树脂覆膜支撑剂。为了克服石英砂强度低、容易破碎的缺点,研发了预固化树脂覆膜支撑剂,目前国内使用最广泛的是树脂覆膜石英砂,即覆膜砂。预固化树脂覆膜支撑剂是指在加热的基体(如陶粒、石英砂、坚果壳、玻璃球等)上覆膜一层或多层热固性树脂(如酚醛树脂、环氧树脂、呋喃树脂、聚氨酯等),并同时固化形成三维网状结构的增强支撑剂。该支撑剂具有表面光滑、酸溶解度低、圆球度高、密度低、破碎率低的优点。

树脂覆膜石英砂的优点具体如下:

① 树脂覆膜石英砂具有表面光滑的特性,可以减少支撑剂表面的摩擦阻力,促进油气在支撑剂充填层流通;

② 树脂覆膜石英砂的抗破碎能力比石英砂高,在高闭合压力下不易破碎,产生的碎屑少;同时树脂包封了大多数在高闭合压力下破碎了的砂粒,砂粒即使被压碎,所产生的碎屑、细粉被包裹在树脂壳内,防止了碎屑和细粉的运移,增强了支撑剂的导流能力;

③ 石英砂覆膜树脂后,具有更好的圆球度和韧性,提高了支撑剂的导流能力,因为支撑剂颗粒韧性越好,表面应力易分布均匀,球体能承受更高的载荷而不易破碎;同时支撑剂的颗粒越圆,颗粒间的孔隙越大,越有利于支撑剂的导流;

④ 石英砂覆膜树脂后,视密度下降6%左右,低密度有利于支撑剂运移到裂缝深处,提高铺置浓度,增加裂缝的导流能力。

为了防止支撑剂返吐和地层出砂,科研工作者又研发了可固化树脂覆膜支撑剂,目前国内使用最广泛的是覆膜陶粒。覆膜陶粒是根据地层温度选择与之相匹配的树脂材料预包裹在陶粒支撑剂表面。当压裂液携带覆膜陶粒进入地层裂缝中,随着地层温度的逐渐恢复,在闭合压力和温度的多用下,预先固化的树脂材料逐渐软化,将陶粒黏结在一起,从而形成一个有机整体,起到防止支撑剂回流的作用。

覆膜陶粒能有效防止支撑剂返吐、表面剥落以及减少储层微粒向支撑剂填塞带的运移;同时,陶粒覆膜高分子树脂后,具有密度低、强度高、圆球度高和耐酸性好的特性。邓浩等以工业废料粉煤灰为主要原料,以 MnO_2 和钾长石作为助熔剂,制备了低密度高强度的树脂覆膜陶粒支撑剂,该覆膜陶粒支撑剂的视密度为2.64g/cm^3、52MPa下破碎率为3.76%。张伟民等研究表明69MPa下树脂覆膜低密度陶粒和覆膜石英砂的破碎率分别为1.7%和8.1%,树脂覆膜低密度陶粒的圆球度更好,短期导流能力能提高一倍以上。

近几年,随着化学、材料技术的进步,也出现了一些新类型的支撑剂。国内外已有柱状支撑剂、自悬浮支撑剂、超低密度支撑剂(视密度1.0g/cm^3,可在清水中悬浮)进行应用的实例,国外也在开展液体支撑剂的研究,通过注入的化学剂在地层裂缝的温度等复杂条件下而形成固体颗粒,从而实现对裂缝的有效支撑。

2)支撑剂的选择

页岩储层的支撑剂选择主要在于满足强度和铺砂设置的要求,它决定着裂缝导流能力的高低。支撑剂的类型、尺寸和密度选择主要由储层特征和压裂工艺等决定,包括储层岩石的渗透率、脆性、闭合应力、压裂形成的裂缝宽度、压裂液类型、施工排量等。

支撑剂类型的选择主要由地层闭合压力决定,地层闭合压力越大,需要的支撑剂强度越高。当在闭合压力高的地层中压裂时,宜选择陶粒作为支撑剂;当在储层埋藏浅,闭合压力低的地层中压裂时,可选用石英砂或树脂覆膜砂作为支撑剂(图3-2-4)。

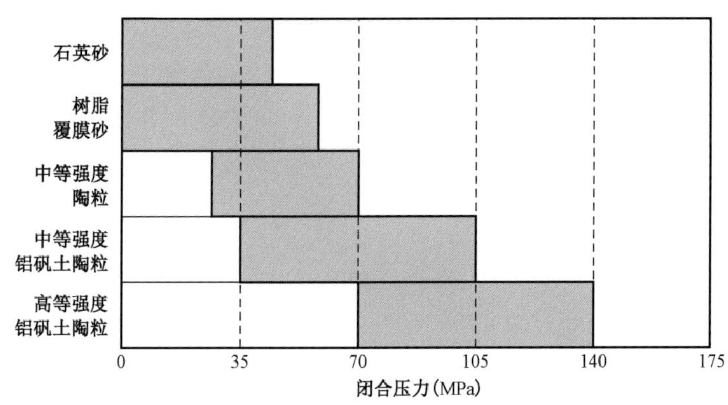

图3-2-4 不同闭合应力下的支撑剂类型选择图

支撑剂尺寸的选择主要由裂缝宽度决定,一般裂缝宽度应大于支撑剂直径的3倍以上。如果支撑剂进入了宽度不足的裂缝,支撑剂将发生桥塞而不在裂缝中移动。裂缝宽度主要同压裂液的黏度、排量、地应力、裂缝的复杂程度、地层岩石渗透率、脆性等有关。页岩气压裂由于采用低黏压裂液、形成的裂缝复杂、储层渗透率低等因素多采用小粒径支撑剂。

支撑剂密度的选择主要由压裂液黏度和排量决定，一般在满足强度和尺寸要求的条件下，支撑剂的密度越小越好，这是由于支撑剂密度越高，压裂液携带能力越差，支撑剂沉降速度越快，不仅导致支撑剂铺设不合理，还容易导致井下复杂情况的发生。

在页岩气藏压裂设计中，当采用滑溜水等低黏压裂液时，由于支撑剂沉降速度快，需选用低密度支撑剂。为了满足不同压裂目的的需要，可使用单一类型的支撑剂，也可以选择多种类型的支撑剂组合。

由于页岩储层压裂多形成复杂缝网，各条分支裂缝一般较窄，大粒径支撑剂进入比较困难，因此多使用小粒径支撑剂。国内页岩气井压裂多使用 70/140 目 +40/70 目支撑剂组合，部分区域使用了 70/140 目 +40/70 目 +30/50 目支撑剂组合。近年来，在国外页岩气压裂中石英砂的使用比例越来越高，部分区域全部使用石英砂。

三、分段及射孔方案优选

套管射孔完井方式在油气开采中应用最为广泛。目前，国内外页岩气井的压裂主要以套管射孔完井方式为主，射孔孔眼作为井筒和油气层的连通通道，在油气开采中起着重要的作用。对于页岩气藏而言，储层的渗透率极低，必须通过压裂形成复杂缝网、扩大储层改造体积才能获得较好的增产效果。页岩气井压裂射孔方案的确定也必须为后期形成复杂缝网创造有利条件。

1. 射孔方式的选择

目前针对页岩气水平井常用的射孔方式有三种：连续油管传输射孔、电缆传输射孔和水力喷砂射孔，后两种射孔方式均配合桥塞，进行桥塞坐封、射孔联作。其中桥塞 + 电缆射孔联作方式应用最为广泛，桥塞 + 水力喷砂射孔联作仅在极少的井中进行了应用。连续油管传输射孔多应用于桥塞分段压裂第一级压裂前的射孔。为了提高作业效率，套管启动滑套在页岩气水平井中也得到了广泛的应用。下套管时下入套管启动滑套（图 3－2－5），第一段压裂时通过井筒憋压打开套管滑套，从而建立井筒与地层之间的通道，不用连续油管进行射孔。三种射孔工艺的对比见表 3－2－5。

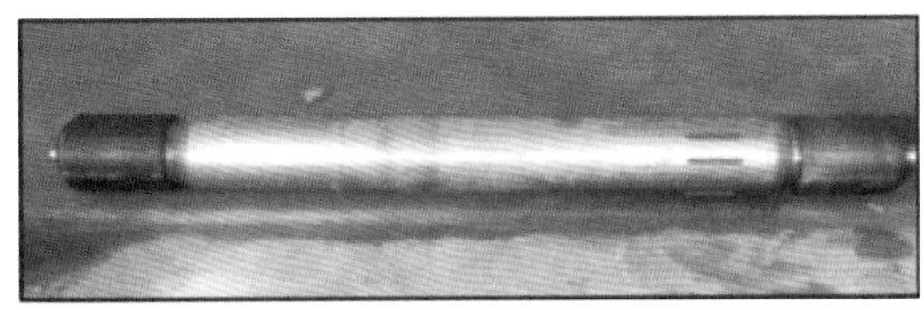

图 3－2－5　套管启动滑套

表 3－2－5　水平井不同类型射孔工艺对比

工艺类别	操作	风险	作业时间	成本	应用情况
连续油管传输射孔	较复杂	小	较长	较高	补充工艺
桥塞 + 电缆传输射孔联作	简单	较大	短	低	主体工艺
桥塞 + 水力喷砂射孔联作	复杂	较大	长	高	较少

2. 射孔新技术的应用

近年来,射孔技术得到了较快的发展,有效地支撑了油气井增产措施的顺利实施和改造效果的提高。目前的射孔技术已经能够满足耐高温(140℃)、耐高压(140MPa)、深穿透、等孔径、分簇射孔的需要,室内试验满足最多点火级数20级的分簇射孔需求。同时形成了定面分簇射孔、定向分簇射孔技术,满足不同压裂工艺对射孔的需求。

1)深穿透射孔技术

最初的射孔技术是采用子弹式射孔作为穿透套管及水泥环、构成目的层至套管连接孔道的手段。由于子弹式射孔的穿深极为有限,经常无法形成有效的射孔孔眼,所以由反装甲武器演变而来的聚能射孔得到迅速发展。该技术利用聚能效应,具有良好的穿孔破岩作用,极大地提高了射孔穿深。

提高射孔的穿透深度,有利于降低储层压裂时的破裂压力,为压裂提供较为有利的条件。近年来,随着油田开发对射孔要求的不断提高,国内外都加大了对超深穿透聚能射孔技术的开发。射孔弹的平均穿深指标已有大幅度提高,最具代表性的是美国GEO Dynamics公司研发的枪径114.3mm、型号为4039 RaZor HMX的射孔弹,其混凝土靶平均穿深指标已达1597mm。中国四川射孔弹厂研制的枪径114.3mm、型号为SDP48HMX39-1的射孔弹,其混凝土靶平均穿深指标也已达到1538mm,基本达到国际领先水平。

页岩气井多采用127mm或139.7mm油层套管完井,对于采用127mm的油层套管,多用73枪射孔;对于采用139.7mm油层套管,多采用89枪射孔。表3-2-6为在页岩气井中常用的两种类型的深穿透射孔弹的参数统计表,SDP89弹混凝土靶穿孔深度为956mm,孔径为10mm。

表3-2-6 页岩气水平井常用的深穿透射孔弹射孔参数统计表

序号	射孔弹型号	外径(mm)	装药量(g)	炸药类型	混凝土靶穿孔性能		适用射孔枪外径(mm)
					深度(mm)	孔径(mm)	
1	SDP73弹	38	18	HMX	787	8.5	73
2	SDP89弹	48	25	HMX	956	10	89

2)定面射孔技术

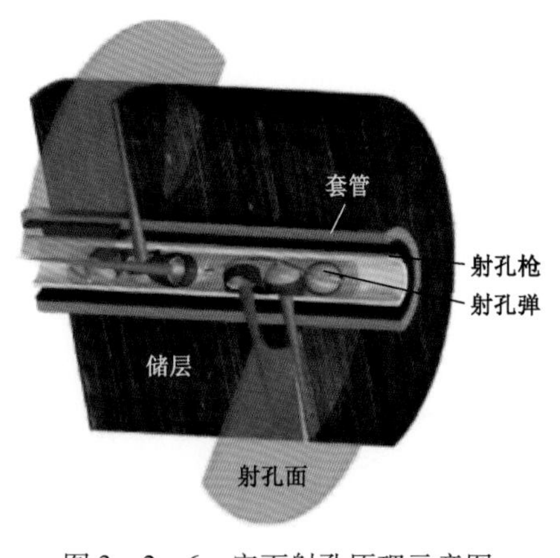

图3-2-6 定面射孔原理示意图
(据刘合,2014)

目前,国内外常规的射孔器大多为60°相位螺旋布孔的射孔器,螺旋布孔方式不能起到有效引导裂缝走向的作用,压裂时裂缝只能沿垂直于最小主应力方向扩展,裂缝走向不能控制。压裂裂缝的走向垂直于井筒轴向并沿井筒径向扩展才能获得最佳的缝网系统。2013年出现了一种新型的定面射孔技术。定面射孔技术改变了常规螺旋布弹方式,采用特制超大孔径射孔弹及特殊布弹方式,射孔枪分簇布弹,每簇有3发射孔弹,射孔方向形成一个扇面(图3-2-6)。射孔后,在垂直于套管轴向同一横截面的套管内壁上形成多个孔眼,多个孔眼的圆周排布可形成沿井筒径向的应力集中面，扇形应力集中面与常规射孔的应力集中点相比，有助于破碎岩层，从而降低储层破裂难度。压裂时，裂缝沿着较易破裂应力集中面向井筒径向扩展，实现近井地带裂缝走向可控，避免段与段之间压裂裂缝的交叉串通，提高缝网系统的完善程度。采用超大孔径射孔弹能增大孔眼面积，提高井筒与储层的沟通能力，有效降低孔眼摩阻，提高产能。

另外，枪内分簇布弹的簇数可按照单井的水力压裂设计要求配套设计。该项技术不仅能与泵送桥塞射孔工艺配套实现水平井多簇定面射孔和分段压裂联作工艺，也可用于直井水力压裂前的预处理，干扰裂缝走向，降低地层破裂压力。

为了进一步验证定面射孔对于降低破裂压力的作用，开展了物理模拟试验。试验采用水泥浇筑制成的岩样，根据不同布孔方式预先在模拟井筒上布孔，后将模拟井筒一起固结在模拟岩样中（图 3－2－7），两种布孔方式的岩样均加载相同的三向应力（表 3－2－7），采用相同的液体和注入排量进行压裂模拟试验。

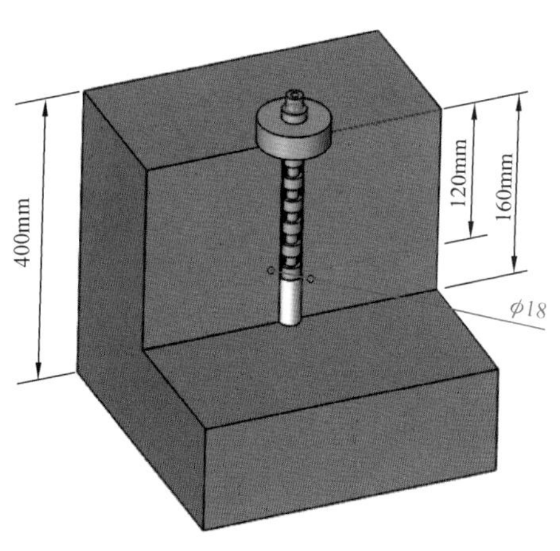

图 3－2－7　物理模拟试验样品制备

表 3－2－7　不同射孔方式物理模拟试验参数对比表

垂向应力（MPa）	最大水平应力（MPa）	最小水平应力（MPa）	排量（mL/min）	压裂液黏度（mPa·s）
25	18	6	60	3

试验结果如图 3－2－8 所示，从图中可以看出，采用定面射孔模拟岩样破裂压力为 16.84MPa，采用螺旋射孔的岩样破裂特征不明显，最高破裂压力达 22.3MPa，对比试验表明，采用定面射孔有利于降低破裂压力。

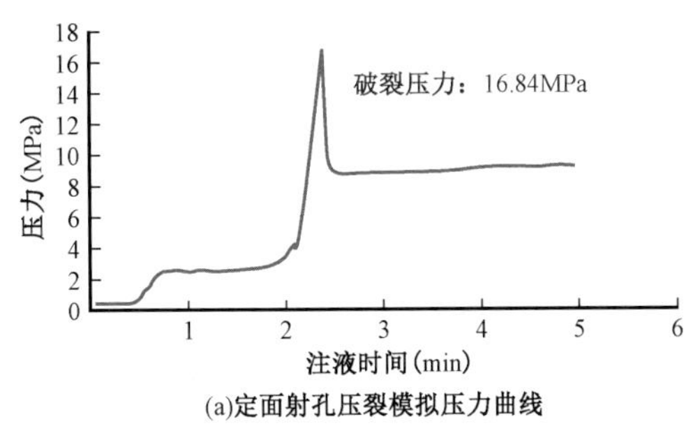

(a)定面射孔压裂模拟压力曲线

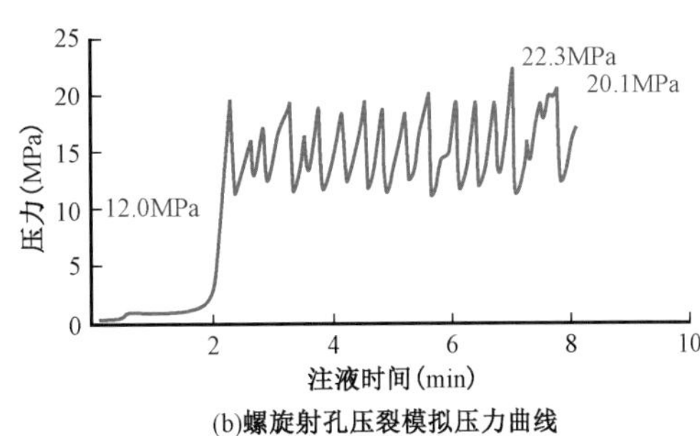

(b)螺旋射孔压裂模拟压力曲线

图 3－2－8　定面射孔和螺旋射孔物理模拟试验对比图

3）定向射孔技术

定向射孔是利用相应的定向仪器或定向装置实现对射孔方向的控制，以达到优化射孔方案、提高开发效果的目的。定向射孔技术主要包括直井定向射孔和水平井定向射孔两种技术。直井定向射孔主要是利用陀螺仪测定井下射孔方位角，实现对射孔方向的控制。在油气田开发过程中，常规射孔技术一般沿着水平方向射孔，而储层及其最大主应力方向常常与水平方向

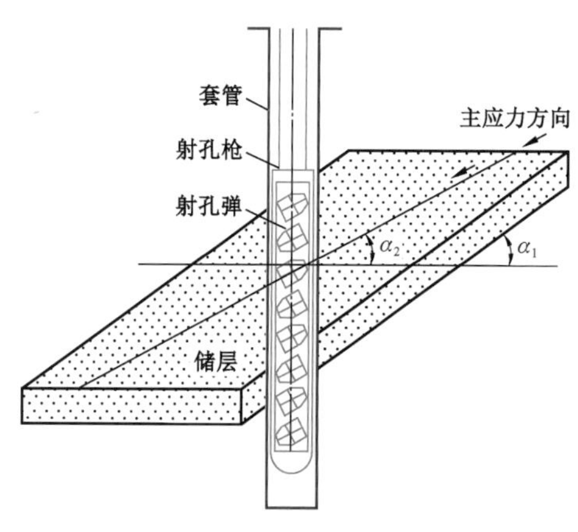

图3－2－9　定向射孔示意图(据刘合,2014)

存在一定的夹角α_1和α_2(图3－2－9),有时需要按照开发方案,利用陀螺仪定向后调整枪内射孔弹夹角或转动射孔管柱,使射孔方向指向较易压开储层的主应力方向,从而使射流更容易破碎储层岩体,以便在后期的压裂增产改造过程中减小储层破裂压力,降低压裂实施难度,同时改善射孔效果,增加储层有效泄流面积以获得更高产能。

目前,在油田试用的陀螺定向射孔包括油管输送和电缆输送两种。油管输送工艺相对成熟,但转动油管实现定向操作的定位精度问题至今仍存在较大争议。电缆输送陀螺定向射孔工艺可在井斜角小于30°的井中使用,且定位精度、施工效率明显优于油管输送陀螺定向射孔,目前发展较快。水平井定向射孔一般采用一体式配重系统作为其定向装置(图3－2－10),在长井段水平井射孔工艺上,为了确保施工安全,采用配套的单向、双向压力延时起爆器,利用分段起爆的方式,实现超长井段的一次射孔。另外,为了解决水平井钻井伤害和井眼轨迹偏离储层等问题,水平井定向多级复合射孔技术逐步发展起来,目前已经成为国内各油田制订单井不同压裂段针对性的压裂方案的重要技术。

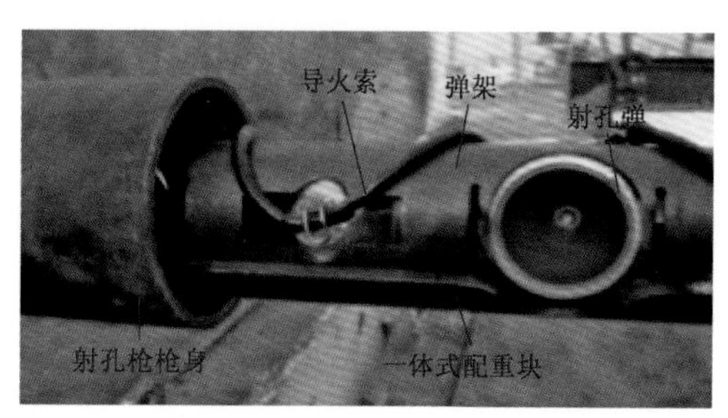

图3－2－10　一体式配重定向射孔机构(据刘合,2014)

在页岩气水平井的压裂实践过程中,由于地质模型不够准确等因素,部分井的井眼轨迹常偏离靶体位置。一般而言,为了提高改造效果,压裂力求对优质页岩进行充分改造。对于偏离优质页岩的井段,制订压裂方案时一般希望压裂裂缝尽可能地向优质页岩井段进行延伸,从而提高改造效果。为了达到上述目的,对于井眼轨迹在靶体上方的井段,压裂方案一般采用定向向下射孔的方式;对于井眼轨迹在靶体下方的井段,压裂方案一般采用定向向上射孔的方式。

图3－2－11为某井的完钻地质模型图,从图中可以看出该井水平段轨迹在4025～4190m处靠近靶体的上部。该井压裂方案设计分12段进行改造,将4025～4190m井段分成了2段进行压裂并采用定向向下射孔方案。其中4110～4190m井段为设计的第8段,4025～4110m井段为设计的第9段。该井压裂时进行了微地震监测,微地震监测成果如图3－2－12所示。从图中可以看出,第6段、第7段采用常规螺旋射孔方式,压裂的微地震事件在井眼轨迹上下分布的相对比较均匀;而第8段、第9段采用定向向下射孔,压裂的微地震事件点在井眼轨迹下方分布相对较多,达到了设计目标。

3. 射孔段的选择

对页岩气藏来说,基质渗流的动用程度有限,体积改造的关键是在储层中形成复杂的网状裂缝系统,以增加水力裂缝和基质的沟通体积;而在储层中能否形成复杂的裂缝主要取决于储

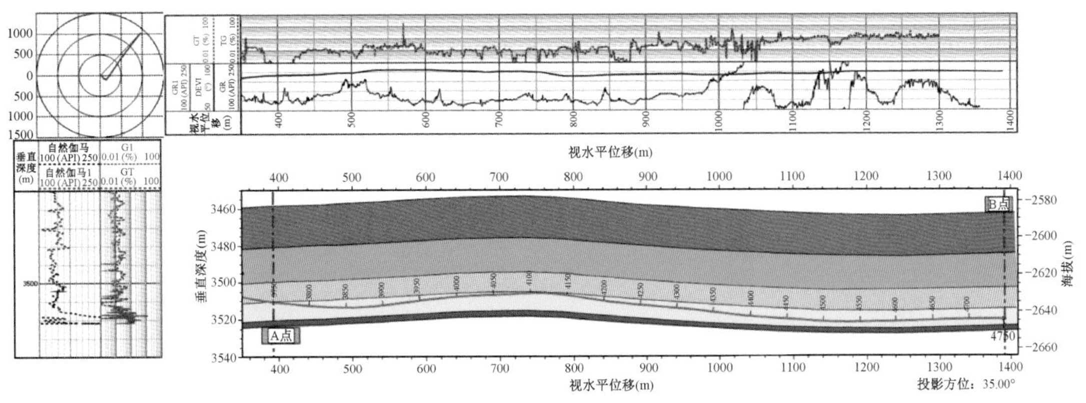

图 3-2-11　某井完钻地质模型图

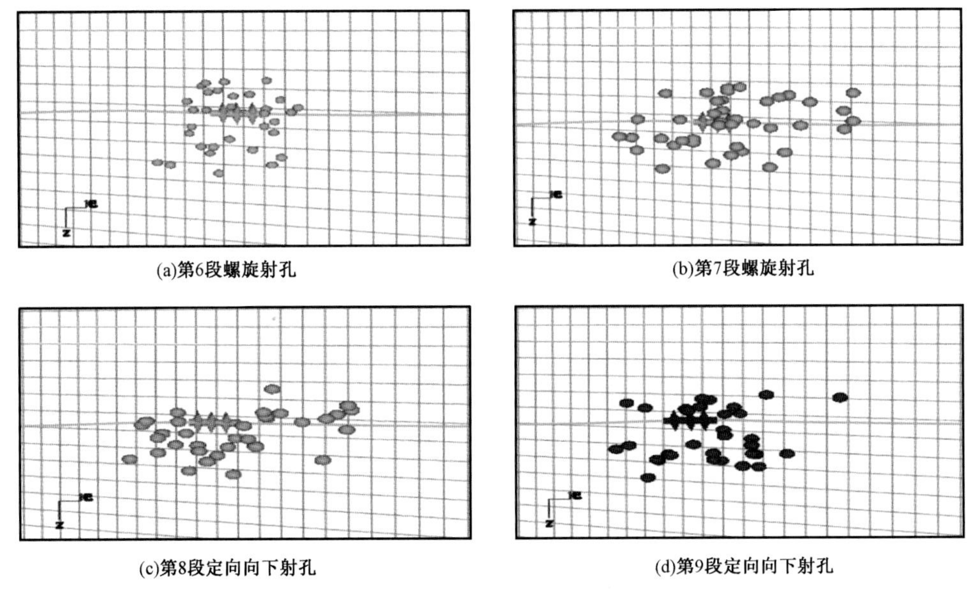

(a)第6段螺旋射孔

(b)第7段螺旋射孔

(c)第8段定向向下射孔

(d)第9段定向向下射孔

图 3-2-12　定向射孔与螺旋射孔压裂微地震监测成果对比

层中的裂缝发育情况、地应力分布情况和压裂施工的情况。如果水平井射孔段选择不合理，压裂后储层就难以形成复杂的裂缝网络系统，不能达到预期的改造目标。因此，对于页岩气水平井分段压裂而言，水平井分段方案及射孔段的选择非常重要。

最早工程师采用几何学的方法，将水平井段平均的划分为几个井段，进行压裂处理。如果水平井井眼轨迹较好，储层均质性较好，水平段均在最有利的储层中延伸，可以采用段内均匀分簇的射孔方式(图 3-2-13)。但是通常页岩气藏的岩石物性和地应力都具有很强的非均质性；同时，根据美国 Eagle Ford 页岩气区产能分析结果发现，只有 1/3 的射孔段有产出，其余射孔段没有产出；Barnett 页岩气区的产后剖面测试结果表明全井段 70% 以上的产气量来自 50% 低应力射孔段。以上数据表明，页岩气藏的水平段并非都对页岩气产能有贡献，因此，采用几何式分段方法通常会造成射孔段的浪费，也不利于充分发挥每一段的潜力，因此需要完井工程师借助相关测试结果来选择层段和射孔位置(图 3-2-14)。

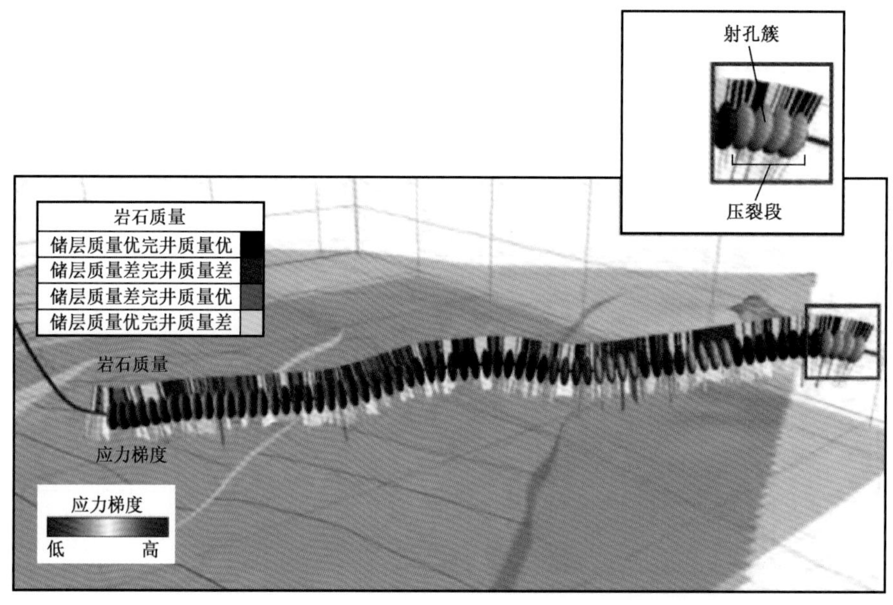

图 3-2-13　均匀分簇射孔示意图(据斯伦贝谢,2013)

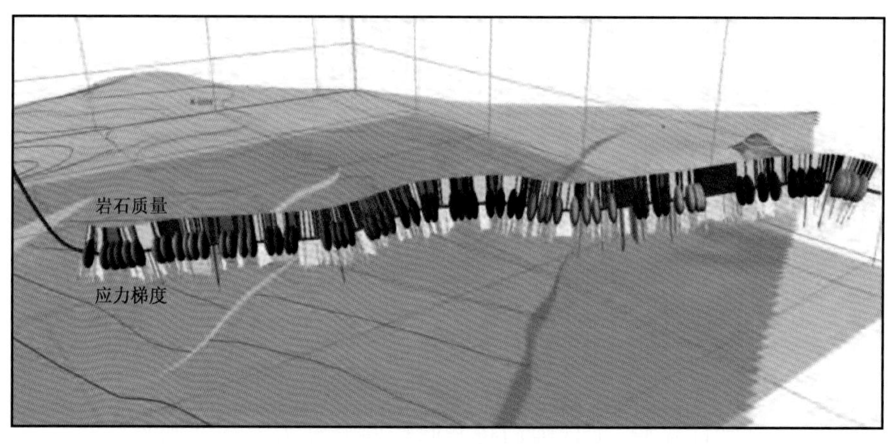

图 3-2-14　非均匀分簇射孔示意图(据斯伦贝谢,2013)

斯伦贝谢公司对页岩气水平井射孔段的选择主要从储层质量和完井质量两个方面来考虑。储层质量是对页岩气储层产出天然气的倾向性进行预测,挑选出产能较高的优质储层段,其影响因素主要有热成熟度、TOC、有效孔隙率、储层渗透率、气体饱和度、有机质页岩厚度、地质储量等。完井质量是对页岩气藏体积压裂增产改造效果进行预测,优选出有利于形成复杂裂缝网络的优质储层段,主要影响因素有储层矿物组成(黏土、碳酸盐和硅酸盐等矿物含量),岩石力学参数(弹性模量、泊松比、抗拉强度等),天然裂缝(包括天然裂缝的分布、密度、方位以及封闭或胶结的状态)、储层地应力状态(包括地应力组合的大小、方位),固井质量(包括水泥环的岩石力学性质、第二界面的固井质量、套管质量和居中度)。

体积压裂射孔段优选之前,需要先收集井眼轨迹数据、测井资料、岩石物理与力学特性数据、拟用的压裂液类型与性能、预定泵排量、压裂段数、每段射孔簇数量以及孔眼直径、密度和相位要求等数据。斯伦贝谢公司进行压裂设计时将储层的这些信息集合在其研发的Mangrove软件中并建立各口井的三维地质模型。根据三维地质模型提供的数据，工程师们首先将井划分成多个岩性相似的井段（图3－2－15）；然后分配储层质量和完井质量等级（图3－2－16）。通常根据储层的下限标准，得到优或差的二元分值，然后将二元分值结合在复合分值中，根据复合分值将井段从最优到最差进行分级。随后根据分级指数将水平井段细分成压裂段，各压裂段在长度方向上有储层质量相似的岩层并且能够接受计划泵排量。最后依据完井质量选择射孔的位置。对这些射孔位置进行不断调整，确保压裂段内各射孔簇在大致相同的压力下（最小地应力梯度0.23kPa/m公差）开始形成裂缝。

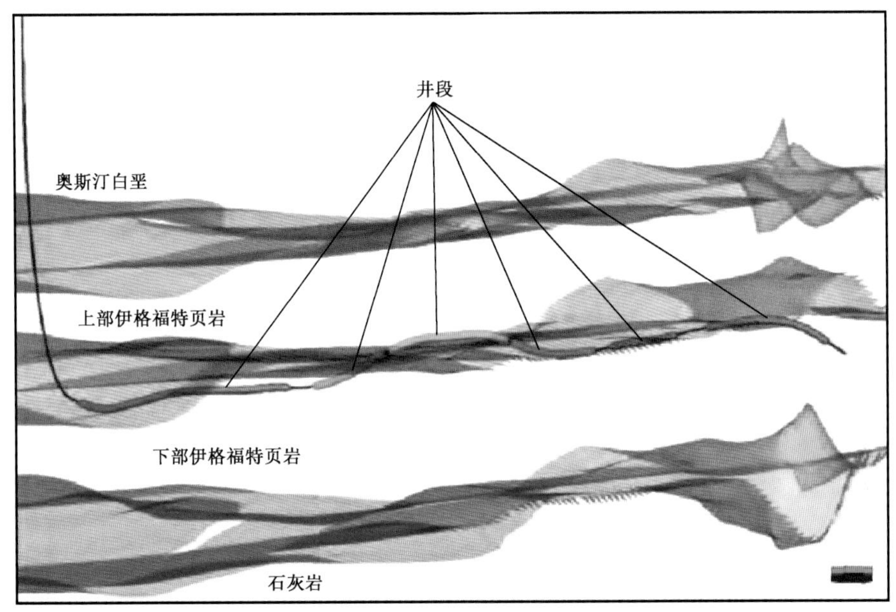

图3－2－15　岩性相似的层段示意图（据斯伦贝谢，2013）

斯伦贝谢工程师根据Mangrove软件模拟结果，最终确立压裂分段方案（图3－2－17a）。为了避免压裂段穿过岩性障碍，工程师们将井眼按照岩性类似的原则划分成井段。压裂段（轨道9．绿色与浅蓝色）应该包含在一个井段之内，而且其长度应该在规定的最小值与最高值范围内。工程师根据预先设定的设计标准：各压裂段射孔簇的数量、射簇间最小和最大距离以及0.23kPa/m的最小水平应力梯度公差（轨道2），确定射孔簇（轨道9）、压裂段左右两侧的短水平线的位置。在完井设计与模型模拟期间，这些标准可能需要放松，以便迎合最小水平应力的变化。轨道2红色放大框（图3－2－17b）显示了从高（蓝色）到低（蓝色）的应力梯度范围。在图3－2－17中，考虑到射孔操作期间的不精确度原始应力梯度每半英尺记录一次（轨道1），并利用1.5m滑动平均算法修匀（轨道2）。

完井工程师按照设计的方案完成了各段的压裂。与原来三口水平井的压裂结果相比，在工程设计完井方案中，平均泵排量提高10.3%，平均处理压力降低5.7%。此外，压裂施工过程中成功铺置了高于设计量30%的支撑剂，而且没有发生砂堵。对比分析两种不同方法下的前三十天产量，与原来的井相比，按工程设计方案完井的井产量显著提高，工程设计完井方案

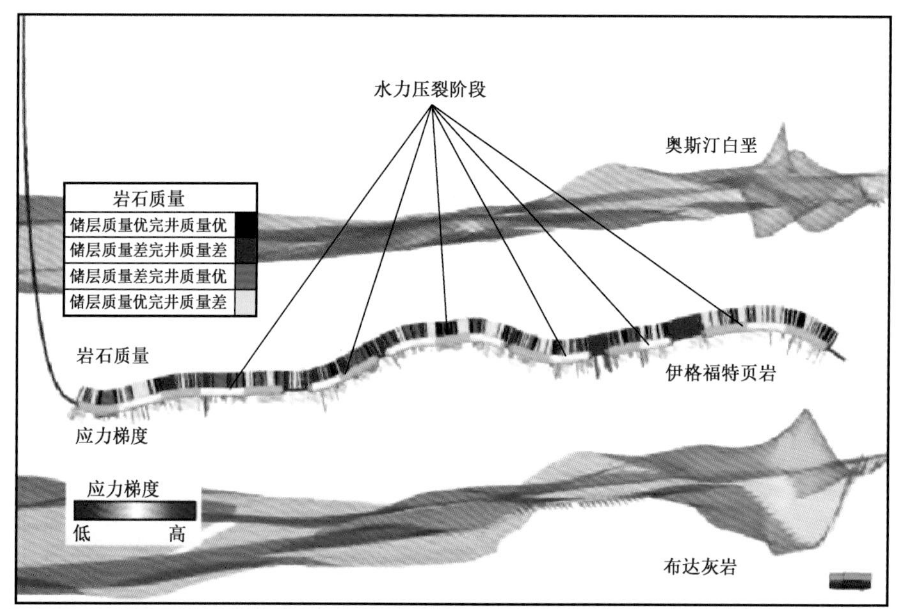

图3-2-16　具有相似岩石质量和应力梯度的压裂段(据斯伦贝谢,2013)

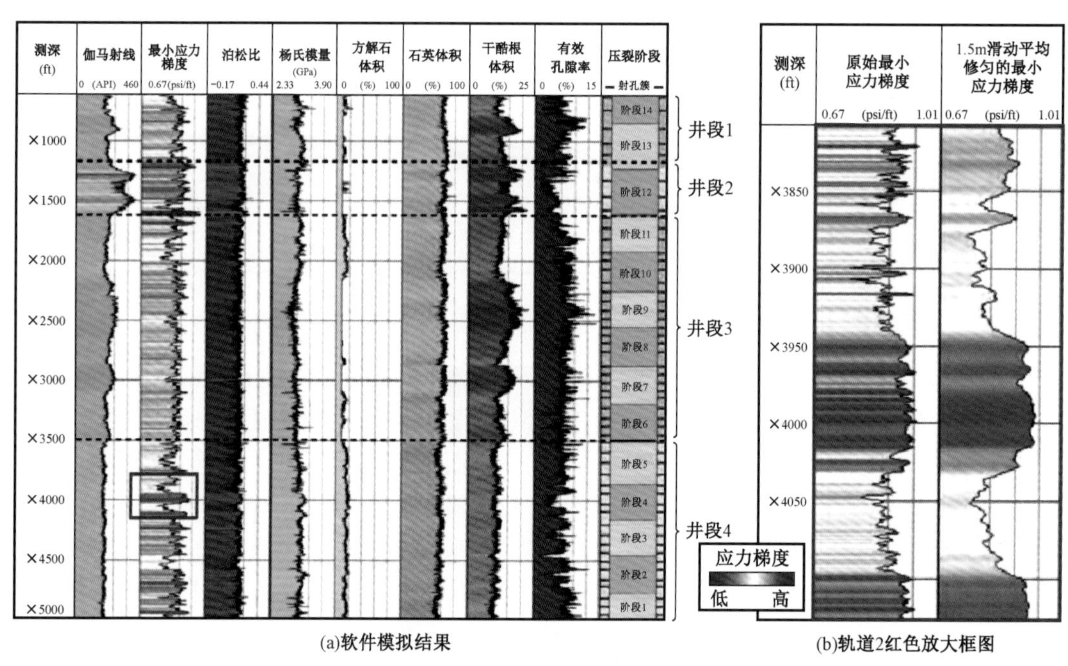

图3-2-17　射孔段选择示意图(据斯伦贝谢,2013)

实施后,在前三十天中,压裂井段每英尺的初始累计产量比原来三口井高出106%。

图3-2-18是黄金坝YS108区块D井基于储层品质和完井品质进行压裂分级与射孔簇设计实例。该井没有进行水平井测井评价,直接利用平台三维精细(密网格)模型提供的储层品质和完井品质参数,结合固井质量评价,对压裂进行分级,按应力梯度变化对每级射孔簇位

置进行优化，形成优化后的压裂分级和射孔方案。图中储层品质、完井品质指示道包括3栏，左栏：储层品质指示；中栏：完井品质指示；右栏：储层品质RQ、完井品质CQ综合指示。其中，BB表示储层品质较差、完井品质较差，BG表示完井品质较差、储层品质较好，GB表示完井品质较好、储层品质较差；GG表示完井品质较好、储层品较好。

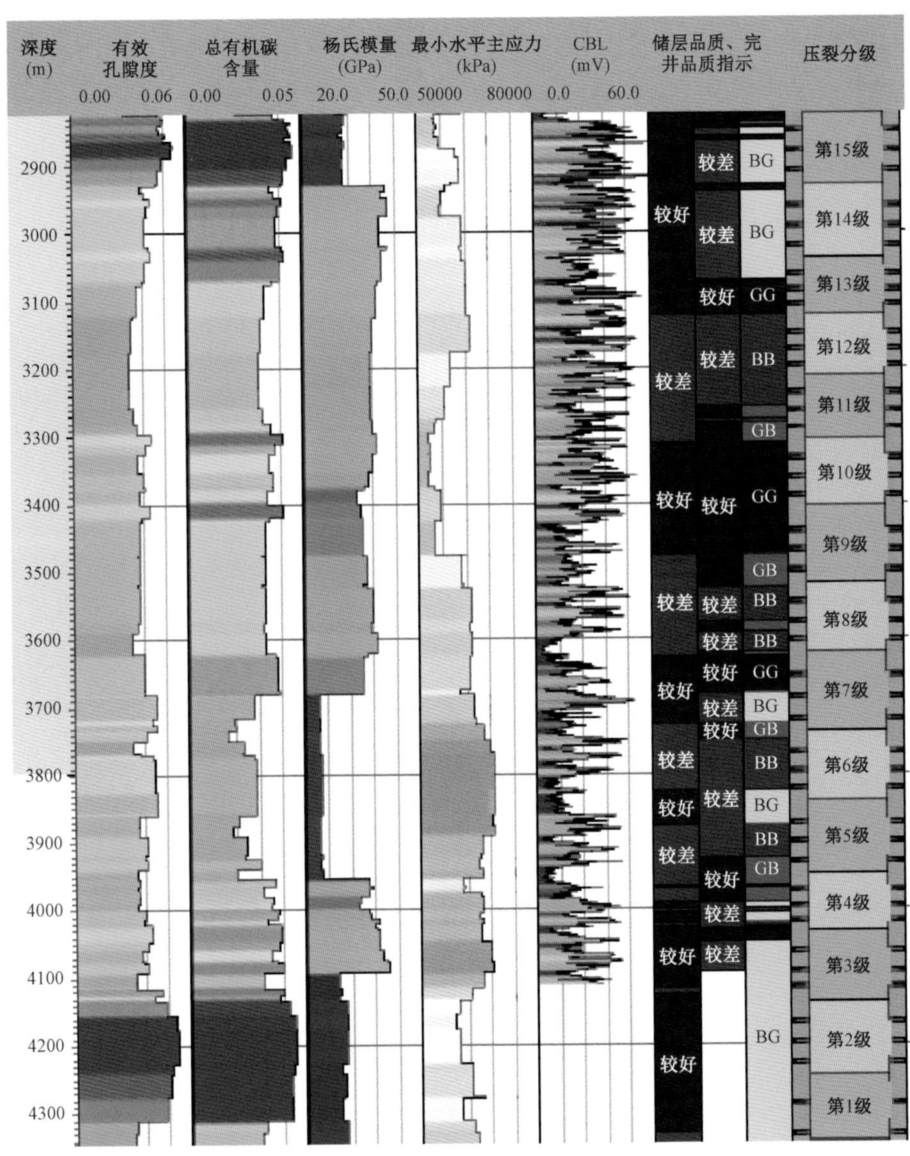

图3-2-18 黄金坝区块基于储层品质和完井品质设计实例（据吴奇，2015）

在具体的水平井压裂实践中，一般宜将物性参数相近、应力差异不大、固井质量相当、位于同一小层的井段分在同一段内进行改造。具体射孔位置的选择要综合考虑簇间距、套管接箍等因素，选择高脆性、高含气量、最小水平主应力低的位置进行射孔。对于平台的邻井而言，一般采用错位布缝的方式，力求对平台控制储量得到有效动用。

4. 射孔参数的确定

1）射孔簇长度

在非常规油气藏的压裂改造过程中，要避免一个射孔簇上形成复杂初始裂缝，最佳的结果是在一个射孔簇处形成一条较宽的主导缝。一般而言，如果射孔段较长，容易在井筒附近形成复杂的多条裂缝，将带来高注入压力和低注入速率，使该处射孔簇造缝困难。适当缩短射孔段长度有利于提高初始裂缝净压力，促使裂缝往前延伸，并不断诱导产生复杂的裂缝，有利于在近井筒附近产生高缝宽、高导流能力的裂缝体系，有利于后续储层流体向井筒汇集。

为了降低一个射孔段上形成复杂初始裂缝的概率，因此需要适当控制射孔段的长度。国外通过研究证明，射孔弹束长度应当小于井眼直径的4倍，这样最有利于在射孔簇上形成一条单一的裂缝。在实践过程中，根据不同的井的特点，射孔段长度多为0.5m或1.0m；目前最短的射孔簇长度为0.3m。

2）射孔数、孔径及孔密

为了形成复杂的网状裂缝，非常规油气藏采用水平井分段压裂工艺时多采用分簇射孔。分簇射孔射孔参数的确定方法与限流法分层压裂一样，通过控制射孔数量和直径，并尽可能地提高施工排量，利用孔眼摩阻提高井底处理压力，使得每一个射孔簇均被压开。

分簇射孔孔眼数主要根据施工排量、孔眼摩阻和孔眼效率等因素来设计。一般矿场实践中，先根据区域的裂缝延伸压力梯度和施工管柱及入井液体摩阻等参数来确定施工控制压力下所能达到的最大施工排量，再根据射孔形成的孔眼直径，计算最大排量下不同射孔孔眼数的摩阻，据此确定孔眼数量（图3－2－19）。

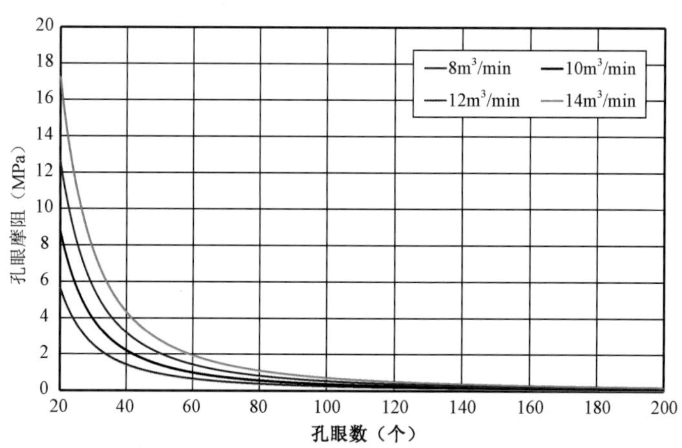

图3－2－19　某井射孔参数下不同施工排量和孔眼数的孔眼摩阻

射孔孔眼摩阻按式（3－2－1）计算：

$$\Delta p_{\mathrm{perfs}} = 2.34 \times 10^{-10} \times \frac{\rho(Q/N)^2}{C_{\mathrm{d}}^2 D^4} \tag{3-2-1}$$

式中　$\Delta p_{\mathrm{perfs}}$——射孔孔眼摩阻，MPa；

ρ——工作液密度,kg/m³;

Q——排量,m³/min;

N——孔眼数,个;

D——射孔孔眼直径,m;

C_d——流量系数。

在高雷诺数($Re \geqslant 10^4$)条件下,压裂液通过射孔炮眼时的流动特性类似于通过一个喷嘴的流动。C_d值就只取决于液流收缩断面的大小。实验表明,没有磨蚀作用的流体通过孔眼时的C_d值为0.5~0.6,有磨蚀作用的流体通过射孔炮眼流动时,C_d值可达0.6~0.95。在现场施工过程中,C_d值是变化的,随施工时间的延长,C_d值不断变大。由于现场射孔炮眼有凹坑、形状不规则等原因,C_d的初始值可取0.7~0.85。

在矿场实践中,也可以根据单孔流量来简单地确定孔眼的数量(图3-2-20),根据排量预测结果,以每个孔眼的注入流量0.15~0.30m³/min左右为宜。当射孔孔眼数确定以后,根据射孔段的长度就可以确定孔密。为了降低施工的破裂压力,一般射孔选择60°相位角,选用深穿透射孔弹。

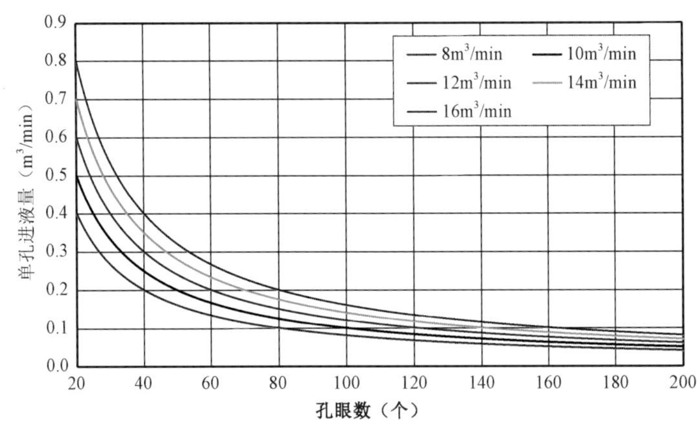

图3-2-20 不同施工排量和射孔孔眼数的单孔流量

一般在进行压裂设计时,未考虑压裂过程中对孔眼磨蚀的影响。在加砂压裂过程中,滑溜水和支撑剂高速流动通过射孔孔眼,会对射孔孔眼进行磨蚀,导致射孔孔眼变大,使其不再具有限流能力,在应力干扰的作用下会进一步导致簇间的进液量不均匀,从而影响改造效果。Crump等的实验显示,随压裂液一起泵入的支撑剂会对射孔孔眼造成磨蚀破坏(图3-2-21),而这种孔眼磨蚀现象主要由两种不同的机理构成:(1)射孔孔眼壁面由于支撑剂的磨蚀缓慢破坏,造成孔眼直径增大;(2)孔眼入口处边缘由于支撑剂磨蚀而变得更加圆滑,

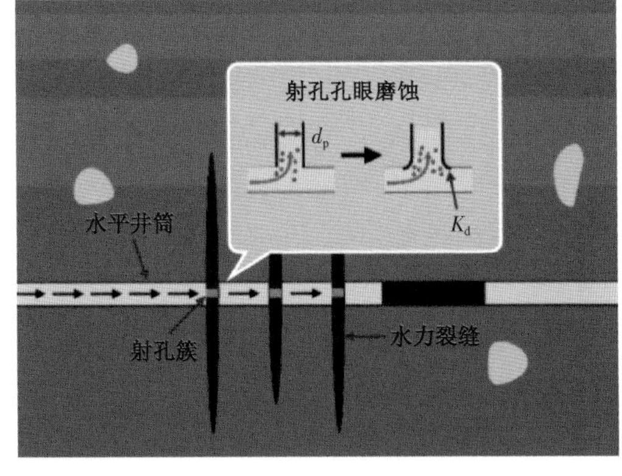

图3-2-21 水平井分段压裂中射孔孔眼磨蚀示意图(据李勇明,2017)

造成流量系数的快速增长。

为了减少孔眼磨蚀对压裂效果的影响,可以采取两种方式:(1)随着施工的进行逐步提高施工排量,但是压裂施工过程中由于设备作业能力的限制,排量的提升范围有限。(2)射孔方案制订的时候就考虑孔眼磨蚀,适当减少射孔孔眼的数量,但这样会导致施工初期的孔眼摩阻较高,施工初期压力较高;只有当支撑剂注入一段时间以后,即孔眼经过磨蚀后,孔眼摩阻才逐渐减少,但是这也只能确保施工初期一段时间内每簇射孔均能被有效改造,当孔眼磨蚀进一步加大后,将不再具有限流的作用,不能够确保每簇均能有效的改造。

四、施工参数优选

1. 施工排量

对于缝网压裂而言,施工排量对于能否形成裂缝网络尤为关键。能否达到足够排量是确保每簇射孔段均能形成裂缝和提高裂缝内净压力的关键。只有达到设计的施工排量才能确保在每个射孔簇均能形成人工裂缝。在同样的情况下,排量越大,裂缝内净压力越高。较高的裂缝净压力为裂缝的转向和沟通不同方向的裂缝创造了有利条件。

大排量是非常规油气藏压裂改造的又一典型特征。北美页岩气井压裂一直以大排量进行作业,施工排量一般在 $10m^3/min$ 以上,施工排量的确定主要根据裂缝延伸压力、注入管柱、液体摩阻和井口装置共同确定。一般在非常规油气藏的压裂设计时,以井口限压内所能达到的最大排量作为参考,考虑一定的富余量,从而确定最优的施工排量。提高施工排量有助于提高滑溜水携带支撑剂的能力和提高施工过程中裂缝内的净压力,从而确保施工的顺利和改造效果。

2. 簇间距和段间距

常规水平井分段压裂采用单段射孔,单段压裂模式,避免缝间干扰;而页岩气水平井分段压裂过程中,为了扩大裂缝与储层的接触面积,通常在每段内采取分簇射孔技术,通过缝间干扰促进裂缝转向,沟通天然裂缝,形成复杂缝网。

在页岩气藏的压裂优化设计中,需先通过数值模拟确定最优的簇间距,然后根据簇间距确定分簇数,再根据分簇数确定每次压裂段的长度,进而根据水平段的长度来确定每口井的压裂段数,由此可见,簇间距的优化至关重要。

簇间距的优化,首先通过页岩气藏产能数值模拟,确定最优的簇间距范围;然后根据体积压裂数值模拟结果,确定实际井段内的簇间距;最后根据现场试验分析结果,最终优化和确定簇间距。

1)页岩气藏产能分析

目前,国内外主要有 3 种方法研究页岩气藏产能问题,分别是递减曲线法、产能解析模型和数值模拟模型。

递减曲线法的基本思路是以 Arps 模型或修正模型为基础,拟合实际的页岩气生产曲线,预测未来页岩气的产量及最终采收率,该方法应用简单方便,但是不涉及页岩气渗流机理,无法用于优化压裂设计参数。

常规气井产能解析公式主要有压力平方法、拟压力法以及一点法等。对于页岩气藏来说，由于渗流机理复杂，难以建立适用的产能模型。目前，常用的产能计算解析模型是分区模型，通常是体积压裂水平井三线性流模型，该模型针对压裂措施后形成的分级多簇的裂缝排布及裂缝有限导流渗流特征，建立了水平井体积压裂三线性流数学模型，应用 Laplace 变换，求得定产条件下封闭边界单条裂缝的拉氏空间解；通过 Stehfest 数值反演及多裂缝叠加原理，得到体积压裂水平井井底压力和产量的表达式。

目前，页岩气藏产能数值模拟模型主要有 3 类：线网模型、离散裂缝网络模型、双重介质模型（图 3－2－22）。其中线网模型是以主裂缝为主干的纵横“网状缝”系统，Mayerhofer 等(2006)和 Cipolla 等(2010)利用该方法进行了体积压裂水平井的产能计算；Bruce 等(2011)利用线网模型得到产能预测图版。离散裂缝网络模型是将缝网系统简化为多裂缝或交错分布的形态；Ficher 等(2002)提出复杂裂缝形态理论；Cipolla 等(2009)建立等距正交网状裂缝产能预测模型；William 等(2010)用裂缝识别技术建立裂缝分布模型。双重介质模型强调了裂缝性油藏双孔隙的本质；Schepers 等(2009)建立了三重介质模型；Changan 等(2010)建立了离散裂缝网络模型，通过 ESV 方法确定压裂有效体积。

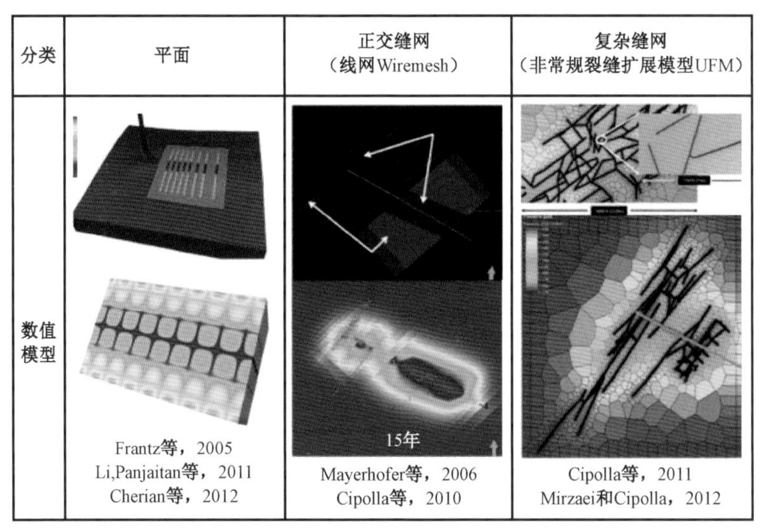

图 3－2－22　不同裂缝表征方式示意图

Mayerhofer M J 等利用数值模拟方法研究了裂缝间距对产能的影响规律。Mayerhofer 的研究结果表明，裂缝间距对采收率影响很大，间距越小，采收率越高（图 3－2－23）。例如，当渗透率为 10^{-7}D 时，将裂缝间距设定为 8m，仍然可以大幅度增加产量，因此，当预期采收率和废弃时间确定后，即可根据数值模拟来确定最佳缝间距。国内外研究表明，如果考虑利用缝间干扰，缝间距一般应选择小于 30m（图 3－2－24）。在北美现场实际应用中，压裂裂缝的缝间距从 80～100m 逐渐缩短到 20～30m，是对该研究成果具体应用的最好体现。

此外，Modeland N 等的研究表明，水平井每段内分的簇越多，整个水平井段的总簇数越大，累计产量越高。北美 Haynesville 页岩核心区中部这种趋势表现得尤为明显，符合体积改造中分簇数越多就越易“打碎”地层，基质中的流体就越易被驱动的理论。近年来，北美页岩

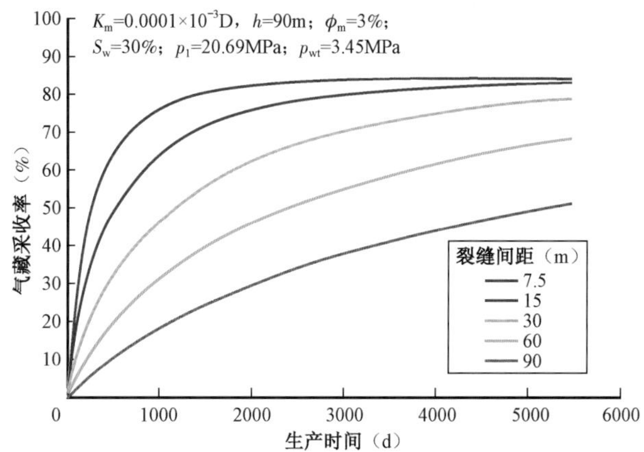

图 3－2－23　不同裂缝间距条件下气藏采收率(据 Mayerhofer,2011)

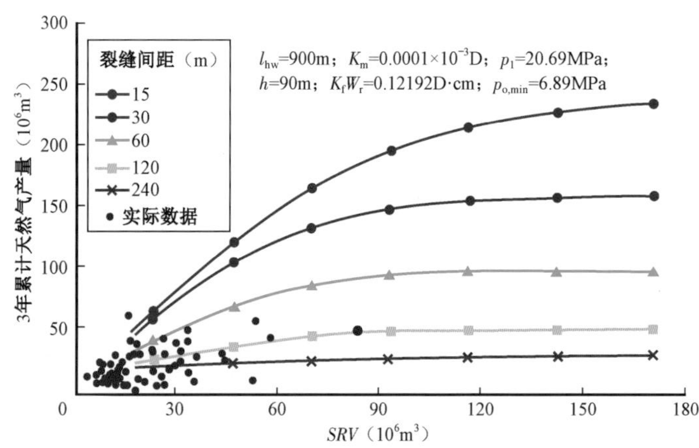

图 3－2－24　最优簇间距优化模拟结果(据 Mayerhofer,2011)

气体积改造设计理念也在发生变化,目前在设计中更加强调技术、风险、效益三者间的平衡,诸如设计中需要计算增加压裂段数的成本与收益平衡点,裂缝延伸的能力以及接近目标储层的稳定裂缝状态,来评价现有的压裂段数、规模等是否已经获得了最大产量与采收率。例如,基于技术、风险、效益的综合考虑,对 Haynesville 页岩核心区地质条件相近井进行分簇数的比较后,认为 4 簇与 6 簇效果基本相当,一般采用分 4 簇射孔。

2)页岩气藏体积压裂裂缝扩展分析

分簇间距将在一定程度上决定应力阴影的大小,并随之影响着压裂效果。一般而言,簇间距越小,缝间干扰越明显,越有利于形成复杂裂缝。对于两向应力差异大的地层,要形成复杂裂缝,需要更高的缝内净压力,因此可以适当的减小簇间距。但是簇间距较小时,缝间干扰明显,常常会导致施工难度增大,施工泵压升高。因此,需要进行簇间距优化,利用簇间干扰形成复杂裂缝。分簇射孔压裂时存在多裂缝同步延伸问题,这造成了在水平井压裂的每段内部都可能存在着多裂缝力学干扰问题,使各个裂缝之间的延伸受到一定限制,并可能出现裂缝的转向和偏移等力学行为,以至最终使裂缝形态受到影响。深入研究多裂缝周围应力分布和分析应力干涉对裂缝扩展的影响，对提高非常规气藏水平井压裂的效果有积极的意义。

水平井体积压裂裂缝扩展模型的研究最早由 Sneddon、Green、Pollard 等人提出，并给出了二维平面应变裂缝应力场解析解，但该解析解只适用于二维平直裂缝，不能用于复杂裂缝应力场计算。目前，国内外众多学者主要通过数值模拟的方法研究水平井体积压裂裂缝扩展。常用数值方法包括有限元、有限差分、有限体积、离散元和边界元方法。其中前 4 种方法均需对整个求解域进行离散求解，计算量较大，而边界元方法将全场问题转化为边界问题，只需将边界离散而显著减小了计算规模，尤为适合无限大介质中裂缝和断裂问题。胥云等人基于位移不连续边界元法，引入应力校正因子，建立裂缝介质应力场计算模型，并基于该模型研究了多裂缝应力干扰及应力干扰下裂缝扩展形态。

胥云等研究了在相同段间距条件下，以 2 簇和 3 簇压裂为例，研究多簇裂缝扩展形态。计算结果表明（图 3－2－25、图 3－2－26）：2 簇裂缝扩展时，裂缝相互背离偏转，偏转角度约为 3.15°；3 簇裂缝扩展时，两侧裂缝在 30m 附近发生约 1.95°背离偏转，中间裂缝沿直线扩展，但扩展长度小于两侧裂缝，约为两侧裂缝长度的 53%。

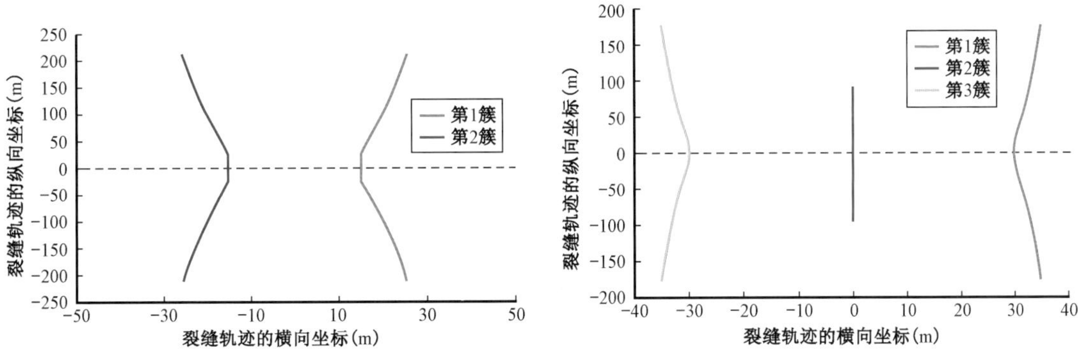

图 3－2－25　2 簇压裂裂缝扩展形态（据胥云，2016）　图 3－2－26　3 簇压裂裂缝扩展形态（据胥云，2016）

曾青冬等基于体积压裂裂缝扩展模型，研究了不同簇数和簇间距条件的裂缝扩展形态（图 3－2－27）。

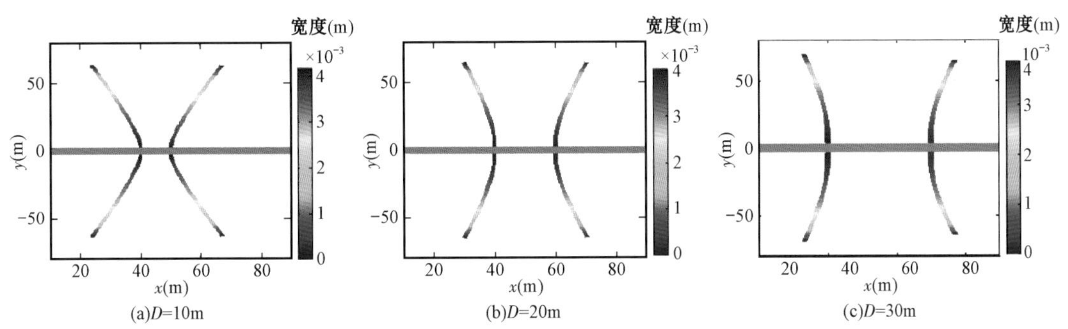

图 3－2－27　2 簇时不同簇间距布缝裂缝扩展形态（据曾青冬，2016）

研究表明 2 簇压裂时不同裂缝间距下裂缝扩展路径如图 3－2－27 所示，颜色代表裂缝宽度大小。2 簇裂缝相背离地扩展，且裂缝间距越小，裂缝扩展方向偏离初始方向的角度越大；

当裂缝间距 $D=30$m，即等于裂缝高度时，裂缝扩展方向偏离角较小，从而说明了裂缝之间应力阴影作用距离主要集中在裂缝高度以内。

3 簇压裂时裂缝之间的应力阴影作用比较明显，裂缝间距为 20m、30m 和 40m 时裂缝扩展平面俯视图分别如图 3-2-28 所示。由图可知，裂缝扩展路径是弯曲的，尤其是两边的裂缝；而且当裂缝间距越小，裂缝扩展路径弯曲度越大。这主要是因为裂缝周围的应力场被周围裂缝张开位移和剪切位移所干扰，从而导致裂缝尖端最大周向应力方向偏离水平最大主地应力方向，且随着裂缝间距减小，应力干扰作用越明显（据曾青冬，2016）。

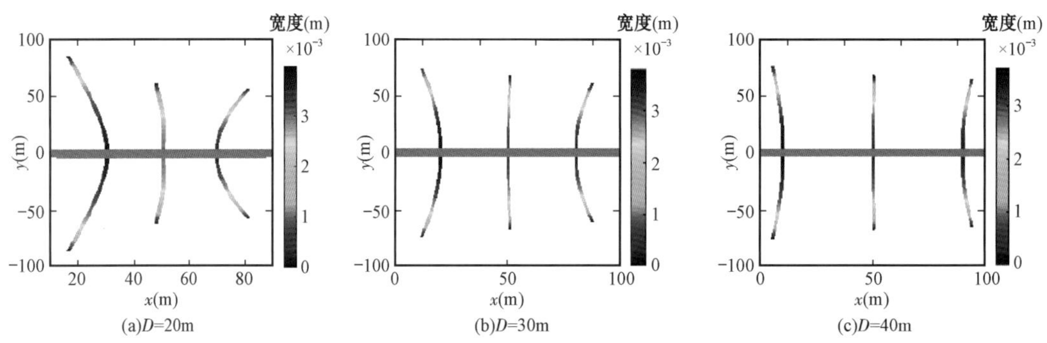

图 3-2-28　3 簇时不同簇间距布缝裂缝扩展形态（据曾青冬，2016）

通过上述模拟分析可以发现，簇间距越小，缝间干扰越明显，越有利于形成复杂裂缝。但是簇间距较小时，缝间干扰明显，往往会导致中间裂缝不能充分发育，影响压裂效果，得克萨斯农工大学的 Kan Wu 等人基于体积压裂裂缝扩展模拟模型开展了相关研究。Kan Wu 等人研究发现（图 3-2-29），对于裂缝间距较大的情况，流体体积分布的变化较小，裂缝间距越大，裂缝生长越均匀；而裂缝间距较小时，3 簇中间的水力裂缝由于受到两边裂缝的应力干扰，裂缝生长受到限制。

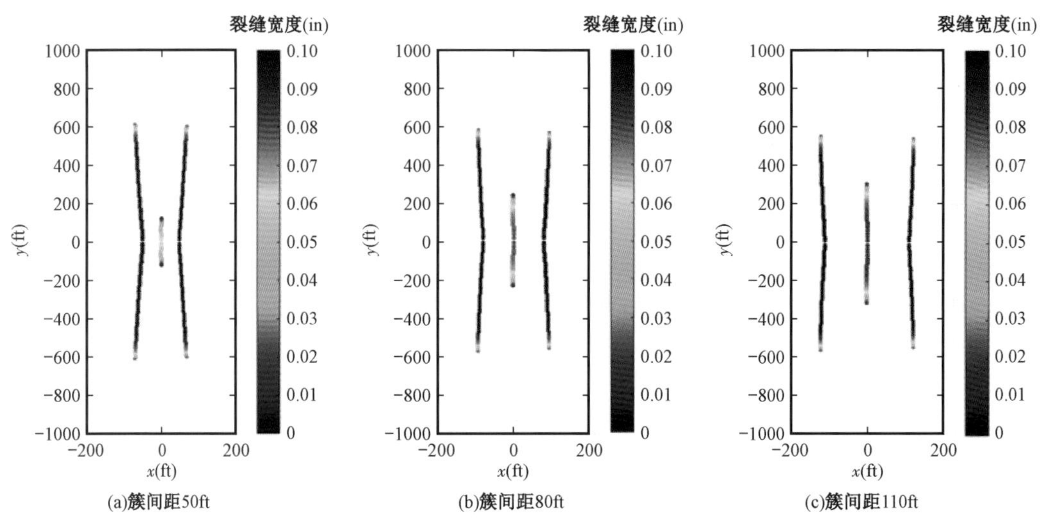

图 3-2-29　三簇时不同簇间距布缝裂缝扩展形态（据 Kan Wu，2016）

Kan Wu 等人研究了定段间距条件下，3 簇、4 簇、5 簇和 6 簇时有效缝长和总缝长随簇数变化关系曲线，图中红色曲线是不同簇数的有效裂缝总长。先前的应力阴影（Wu 和 Olson，2013）表明，当裂缝具有等于或小于其高度的间距时，裂缝宽度将在多分裂阶段的内部裂缝中受到阻碍。因此，图 3－2－30 中，最宽的裂缝是轻度相互作用的情况（4 簇时），6 条裂缝间干扰是最强的。随着簇间距的减小，段内裂缝之间的生长可变性增加。在强相互作用的情况下，外部裂缝具有比内部裂缝更长的有效长度。裂缝数越大，有效裂缝长度分布越不均匀。结果还表明，段间距一定时，增加射孔簇的数量不一定导致总裂缝长度的增加。从图上可以看出，在模拟条件下，随着裂缝条数的不断增多（簇间距减小），有效裂缝总长是先增大，后减小，4 条裂缝时裂缝总长最长。

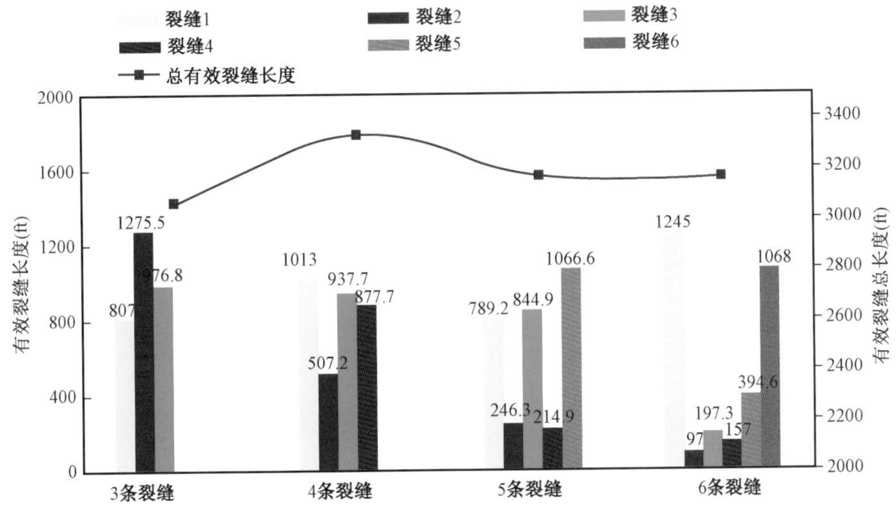

图 3－2－30　有效缝长和总缝长随簇数变化关系曲线图（据 Kan Wu，2016）

簇间距确定以后，需要确定每段分簇数。分簇数需要考虑多种因素：一是射孔工具的作业能力，目前射孔工具能够满足多簇射孔的要求，国内报道室内试验满足一次入井分 20 簇的要求；二是要考虑对射孔工具入井的要求，分簇数越多，则射孔枪越长。对于水平井而言，如果井眼的狗腿度较大，射孔工具过长将不能顺利输送至井底。在进行压裂设计时，需要根据井眼轨迹进行分析，计算最大的射孔枪串长度，从而确定最多的分簇数。长宁某井在造斜段的狗腿度较大，最大达到 15.85°/30m，变化率亦较快，造成模拟工具串在造斜段附近反复遇阻、遇卡，不能通过，后期采用连续油管坐封桥塞和射孔完成施工。三是要统筹对段内的改造强度的问题，簇间距确定后，在单段施工规模一定的情况下（液量、砂量），段内分簇数越多，单段长度越长，则单位长度水平段的改造强度就越低，可能难以实现对井控范围内的储层的有效改造。

簇间距的优化以实现整个水平段的有效改造为目标，以软件模拟为基础，结合现场试验和国内外典型页岩气水平井的施工参数，簇间距一般在 15～25m 左右。单段分簇射孔簇数越多，实现对段内储层的充分改造难度越大，且泵送射孔管串越长，受井眼轨迹等的影响，泵送施工难度越大，因此目前国内主体采用每段分 2～4 簇射孔，段间距 60～80m。

3. 施工规模

压裂施工规模的确定是以实现对井控范围内储层的有效改造为目标。改造规模较小时，将导致井控范围内储量不能有效动用；改造规模过大，则会导致井间干扰，降低开发效益。压裂规模的确定需要结合水平井巷道距离，以软件模拟为基础，借助干扰试井、压裂示踪剂等手段综合确定。

一般而言，施工规模越大，改造的体积也越大。压裂液和支撑剂总量对压裂形成裂缝网络影响很大，且对压裂后的裂缝导流能力也有影响。压裂液和支撑剂总量越多，压裂的缝网范围越大，地层中连通的天然裂缝也越多，波及的地层范围也越广，裂缝的导流能力越高，气体容易流动，产量也越高。

1）压裂液量

为了确定某区块的压裂施工规模，利用 Meyer 压裂设计软件进行了数值模拟研究，分析了不同压裂液量对有效裂缝半长和裂缝波及长度的影响规律。模拟分析了支撑剂为 120t，压裂液量分别为 1800m³、1900m³、2000m³、2100m³和 2200m³时有效裂缝半长和裂缝波及长度的变化规律，如图 3－2－31、图 3－2－32 所示。

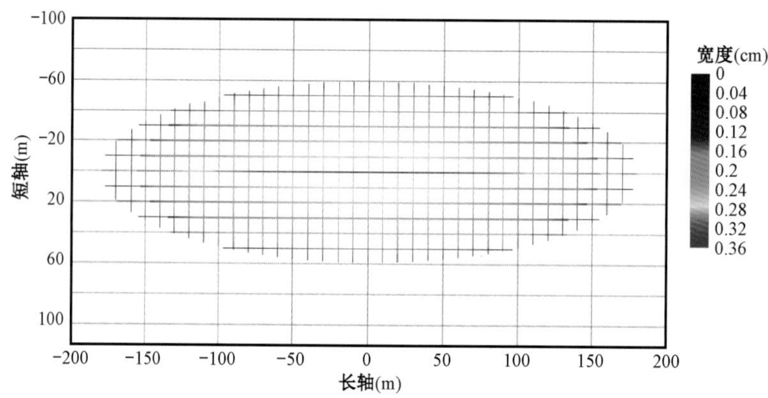

图 3－2－31　压裂液量为 1800m³时裂缝模拟结果

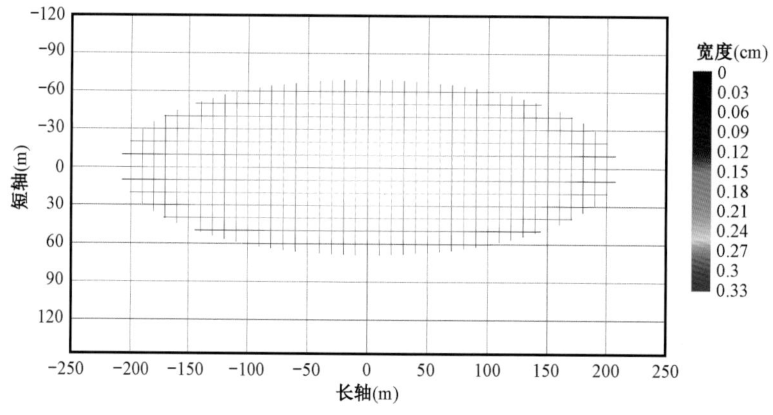

图 3－2－32　压裂液量为 2200m³时裂缝模拟结果

不同压裂液量的模拟结果见表3－2－8，从表中可以看出，当支撑剂一定时，随着压裂液量的增大，有效裂缝半长和裂缝波及长度都有所增加，其中增大压裂液量可以使有效裂缝半长大幅增长，当液量从1800m^3增大到2200m^3时，有效裂缝半长从135m增长到176m，增长41m，增幅为30.3%；裂缝波及长度增长35m，增幅为20%。

表3－2－8　不同压裂液量数值模拟对比结果

序号	压裂液（m^3）	有效裂缝半长（m）	裂缝波及长度（m）
1	1800	135	175
2	1900	151	187
3	2000	158	196
4	2100	168	202
5	2200	176	210

不同区块由于受储层特征、天然裂缝、射孔参数等的影响，压裂施工规模可以通过开展不同施工规模的对比试验来确定，同时通过微地震监测、压裂示踪剂、干扰试井、压力监测等多种手段进行评价，不断优化施工参数，确定合理的施工规模。

2）加砂规模

加砂规模主要与加砂方式和最高砂浓度等参数相关。页岩气压裂多采用滑溜水段塞式加砂，既能有效降低施工风险又能确保缝内支撑剂连续。利用Meyer压裂设计软件进行了数值模拟研究，分析了不同支撑剂量对有效裂缝半长的影响规律。模拟了压裂液量为2000m^3，支撑剂分别为80t、120t时有效裂缝半长的变化规律（图3－2－33、图3－2－34）。

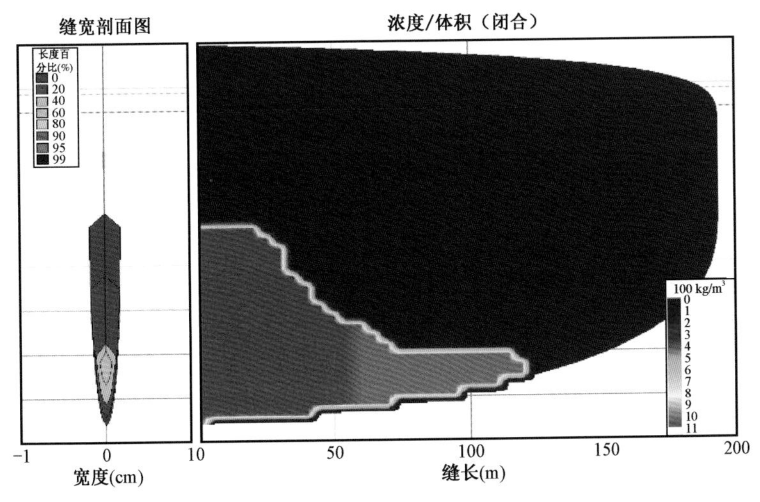

图3－2－33　支撑剂量为80t时裂缝模拟结果

根据不同支撑剂量数值模拟对比结果，从表3－2－9可以看出，当压裂液量一定时，随着支撑剂量的增大，有效裂缝半长显著增加，提高支撑裂缝长度有助于提高压裂改造效果。

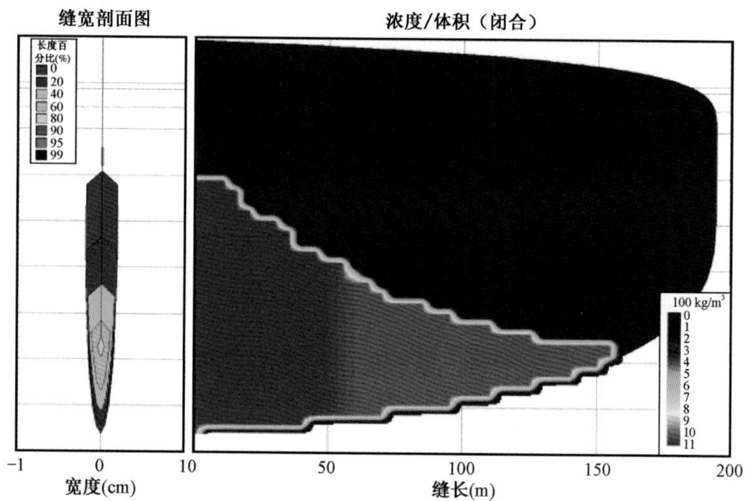

图 3-2-34　支撑剂量为 120t 时裂缝模拟结果

表 3-2-9　不同支撑剂量数值模拟对比结果

序号	支撑剂(t)	压裂液(m^3)	有效裂缝半长(m)
1	80	2000	122
2	100	2000	140
3	120	2000	158
4	140	2000	165

虽然支撑剂用量的增加有利于提高改造效果，但是在实际的施工过程中，支撑剂的加入受到多种因素的影响。滑溜水压裂砂比的上限取决于支撑剂的大小（受限于携砂能力和裂缝宽度），对于 100 目的支撑剂通常为 300kg/m^3，而 40/70 目的支撑剂为 240kg/m^3，实际范围将随应用情况的变化而变化。如果支撑剂浓度设计不合理常常容易发生砂堵等，导致施工复杂。实际单段加砂与采用的泵注方式、液量等多种因素相关，目前国内典型页岩气区块单段加砂量一般在 100t 左右。

五、加砂方式及泵注程序

1. 加砂方式

加砂方式主要有连续加砂、段塞式加砂和段塞＋连续混合加砂（图 3-2-35）三种方式。加砂方式的选择主要考虑施工风险、液体的携砂能力、地层对导流能力要求等因素。

段塞式加砂（图 3-2-36）是页岩气开发早期普遍采用的工艺，即在泵注每个支撑剂段塞后注入一个驱替段塞（可以是滑溜水或胶液）。采用这种方式的原因主要有三个：

（1）用减阻水段塞冲开前期沉砂。由于滑溜水携砂能力差，为了防止支撑剂在近井裂缝内沉降后形成沙丘，堵塞近井裂缝，因此需要注入一段滑溜水段塞将前期的沉砂冲开。

（2）通过施工复杂化形成裂缝复杂化。早期生产中发现，在页岩气压裂中，通过使加砂程

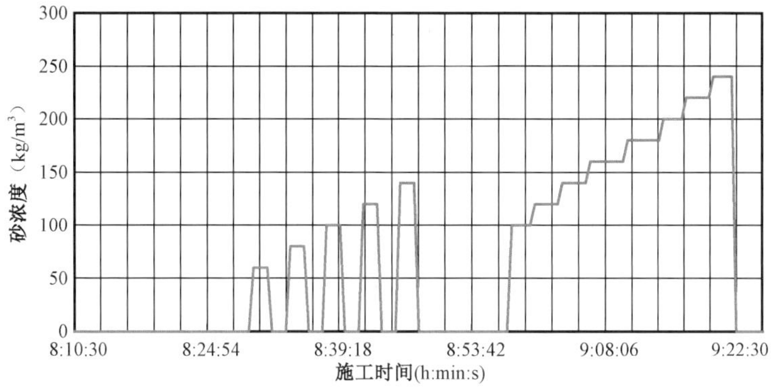

图 3－2－35 段塞＋连续混合加砂的加砂方式示意图

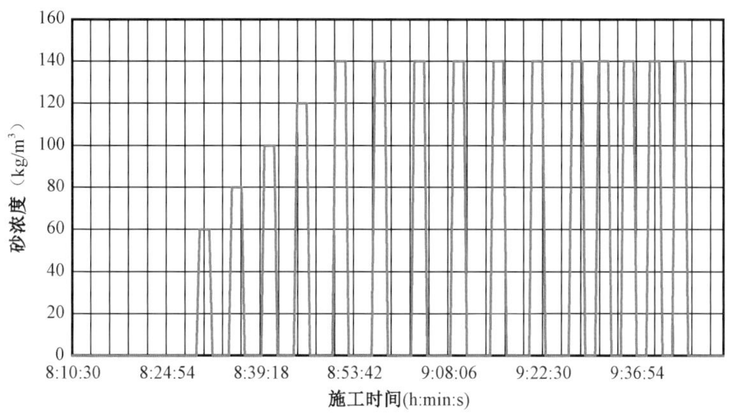

图 3－2－36 段塞式加砂方式示意图

序复杂化，人为制造一些压力波动，诱发井下净压力波动，通常可以得到更好的增产效果，地面压力的波动通常代表着地下有更多裂缝张开和进液或进砂。

（3）制造可控砂堵实现缝内转向。泵送一段高砂比段塞后，随后进行大排量驱替。其中的高砂比段塞是为了实现一定程度的砂堵，以提高缝内净压力，使后续液体转向打开附近的天然裂缝或形成分支裂缝，随后利用驱替段塞将这个砂堵冲开，保证后续泵注和施工正常进行。

采用段塞式加砂方式施工的风险较小，在施工的泵注过程中可以灵活调整泵注程序，从而可以减小砂堵的风险；但加砂量较少，压裂后形成的裂缝导流能力低。一般对于脆性较好的地层和以滑溜水为工作液时，多采用段塞式加砂方式。滑溜水携带支撑剂的能力较差，携带的支撑剂进入地层后随着分流等的影响，支撑剂慢慢在裂缝中沉降，砂堵风险高，采用段塞式加砂可以有效地降低砂堵的风险。虽然采用段塞式加砂，但是支撑剂在裂缝中是连续的，也能确保一定的导流能力。

塑性页岩的开发过程中，为了提高裂缝导流能力，一般要求尽可能提高加砂量。若每个加砂段塞中都插入驱替段塞，势必造成加砂段塞砂比更加集中，增大了泵注加砂段塞后砂堵和高压的风险，为此采用连续加砂工艺（图 3－2－37）。采用连续加砂工艺，不仅可以使平均砂比更高，而且可以节省用水量。页岩气藏体积压裂施工中采用连续加砂工艺一般用于以下三种情况：

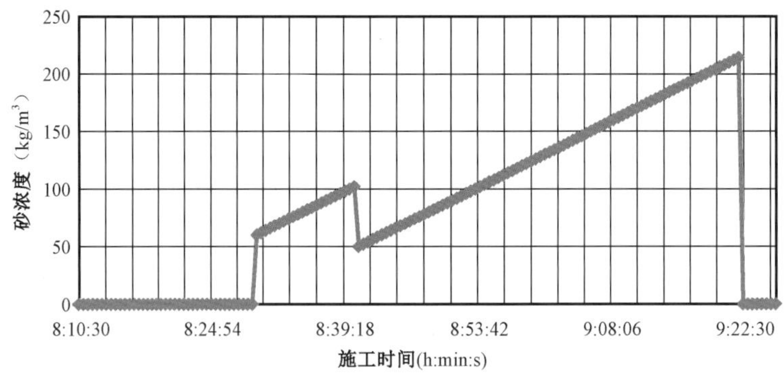

图 3－2－37　连续加砂的加砂方式示意图

(1)储层塑性较强,支撑剂嵌入可能性较大;

(2)储层对导流能力要求较高;

(3)地面施工压力窗口较大。

对于储层物性好、塑性较强的地层,为了提高改造效果,多采用连续加砂方式。采用连续加砂多采用高黏的压裂液体系(图3－2－38、图3－2－39),由于高黏液体携带支撑剂能力强,进入地层未破胶之前,支撑剂一般随着液体一起流向裂缝深处。现场采用连续加砂施工风险较大,容易发生砂堵,但压裂后形成的裂缝导流能力较高。

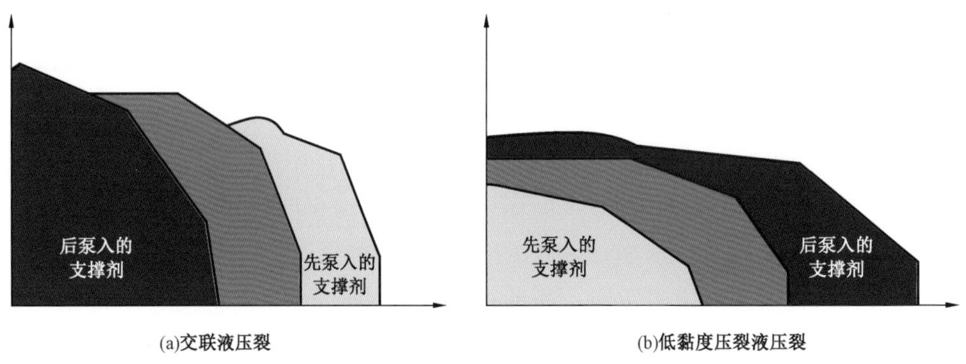

图 3－2－38　不同黏度液体连续加砂裂缝支撑剂分布

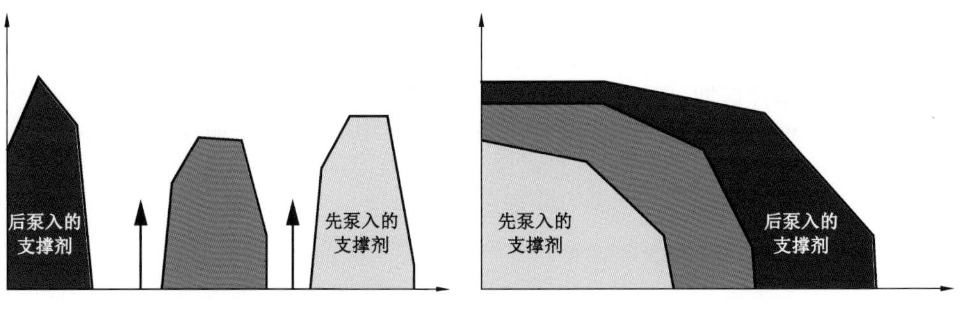

图 3－2－39　不同黏度液体段塞式加砂裂缝支撑剂分布

2. 泵注程序

泵注程序设计应综合考虑储层特征、施工排量、压裂液性能、裂缝导流能力、井筒容积、设备能力和施工安全等因素,泵注程序的优化应以同等规模下形成较大的SRV(Stimulated Resertcoir Volume)、较高的裂缝导流能力和确保施工的顺利实施为原则。主要考虑5个方面的优化:

(1)预处理:为保证施工顺利进行,每段主压裂前可注入一定量的酸液进行预处理降低破裂压力。

(2)砂浓度优化:砂浓度的确定主要由压裂形成的裂缝宽度决定。通常,初始加砂浓度一般为20~40kg/m^3,压力稳定后一般增至40kg/m^3;滑溜水压裂砂比的上限取决于支撑剂的大小(受限于携砂能力和裂缝宽度),对于100目的砂通常为300kg/m^3,而40/70目的砂为240kg/m^3;实际范围将随地层特征、支撑剂密度等的变化而不同。

(3)加砂程序优化:加砂程序的优化是压裂设计中的一个重要组成部分。采用连续加砂时,一般以低起点、小台阶的近线性方式来设计泵注程序,以降低施工风险。段塞式加砂砂浓度也是按照逐步增加的方式实施,需要优化携砂液和冲洗液的用量。一般而言,为了降低风险,在低砂浓度阶段,冲洗液相对较少;在高砂浓度阶段,一般适当增加冲洗液量。泵注程序可以采用商业软件进行设计,一个区域好的泵注程序更多地依靠在实践中逐步优化和调整,特别是施工过程中的实时调整尤为重要。

(4)顶替液量的优化:完成预定的加砂程序后,应立即泵入顶替液,以确保携砂液全部进入到地层裂缝中。目前页岩气井压裂多采用泵送桥塞分段压裂工艺,为了泵送桥塞的顺利,避免压裂过程中井筒沉砂等带来的不利影响,顶替过程中多按照两倍井筒容积实施。

第三节 压裂液体系及性能评价

一、压裂液类型及评价方法

1. 压裂液类型

一般情况下,水力压裂施工先泵注不含支撑剂的黏性液体,即前置液,通常是在水中加入一些添加剂,以获得高的黏度,并且使液体入井的速度远大于液体滤失入地层的速度。在井筒附近的储层内形成高压,压开地层形成裂缝并使之扩大延伸。

自20世纪50年代后期,压裂施工开始广泛使用瓜胶及瓜胶衍生物的压裂液,如羟丙基瓜胶、羟丙基纤维素、羧甲基瓜胶和羧甲基羟丙基瓜胶。一般使用基于硼、钛、铝或锆络合物的交联剂增加聚合物的有效相对分子量,以适应高温井。

目前国内外使用的压裂液有很多种,主要有油基压裂液、水基压裂液、酸基压裂液、乳化压裂液和泡沫压裂液。页岩气开发中主要使用的是滑溜水、线性胶或交联冻胶。

1)滑溜水

通常使用低伤害压裂液来更好的控制裂缝尺寸并产生较少的残留物,不仅使裂缝长度更长,而且提高了裂缝导流能力。20世纪80年代开发的滑溜水压裂工艺减少了压裂液和支撑剂的用量，增大了压裂排量和液量。

在页岩气井的压裂中使用交联压裂液和大规模的支撑剂，将导致清理井困难，同时返排较低，而滑溜水可以缓解冻胶残渣对储层的伤害。对于水敏/低压储层，大规模液体施工可能导致返排困难，对井的性能有害。许多增产措施在 big Sandy 页岩气藏试验过，包括高黏氮气和高黏氮气泡沫压裂液，但产量和压裂施工费用相当，许多井没有经济效益。1997 年之后，Mitchell 能源公司开始对使用滑溜水增产措施进行评估，该增产措施能产生长而宽的裂缝通道，使用的压裂液大约是大型压裂的两倍，支撑剂体积不到大型水力压裂的 10%。与大型水力压裂相比，虽然在油气井动态方面改善不是很明显，但成本却下降了 65% 左右。滑溜水压裂已成为 Barnett 页岩中最常见的增产措施，由于增产作业费用的下降允许作业者对 Barnett 页岩上部层段实施完井，使估算最终采收率提高 20% 以上。滑溜水中没有瓜胶固体颗粒，可以使人工裂缝更长、更复杂，同时也不会有瓜胶残留物或滤饼，从而避免了压裂液对裂缝导流能力的伤害。由于储层的低渗透率特性，这就意味着压裂改造必须形成大的泄流裂缝表面。低密度清水压裂液能够在很大程度上提高这种储层的产量和经济效益。

有研究者推荐了页岩压裂施工液体的选择原则，通常中等深度（一般在 1524 ~ 3048m 之间）的高压页岩采用低黏度滑溜水和支撑剂进行增产处理。而深度较浅或油气藏压力较低的页岩，采用氮泡沫压裂液。高压条件下泵入的液体在页岩中产生裂缝，这些裂缝可以从井筒向外在页岩中延伸上千英尺。从理论上讲，支撑剂颗粒嵌入裂缝，停泵之后可使裂缝保持开启状态。

目前国外页岩气　压裂施工中广泛使用的滑溜水的成分以水为主，总含量可达 99% 以上，其他添加剂（主要包括降阻剂、表面活性剂、黏土稳定剂、阻垢剂和杀菌剂）的总含量在 1% 以下，尽管含量较低，这些添加剂却发挥着重要作用（表 3－3－1）。

表 3－3－1　滑溜水中的主要添加剂

添加剂名称	一般化学成分	一般含量(%)	作用
降阻剂	高分子聚丙酰胺	0.01	降低压裂液流动时的摩擦系数，降低压力损耗
表面活性剂	乙氧基化醇	0.02	降低压裂液表面张力
黏土稳定剂	季铵盐	0.05 ~ 0.1	防止黏土膨胀
阻垢剂	膦酸盐	0.05	防止结垢
杀菌剂	DBNPA、THPS、棉隆	0.007	杀菌

（1）滑溜水优点。

① 滑溜水体系极大地减少了凝胶对地层及裂缝的伤害。传统的凝胶压裂液体系使用较高浓度的凝胶，这些凝胶的残留物以及在压裂过程中产生的滤饼会堵塞地层并降低裂缝导流能力。而滑溜水中只含有少量的降阻剂等添加剂，并且易于返排，大大降低了地层及裂缝伤害，从而有利于提高产量。

② 成本较低。滑溜水中的化学添加剂及支撑剂的用量较少，可节省 40% ~ 60% 施工成本。由于成本的降低，许多原来不具商业开采价值的储层便可以得到开发。

③ 滑溜水能够产生复杂度更高、体积更大的裂缝网络。这是由于滑溜水具有较低的黏度以及施工时的泵入速率较高。裂缝复杂度和体积的提高增加了储层的有效增产体积，使得产

量增加。

④ 由于滑溜水中添加剂含量少，较为清洁，因此更易于循环利用。

(2)滑溜水缺点。

滑溜水最大的缺点是其对支撑剂的输送能力较差。传统的支撑剂传输系统依靠压裂液的黏度悬浮并运载支撑剂到储层深处，但滑溜水黏度较低，携砂能力较差，主要依靠紊流、沙坝和(或)沙床来传送支撑剂。这将导致支撑剂在地面设备或较长水平侧向井段的过早沉淀，从而支撑剂不能得到均匀铺置。这使得裂缝难以得到有效支撑，导流能力下降，从而导致过早的作业终止和生产力降低。此外，大量支撑剂在靠近井口的裂缝中堆积还容易造成堵塞，降低储层渗透率。

2)线性胶、交联冻胶

水基压裂液是以水作溶剂或分散介质，再向其中加入稠化剂等添加剂配制而成的。具有黏度高、悬砂能力强、滤失低、摩阻低等优点。目前国内外页岩气井压裂施工使用的水基压裂液主要为以下两种：

(1)天然植物胶压裂液，包含如瓜胶及其衍生物羟丙基瓜胶、羧甲基羟丙基瓜胶、延迟水化羟丙基瓜胶；多糖类有半乳甘露糖胶，如田箐及其衍生物、甘露聚葡萄糖胶。由于天然植物胶压裂液的高分子链含有多个羟基，所以其吸附能力强，容易形成水化膜，黏度高；但水不溶物含量高，对地层及支撑剂填充层伤害很大，而且破胶困难。

(2)合成聚合物压裂液，包含如聚丙烯酰胺、部分水解聚丙烯酰胺、甲叉基聚丙烯酰胺及其共聚物疏水缔合物。合成聚合物压裂液和天然植物胶压裂液与纤维素压裂液相比，优势明显，具有更好的黏温特性和高温稳定性，且增稠能力强、对细菌不敏感、冻胶稳定性好、悬砂能力强、无残渣、对地层不造成伤害。

2. 压裂用液体性能评价方法

对于常规的水基压裂液、泡沫压裂液、油基压裂液及清洁压裂液可参考 SY/T 5107—2016《水基压裂液性能评价方法》，SY/T 6376—2008《压裂液通用技术条件》，SY/T 5764—2007《压裂用植物胶通用技术要求》，SY/T 6216—1996《压裂用交联剂性能试验方法》，SY/T 5755—2016《压裂酸化用助排剂性能评价方法》等进行相关性能评价。

对于滑溜水相关性能可参考 NB/T 14003. 1—2016《页岩气压裂液第 1 部分：滑溜水性能指标及评价方法》、NB/T 14003. 2—2015《页岩气压裂液第 2 部分：降阻剂性能指标及测试方法》进行相关性能评价。滑溜水为页岩气主要压裂液体系，重点说明滑溜水、降阻剂的性能评价方法。

1)滑溜水评价方法

(1)pH 测定。取配制的滑溜水 100mL 用 pH 试纸或 pH 计测定 pH 值。

(2)表界面张力测定。按 SY/T 5370—1999《表面及界面张力测定方法》测定配制的滑溜水。

(3)运动黏度测定。按 GB/T 10247—2008《黏度测量方法》测定配制的滑溜水。

(4)结垢趋势测定。按 SY/T 0600—2016《油田水结垢趋势预测方法》配制的滑溜水的结垢趋势。

(5)细菌含量测定。按 SY/T 0532—2012《油田注入水细菌分析方法:绝迹稀释法》测定配制的滑溜水的细菌含量。

(6)破乳性能测定。按 SY/T 5107—2005《水基压裂液性能评价方法》中第 6.15.1 条测定配制的滑溜水的破乳性能。

(7)配伍性能测定。

① 室温下配伍性测定。取配制的滑溜水 50mL 置于广口瓶中,静置 24h 后观察是否发生絮凝现象和有沉淀产生。

② 储层温度下配伍性测定。取配制的滑溜水 100mL 盛于 316 钢耐压容器中,置于烘箱中,并在储层温度下静置 4h,冷却后倒入烧杯中观察是否发生絮凝现象和有沉淀产生。

(8)降阻性能测定。

滑溜水在一定速率下流经一定长度和直径的管路时都会产生一定的压差,根据滑溜水与清水(实验室即为自来水)压差的差值和清水压差的比值来计算滑溜水的降阻率。测试温度可以采用室温或滑溜水使用温度,使用温度高于 100℃时,测试温度选取 95℃。实验时管路内径需满足规范性附录 A 的要求。

首先在储液罐中加入测试所需的自来水,缓慢调节动力泵的转速,使整个测试管路充满测试液体。再设定测试温度,启动加热系统,低速循环。待温度到设定温度,调节排量至设定流速。从计算机读取该线速度下清水的压差,1min 内压差变化小于 1% 时,求取这 1min 内压差的平均值作为清水摩阻压差(Δp_1)。再按照相同程序和条件(与清水实验的排量变化幅度小于 1%;温度差小于 2℃)测试用现场水或自来水配制的滑溜水流经该管路的摩阻压差(Δp_2)。

降阻率按下式计算:

$$DR = \frac{\Delta p_1 - \Delta p_2}{\Delta p_1} \times 100 \tag{3-3-1}$$

式中 DR——室内滑溜水对清水的降阻率,%;

Δp_1——清水流经管路时的压差,Pa;

Δp_2——滑溜水流经管路时的压差,Pa。

(9)排出性能测定。

不同类型的液体体系通过多孔介质时液体的排出率不同,通过测定含不同助排剂的滑溜水排出率评价滑溜水排出性能。

取实验岩心,用粉碎机制成粉末,筛取通过 40 目标准筛但不通过 70 目标准筛的岩心粉末,在 105℃下烘 2h,冷却后存于广口瓶中备用。

取现场压裂用支撑剂,筛取通过 40 目标准筛但不通过 70 目标准筛的支撑剂,存于广口瓶中备用。

取配制的滑溜水 600mL 盛于 316 钢耐压容器中,置于烘箱中,在储层温度下进行降解实验,降解液冷却至室温后倒入广口瓶备用。

首先将准备的岩心粉末与压裂支撑剂按质量比例 1∶1 混合均匀,在中压层析柱中装满已混合好的岩心粉末与压裂支撑剂混合物(以下简称混合物),用塞子封住两端,用天平称取混合物、中压层析柱和塞子组合体(以下简称组合体)的质量(m_1)。重复实验时,每次组合体的质量相差不大于2%。再将填充混合物的中压层析柱竖直放置,用滑溜水饱和填充层。待上端出液后继续补给滑溜水降解液10min,取下中压层析柱,用纱布擦去两端和四周的液体,称取已饱和混合物的组合体质量(m_2)。安装已饱和的岩心粉末和支撑剂填充的中压层析柱、已恒重的锥形瓶,开启氮气,调压至10kPa,记录5min内流出的降解液质量(m_3)。

排出率按下式计算:

$$\eta_R = \frac{m_3}{m_2 - m_1} \times 100 \tag{3-3-2}$$

式中 η_R——排出率,%;

m_1——饱和前组合体的质量,g;

m_2——饱和后组合体的质量,g;

m_3——流出来的降解液质量,g。

(10)防膨性能测定。

含不同黏土稳定剂的滑溜水与岩心粉末混合物,在毛细管力作用下,滑溜水扩散到滤纸相同位置的时间不同,根据毛细管吸收时间(CST)判断滑溜水的防膨性能。

取实验岩屑置于100目标准筛,用蒸馏水清洗杂质。将去杂的岩屑倒入表面皿,放入恒温干燥箱,在105℃下烘2h。将已烘干的岩屑用粉碎机制成粉末,筛取通过30目标准筛但不通过70目标准筛的岩心粉末,存于广口瓶中备用。

分别取600mL配制好的滑溜水A和含3% KCl但不含其他防膨剂的滑溜水B装于316钢耐压容器中,然后置于烘箱中在储层温度下进行降解实验,降解实验完成后分别将滑溜水降解液A和滑溜水降解液B倒入广口瓶备用。

毛细管吸收时间测定仪开机待用。将4g岩心粉末加入100mL滑溜水降解液A中,在100r/min下搅拌30min,边搅拌边用注射器取5mL混合样品,快速转入到放在滤纸上的锥筒中(直径1cm的快速过滤口向下)开始实验。读取CST仪的时间(t_{A1})。使用滑溜水降解液B,重复CST实验过程,读取CST仪的时间(t_{B1})。用注射器取5mL滑溜水降解液A,快速转入到放在滤纸上的锥筒中(直径1cm的快速过滤口向下)开始实验。读取CST仪的时间(t_{A2})。使用滑溜水降解液B,重复CST实验过程,读取CST仪的时间(t_{B2})。

CST比值按下式计算:

$$\text{CST 比值} = \frac{t_{A1} - t_{A2}}{t_{B1} - t_{B2}} \tag{3-3-3}$$

式中 t_{A1}——降解液A、岩心粉混合物测定时间,s;

t_{A2}——降解液A测定时间,s;

t_{B1}——降解液B、岩心粉混合物测定时间,s;

t_{B2}——降解液B测定时间,s。

2)降阻剂评价方法

(1)外观测定。

目测法:观察判断乳液降阻剂是否均匀、是否分层;观察判断固体降阻剂是否吸潮、板结。

(2)固含量测定。

按 GB/T 17514—2017《水处理剂　阴离子和非离子型聚丙烯酰胺》固含量的测定执行。

(3)残渣含量测定。

用自来水配制 0.1% 降阻剂,量取体积 V_0的滑溜水,V_0一般可取 50mL 离心管满容积的容纳量,在 90℃水浴中老化 2h。将老化后的滑溜水全部移入已烘干恒量的离心管中,将离心管放入离心机,在 3000r/min ±150r/min 转速下离心 30min,然后慢慢倾倒出上层清液。用 50mL 水洗涤装过滑溜水的容器后倒入离心管中,用玻棒搅拌洗涤残渣,再放入离心机中离心 20min,倾倒上层清液。将离心管放入恒温电热干燥箱中烘烤,在温度 105℃ ±1℃条件下烘干至恒量,其值为 m_3。

残渣含量按下式计算

$$\eta_3 = \frac{m_3}{V_0} \times 1000 \tag{3-3-4}$$

式中　η_3——残渣含量,mg/L;

m_3——残渣质量,mg;

V_0——降阻剂溶液量,mL。

(4)连续混配溶解时间测定。

开启管路摩阻仪,在循环储液罐中加入测试所需的清水,缓慢调节动力泵的转速,使内径 8mm 的测试管路充满测试液体。调整动力泵转速达到设定流量 6.5m/s,待液体流量计上的排量读数稳定后,加入配方设计量的降阻剂,同时开始计时,每隔 2s 记录摩阻数值,当摩阻数值变化不大于 2% 时停止计时,该时间为降阻剂溶解时间。

(5)降阻率测定。

按 NB/T 14003.1—2016 降阻性能测定执行。

(6)降阻率变化率测定。

开启管路摩阻仪,在循环储液罐中加入测试所需的清水,缓慢调节动力泵的转速,使内径 8mm 的测试管路充满测试液体。调整动力泵转速达到设定线速度 10m/s,待液体流量计上的排量读数稳定后记录清水摩阻数值 Δp_0。加入配方设计量的降阻剂,待液体流量计上的排量读数稳定后,同时开始计时,并记录初始摩阻数值 Δp_1,5min 后记录摩阻数值 Δp_2。

降阻率变化率按下式计算:

$$\eta = \frac{\Delta p_2 - \Delta p_1}{\Delta p_0 - \Delta p_1} \times 100 \tag{3-3-5}$$

式中　η——降阻率变化率,%;

Δp_2——剪切 5min 后的摩阻,kPa/m;

Δp_1——初始摩阻,kPa/m;

Δp_0——线速度 10m/s 时清水摩阻,kPa/m。

二、压裂用添加剂

压裂液添加剂对压裂液的性能影响非常大,不同添加剂的作用不同。主要包括:稠化剂、交联剂、破胶剂、pH 值控制剂、黏土稳定剂、润湿剂、助排剂、破乳剂、降滤失剂、冻胶黏度稳定剂、消泡剂、降阻剂和杀菌剂等。掌握各种添加剂的作用原理，正确选用添加剂，可以配制出物理化学性能优良的压裂液，保证顺利施工，减小对油气层的损害，达到既改造好油气层又保护好油气层的目的。

1. 降阻剂

由于页岩气藏储层改造具有大液量、高排量等特点，开发出的滑溜水是针对页岩气储层改造发展起来的一项新的液体体系。通过使用极少量的降阻剂来降低摩阻，其用量一般小于 0.2%，该类液体体系主要依靠泵注排量携砂而不是液体黏度，适用于无水敏、储层天然裂缝较发育、脆性较高的地层，其优点包括：适用于裂缝型储层；提高剪切缝形成的概率，有利于形成网状缝，可以大幅度增大裂缝体积及提高压裂效果；使用少量稠化剂降阻，对地层伤害小、支撑剂用量少；在相同作业规模的前提下，滑溜水压裂比常规冻胶压裂的成本降低 40% ~60%。

Universal Well 服务公司 J. Paktinat 等研究表明，由于有自然裂缝渗漏和高毛细管力的作用，导致液体对储层有伤害，表面活性剂经常被用来降低毛细管力提高返排，但许多添加剂会很快被页岩储层吸收，降低了表面活性剂的功效和导致了水锁。在滑溜水中加入微乳表面活性剂体系有利于降低孔隙毛细管力，促进压裂液从致密的页岩岩心中排出，使注入低渗岩心的压裂液被替代出来。普通的降阻剂是阴离子、阳离子和非离子聚丙烯胺，耐温 400℉，当温度超过 550℉ 易分解。通常 1 ~ 1000gal 的水添加 0.25gal 降阻剂。哈里伯顿的 David E. McMechan 发明了一种降阻液体，由阴离子聚合物、多化合价离子及络合试剂构成，阴离子降阻聚合物的加量不大于水溶剂质量的 0.15%。降阻聚合物能减少由水的涡流造成的能量损失，络合试剂能络合部分水中的多化合价离子，从而进一步降低降阻聚合物的能量损失。

在 Marcellus 页岩的开发中，滑溜水压裂高速泵注低砂浓度支撑剂是一种有效的增产方式。Nathan Houston 等认为足够的液体体积可以产生复杂的裂缝网络，在一定程度上可以弥补液体对页岩基质的伤害。这些液体必须与页岩相配伍，不会伤害裂缝中的小孔径。降阻剂一般是降低泵压，能够减少 70% 以上的功率（表 3 -3 -2）。

表 3 -3 -2 一般降阻剂性能指标

序号	项目	指标	
		固体	乳液
1	外观	均匀、无板结	均匀、无分层、沉淀
2	固相含量（%）	≥88	≥30
3	残渣含量（mg/L）	≤150	
4	连续混配溶解时间①（s）	≤40	
	连续混配溶解时间②（min）	≤5	
5	降阻率（%）	>70	
6	降阻率变化率（%）	<4	

① 乳液类降阻剂直接抽吸加入混砂车。

② 固体类或溶解时间较长类降阻剂，利用连续混配橇类装置进行连续混配。

降阻剂主要是一类水溶性的高聚物，主要包括表面活性剂类降阻剂、天然高分子类降阻剂和合成高分子类降阻剂等，通过结构改造提高其溶解性、耐盐性等性能，从而扩大此类降阻剂的使用范围。

1）低伤害降阻剂

滑溜水中降阻剂浓度一般为0.05%～0.1%，尽管泵入地层浓度低，但液量大，降阻剂也将对地层产生伤害。现有的降阻剂，包括共聚物在内，均为以C—C为主链的聚合物，其主链很难被常规氧化剂打破，难以降解。

2010年，H. Sun和R. F. Stevens等认为即便使用氧化型破胶剂，这些聚合物还是会对地层造成一定伤害。H. Sun和Benjamin Wood等提出有两种方法可以解决高分子降阻剂造成的地层及裂缝伤害问题。

（1）研发更有效的降阻剂，它应含有更高效的聚合物，或者具有更好的水化分散性以缩短降阻剂水化前的潜伏期，使得其在泵入过程中较早地发挥作用，因为流体从地面到射孔处大概只需3min。

（2）研发极易降解的降阻剂，使得其在井底条件下便降解，并留下极少残渣。据此，H. Sun等人研发了一种新型的易被降解的降阻剂，其主要特点如下：

① 以液态传输为主，使运输和现场作业更方便；

② 水化分散较快，能在泵入过程中更早发挥作用；

③ 与清水、KCl溶液、高浓度盐水以及返排液配伍性强并能够在剪切作用下保持稳定；

④ 泵入过程中与破胶剂以及其他处理剂（阻垢剂、杀菌剂、黏土稳定剂、表面活性剂等）兼容；

⑤ 更加高效，大大减少了现场聚合物的用量；

⑥ 由于该降阻剂对油田使用的氧化型破胶剂更加敏感，使得其降解更加容易，且在一般地层温度下比传统降阻剂降解更迅速、更彻底，因而能最大限度地降低地层伤害。

2）抗盐降阻剂

滑溜水对于水的需求量是巨大的，为了满足对淡水的需要以及节约成本，人们采用各种水处理技术，利用化学及机械措施将返排液中的固体和杂质去除，以便对其进行重复利用。然而现有技术却难以将返排液中的溶解盐及硬度成分去掉，因此有必要进行抗盐降阻剂研究。

Javad Paktinat等通过将降阻剂在盐水中的降阻效果与在清水中的降阻效果做比较，评价了含盐量对降阻剂的影响。他们通过环流实验以及对油管摩阻变化的观察，证明具有较高盐度和硬度的压裂液将对降阻剂的效果产生伤害。Javad Paktinat认为这是由于水中的离子会跟一些聚合物分子发生反应，并会导致聚合物分子的自身反应，这引起聚合物分子在静态条件下体积减小从而降低了聚合物分子的增黏能力。

当盐水的硬度达到50mg/L时就会导致降阻剂性能降低，且当硬度超过降阻剂所能承受的范围，可能对聚合物产生永久性的破坏。此外，当盐水中含盐成分为1∶1结构（一价盐）时，盐分产生的离子强度也会对聚合物的发挥造成不利影响。

一般来说，硬水所含离子（比如钙离子、镁离子）会导致聚合物构造的不可逆变化，然而1∶1结构的一价盐（比如氯化钠、氯化钾）溶液对降阻剂的影响是可逆的。因此一价氯化盐所造成的影响不是永久的，即用某种办法稀释一价氯化盐的盐水，可以使聚合物重新获得它的性能。这说明聚合物的吸引力不是由化学键决定的，而是受到聚合物分子与溶液中离子之间的电磁力影响。

鉴于盐水中离子对降阻剂效果会产生不利影响且市场上现有降阻剂发挥的效果欠佳，人们便开始关注抗盐降阻剂的研发，这种类型降阻剂的研究及发展开始于 2009 年。C. W. Aften 首先通过实验证明盐分确实给乳液降阻剂的效果造成损害，并提出可以提供一种抗盐降阻剂，在含盐量较高的返排液中使其性能不会受到影响或是受影响很小。

这类降阻剂应该具备以下特点：

(1)降阻剂乳液在盐溶液中具有很好的分散性，使其内部分子完全释放到外相中。

(2)聚合物分子在盐溶液中仍保持较好溶解性及柔韧性。

抗盐降阻剂的出现一方面可以在满足操作需求的条件下减少用量，从而节省压裂成本并且避免了使用大量降阻剂而导致地层伤害的风险；另一方面，抗盐降阻剂使返排液代替清水用作压裂液成为可能，从而保护了匮乏的水资源。

2. 稠化剂

水基压裂液是以水作溶剂或分散介质，向其中加入稠化剂等添加剂配制而成的。稠化剂主要是植物胶，如瓜尔胶、田菁胶、魔芋胶等。

植物胶主要成分是多糖天然高分子化合物即半乳甘露聚糖。不同植物胶的高分子链中半乳糖支链与甘露糖主链的比例不同。其特点是高分子链上含有多个羟基，吸附能力很强，容易吸附在固体或岩石表面形成高分子溶剂化水膜。

瓜尔胶，产自瓜尔豆，瓜尔豆是一种甘露糖和半乳糖组成的长链聚合物，它主要生长在印度和巴基斯坦，美国西南部也有生产。

瓜尔胶对水有很强的亲和力。当瓜尔胶粉末加入水中，瓜尔胶的微粒便“溶胀、水合”，也就是聚合物分子与许多水分子形成缔合体，然后在溶液中展开、伸长。在水基体系中，聚合物线团的相互作用产生了黏稠溶液。瓜尔胶是天然产物，通常加工中不能将不溶于水的植物成分完全分离开，水不溶物通常在 20% ~25% 之间，加量为 0.4% ~0.7%。

未改性的瓜尔胶在 80℃ 下可保持良好的稳定性，但由于残渣含量较高，易造成支撑裂缝堵塞。

羟丙基瓜尔胶(HPG)是瓜尔胶用环氧丙烷改性后的产物。将—O—CH_2—CHOH—CH_3(HP 基)置换于某些—OH 位置上。由于再加工及洗涤除去了聚合物中的植物纤维，因此 HPG 一般仅含约 2% ~4% 的不溶性残渣，一般认为 HPG 对地层和支撑剂充填层的伤害较小。由于 HP 基的取代，使 HPG 具有较好的温度稳定性和较强的耐生物降解性能。

3. 交联剂

交联反应是金属或金属络合物交联剂将聚合物的各种分子联结成一种结构，使原来的聚合物分子量明显地增加。通过化学键或配位键与稠化剂发生交联反应的试剂称为交联剂。

20 世纪 50 年代末期已经具备形成硼酸盐交联冻胶的技术，但是直到瓜尔胶在相当低的 pH 值条件下用锑酸盐(以后用钛酸盐和锆酸盐)可交联形成交联冻胶体系以后，交联压裂液才得到普遍应用。20 世纪 70 年代中期，由于各种各样的配制水和各类油藏条件的成功压裂，均可采用钛酸盐交联冻胶体系，所以该交联冻胶体系得到普遍应用。尽管钛酸盐交联冻胶应用较广，但此类交联冻胶极易剪切降解。

1）硼交联剂

硼酸钠在水中离解成硼酸和氢氧化钠，交联条件：pH 值大于 8，以 pH 值 9 ~ 10 最佳。适用于温度低于 150℃的油气层压裂。

$$Na_2B_4O_7 + 7H_2O \rightleftharpoons 4H_3BO_3 + 2NaOH$$

用硼交联的水基冻胶压裂液黏度高，黏弹性好，但在剪切和加热时会变稀，交联快（小于 10s），交联作用可逆，管路摩阻高，上泵困难。

硼酸盐交联的压裂液以较低的成本得到广泛的应用。当前，多达 75% 的压裂施工作业是用硼酸交联压裂液实现的。

用硼酸盐交联提高了压裂液黏度，降低了聚合物使用浓度和压裂液成本，破胶后留在缝内的残渣也相应减少。

2）钛、锆交联剂

针对高温深井压裂，过渡金属交联剂得到发展，由于钛和锆化合物与氧官能团（顺式—OH）具有亲和力，有稳定的 +4 价氧化态以及低毒性，因而使用最普遍。

钛交联剂主要分为有机钛交联剂和无机钛交联剂，有机钛交联剂主要包括正钛酸四异丙基酯、正钛酸双乳酸双异丙基酯、正钛酸双乙酰丙酮双异丙基酯等。无机钛交联剂包括 $TiCl_4$、$TiOSO_4$、$Ti(SO_4)_2$、$Ti_2(SO_4)_2$等。

三乙醇胺钛酸异丙酯在碱性溶液中水解，生成的六羟基合钛酸根阴离子与非离子型聚糖中邻位顺式羟基络合形成三乙醇络合物冻胶。三乙醇胺钛酸异丙酯中的三乙醇胺具有丰富的羟基，一方面提供了钛酸酯进行碱性水解生成钛酸根阴离子所需的碱性环境，另一方面三乙醇胺上的羟基干扰聚糖上的羟基与钛络合而使交联作用延缓。

与硼砂相比，有机钛交联剂的优点是用量少，交联速度易控制，交联后冻胶高温剪切稳定性好，适用范围较宽。缺点是价格昂贵，并且在使用中可能发生水解而降低活性。

4. 破胶剂

使黏稠压裂液可控地降解成能从裂缝中返排出的稀薄液体，能使冻胶压裂液破胶水化的试剂称为破胶剂。理想的破胶剂在整个液体和携砂过程中，应维持理想高黏状态，一旦泵送完毕，液体立刻破胶化水。

水力压裂施工引入了交联压裂液，促进了一系列技术的发展。许多技术及时地满足了工艺的需要（如延迟交联体系），而一些发展确实将应用交联冻胶有关的问题显露出来。水力压裂交联冻胶在早期应用中未含足够使冻胶液化学破胶的破胶剂，研究了未破胶的冻胶和压裂液残渣对施工后裂缝渗透率的影响，交联冻胶难于化学破胶的三个原因是：(1) 除了破坏聚合物的骨架外，破胶剂必须与连接聚合物分子的交联键反应；(2) 为保持液体的 pH 值在冻胶最稳定的范围内，泵送的交联压裂液一般具有一个强的缓冲体系；(3) 破胶反应必须足够缓慢，以保证压裂液的稳定性达到要求并适于铺置大量的支撑剂。

目前，适用于水基交联冻胶体系的破胶剂有两类：氧化剂和酶。

1)氧化剂

氧化剂通过氧化交联键和聚合物链使交联冻胶破胶。

主要有:过硫酸铵、过硫酸钾、高锰酸钾(钠),叔丁基过氧化氢,过氧化氢,重铬酸钾等化合物可产生[O],使植物胶及其衍生物的缩醛键氧化降解,使纤维素及其衍生物在碱性条件下发生氧化降解反应。氧化反应依赖于温度与时间,并在多种 pH 范围内有效。

如果油藏温度可充分地活化氧化剂,氧化反应不致影响到压裂液的稳定性,则氧化剂可有效地用作交联冻胶破胶剂。

这些氧化破胶剂适用温度为54~93℃,pH 范围在3~7。当温度低于50℃,这些化合物分解慢,释放氧缓慢,必须加入金属亚离子作活化剂,促进分解。在温度100℃以上,分解太快,快速氧化造成不可控制地破胶速率。因此要根据油气层温度及要求的破胶时间慎重选用破胶剂。氧化剂适用于130℃以内。

2)酶破胶剂

常用的有淀粉酶、纤维素酶、胰酶、蛋白酶。淀粉酶可使植物胶及其衍生物降解,纤维素酶可使纤维及其衍生物降解。酶的活性与温度有关,在高温下活性降低,适用于21~54℃的油气层,pH 值在3.8~8的范围,最佳 pH 为5。

酶在适用温度(60℃以内)下,可以将半乳甘露聚糖的水基冻胶压裂液完全破胶,并且能大大降低压裂液的残渣。但是现场使用酶破胶剂不方便,酸性酶对碱性聚糖硼冻胶的黏度有不良影响。植物胶杀菌剂会影响酶的活性,降低酶的破胶作用。

60℃以下常用的酶有 α 和 β 淀粉酶、淀粉糖甙酶、蔗糖酶、麦芽糖酶、淀粉葡萄苷酶、纤维素酶、低葡糖苷酶和半纤维素酶等。使用纤维素酶和半纤维素酶,当 pH 值为2.5~8时效果好,最好的 pH 值是5左右,pH 值低于2或高于8.5时酶破胶剂基本上不起作用。

5. 杀菌剂

微生物的种类很多,分布极广,繁殖生长速度很快,具有较强的合成和分解能力,能引起多种物质变质,如可引起瓜尔胶、田菁胶、植物溶胶液变质。

泵入地下的水基压裂液都应当加入一些杀菌剂,杀菌剂可消除贮罐里聚合物的表面降解。更重要的是,所选定的合适的杀菌剂可以中止地层里厌氧菌的生长。许多地层就是因硫酸盐还原菌的生长而变酸,该菌产生硫化氢而使地层原油变酸。杀菌剂应加到压裂液中,既可保持胶液表面的稳定性又能防止地层内细菌的生长。杀菌剂包括重金属盐类、有机化合物类、氧化剂类及阳离子表面活性剂类。

6. 黏土稳定剂

能防止油气层中黏土矿物水化膨胀和分散运移的试剂叫作黏土稳定剂。砂岩油气层中一般都含有黏土矿物。砂岩油气层黏土含量较高,水敏性较强,遇水后水化膨胀和分散运移,堵塞油气层,降低油气层的渗透率。因此,在水基冻胶压裂液中必须加入黏土稳定剂,防止油气层中黏土矿物的水化膨胀和分散运移。

目前国内外在水基冻胶压裂液中使用的黏土稳定剂主要有两类:一类是无机盐如 KCl、NH_4Cl 等;另一类是有机阳离子聚合物如 TDC、A-25 等。

7. 表面活性剂

表面活性剂(主要是非离子型和阴离子型表面活性剂)在压裂液中的应用很多,如降低压裂液破胶液的表面张力和界面张力;防止水基压裂液在油气层中乳化;使乳化液破乳;配制乳化液和泡沫压裂液等;推迟或延缓酸基压裂液的反应时间;使油气层砂岩表面水润湿,提高洗油效率;改善压裂液的性能等。

三、压裂用液体配方

1. 滑溜水配方关键药剂的研发

针对页岩储层改造大液量、高排量的特点,要求施工用滑溜水配方具备低摩阻;为了减小储层黏土膨胀和运移,降低滑溜水的伤害,要求滑溜水具备优良的防膨性能和返排性能。为此,室内开展了降阻剂、助排剂、黏土稳定剂的研制和筛选。

1)降阻剂的研制

瓜尔胶和高分子聚合物(聚丙烯酰胺类)均具有较好的降阻性能,页岩储层加砂压裂的滑溜水配方中多采用阴离子聚丙酰胺类降阻剂,其相对分子质量在 $5\times10^6\sim2\times10^7$,常用的相对分子质量在 $(5\sim10)\times10^6$,降阻率在70%~75%,降阻剂黏度低,方便现场加注。乳液型聚丙酰胺类降阻剂1理化性质见表3-3-3。

表3-3-3 降阻剂1的理化性质

外观	黏度(mPa·s)	分子量(10^6)	溶解性
白色乳液	123.3	8~10	溶解于水

2)助排剂的研制

微乳类助排剂有助于降低毛细管力和表面张力、增大液体与储层表面的接触角、提高滑溜水的返排率以及降低滑溜水对储层的伤害。微乳助排剂3理化性质见表3-3-4。

表3-3-4 微乳助排剂3的理化性质

外观	密度(g/cm^3)	pH值	表面张力(mN/m)	界面张力(mN/m)
无色透明液体	0.95~1.05	6~7	19.9	0.2

3)黏土稳定剂的筛选

氯化钾是最常用的无机盐黏土防膨剂。它是通过阳离子交换作用,大量交换到黏土粒子表面从而有效地抑制了黏土的表面渗透水化作用,这类黏土防膨剂的优点是来源广,价格低,使用方法简单,对只需短期稳定黏土的情况特别适用。

非离子、阴离子、阳离子型有机聚合物都对黏土有稳定作用,但现在使用效果最好的是阳离子聚合物。它们多为聚季铵盐、聚季磷酸盐、聚季硫酸盐等。在此类聚合物分子链上,众多的季胺、季磷、季硫的阳离子与黏土表面产生强烈的吸附,同时聚合物链束对黏土有覆盖和包被作用。以上作用不仅能有效地中和黏土粒子的电荷,抑制黏土的表面渗透水化作用,也能抑制黏土粒子的膨胀、分散运移,将油层黏土固定在原位,酸流、水流、油流的长期作用也不易使之失效，同时它又耐酸、耐碱，在酸性、碱性、中性环境中同样有效，是效果最好的一类黏土稳定剂，但成本偏高。

2. 滑溜水配方研究

1）配方的基本组成

页岩储层加砂压裂施工中，由于不同公司对储层认识的差异，不同公司滑溜水组成不一样，如哈里伯顿公司滑溜水：降阻剂 + 破胶剂 + 杀菌剂 + 助排剂；斯伦贝谢公司滑溜水：降阻剂 + 黏土稳定剂 + 杀菌剂 + 助排剂 + 破胶剂。根据四川页岩储层特点及国外公司成熟配方的优点，四川页岩储层加砂压裂施工滑溜水配方由降阻剂、黏土防膨剂和助排剂组成。

2）配方用量的研究

（1）降阻性能评价。

① 分子量与降阻性能关系。

线型高分子链伸展时的长度与它的分子量值的大小成比例，即分子量值大者其分子链伸展时的长度也大，则它的均方根末端距值也大，在诸多因素中，分子量对降阻效果影响是极为明显的。

从图 3－3－1 可知，降阻剂的降阻性能与分子量有直接的关系。当降阻剂的有效浓度一致时，分子量越大，降阻剂的降阻性能越好。分子量 160×10^4，降阻性能最差；分子量 1250×10^4，降阻性能最好。

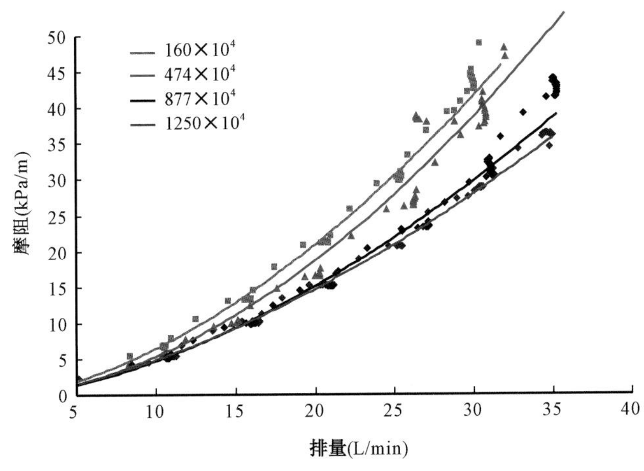

图 3－3－1　降阻剂分子量与降阻性能关系图

② 降阻剂浓度与降阻性能关系。

从图 3－3－2 可知，降阻剂的浓度由 0.04% 提高到 0.13% 时，降阻剂的降阻性能也相应提高，随着降阻剂浓度的增加，降阻性能会提高，浓度增加到一定程度后降阻性能不再有明显提高。

（2）返排试验。

从图 3－3－3 可知，不同助排剂与四川页岩岩心的配伍性能不一致，其中微乳型助排剂 3 有助于滑溜水的返排，而其他助排剂与岩心不配伍，导致滑溜水不易排出。

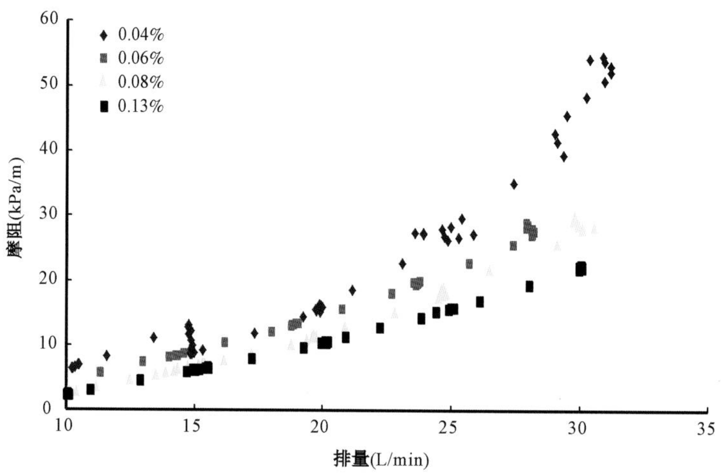

图 3-3-2　不同浓度降阻剂与降阻性能关系图

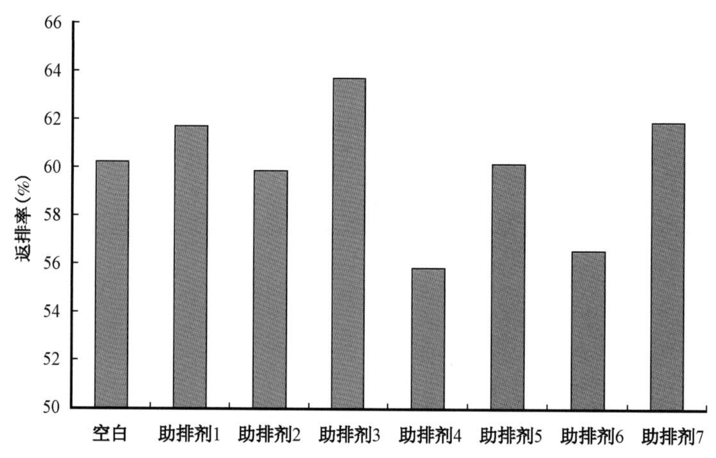

图 3-3-3　助排剂筛选

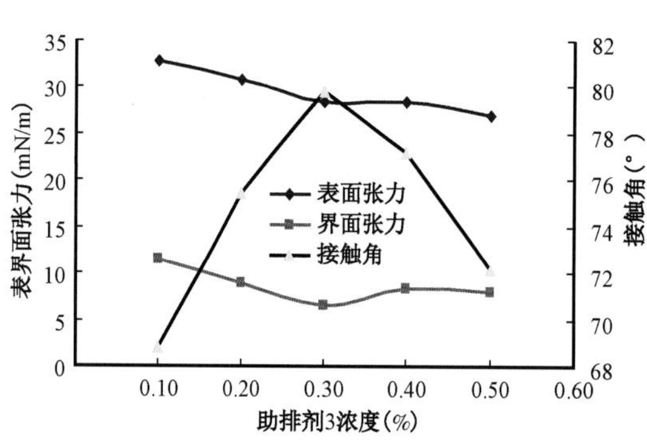

图 3-3-4　不同浓度助排剂接触角、表界面张力

图 3-3-4 表明,随着助排剂 3 浓度增大,表面张力一直降低。而接触角的变化呈抛物线,可能是初期随着助排剂 3 浓度增大,助排剂被吸附,有序地排列在岩心表面,有助于接触角的增大,当浓度增大到一定值后,助排剂 3 在岩心表面有序规则被打乱,导致接触角反而降低。当助排剂 3 浓度为 0.3% 时,接触角最大,界面张力最小,同时表面张力也较小。

图 3-3-5 表明,当助排剂浓度从 0 ~ 0.5% 变化时,返排率增大。

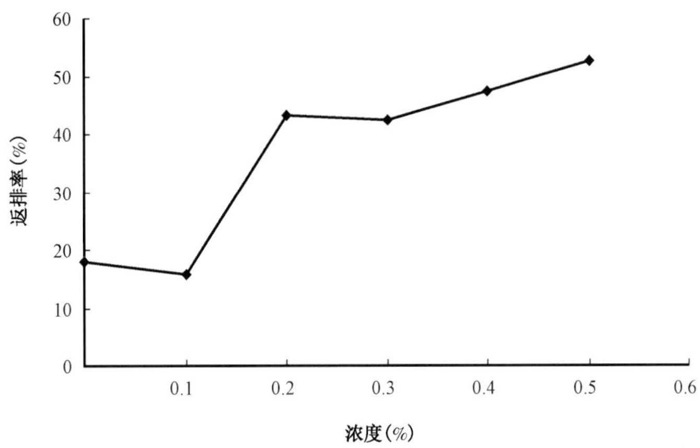

图 3-3-5 龙马溪组不同浓度助排剂返排率

3)压裂用液体性能

能源行业标准 NB/T 14003.1—2015《页岩气压裂液第 1 部分:滑溜水性能指标及评价方法》中规定了滑溜水相关性能指标,具体见表 3-3-5。

表 3-3-5 滑溜水技术指标

序号	项目	指标
1	pH	6~9
2	运动黏度(mm^2/s)	≤5
3	表面张力①(mN/m)	<28
4	界面张力①(mN/m)	<2
5	结垢趋势	无
6	SRB(个/mL)	<25
7	FB(个/mL)	$<10^4$
8	TGB(个/mL)	$<10^4$
9	破乳率②(%)	≥95
10	配伍性	室温和储层温度下均无絮凝现象,无沉淀产生
11	降阻率(%)	≥70
12	排出率②(%)	≥35
13	CST 比值	<1.5

① 助排性能可任选表面张力或排出率评价。

② 不含凝析油的页岩气藏不评价。

3. 现场应用实例

针对页岩储层特性、加砂压裂施工工艺特点及页岩储层开发中加砂压裂低成本的要求,研发的压裂液在 CNH3 井组进行了现场试验。

1)水质分析

现场水源水质不仅对滑溜水配方、降阻性能有重要影响,而且是滑溜水配方设计的重要依据,所以需要对 CNH3 井组附近水源水质进行分析。

表 3-3-6　CNH3 井组附近水源水质分析

项目	河水	宁 201-H1 井水	H3 井组水
pH	7.8	7.8	7.9
钙离子(mg/L)	40	17.5	12.1
镁离子(mg/L)	4.8	4.25	3.6
氯离子(mg/L)	7.1	21.3	7.1
硫酸盐还原菌(10^4个/mL)	0.12	6	6
腐生菌(10^4个/mL)	0.025	60	13
外观	清澈透明	清澈透明	清澈透明

从表 3-3-6 可知,CNH3 井组附近水源钙离子、镁离子及氯离子浓度较小,但水中含有硫酸盐还原菌、腐生菌,配方设计时要考虑细菌去除。

2)现场作业

根据井场布置,制订了滑溜水连续混配流程及返排液重复利用流程,如图 3-3-6、图 3-3-7 所示。

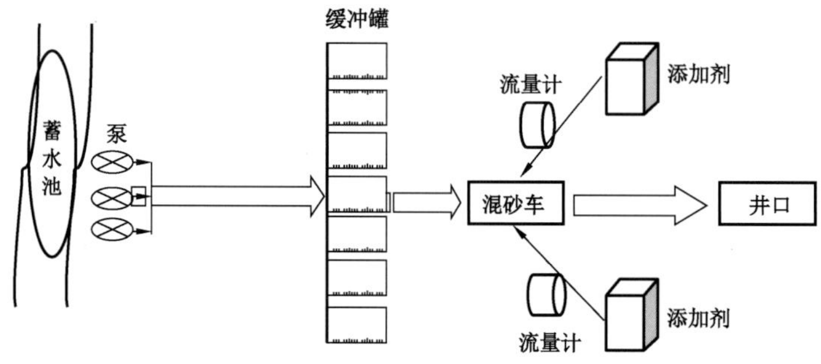

图 3-3-6　滑溜水连续混配流程

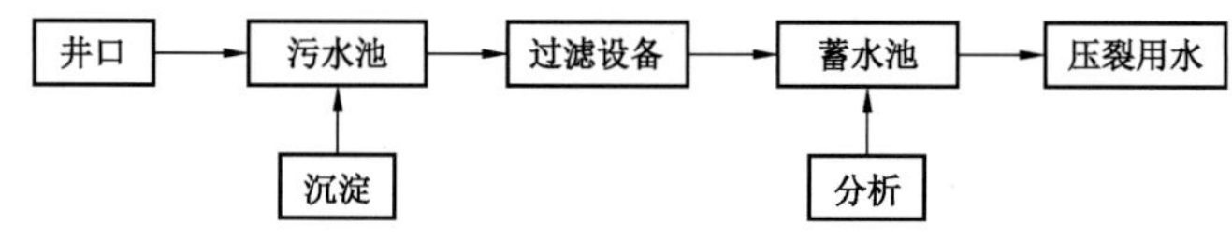

图 3-3-7　滑溜水返排液重复利用流程

滑溜水连续混配实现了所有添加剂实时、高效、自动控制。利用混砂车比例泵自动抽吸所有添加剂,作业人员在仪表车上指挥、监控添加剂的比例。

页岩气井返排液重复利用核心在于现场易操作、处理成本低。根据井场实际情况制订了返排液重复利用流程,返排液从井口返排出来进入污水池沉淀,除去机械杂质。抽取污水池上层清液通过过滤设备，过滤后存储于蓄水池，同时取样分析水质，水质分析满足要求后进行重复利用。通过该流程在 CNH3 井组累计重复利用返排液 1300m³。

实验室对处理后的返排液降阻性能进行了评价，如图 3－3－8 所示。结果表明处理后的返排液的降阻性能与新配制的滑溜水降阻性能相当，现场作业压力监控也表明两者降阻性能一致（图 3－3－9）。

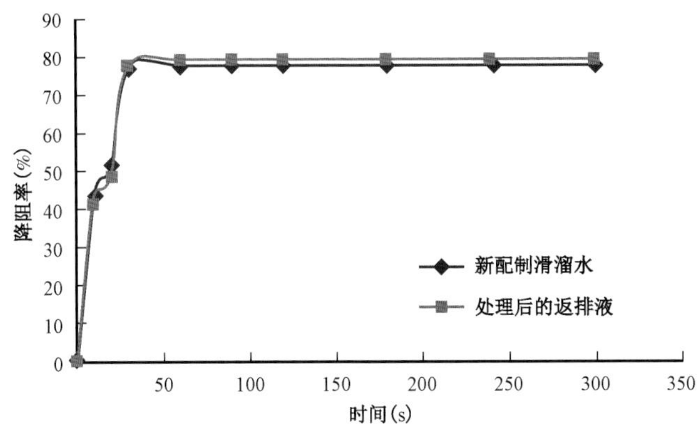

图 3－3－8　滑溜水返排液降阻性能评价

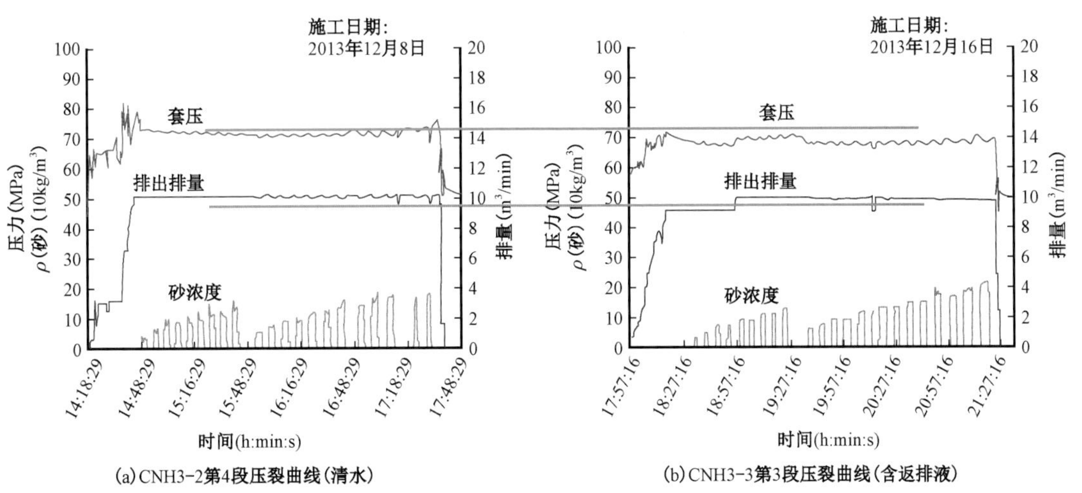

图 3－3－9　现场施工曲线

3）作业后评价

压裂作业后对压裂中使用滑溜水的降阻性能进行了评价，见表 3－3－7。

表 3－3－7　压裂作业降阻性能

井号	排量（m³/min）	降阻率（%）	测试产量（10⁴m³/d）	返排率（%）
CNH3－1	9.5～10.2	78.7	7.68	11.48
CNH3－2	9.3～11.5	76.2	7.72	12.16
CNH3－3	10	77.9	5.55	14.30

从上表可知,压裂作业中 CNH3 - 1 施工排量 9.5 ~ 10.2m^3/min,平均降阻率为 78.7%;CNH3 - 2 施工排量 9.3 ~ 11.5m^3/min,平均降阻率为 76.2%,CNH3 - 3 施工排量 10m^3/min,平均降阻率为 77.9%。

第四节　典型区块页岩气储层压裂改造现场试验

中国的页岩气开发起步较晚,2006 年中国石油西南油气田在国内率先开展页岩气地质综合评价和野外地质勘查。“十二五”期间,中国页岩气取得了较快进展,实现了从起步到规模化商业开发。2010 年中国石油钻成国内第一口页岩气直井——威 201 井并压裂获气;2011 年钻成国内第一口页岩气水平井——威 201 - H1 井并压裂获气。中国石化于 2012 年完成了焦页 1HF 井,并获得 $20.3\times10^4m^3/d$ 的工业气流。通过“十二五”的攻关和试验,国内实现了页岩气储层改造技术的突破,有力地支撑了页岩气规模建产。本节以长宁宁 201 井区为例,介绍页岩气储层改造技术的实施情况。

长宁宁 201 井区于 2010 年 8 月完钻第一口页岩气评价井宁 201 井,并于同年 11 月对该井进行分层压裂改造获测试产量 $0.72\times10^4m^3/d$ 和 $1\times10^4m^3/d$,拉开了长宁地区页岩气开发的序幕。2012 年 4 月该区第一口水平井宁 201 - H1 测试获气 $15\times10^4m^3/d$,是我国第一口具有商业价值的页岩气水平井。通过“十二五”期间的压裂技术攻关和现场试验,定型了该区的主体压裂工艺及技术参数,获得了较好的建产效果,可为国内页岩气水平井压裂提供借鉴。

一、长宁宁 201 井区储层特征及压裂概况

宁 201 井井区位于四川盆地西南部宜宾市境内,属于水富—叙永矿权区。该井区地表属典型山地地形,地面海拔 400 ~ 1300m,最大相对高差约 900m,地貌以中低山地和丘陵为主。区域构造位于川南古拗中隆低陡构造带、娄山褶皱带,主要发育有长宁背斜构造。井区地表出露寒武系、奥陶系、志留系、二叠系、三叠系及侏罗系,区内地层层序为侏罗系—震旦系,缺失泥盆系和石炭系。

井区内上奥陶统五峰组—下志留统龙马溪组下部富有机质页岩层段为目前勘探开发的主要目的层段。龙马溪组是以黑色页岩为主夹灰黑色粉砂质泥页岩,富含黄铁矿和笔石,下伏地层五峰组以黑色含硅碳质泥页岩为主。龙马溪组厚度 0 ~ 400m,在长宁背斜核部遭受剥蚀,残存厚度随距剥蚀线距离增大而增大,并趋于稳定;五峰组厚度 0 ~ 10m,自东向西、自南向北逐渐增厚。

1. 地化特征

根据国外页岩气勘探开发经验及目前中国已获得的页岩气基础研究成果,页岩地化特征,特别是页岩(TOC)、有机质热成熟度这两项指标,是页岩气评价选区的一个重点。页岩气区域选择首先要选择适当的 TOC 和热成熟度结合的地带。

1)有机质丰度特征

总有机碳含量是衡量岩石有机质丰度的重要指标。与常规气藏不同,页岩气藏有机质含

量不仅决定了页岩的生烃能力，还影响页岩储层的孔隙空间和吸附能力，对于页岩气藏含气量起着决定性的作用。美国主要页岩气层有机碳含量一般大于2%，最好的在2.5%～3.0%以上。有机质成熟度指标R_o为1.1%～3.5%，无论是R_o处于1.1%～2.0%生气高峰阶段的页岩还是R_o大于2.0%处于生气高峰后的页岩，都有成功开发页岩气的实例。

根据宁201、宁203以及邻区宁208、宁209井岩心测试及测井资料解释结果，长宁地区龙马溪组底部龙一$_1$段—五峰组页岩层段(33.4～49.8m)TOC含量较高，在2.00%～4.20%之间。该井区龙马溪组最具潜力优质页岩层段是龙一$_1$下段—五峰组，有机碳含量分布范围为2.5%～4.5%，平均3.5%；优质页岩段有机碳含量分布范围为1.0%～3.0%，平均2.0%；其他页岩层段有机碳含量大多小于2.0%。横向上，各井对比性较好，同一层段有机质丰度变化小(图3-4-1)。

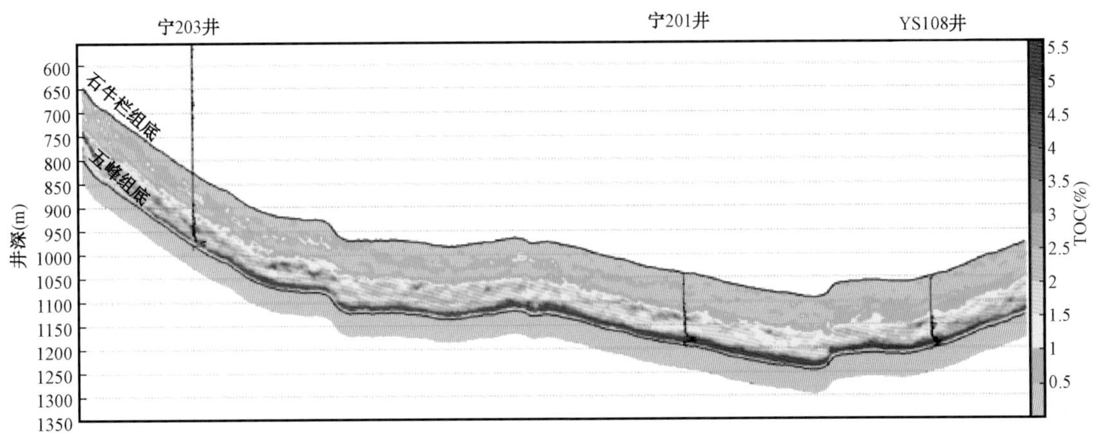

图3-4-1　宁203井、宁201井三维地震预测有机碳含量剖面图

2)有机质类型

富氢有机质主要生油，氢含量较低的有机质以生气为主，而且不同类型干酪根、不同演化阶段生气量有较大变化。根据宁201井龙马溪组干酪根显微组分鉴定分析数据来看，宁201井区龙马溪组干酪根类型以Ⅰ型为主，组分以腐泥组和沥青组为主，其中腐泥组含量为71%～90%，沥青组含量10%～22%，不含壳质组，不含或微含镜质组、惰质组。

3)成熟度特征

有机质成熟度是确定有机质生油、生气或有机质向烃类转化程度的关键指标。通常成熟度指标R_o不小于1.0%时为生油高峰，R_o不小于1.0%时为生气阶段。Daniel M Jarvie等研究认为，有利页岩气远景区应在热生气窗内，成熟度指标R_o为1.1%～3.5%。对于缺乏镜质组的烃源岩Jacob提出了利用测定沥青反射率(R_b)来换算镜质组反射率的方法，利用陈盛吉和丰国秀1988年研究出的沥青反射率折算镜质组反射率的公式($R_o=0.3195+0.679R_b$)。宁201井龙马溪组镜质组反射率R_o值分布范围2.76%～2.95%；宁203井龙马溪组镜质组反射率R_o值分布范围2.54%～2.77%，工区内R_o值大于2.0%，说明长宁地区有机质演化已达过成熟阶段，以产干气为主。

2. 岩矿特征

页岩岩矿特征是影响页岩基质孔隙和微裂缝发育程度、含气性以及压裂改造方式的重要因素。页岩中黏土矿物含量越低，石英、长石、方解石等脆性矿物含量越高，岩石脆性越强，在外力作用下越易形成复杂的网状裂缝，压裂改造效果越好。高黏土矿物含量的页岩塑性较强，吸收能量强，压裂改造后人工裂缝形态以常规对称双翼缝为主，不利于页岩体积改造。

根据岩心全岩 X 射线衍射分析资料（图 3－4－2），宁 201 井区龙马溪组地层岩石矿物组成以石英等脆性矿物为主，石英含量在 47%～65% 左右；长石以斜长石为主，含量一般在 10% 以下。龙马溪组底部长石含量一般在 1%～5% 左右，方解石含量大约在 10%～20% 左右，白云石含量一般小于 10%，黏土矿物含量一般在 20%～40% 左右。最具潜力的龙一$_1$下段至五峰组优质页岩黏土矿物含量相对较低，含量一般在 15%～30% 左右。

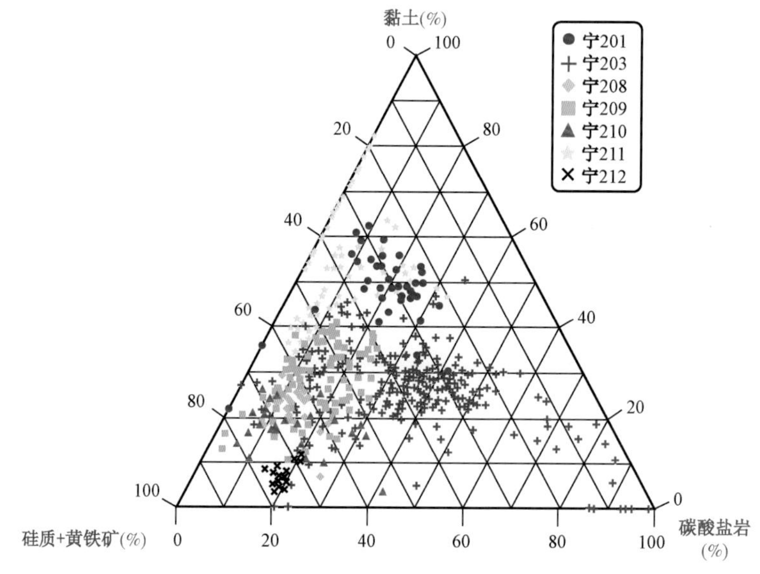

图 3－4－2　长宁地区岩石矿物含量三角图

长宁地区龙一$_1$段和龙马溪组其他页岩段在矿物组成特征上具有明显差异。总的来说具有两低两高特征，即与龙马溪组其他页岩段相比，龙一$_1$段具有黏土总量相对较低、长石含量相对较低和石英含量相对较高、碳酸盐岩含量相对较高的特点。

3. 物性特征

1）孔隙度分布特征

岩石孔隙是储存油气的重要空间，孔隙度是确定游离气含量的重要参数。页岩储层为特低孔隙度储层，发育多种类型纳米级微孔。长宁地区龙马溪组孔隙类型主要包括有机孔、粒间孔、晶间孔、晶内溶孔（图 3－4－3）。通过对宁 201、宁 203、宁 209、宁 210、宁 211、宁 212 井岩心物性测试分析资料进行统计（表 3－4－1），龙马溪组底部孔隙度相对较好，最低孔隙度为 3.82%，最高为 9.49%，平均值为 6.13%。

表 3-4-1 长宁地区部分井龙马溪组岩心物性参数统计表

井号	层位	井深(m)	岩石密度(g/cm^3)	孔隙度(%)	含水饱和度(%)
宁 201	龙马溪组	2479.14~2503.75	2.36~2.64	2.78~10.27	32.40~67.75
	龙马溪组—五峰组	2504.62~2523.44	2.36~2.72	3.82~9.49	27.83~63.16
宁 203	龙马溪组	2098.03~2405.5	2.42~2.87	0.47~8.03	8.01~98.8
宁 209	龙马溪组	2565.19~3166.99	2.53~2.75	1.84~5.81	28.9~95.9
宁 210	龙马溪组	2154.47~2236.75	2.37~2.81	1.32~7.09	4.24~96.04
宁 211	龙马溪组	2205.07~2358.19	2.46~2.67	1.19~8.73	16.49~77.2
宁 212	龙马溪组	2010.62~2067.16	2.56~2.72	0.74~7.76	24.3~84.42

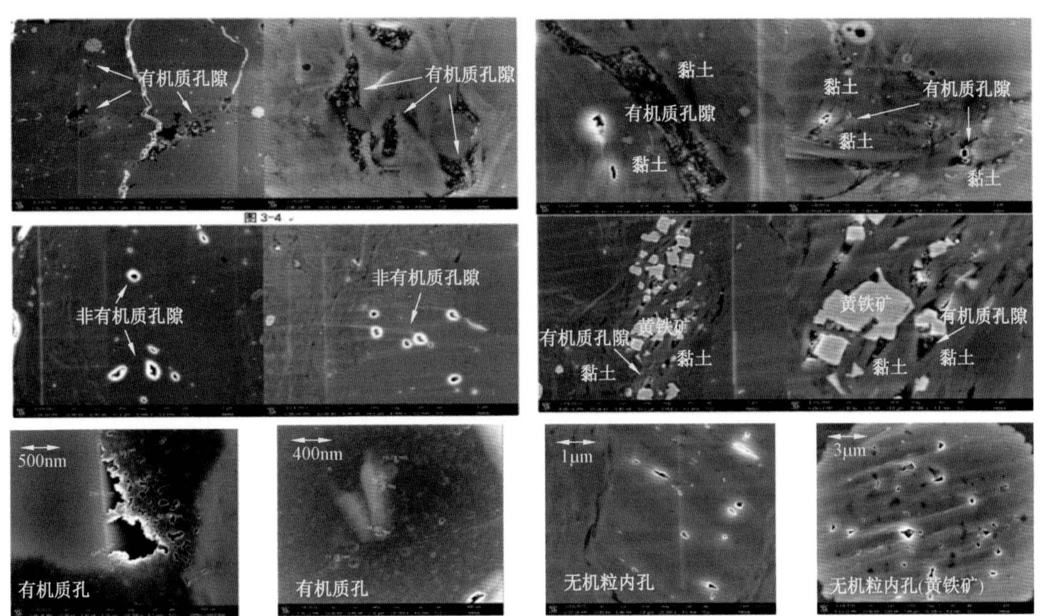

图 3-4-3 长宁区块五峰组—龙一$_1$亚段页岩亚离子电镜扫描照片

2) 天然裂缝

对页岩储层来说,裂缝既是天然气的储集空间,也是解吸气流动通道。在不发育微裂缝的情况下,页岩渗透能力非常低。当页岩中的有机质和石英等脆性矿物含量较高时,页岩脆性较强,在构造运动中容易破裂形成天然裂缝。有机碳含量、石英含量等是影响裂缝发育的重要因素。测井解释成果表明,长宁地区五峰组及龙马溪组裂缝类型主要为构造缝、成岩缝、溶蚀缝及生烃缝,五峰组—龙一段中下部裂缝相对发育(图 3-4-4)。

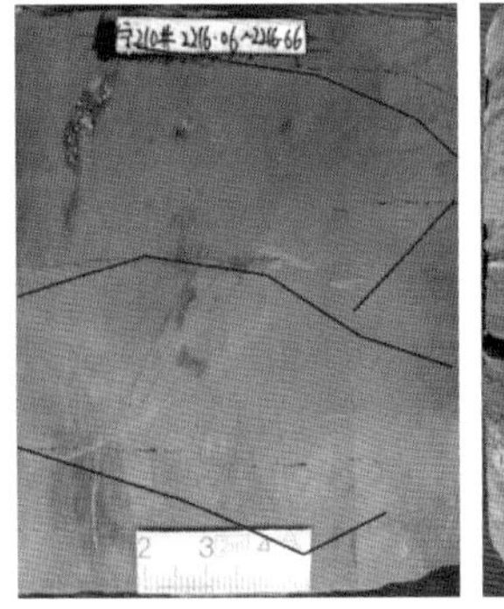

图 3-4-4 长宁区块龙马溪组岩心裂缝发育图

4. 地质力学特征

1) 地应力特征

长宁地区最大水平主应力方向主要为南

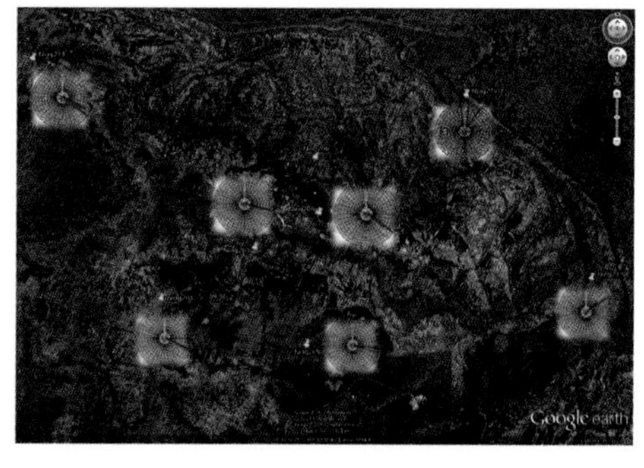

图 3-4-5 长宁地区五峰—龙马溪组页岩地应力及裂缝分布

东—东西向，局部地区最大水平主应力方向为北东向（图 3-4-5）。长宁主体区块最大水平主应力方向基本一致，约为北西—南东向（100°~110°）。

2）岩石力学特征

长宁地区五峰组—龙马溪组一段岩心三轴抗压强度为 181.73~321.74MPa，平均 254.04MPa；杨氏模量为（1.548~5.599）×10^4MPa，平均 3.52×10^4MPa；泊松比 0.158~0.331，平均 0.225；龙$一_1$亚段 1、2 小层杨氏模量最大、泊松比最高、脆性指数最高（图 3-4-6）。

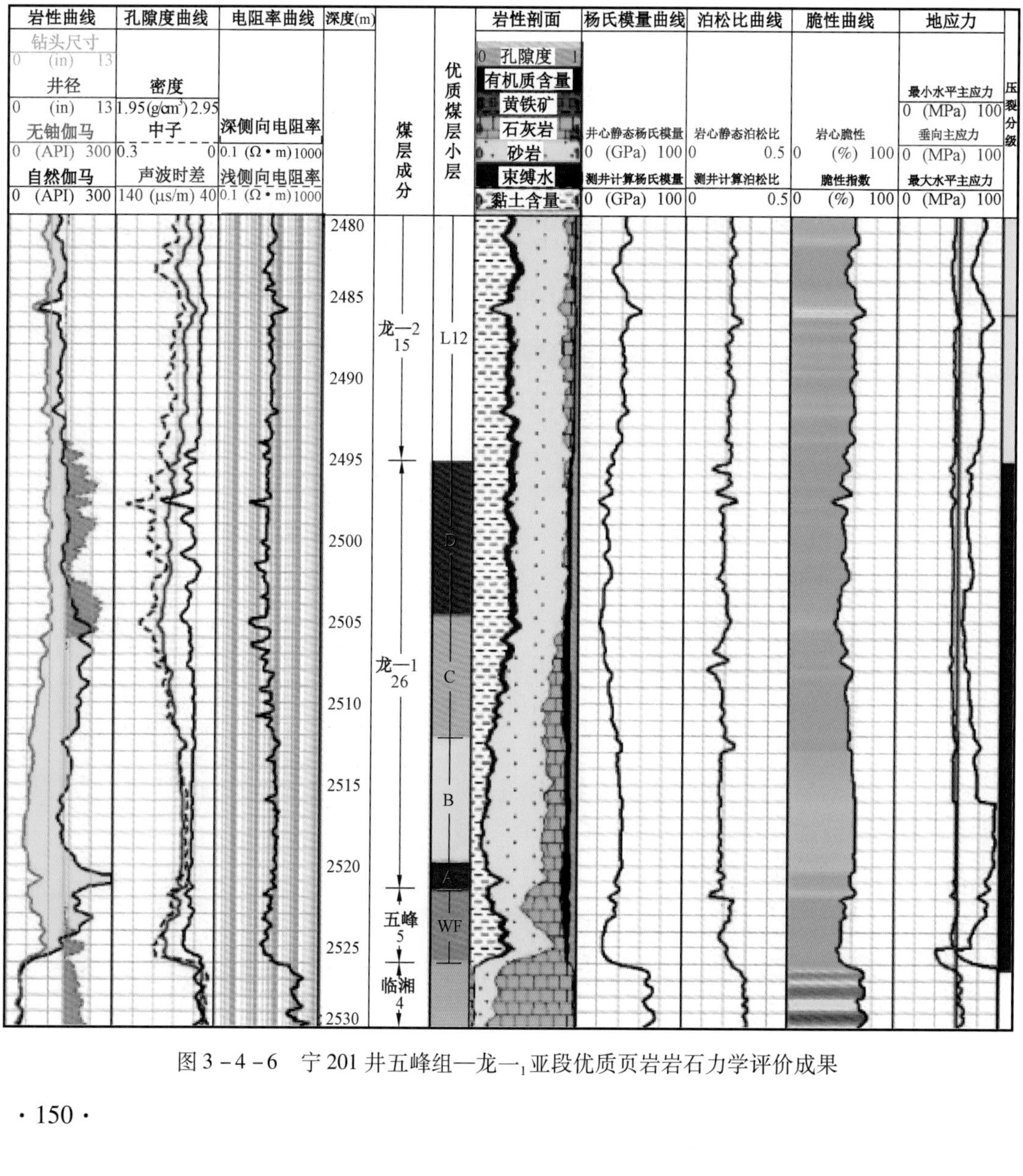

图 3-4-6 宁 201 井五峰组—龙$一_1$亚段优质页岩岩石力学评价成果

5. 压裂概况

在长宁地区已开展大量压裂工艺现场试验，取得了较好的应用效果，基本形成了一套页岩气水平井压裂工艺及配套施工技术。

1）体积压裂设计思路

页岩气储层体积压裂设计需重视地质工程一体化理念，“地质”是泛指以油气藏为中心的地质—油藏表征、地质建模、地质力学、油气藏工程评价等综合研究，而不是特指学科意义上的地质学科，“工程”特指压裂工程。基于地质工程一体化设计理念，在前期现场试验及汲取国外经验的基础上，以实现缝网改造、增大泄油面积为主要目的，确定压裂设计思路：（1）结合测井、录井解释、三维地震预测、小层划分成果，优化射孔位置、簇间距及段间距；（2）采用桥塞+分簇射孔联作分段压裂工艺；（3）泵注方式采用全程滑溜水+段塞式加砂模式；（4）支撑剂选用100目石英砂用于打磨孔眼、暂堵降滤、支撑微裂缝，后期采用40/70目低密度陶粒支撑人工裂缝。长宁—威远、富顺—永川、焦石坝在压裂设计思路上相当，但在压裂施工参数上有一定差异（表3-4-2）。

表3-4-2　国内不同区块页岩水平井压裂参数对比

项目	长宁—威远	富顺—永川	焦石坝
压裂理念	体积压裂	体积压裂	体积压裂
液体类型	滑溜水	滑溜水+线性胶、滑溜水+交联液	滑溜水+线性胶
支撑剂类型	100目石英砂+40/70目陶粒	100目石英砂+40/70目陶粒	100目粉陶+40/70目树脂覆膜砂+30/50目树脂覆膜砂
分段长度（m）	80~100	100~120	65~100
分簇数	3	3~5	3
孔眼总数	48	50~60	60
单段液量（m^3）	1800~2000	1300~1600	1500~1800
单段砂量（t）	80~120	120~160	80~100
施工排量（m^3/min）	9~12	10~12	12~14
泵注压力（MPa）	60~90	80~95	48~60
最高砂浓度（kg/m^3）	240	360	330
泵注方式	段塞式	段塞式+连续式	段塞式

2）分段及射孔位置

长宁地区水平井分段间距基本按照60~80m进行分段，目的是在较短的段间距条件下，形成一定的应力干扰，提高裂缝的复杂程度。主体采用的分段原则是：（1）利用实际的井轨迹穿行情况，分段设计同一小层尽量为同一段，不跨小层；（2）利用测井解释结果，合理设计分段间距，选择高脆性、高伽马值的位置射孔；一段中3簇的射孔位置应选择物性、应力特征相近的位置，保证射孔孔眼均能有效开启（图3-4-7）。

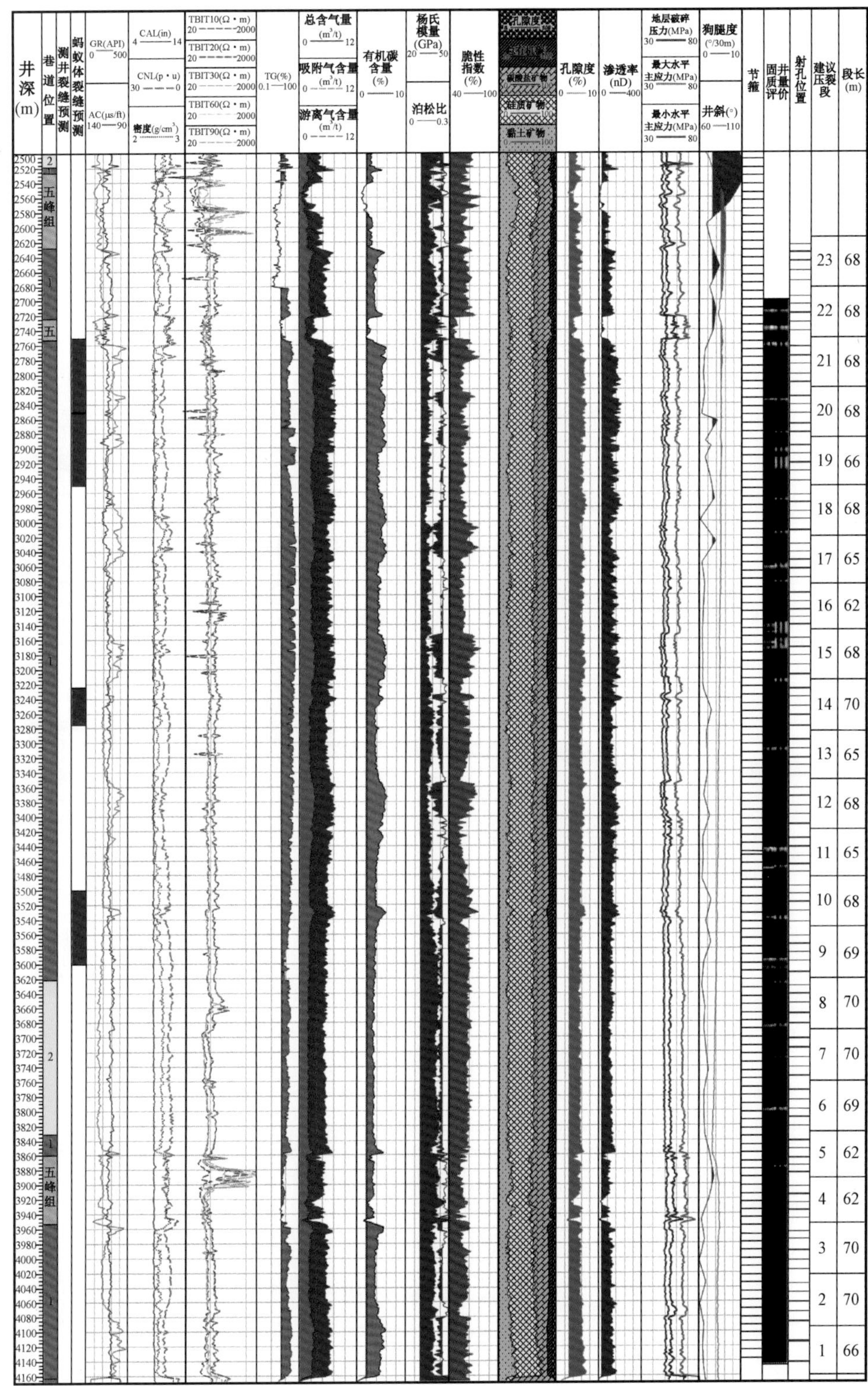

图 3－4－7　长宁地区典型的分段及射孔方案

3）压裂规模

前期长宁地区压裂施工规模参数见表3－4－3，平均压裂水平段长1382m，平均压裂级数19级，平均单井注入液量36196m^3，平均单级注入液量1885m^3，平均单井注入总砂量1869t，平均单级注入砂量96t。现场实施情况表明，该施工规模基本能够满足对单井控制范围内的有效改造。

表3－4－3 长宁地区部分施工水平井压裂施工规模

序号	井号	压裂水平段长（m）	改造段数	主压裂用液量（m^3）	加砂量（t）	主压裂用液量（m^3）	平均单段加砂量（t）
1	长宁H2－5	1350	18	33304	1945	1850	108
2	长宁H2－6	1013	14	25674	1388	1834	99
3	长宁H2－7	1358	18	33933	2016	1885	112
4	长宁H3－4	1680	23	43578	2685	1895	117
5	长宁H3－5	1820	23	43544	2655	1893	115
6	长宁H3－6	1318	18	35071	1672	1948	93
7	长宁H6－1	1439	20	37033	1582	1852	79
8	长宁H6－2	763	11	20588	657	1872	60
9	长宁H6－3	1460	21	39246	1684	1869	80
10	长宁H6－4	1406	22	41856	2196	1903	100
11	长宁H6－5	1450	20	38212	1806	1911	90
12	长宁H6－6	1343	16	32081	1086	2005	68
13	长宁H9－1	1265	18	33267	1722	1848	96
14	长宁H9－2	1408.4	20	37338	1914	1867	96
15	长宁H9－3	1408	19	36540	1975	1923	104
16	长宁H9－4	1273	19	36725	1834	1933	97
17	长宁H9－5	1253	18	33211	1664	1845	92
18	长宁H9－6	1458	21	40325	2401	1920	114
19	长宁H10－1	1362	19	35861	1625	1887	86
20	长宁H10－2	1354	18	34010	1731	1889	96
21	长宁H10－3	1412	19	36475	1897	1920	100
22	长宁H12－1	1447	21	38873	1998	1851	95
23	长宁H12－2	1550	22	40109	1942	1823	88
24	长宁H12－3	1451	20	36627	1954	1831	98
25	长宁H12－4	1520	22	41405	2678	1882	122

4）施工排量

对于页岩储层而言，提高施工排量有利于形成复杂裂缝，施工时应在施工控制压力范围内尽可能地提高施工排量，根据该区的完井方案，预测能满足16m^3/min以内的施工排量，该区施工主体按照 12～14m^3/min 的施工排量施工。

5）压裂材料

压裂材料主要是压裂液和支撑剂，压裂材料的选择主要取决于储层特征和改造模式。为了优选适合长宁区块页岩气压裂液，开展了大型物模实验和矿场对比试验。利用页岩野外露头进行压裂模拟试验表明，相对于高黏液体，低黏度滑溜水更容易形成复杂裂缝（图 3－4－8）。

(a)低黏度滑溜水(3mPa·s)　(b)高黏度压裂液(120mPa·s)

图 3－4－8　不同黏度压裂压裂后裂缝形态

同时在长宁 H3 平台选择了两口邻井开展不同压裂液体系的现场对比试验，对比试验井参数如表 3－1－1 所示，压裂效果如图 3－4－9 所示。从图表中可以看出，长宁 H3－4 井采用常规的低黏度滑溜水体系压裂，压后效果较好，长宁 H3－6 井采用线性胶＋增黏滑溜水体系，由于发生套管变形，仅压裂了 18 段，但压后效果远远低于长宁 H3－4 井。现场试验进一步证实，采用低黏滑溜水体系有利于沟通天然裂缝和层理，提高改造效果。长宁区块龙马溪组页岩脆性较好，脆性指数为 61%，因此建产阶段主体使用低黏滑溜水体系作为压裂液。

表 3－4－4　不同压裂液现场试验对比

井号	长宁 H3－4	长宁 H3－6
水平段长度（m）	1500	1510
施工排量（m^3/min）	13.4～14.6	11.3～14.5
平均单段液量（m^3）	1868.9	1949.3
平均单段砂量（t）	116.7	92.9
压裂液类型及黏度	滑溜水（3mPa·s）	线性胶（33.6mPa·s）＋增黏滑溜水（9mPa·s）

支撑剂类型主要有陶粒、覆膜砂、石英砂。陶粒成本高、强度高、圆球度好，能够在较高闭合应力下提供高导流能力；石英砂成本最低，强度较低，形状不规则，导流能力较低。国外页岩气压裂改造多选用小粒径、低砂浓度的加砂模式。研究表明（图 3－4－10），页岩压裂过程中存在一种剪切滑移过程，剪切过程产生的剪切裂缝即使在闭合情况下也具有一定的导流能力。室内实验结果也表明页岩裂缝即使在无支撑剂情况也具有一定的导流能力。因此在页岩压裂中多采用小粒径、低砂比的加砂模式。

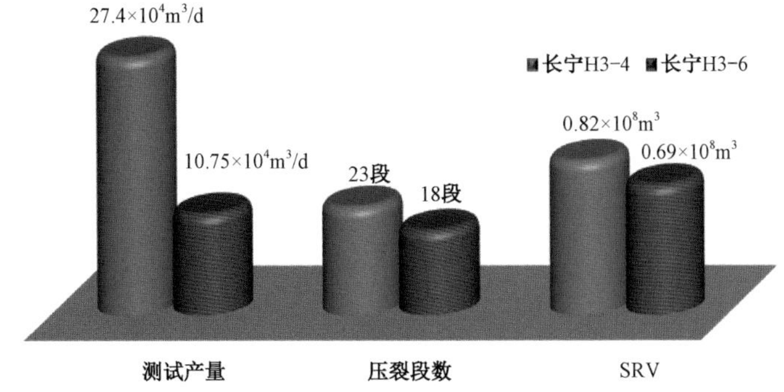

图 3-4-9 不同压裂液体系现场试验对比图

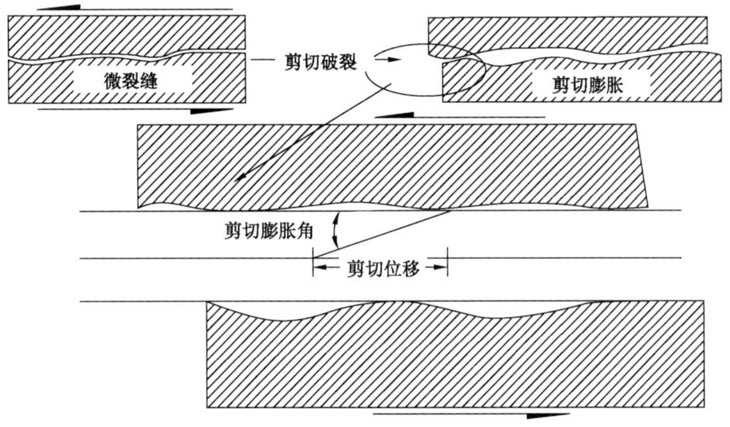

图 3-4-10 页岩压裂过程中剪切滑移示意图

为了对比分析长宁区块不同支撑剂类别和粒径大小对水力裂缝导流能力影响规律，针对40/70 目的陶粒、石英砂、覆膜石英砂和河砂，以及 70/140 目陶粒和石英砂开展了室内实验，测量了高闭合应力和低闭合应力条件下的短期导流能力，结果如图 3-4-11 所示。

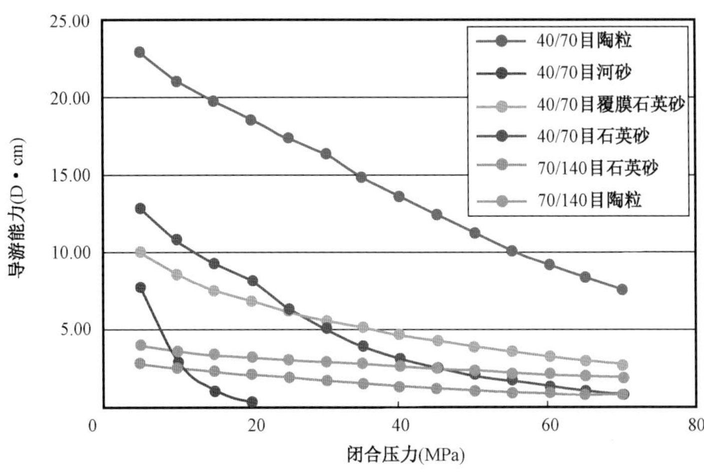

图 3-4-11 不同支撑剂下导流能力实验结果图

实验结果显示，在较低闭合应力下（20MPa）短期导流能力大小：40/70 目陶粒 >40/70 目石英砂 >40/70 目覆膜石英砂 >70/140 目陶粒 >70/140 目石英砂 >40/70 目河砂。

在较高闭合应力下（70MPa）短期导流能力大小：40/70 目陶粒 >40/70 目覆膜石英砂 >70/140 目陶粒 >40/70 目石英砂 >70/140 目石英砂 >40/70 目河砂；在高闭合压力下（70MPa）70/140 目石英砂也具有一定的导流能力。

表 3 -4 -5 为国内外典型页岩气区块压裂支撑剂使用情况，长宁区块主体采用 70/140 目石英砂 +40/70 目陶粒的支撑剂组合。

表 3 -4 -5　国内外典型页岩气区块压裂石英砂和陶粒使用情况统计表

序号	区块	支撑剂使用情况
1	威远	70/140 目石英砂 +40/70 目陶粒
2	长宁	70/140 目石英砂 +40/70 目陶粒（主体） 70/140 目石英砂 +40/70 目陶粒 +30/50 目陶粒（试验）
3	黄金坝	70/140 目石英砂 +30/70 目陶粒 +18/40 目陶粒（试验） 70/140 目陶粒 +40/70 目陶粒（主体）
4	富顺	70/140 目石英砂 +40/70 目陶粒
5	焦石坝	70/140 目粉陶 +40/70 目覆膜砂或陶粒 +30/50 目覆膜砂或陶粒
6	Barnett	70/140 目石英砂 +40/70 目石英砂 +30/50 目石英砂
7	Eagle Ford	70/140 目石英砂 +40/70 目石英砂 +30/50 目石英砂
8	Marcellus	70/140 目石英砂 +40/70 目石英砂 +30/50 目石英砂

6）分段工艺

电缆泵送桥塞分簇射孔分段压裂工艺在页岩气水平井压裂中应用最为广泛，技术成熟度高。长宁区块初期采用速钻桥塞分段压裂工艺，为了缩短建产时间，建产阶段主体采用大通径桥塞分段压裂工艺。为了进一步提高井筒完整性，满足压裂后期生产测井、冲砂等需要，开展了可溶性桥塞试验。随着可溶性桥塞工艺的进一步完善，将在页岩气水平井分段压裂中得到更广泛的应用。

7）压裂施工简况

长宁区块按照一个平台部署 6 口水平井设计（图 3 -4 -12）。压裂施工时，一般先对同侧的 3 口井进行压裂。由于长宁地区属于山地地貌，人口稠密，井场面积受限，根据该地区的地貌和人居环境特征（图 3 -4 -13），主体采用拉链式压裂模式（图 3 -4 -14），一般能够实现作业时间 12 小时完成 2 ~3 段压裂施工。

同侧的 3 口井压裂完成后，开始压裂另一侧的 3 口井。先压裂完成井一般关井 3 ~5 天后开井排液，一般采用油嘴控制、逐级放大、确保连续排液的原则进行排液；一般初期采用 3 ~4mm 油嘴排液，待井底压力降至闭合压力后再逐级放大油嘴，避免发生支撑剂回流，长宁区块典型的排液曲线如图 3 -4 -15 所示。

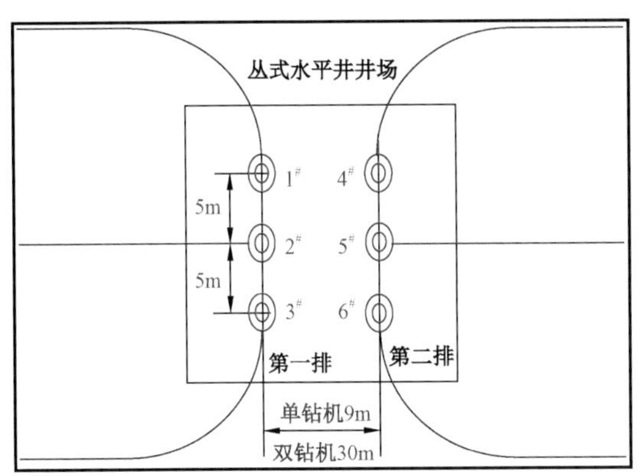

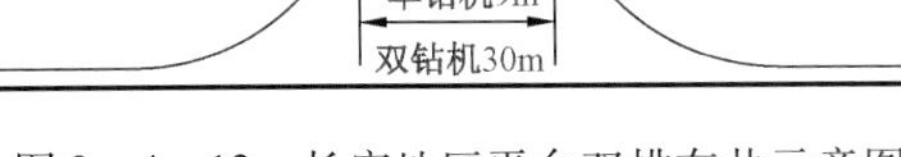

图 3－4－12　长宁地区平台双排布井示意图

图 3－4－13　长宁地区地貌及人居环境

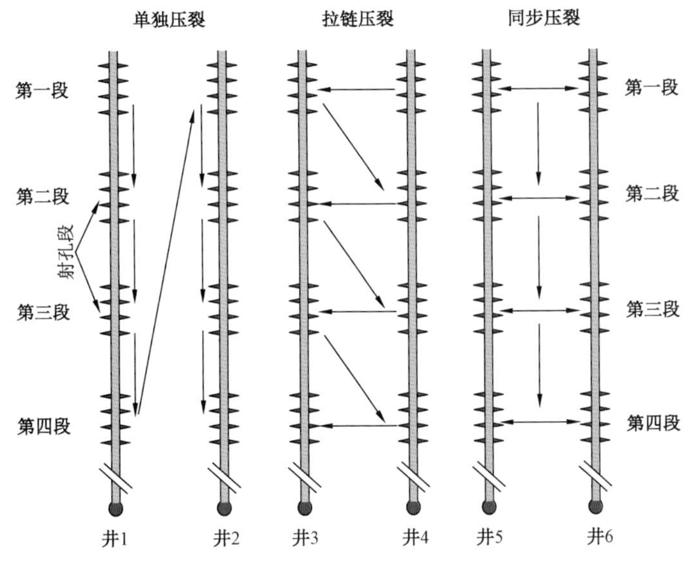

图 3－4－14　三种作业模式示意图

二、宁 201 井区压裂改造效果评价

1. 裂缝形态及参数

在长宁区块的开发初期，为了指导压裂实时调整和研究裂缝特征，压裂时均开展了微地震监测。一般对于单个平台 6 口井而言，对最先开始进行拉链式压裂的 3 口井进行微地震监测，压裂完毕后再对剩下的 3 口井进行压裂，后期压裂的 3 口井不进行微地震监测。

图 3－4－16 为长宁 H9 平台部分井压裂微地震监测成果图，从监测成果来看，该区裂缝扩展主要受地应力控制，压后形成的裂缝与井筒正交，事件点分布较为分散，呈现形成复杂裂缝的特征。

表 3－4－6 为该平台解释的裂缝参数，各井监测波及体积在(0.73～1.3)×10^8 m^3之间，

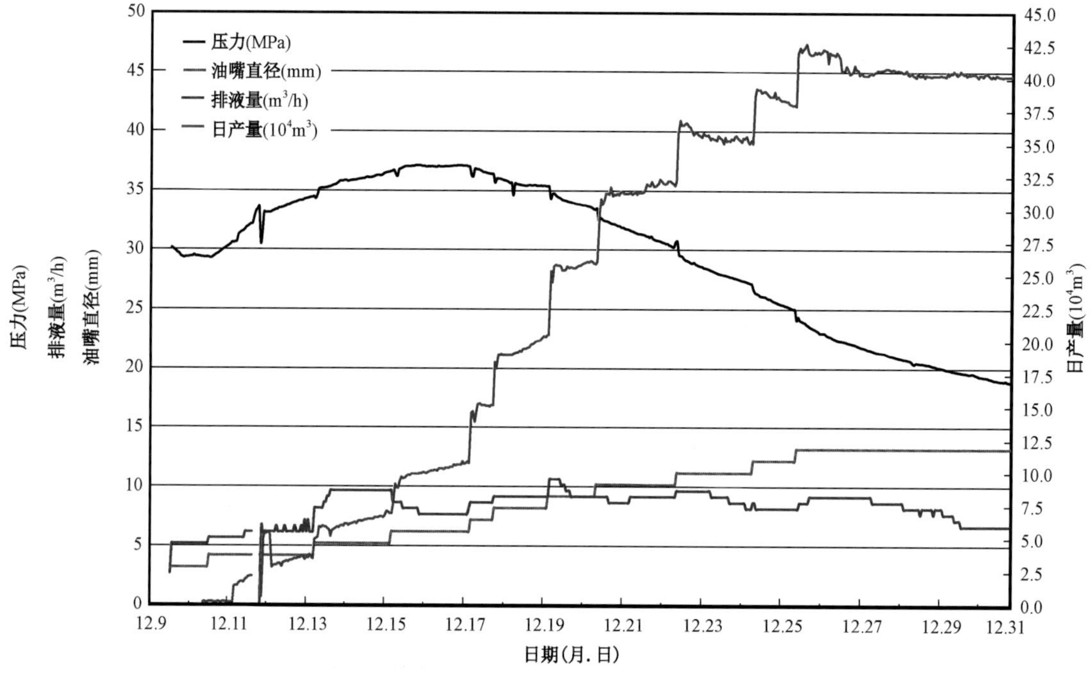

图 3-4-15　长宁地区典型排采曲线图

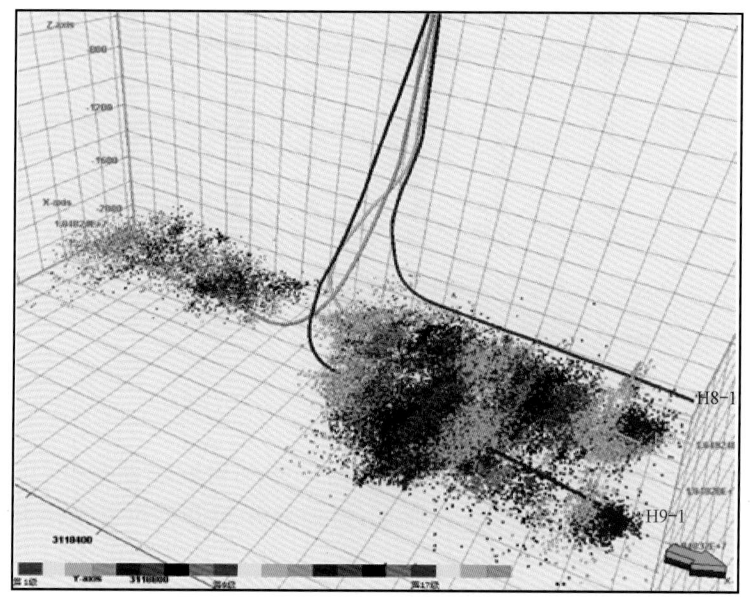

图 3-4-16　长宁 H9 平台部分井压裂施工微地震监测成果图

各段平均裂缝波及长度在 469～526m 之间，平均裂缝波及宽度在 210～297m 之间，波及高度在 42～58m 之间，裂缝方位为北东方向 95°～115°。裂缝监测表明，压裂储层改造体积较大，达到了提高裂缝复杂程度和提高波及体积的目标。

表 3-4-6 长宁 H9 平台微地震监测成果表

井号	监测波及体积(10^8m^3)	各段平均波及长度(m)	各段平均波及宽度(m)	各段平均波及高度(m)	主体裂缝方位
长宁 H9-1	1.1	469	210	58	北东方向 105°
长宁 H9-2	1.3	520	250	42	北东方向 95°
长宁 H9-5	0.73	526	297	46	北东方向 115°

2. 净压力分析

净压力是指压裂施工过程中的裂缝延伸压力与裂缝闭合压力的差,净压力越高越有利于裂缝延伸过程中沟通不同方向上的天然裂缝,如果压裂时裂缝内的压力超过了天然裂缝张开所需的临界压力,则容易导致天然裂缝张开,使水力裂缝以网络裂缝模式扩展,从而形成复杂的裂缝系统。

宁 201 井区水平主应力差异 13MPa 左右,压裂过程中一般按照 12~14m^3/min 的排量施工,施工过程中的裂缝净压力达到 19.2~30.9MPa(表 3-4-7),能够满足形成复杂裂缝的需要。

表 3-4-7 长宁区块部分井压裂各段平均净压力统计表

序号	井号	施工排量(m^3/min)	平均停泵压力(MPa)	平均净压力(MPa)
1	长宁 H6-1	10~14	37.6	19.2
2	长宁 H6-2	10~14	41.1	22.7
3	长宁 H6-3	10~14	45.2	26.8
4	长宁 H10-1	10.1~14.2	48.54	28.54
5	长宁 H10-2	9.1~14.7	47.80	27.8
6	长宁 H10-3	11.2~14.3	50.4	30.4
7	长宁 H12-1	10~14	54.6	30.9
8	长宁 H12-2	10~13.5	52	28.5
9	长宁 H12-3	10~14	46.6	23.5
10	长宁 H12-4	12.5~14.2	44.5	21.7
11	长宁 H9-1	9~14.1	49.3	27.7
12	长宁 H9-2	9~13.2	43.6	21.6
13	长宁 H9-3	12.5~14.2	43.1	23.0
14	长宁 H9-4	11.1~14.3	42.6	22.3
15	长宁 H9-5	9~13.1	50.2	29.6
16	长宁 H9-6	12.5~14.5	42.4	21.5

3. 施工规模

长宁区块在开发初期进行了不同井间距试验，初期部署了长宁 H3－1、长宁 H3－2 和长宁 H3－3 井，3 口井间的巷道间距依次为 300m 和 400m。3 口井压裂施工各压裂段液量均为 1800m^3，压裂后进行了井间干扰试井。试井以长宁 H3－2 井开井生产作为激动井，长宁 H3－1 和长宁 H3－3 井关井作为观测井，进行井底压力干扰试井，在 4 天的试井期间，长宁 H3－1 和长宁 H3－3 井的井底压力分别同步下降了 0.42MPa 和 2.16MPa，具有一定的井间干扰（图 3－4－17）。三维地震蚂蚁体预测成果表明，3 口井之间有过井的天然裂缝带，因此井间干扰可能主要由天然裂缝带造成（图 3－4－18）。同时在该区块 H2 平台也进行了干扰试井，H2－2 与 H2－3 井巷道间距为 300m，干扰试井未见发生井间干扰（图 3－4－19）。

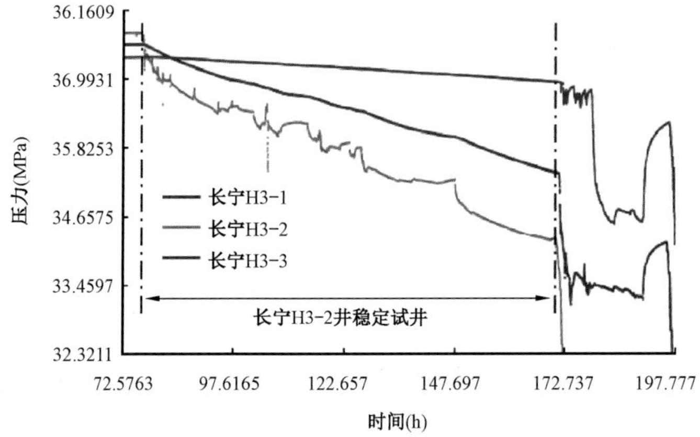

图 3－4－17　长宁 H3 平台 3 口井干扰试井压力曲线

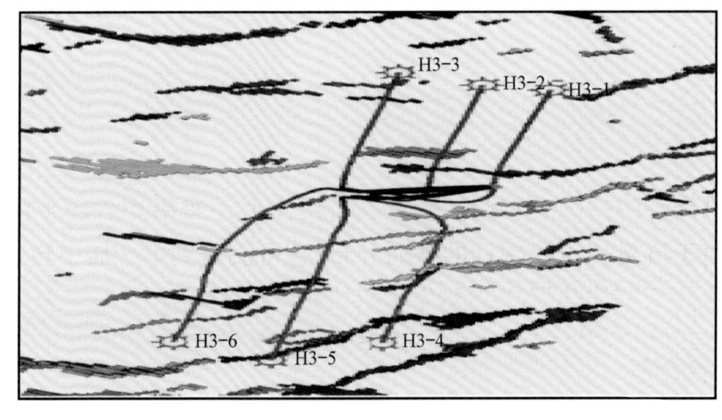

图 3－4－18　长宁 H3 平台蚂蚁体预测成果图

综合井间干扰试井成果，施工规模的确定需要结合压裂井的地质特征。对于裂缝发育井段可以对压裂规模进一步优化；对于天然裂缝不发育井段可以进一步增大改造规模，确保对井控储量的有效动用，提高开发效益。

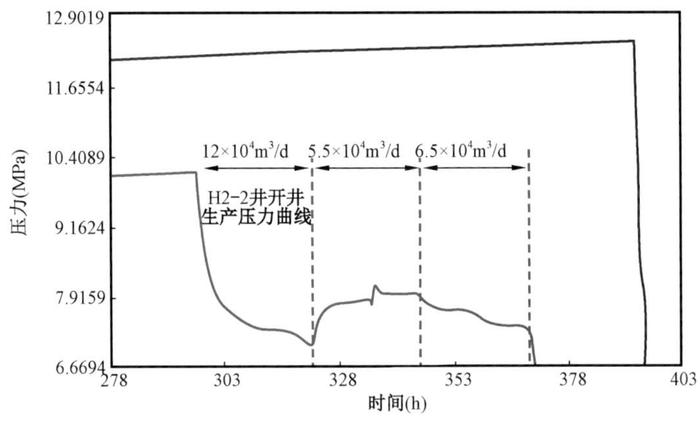

图 3-4-19 长宁 H3 平台干扰试井结果图

4. 产出特征

为了评价各压裂段的产出贡献，先后采用化学示踪剂和斯伦贝谢的流体扫描成像（FSI）生产测井技术来研究各压裂段的产出贡献。

化学示踪技术在油气田开发中得到了较为广泛的应用，在水平井分段压裂中，化学示踪剂技术主要用于评价各压裂段的产出（产气、产油、压裂返排液）贡献。化学示踪剂不具有放射性、不会被细菌蚕食和被地层吸附。化学示踪剂采用实验室合成的有机化合物，不存在于自然界。示踪剂一般为卤化芳香族化合物、环烷烃或脂肪类化合物，如 4-碘甲苯、碘间二甲苯、对二氯苯等，示踪剂的检测能力一般大于 5×10^{-9}L/L。目前化学示踪剂有油剂、水剂和气剂等，油剂可以评价各段的产油贡献，水剂可以评价各压裂段产液贡献或压裂返排液产出贡献，气剂可以评价各压裂段的产气贡献。目前水剂的类别最多，气剂相对较少。

流体扫描成像（Flow Scanner Image）测井，简称 FSI 测井。FSI 测井针对大斜度井和水平井，可测量自然伽马、磁定位、温度、压力、流量、持水率、持气率等参数。其中，自然伽马、磁定位信号资料用于确定测井深度；温度、压力资料用于定性分析产出状态；转子流量、持率资料用于确定气井总产量及小层产量；持水率、持气率资料用于分析流体性质。一个 FSI 仪器臂上有 4 个微转子流量计，测量流体流动速度剖面，另一个臂上有 5 个 FlowView 电探针和 5 个 Ghost 光学探针，分别测量局部的持水率和持气率。仪器壳体上还有第 5 个转子流量计和第 6 对电探针和光学探针，由于流量转子和探针的整列分布，它可测量到单个居中转子测不出的流体速度变化，实现水平井井下流体分层流速和分层相持率的测量。

图 3-4-20 是长宁 H11-2 井的化学示踪剂解释成果，该井设计进行 21 段压裂改造，Ⅰ类储层钻遇率 90.12%，压裂期间注入了气相示踪剂，压后排液期间见气后进行了连续 30 天的取样。根据解释成果，各压裂段均有产出贡献，表明各段均进行了有效改造。不同段的累计产出贡献在 0.1% ~11% 之间，产出贡献差异较大。该井第 3 段、16 段、18 段、19 段压裂过程中加砂量较少，测试期间产出贡献也相对较少，特别是第 18 段和第 19 段累计产气贡献均仅占 0.1%。同时从各段不同时间段的产气比例变化可以看出，各压裂段产气量在不同阶段有一定的变化。

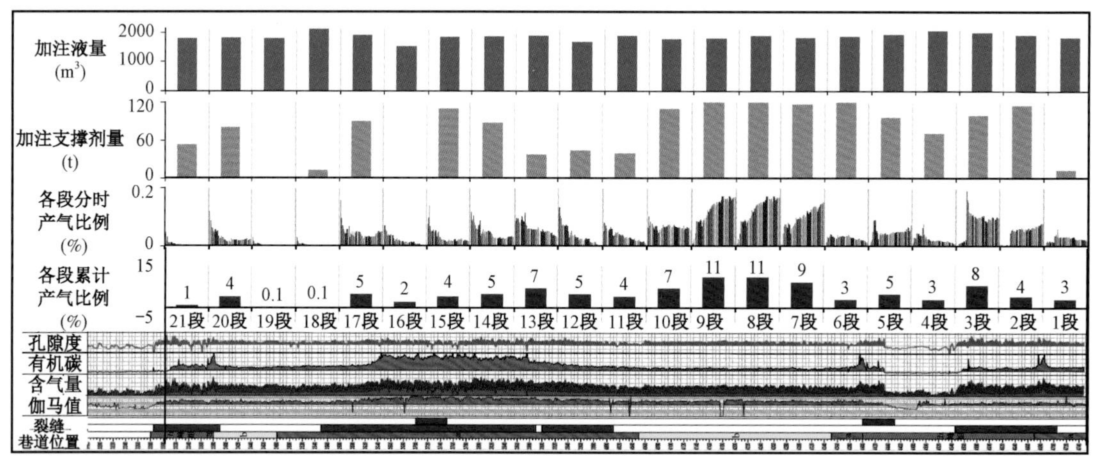

图 3-4-20　长宁 H11-2 井气相示踪剂解释成果

表 3-4-8 是长宁 H13-1 井的测井解释成果，该井设计进行 21 段压裂，压裂完毕后开始排液。排液见气后在生产制度为 10mm 油嘴情况下待产量稳定后，以 20m/min 速度下测。由于该井井眼轨迹上翘，下测到 4180m 连续油管发生自锁，泵注 8m^3 金属降阻剂后继续下测，在 4520m 处自锁，未下至井底。由于继续下入难度较大，随后以 20m/min 开始上测。从解释成果可以看出每个射孔簇均有产能贡献，各簇产能贡献占总产气量的比例在 0.002%～5.45% 之间，表明各射孔簇均进行了有效改造，射孔参数合理，达到了分簇限流射孔的目标。

表 3-4-8　长宁 H13-1 井 FSI 测井解释成果表

地质分层	压裂段	射孔深度 (m)	产气量 (m^3/d)	产气量 (m^3/d)	各簇产气含量 (%)	各段产量占总产量比例 (%)
五峰组	21	3441.5～3442.5	5029.12	689.31	0.46	3.38
		3464.5～3465.5		3687.254	2.48	
		3487.5～3488.5		652.556	0.44	
龙一$_1^1$	20	3511.5～3512.5	4634.56	1427.05	0.96	3.12
龙一$_1^2$		3530.5～3531.5		1608.519	1.08	
		3549.5～3550.5		1598.991	1.08	
	19	3581.5～3582.5	8427.59	35.251	0.02	5.67
		3602.5～3603.5		4925.975	3.31	
		3620.5～3621.5		3466.364	2.33	
	18	3651.5～3652.5	5574.67	844.28	0.57	3.75
		3674.5～3675.5		921.026	0.62	
		3697.5～3698.5		3809.364	2.56	

续表

地质分层	压裂段	射孔深度（m）	产气量（m³/d）	产气量（m³/d）	各簇产气含量（%）	各段产量占总产量比例（%）
五峰组	17	3720～3721	10701.4	1507.314	1.01	7.20
		3740～3741		6914.321	4.65	
		3760～3761		2279.765	1.53	
	16	3787.5～3788.5	3360.07	2954.02	1.99	2.26
		3822.5～3823.5		112.412	0.08	
		3857.5～3858.5		293.638	0.20	
	15	3886.5～3887.5	3673.82	2929.756	1.97	2.47
		3909.5～3910.5		469.892	0.32	
龙一$_1^1$		3932.5～3933.5		274.172	0.18	
龙一$_1^2$	14	3956.5～3957.5	3711.53	362.21	0.24	2.50
		3979.5～3980.5		3140.281	2.11	
		4002.5～4003.5		209.039	0.14	
	13	4026.5～4027.5	18080.1	8102.366	5.45	12.16
		4049.5～4050.5		7918.052	5.33	
		4072.5～4073.5		2059.682	1.39	
	12	4097～4098	8626.74	3473.211	2.34	5.80
		4121～4122		622.975	0.42	
龙一$_1^1$		4145～4146		4530.554	3.05	
龙一$_1^2$	11	4169～4170	3920.19	828.361	0.56	2.64
		4193～4194		674.5642	0.45	
		4217～4218		2417.265	1.63	
	10	4241.5～4242.5	4077.03	197.1286	0.13	2.74
		4264.5～4265.5		484.6544	0.33	
		4287.5～4288.5		3395.247	2.28	
	9	4311～4312	10494.1	3083.368	2.07	7.06
		4333～4334		2547.372	1.71	
		4355～4356		4863.36	3.27	
	8	4376～4377	3193.28	1674.361	1.13	2.15
		4398～4399		413.464	0.28	
		4420～4421		1105.455	0.74	
	7	4440～4441	3919.58	850.343	0.57	2.64
		4454～4455		1254.36	0.84	
		4469～4470		1814.877	1.22	
	6	4494～4495	1528.95	1528.95	1.03	1.03
龙一$_1^1$		4509～4510	49680.1	49680.1	33.42	33.42
		4524～4525				
五峰组、龙一$_1^2$	1－5	—				
解释总产量			148632.8	148632.8	100.00	0.00

5. 返排特征

该区按照压后关井3~5天后开井排液，初期采用3mm油嘴，后期逐级放大油嘴，确保排液制度相对稳定和排液连续。从返排特征看，该区具有见气时间较早、30天返排率低、达到最大产气量时的返排率低的特征。2017年以前完成测试投产的井单井返排率为6%~59.7%，平均29.65%，日返排率具有初期较高，20~50天快速递减到较低水平的特征；初期日返排率为0.2%~1.3%，20~50天后日返排率迅速递减到0.08%以下。气井达到最大产气量时的返排率为5%~30%；30天返排率为5%~31%；测试产量较高的井30天返排率平均为15%（表3-4-9）。

表3-4-9 长宁区块部分井返排情况统计表

井号	压裂段长(m)	压裂段数(段)	排液时间(d)	测试求产时返排率(%)	测试产量($10^4m^3/d$)
长宁H6-1	1439	20	48	17.2	26.65
长宁H6-2	763	11	45	8.57	7.25
长宁H6-3	1460	21	48	13.39	15.47
长宁H6-4	1406	22	24	10.11	30.6
长宁H6-5	1450	20	27	13.67	16.52
长宁H10-1	1362	19	25	10.86	28.06
长宁H10-2	1354	18	14	7.22	32.07
长宁H10-3	1412	19	22	8.96	35.0

6. 生产特征及EUR[1]预测

通过对目前国际上通用的多种页岩气递减分析方法进行研究，优选出基于生产历史拟合的分段压裂水平井解析模型法进行递减分析和EUR计算。对51口井的EUR进行预测，井均测试日产量$21.8\times10^4m^3$，预测第一年井均日产量$11.51\times10^4m^3$，预测井均前三年累计产气量$6556\times10^4m^3$，预测单井平均EUR为$1.08\times10^8m^3$（图3-4-21）。

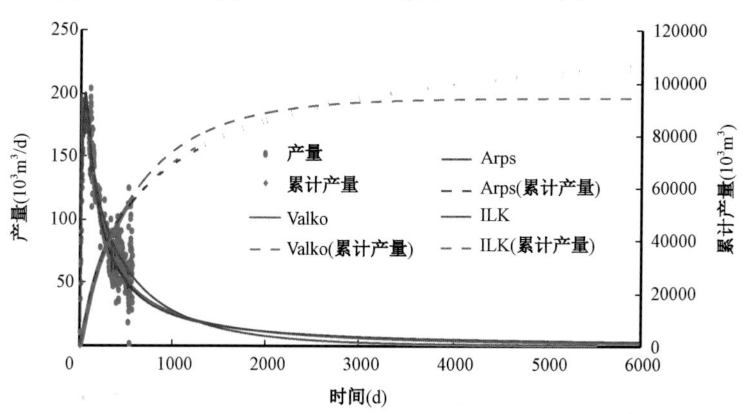

图3-4-21 长宁某井日产量、累计产量拟合及预测结果图

[1] EUR，Estimated Ultimate Recovery，单井评估的最终可采储量的简称。

宁201－H1井是长宁区块的第一口水平井，该井压裂后测试日产量$15\times10^4m^3$，该井2014年4月初开始投产，截至2017年2月17日累计生产1670天，累计产气量$7378\times10^4m^3$，日产量$2.78\times10^4m^3$。预测EUR$0.98\times10^8m^3$（图3－4－22）。

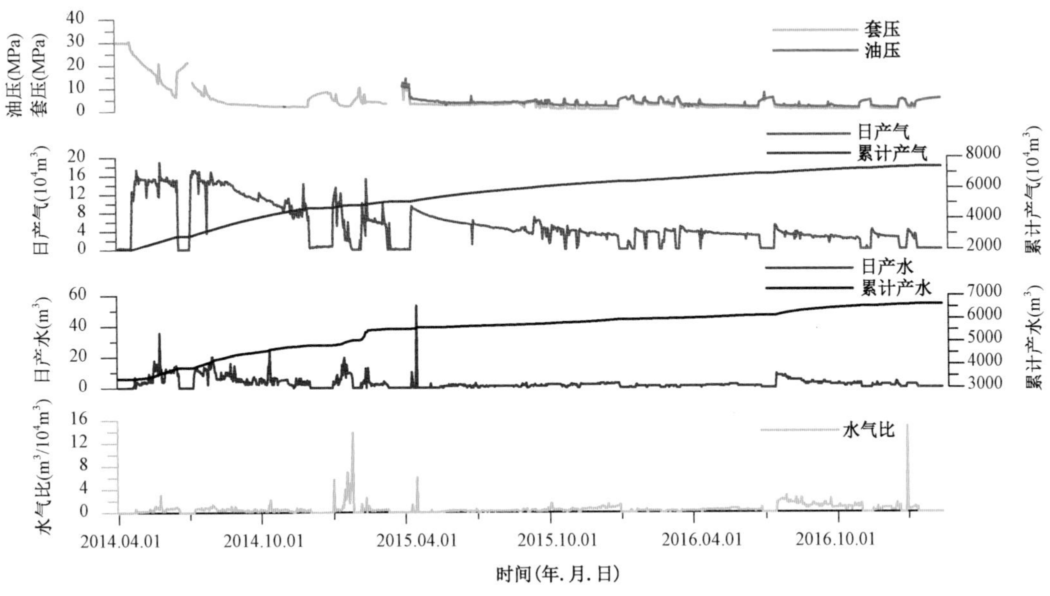

图3－4－22 宁201－H1井生产曲线图

长宁H10－3井测试日产量$35\times10^4m^3$，该井2015年9月初开始投产，截至2017年2月17日累计生产550余天，累计产气量$8898\times10^4m^3$，日产量$6.7\times10^4m^3$。预测EUR为$1.5\times10^8m^3$；实际第一年平均日产量$22.62\times10^4m^3$（图3－4－23）。

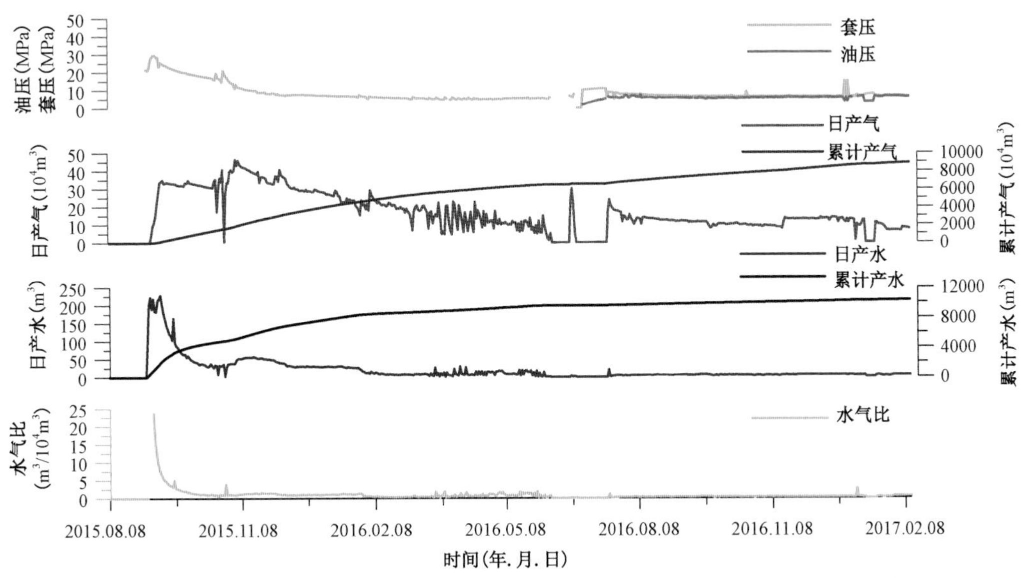

图3－4－23 长宁H10－3井生产曲线图

该区各井压后预测的 EUR 较大，生产情况较好，表明通过压裂改造达到了提高储层改造体积和裂缝复杂程度的目标。

7. 影响压裂效果的主控因素

页岩气水平井压后改造效果差距较大，明确影响压裂效果的主控因素具有重要意义。为了研究影响压裂效果的主控因素，采用灰色关联分析方法研究了 43 口井的有机碳含量、含气量、孔隙度、脆性指数、Ⅰ类储层长度、有效改造段长度、每米水平段加砂量、每米水平段用液量等参数与折算相同水平段长度下的测试产量的关联度。

灰色关联分析是定量比较或描述系统之间或系统中各因素之间，在发展过程中随时间或空间相对变化的情况。它突破了一般系统分析中常用的因素两两对比的局限，将尽可能多的因素全部放在系统中进行分析比较，从而确定若干离散函数对某一函数的远近相对程度。同时灰色关联分析并不是直接用距离来度量两两之间的远近程度，而是基于灰色关联空间，提出了灰色关联系数、灰色关联度、灰关联序等概念方法，通过这些参数刻画因素之间的变化大小、方向和速度等接近程度，从而比较客观的反映系统中因素之间真实的灰关系。灰色关联分析的一般流程如下：

1）确定分析序列

一般由因变量数据构成参考数列 $X_0 = \{X_0(1), X_0(2), \cdots, X_0(j)\}$；影响压后产能的各因素构成比较数列 $X_i = \{X_i(1), X_i(2), \cdots, X_i(j)\}$。

2）原始数据预处理

由于各种数据的量纲不同，数量级也相差悬殊，为了消除这种影响，使数据具有可比性，需要对原始数据进行预处理。对指标序列一般采用极差变换或效果测度变换，效果测度变换对于越大越好的指标采用上限测度，对于越小越好的指标采用下限测度。本文对指标采用上限测度处理，计算公式如下：

$$X_{ij}' = \frac{X_{ij}}{X_{j\max}} \tag{3-4-1}$$

3）求差

计算每个点上参考序列和比较序列差的绝对值 $\Delta_{0i}(k)$，即：

$$\Delta_{0i}(k) = |X_0(k) - X_i(k)| \tag{3-4-2}$$

4）求最值

从上面计算的所有差值绝对值中求出最大值 $\Delta_{\max}$ 和最小值 $\Delta_{\min}$。

5）求关联系数

求出各点上母序列 X_0 和各个子序列 X_i 的关联系数，计算公式如下式：

$$L_{0i}(k) = \frac{\Delta_{\min} + \rho\Delta_{\max}}{\Delta_{0i}(k) + \rho\Delta_{\max}} \tag{3-4-3}$$

式(3－4－3)中 ρ 为分辨系数，$\rho\in[0,1]$，一般而言 ρ 越小可以提高关联度的分辨率。但该方法关键在于排出关联序，与差异的大小无关。即关联度值的大小不代表关系程度的大小，关联度值的顺序才代表关联程度的大小，本文取0.5。

6)计算关联度

求出各参考序列关联系数的平均数，计算公式如下：

$$\gamma_{0i}=\frac{1}{n}\sum_{k=1}^{n}L_{0i}(k) \tag{3-4-4}$$

7)排关联序

对关联度大小进行排序，如果 $\gamma_{0a}>\gamma_{0b}$ 则表示 X_a 与 X_0 的关联程度大于 X_b 与 X_0 的关联程度；如果 $\gamma_{0a}<\gamma_{0b}$，则表示 X_a 与 X_0 的关联程度小于 X_b 与 X_0 的关联程度；如果 $\gamma_{0a}=\gamma_{0b}$ 则表示 X_a 与 X_0 的关联程度与 X_b 与 X_0 的关联程度相当。

利用上述方法对改区影响压后产能的关联度分析结果如表3－4－10、表3－4－11所示。分析结果表明，储层TOC、含气量、Ⅰ类储层长度、有效改造段长度与改造效果关联度较高，提高Ⅰ类储层长度钻遇长度，确保井筒完整性，实现对水平井水平段的有效改造是提高改造效果的关键。

表3－4－10　水平段储层地质参数与测试产量关联度表

储层参数	TOC含量	含气量	孔隙度	脆性指数
产量关联度	0.73	0.64	0.58	0.52

表3－4－11　水平段储层地质参数与测试产量关联度表

储层参数	Ⅰ类储层长度	有效改造段长度	每米水平段加砂量	每米水平段用液量
产量关联度	0.67	0.65	0.61	0.52

同时进一步分析了部分生产时间相对较长的井累计产量与用液量、用砂量及水平段长度的关系(图3－4－24～图3－4－26)，统计结果表明，压裂液用量越大，支撑剂用量越多，水平段长度越长单井压后6个月累计产量相对更高。因此对于页岩气藏而言，要尽可能地确保对水平井进行有效的改造，才能确保压裂效果。

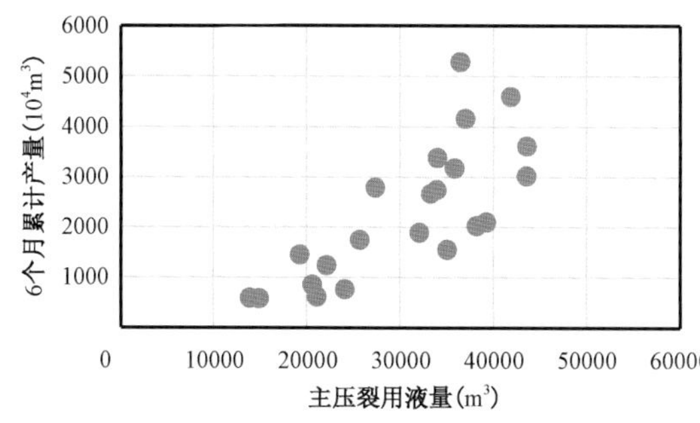

图3－4－24　主压裂用液量与6个月累计产量的关系

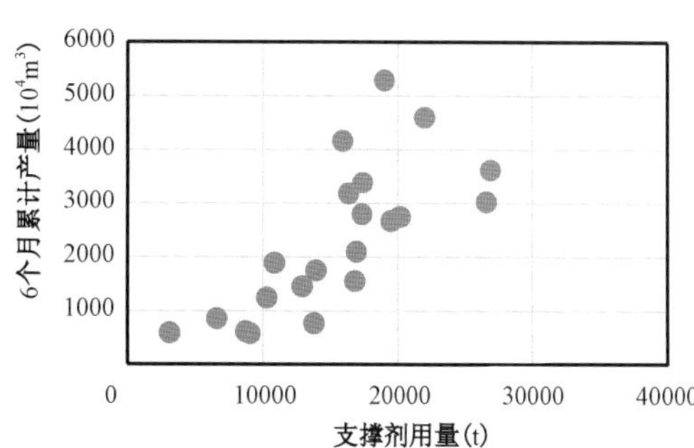

图3－4－25　支撑剂用量与6个月累计产量的关系

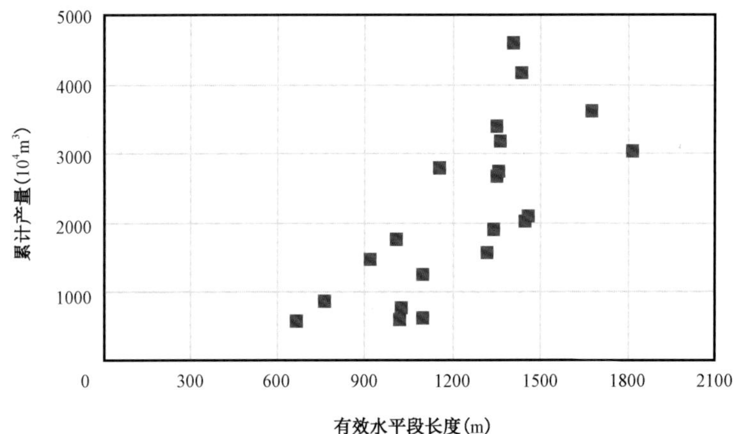

图3-4-26 水平段长度与6个月累计产量的关系

参考文献

[1] 陈勉,周健,金衍,等. 随机裂缝性储层压裂特征实验研究[J]. 石油学报,2008,29(3):431-434.

[2]《压裂酸化改造新技术》编委会. 压裂酸化改造新技术[M]. 北京:石油工业出版社,2016.

[3] 苟波,郭建春. 页岩水平井体积压裂设计的一种新方法[J]. 现代地质,2013,27(1):217-222.

[4] 关德师,牛嘉玉. 中国非常规油气地质[M]. 北京:石油工业出版社,1995.

[5] 郭建春,尹建,赵志红. 裂缝干扰下页岩储层压裂形成复杂裂缝可行性[J]. 岩石力学与工程学报,2014,33(8):1589-1596.

[6] 谭茂金. 有机页岩测井岩石物理[M]. 北京:石油工业出版社,2015.

[7] 李宗田,苏建政,张汝生. 现代页岩油气水平井压裂改造技术[M]. 北京:中国石化出版社,2016.

[8] 侯冰,陈勉,王凯,李丹丹. 页岩储层可压性评价关键指标体系[J]. 石油化工高等学校学报,2014,06:42-49.

[9] 翁定为,雷群,胥云,等. 缝网压裂技术及其现场应用[J]. 石油学报,2011,32(2):280-284.

[10] 杨丽娜,陈勉. 水力压裂中多裂缝间相互干扰力学分析[J]. 中国石油大学学报(自然科学版),2003,27(3):43-45.

[11] 袁俊亮,邓金根,张定宇,等. 页岩气储层可压裂性评价技术[J]. 石油学报,2013,3(03):523-527.

[12] 赵金洲,任岚,胡永全. 页岩储层压裂缝成网延伸的受控因素分析[J]. 西南石油大学学报(自然科学版),2013,1:1-9.

[13] Brown M,Ozkan E,Raghavan R,et al. Practical solutions for pressure-transient responses of fractured horizontal wells in unconventional shale reservoirs [J]. SPE Reservoir Evaluation & Engineering,SPE 125043-PA,2011,14(06):663-676.

[14] Cheng Y. 2011. Pressure transient characteristics of hydraulically fractured horizontal shale gas wells [J]. SPE 149311.

[15] Cipolla C L,Lolon E P,Erdle J C,et al. Reservoir modeling in shale-gas reservoirs[J]. SPE reservoir evaluation & engineering,2010,13(04):638-653.

[16] Elbel J L,Mack M G. 1993. Refracturing:observations and theories[J]. SPE 25464.

[17] Fam M A,Dusseault M B. Borehole stability in shales:a physico-chemical perspective [J]. SPE 47301,1998.

[18] Jarvie D M,Hill R J,Ruble T E,et al. Unconventional shale-gas systems:The Mississippian Barnett Shale of north-central Texas as one model for thermogenic shale-gas assessment [J]. AAPG bulletin,2007,91(4):

475 - 499.

[19] Keshavarzi R, Mohammadi S. A new approach for numerical modeling of hydraulic fracture propagation in naturally fractured reservoirs [J]. SPE 86471, 2012.

[20] Khan S, Ansari S, Han H, et al. Importance of shale anisotropy in estimating in - Situ stresses and wellbore stability analysis in Horn River Basin [J]. SPE 149433, 2011.

[21] Langmuir I. The adsorption of gases on plane surfaces of glass, mica and platinum[J]. Journal of the American Chemical Society, 1918, 40(9): 1361 - 1403.

[22] Ozkan E, Brown M, Raghavan R, et al. Comparison of fractured - horizontal - well performance in tight sand and shale reservoirs [J]. SPE Reservoir Evaluation & Engineering, 2011, 14(2): 248 - 259. SPE 121290 - MS.

[23] Rickman R, Mullen M J, Petre J E, et al. 2008. A practical use of shale petrophysics for stimulation design optimization: All shale plays are not clones of the Barnett Shale [J]. SPE 115258.

[24] 陈作，王振铎，曾华国. 水平井分段压裂工艺技术现状及展望[J]. 天然气工业，2007，27(9)：78 - 80.

[25] 吴奇，胥云，王腾飞，等. 增产改造理念的重大变革：体积改造技术概论[J]. 天然气工业，2011，31(4)：7 - 12.

[25] 贾承造，郑民，张永峰. 中国非常规油气资源与勘探开发前景[J]. 石油勘探与开发. 2012，39(2)：129 - 136.

[26] 吴奇，胥云，王晓泉，等. 非常规油气藏体积改造技术——内涵、优化设计与实现. 石油勘探与开发[J]. 2012，39(3)：352 - 358.

[27] 胥云，陈铭，吴奇，等. 水平井体积改造应力干扰计算模型及其应用[J]. 石油勘探与开发，2016，43(5)：780 - 786.

[28] 王志刚. 涪陵焦石坝地区页岩气水平井压裂改造实践与认识[J]. 石油与天然气地质，2014，35(3)：425 - 430.

[29] 赵薇. 页岩水平井的两种加砂方式[J]. 石油知识，2016(4)：16 - 17.

[30] 王宇宾，刘建伟. 二次加砂压裂技术研究与实践[J]. 石油钻采工艺，2005，27(5)：81 - 84.

[31] 曾凡辉，郭建春，苟波，等. 水平井压裂工艺现状及发展趋势[J]. 石油天然气学报，2011，32(6)：294 - 298.

[32] 薛承瑾. 页岩气压裂技术现状及发展建议[J]. 石油钻探技术，2011，39(3)：24 - 29.

[33] 刘立峰，冉启全，王欣，等. 致密储层水平井体积压裂段间距优化方法[J]. 石油钻采工艺，2015，35(3)：84 - 87.

[34] Mayerhofer M J, Lolon E P, Warpinski N R, et al. What is stimulated rock volumme? [R]. SPE 119890, 2008.

[35] 邹雨时，张士诚，马新仿. 页岩气藏压裂支撑裂缝的有效性评价[J]. 天然气工业，2012，32(9)：52 - 55.

[36] 张东晓，杨婷云. 页岩气开发综述[J]. 石油学报. 2013，34(4)：792 - 801.

[37] Olson J E, Taleghani A D. Modeling simultaneous growth of multiple hydraulic fractures and their interaction with natural fractures[C]. SPE119739, 2009.

[38] Xu W, Thiercelin M J, Ganguly U, et al. Wiremesh: A Novel Shale Fracturing Simulator[C]. SPE132218, 2010.

[39] Du C, Zhang X, Melton B, et al. A workflow for integrated Barnett Shale gas reservoir modeling and simulation [C]. SPE122934, 2009.

[40] Du C, Zhang X, Zhan L, et al. Modeling hydraulic fracturing induced fracture networks in shale gas reservoirs as a dual porosity system[C]. SPE132180, 2010.

[41] 赵晨光，刘继东，刘计国，等. 非常规天然气系统及其在中国的勘探前景[J]. 石油天然气学报，2009，31(3)：193 - 195.

[42] 董丙响，程远方，刘钰川，等. 页岩气储层岩石物理性质[J]. 西安石油大学学报(自然科学版)，2013，28(1)：25 - 28.

[43] 程远方，李友志，时贤，等. 页岩气体积压裂缝网模型分析及应用[J]. 天然气工业，2013，33(9)：53 - 59.

[44] Besler M R, Steele J W, Egan T, et al. Improving well productivity and profitability in the Bakken—A summary

of our experiences drilling stimulating and operating horizontal wells[C]. SPE110679,2007.

[45] Williams - Stroud S. Using microseismic events to constrain fracture network models and implications for generating fracture flow properties for reservoir simulation[C]. SPE119895,2008.

[46] Frantz J H,Sawyer W K,MacDonald R J,et al. Evaluating Barnett Shale production performance—Using an integrated approach[C]. SPE96917,2005.

[47] 曾青冬. 页岩致密储层压裂裂缝扩展数值模拟研究[D]. 山东青岛:中国石油大学(华东),2016.

[48] 吴奇,梁兴,鲜成钢,等. 地质—工程一体化高效开发中国南方海相页岩气[J]. 中国石油勘探,2015,20(4):1 - 23.

[49] 陈大钧,陈馥. 油气田应用化学[M]. 北京石油工业出版社,2006:115 - 153.

[50] 蒋官澄,许伟星,李颖颖,黎凌. 国外减阻水压裂液技术发展历程及研究进展[J]. 特种油气藏,2013,20(1):1 - 3.

[51] 陈鹏飞,刘友权,邓素芬,等. 页岩气体积压裂滑溜水研究及应用[J]. 石油与天然气化工,2013,42(3):271 - 272.

[52] 刘友权,陈鹏飞,吴文刚,等. 页岩气藏"工厂化"作业压裂液技术研究——以 CNH3 井组"工厂化"作业为例[J]. 石油与天然气化工,2015,44(4):66 - 68.

[53] 邹才能,陶士振,侯连华,等. 非常规油气地质[M]. 2 版. 北京:地质出版社,2013.

[54] 王志刚,孙健. 涪陵页岩气田试验井开发实践与认识[M]. 北京:中国石化出版社,2014.

[55] 王志刚. 涪陵焦石坝地区页岩气水平井压裂改造实践与认识[J]. 石油与天然气地质,2014,35(3):425 - 430.

[56] 吴奇,梁兴,鲜成钢,等. 地质—工程一体化高效开发中国南方海相页岩气[J]. 中国石油勘探,2015,20(4):1 - 23.

[57] 郭元恒,何世明,刘忠飞. 长水平段水平井钻井技术难点分析及对策[J]. 石油钻采工艺,2013,35(1):14 - 17.

[58] 苟波,郭建春. 页岩水平井体积压裂设计的一种新方法[J]. 现代地质,2013,27(1):217 - 222.

[59] 王兰生,邹春艳,郑平,等. 四川盆地下古生界存在页岩气的地球化学依据[J]. 天然气工业,2009,29(5):59 - 621.

[60] 魏明强,段永刚,方全堂,等. 页岩气藏孔渗结构特征和渗流机理研究现状[J]. 油气藏评价与开发,2011,1(4):73 - 77.

[61] 袁俊亮,邓金根,张定宇,等. 页岩气储层可压裂性评价技术[J]. 石油学报,2013,3(03):523 - 527.

[62] 张金川,金之钧,袁明生. 页岩气成藏机理和分布[J]. 天然气工业,2004,24(7):15 - 18.

[63] 张永华,陈祥,杨道庆,等. 微地震监测技术在水平井压裂中的应用[J]. 物探与化探,2013,37(6):1080 - 1084.

[64] Curtis J B. Fractured shale - gas systems[J]. AAPG Bulletin,2002,86(11):1921 - 1938.

[65] Warlick D. Gas shale and CBM development in North America[J]. Oil and Gas Financial Journal,2006,3(11):1 - 5.

[66] Bowker K A. Barnett Shale gas production,Forth Worth Basin:Issues and discussion[J]. AAPG Bulletin,2007,91(4):523 - 533.

[67] Brohi I,Pooladi - Darvish M,Aguilera R. Modeling fractured horizontal wells as dual porosity composite reservoirs - application to tight gas,shale gas and tight oil cases[J]. SPE:144057,2011.

[68] Bruno M S,Nakagawa F M. Pore pressure influence on tensile fracture propagation in sedimentary rock [J]. International journal of rock mechanics and mining sciences & geomechanics abstracts. Pergamon,1991,28(4):261 - 273.

[69] Fisher M K,Heinze J R,Harris C D,et al. Optimizing horizontal completion techniques in the Barnett shale using microseismic fracture mapping [J]. SPE 90051,2004.

[70] Nwal Nagel, Ivan Gil, Marisela Sanchez - Nagel, et al. Simulating hydraulic fracturing in real fractured rock - overcoming the limits of pseudo3D models[J]. SPE 140480.

[71] 刘合,王峰,王毓才,等. 现代油气井射孔技术发展现状与展望[J]. 石油勘探开发,41(6):731 - 737.

第四章 低成本页岩气工厂化生产模式

由于页岩气开发需要采用水平井钻井和多级水力压裂技术，所以其开发成本较高。为了实现页岩气低成本商业化开采，国外提出了工厂化（也叫作井工厂，Well Factory；或气工厂，Gas Factory）的概念，即将井场或平台作为一个联合作业的工厂，在一个平台上布多口水平井（即多井平台）（图4－0－1），将钻井、固井、射孔、多级压裂等施工视为流水线作业上的一个个工序，在同一井场完成多口井的钻井、完井和投产，进而达到提高作业效率、降低作业成本的目的。

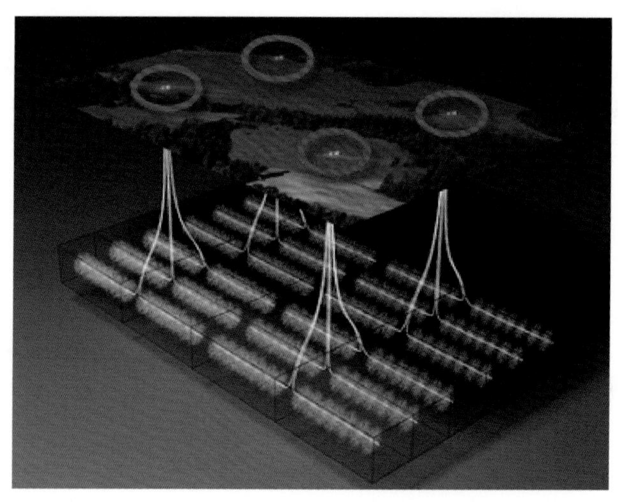

图4－0－1 多井平台示意图

第一节 国外页岩气工厂化生产模式

页岩气工厂化生产模式起源于美国，于2006年起在各大页岩气区带得到广泛推广和应用（图4－1－1），经过10年的发展完善日益成熟，对美国页岩气开发带来的积极影响不容忽视。

页岩气工厂化开发模式按照其作业顺序可分为布井、钻井、压裂及地面配套几个环节。

一、国外工厂化布井流程

与常规气井相比，页岩气工厂化布井不仅要考虑“甜点”筛选，还要兼顾到后续的工厂化作业以及大规模压裂施工作业对环境造成的影响，因此在钻井平台的选址上需要考虑以下几方面：

（1）根据平台钻井数量，建设用地一般需要4000～12000m^2。在美国Marcellus页岩区，一

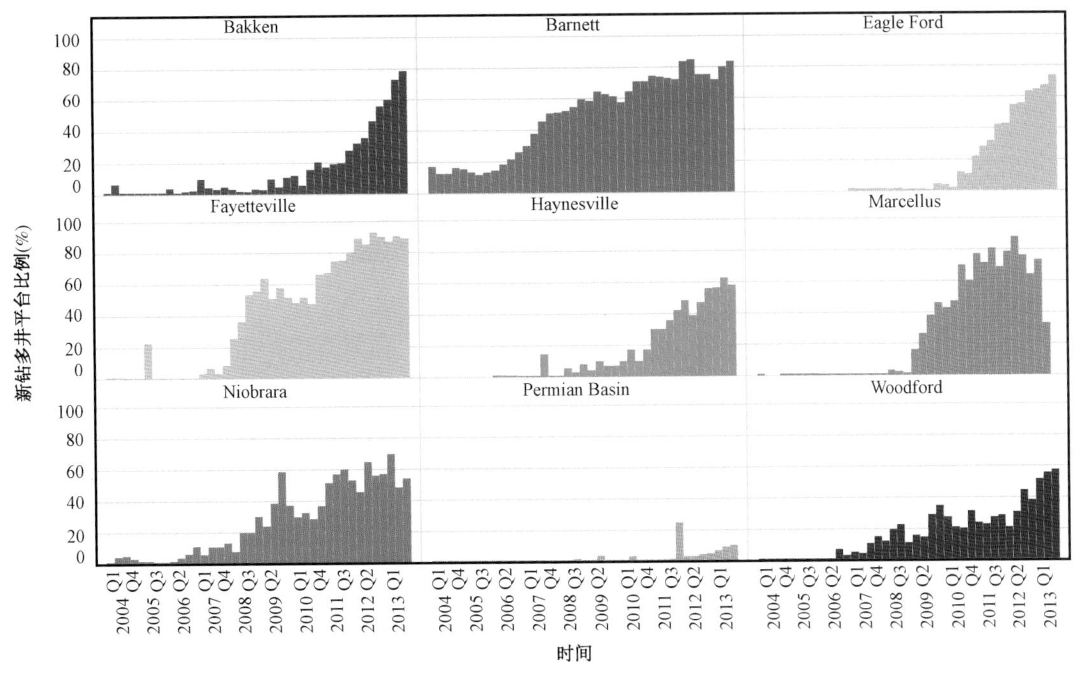

图 4－1－1　美国各页岩气区带多井平台的发展

个多井平台井场尺寸为 100m × 140m，可布 10 ~ 20 口井。

(2)平台可位于乡村或城区，如果邻近学校或居民区，相距至少 1.5km 以上。如果无法避免距离较近时，需要采取措施减少因钻井噪声和光污染等造成的影响。不宜建在湿地和敏感的野生动物栖息地。

(3)平台应具有最佳的地质条件以及有利的地貌条件。

(4)平台周边基础设施较为完善，具备连接井场道路和天然气管道的设施。

(5)具备钻井和压裂所需的可利用水源。

此外，工厂化布井还需要考虑影响页岩气井产能的两个关键因素：不可控因素和可控因素。不可控因素包括岩石性质(孔隙度、含水饱和度、渗透率等)，以及储层厚度、原始压力、天然裂缝及流体性质等储层特征；可控因素包括人为的井身设计、完井设计、井位部署、地面建设及施工条件等。因此布井流程即由储层评价出发，通过分析岩石的孔隙度、渗透率、含水饱和度、矿物成分、页岩岩相、总有机碳含量、热成熟度和含气量(游离气和吸附气)，确定最具生产潜力的储层，再通过建立地质力学模型，预测孔隙压力、确认地应力，分析井壁稳定性、储层可压性，进行综合有效的钻井设计，最后确定水平井筒方位、井网密度、单平台布井数，进行布井完井设计(图 4－1－2)。

二、国外工厂化钻井井网密度优化

页岩气井井网密度优化，对于经济高效开发页岩气藏至关重要。井网密度不仅影响页岩气井的生产效果，而且还影响开发区块的经济效益。

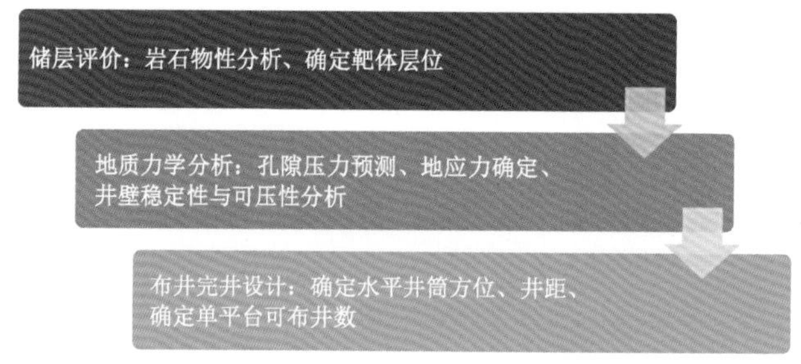

图 4－1－2　工厂化布井流程

1. 国外典型页岩气藏井网密度

目前美国各大页岩气藏平均井网密度约为 3 口/km^2。由于不同的页岩气藏储层特征不同，井网密度存在一定的差异（图 4－1－3），而且井网密度优化工作在页岩气藏的开发中仍在持续进行。

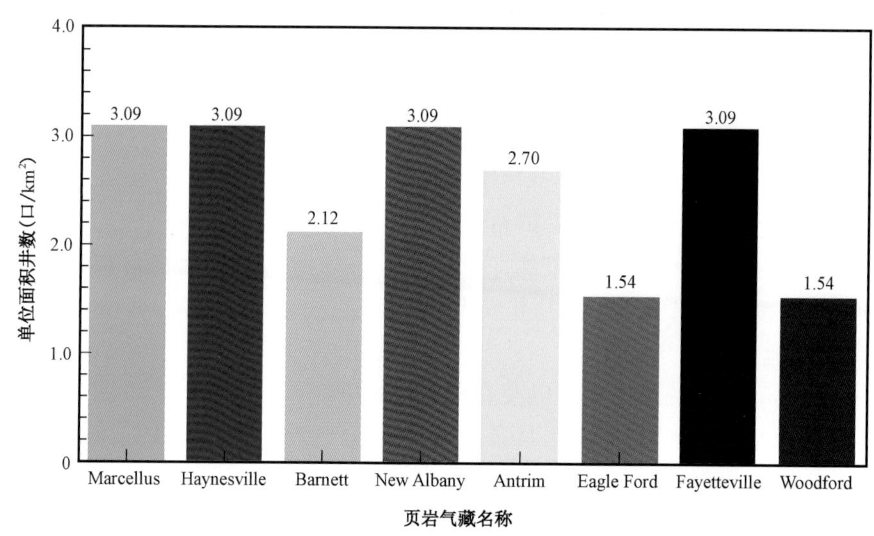

图 4－1－3　美国不同页岩气藏单位面积井数（2011 年）

2. 合理井网密度确定原则

井网密度优化是投入一定资金下最终采收率最大化与回收成本之间的权衡。既要尽可能获得更大的可动用储层面积，又要避免因有效 SRV 部分重叠造成的井间干扰及成本增加（图 4－1－4）。

3. 井网密度影响因素分析

1）水力压裂段间距对井网密度优化的影响

水力压裂段间距对井网密度影响不大，但对采收率具有一定影响。以 Marcellus 页岩气藏为例，在面积为 2.5km^2（1section）[1]的范围中，段间距为 160ft 时，采收率峰值为 58%，对应的最

[1] section 是北美对油气区块划分的基本单元。

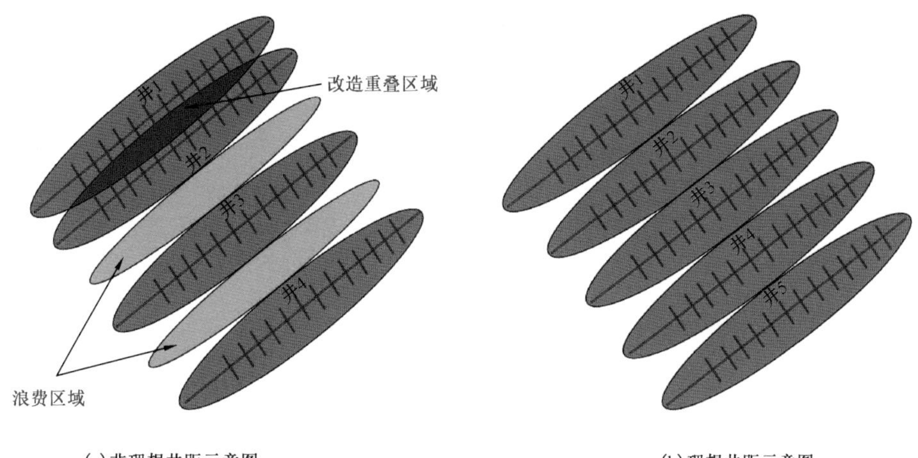

图4－1－4　页岩气工厂化布井合理与非合理井网密度示意图

优井数为5口；当段间距为40ft时，采收率峰值位于66%处，此时最优井数仍为5口。虽然最小段间距方案对应最高的净现值和采收率，但当段间距小于80ft时，气藏采收率增幅小于5%，增幅减缓（图4－1－5、图4－1－6）。

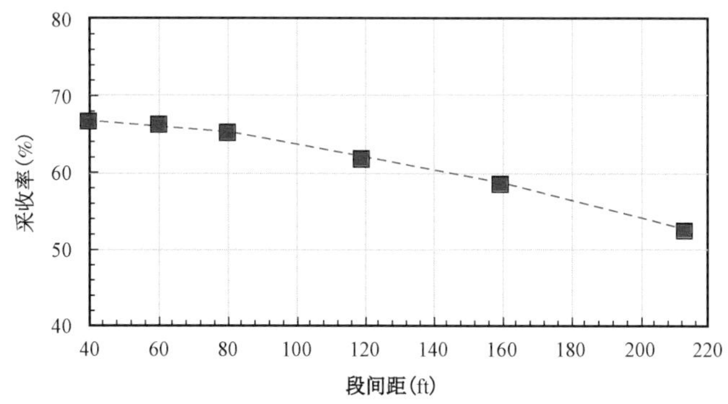

图4－1－5　Marcellus页岩气藏水力压裂段间距与采收率关系曲线（裂缝半长500ft）

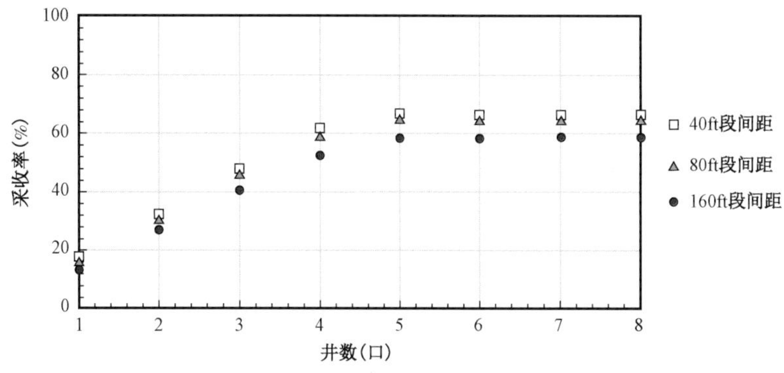

图4－1－6　Marcellus页岩气藏不同段间距对应的井数和采收率

2)裂缝半长对井网密度优化的影响

裂缝半长对井网密度影响较大,裂缝半长越大,井网密度越小。在面积为 2.5km^2 的 Marcellus 页岩区块中,在裂缝半长为 250ft 的情况下,钻 8 口井还未能获得最优的采收率;但当裂缝半长为 900ft 时,钻 3 口气井即可获得最高采收率(图 4-1-7)。

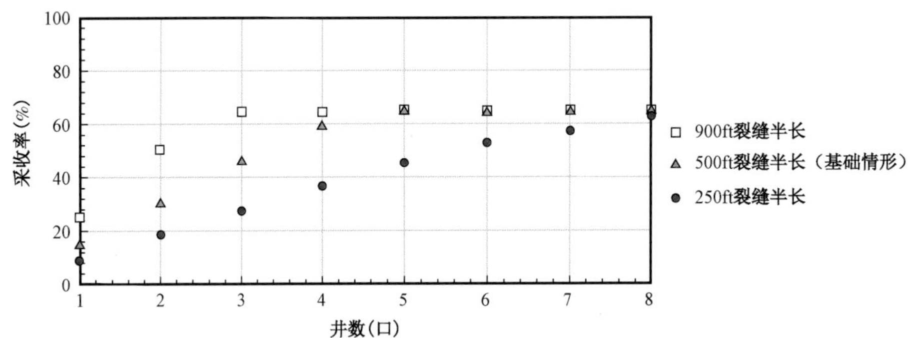

图 4-1-7 Marcellus 页岩气藏生产 60 年时不同裂缝半长对应的井数和采收率

3)渗透率对井网密度优化的影响

当储层的基质渗透率越高时,井网密度应越大。在面积为 2.5km^2 的 Marcellus 页岩区块中,当储层渗透率为 5nD 时,5 口气井对应的采收率仅为 50%,此时净现值(NPV)为负值,资本回收率低于假设的贴现率 10%,表明 5nD 储层开发目前不具经济效益,只有当市场条件回升或投资结构有大幅度下降时,才能获得经济价值。500nD 渗透率储层获得最高采收率和 NPV 时,最优井数为 4 口,即井网密度加大(图 4-1-8)。因为当储层渗透率高于 500nD 时,储层改造区(SRV)以外的区域将对产气做贡献。

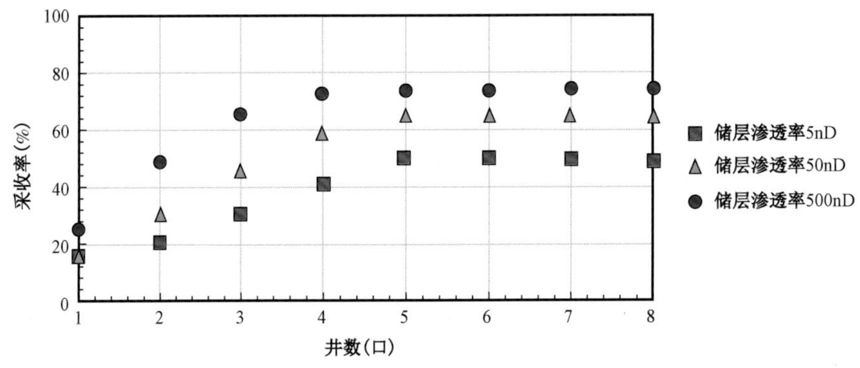

图 4-1-8 Marcellus 页岩气藏储层渗透率对井网密度的影响

4)天然裂缝对井网密度优化的影响

无天然裂缝时井网密度应减小,存在天然裂缝时井网密度相应加大。对于 Marcellus 页岩气藏,生产 60 年时,不存在天然裂缝的情况下气井累计产气量为 $4.75\times10^9ft^3$($1.345\times10^8m^3$),存在两条天然裂缝的气井累计产气量为 $7.0\times10^9ft^3$($1.98\times10^8m^3$)。图 4-1-9 表明,存在天然裂缝时气井产能明显提高。

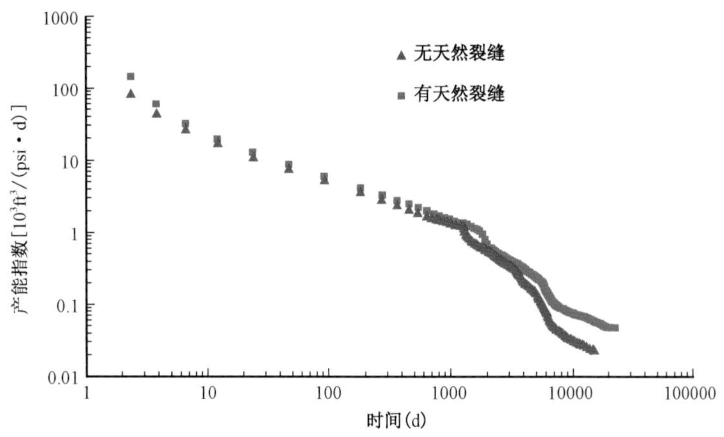

图 4-1-9 Marcellus 页岩气藏不同模型气井产能指数与时间双对数关系曲线

在面积为2.5km^2的 Marcellus 页岩区块中(假设天然裂缝具有无限导流能力),无天然裂缝时,钻5口井采收率才能达到峰值;而存在天然裂缝时,钻4口井即可获得最高采收率,之后随井数增加天然裂缝贡献将减小(图4-1-10)。

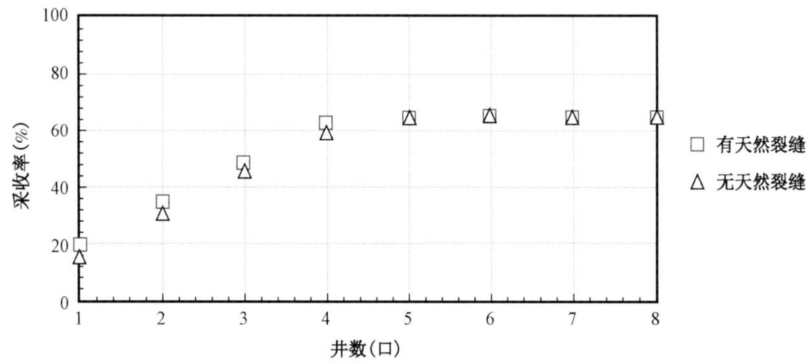

图 4-1-10 Marcellus 页岩气藏有天然裂缝和无天然裂缝井网密度优化曲线

4. 合理井网密度确定方法

1)不同井网密度试验与生产动态监测相结合

该方法以井网密度试验为基础,结合动态监测结果,最终对合理井网密度做出判断。此方法适合于新开发区块的井网密度确定。

首先开展同一平台内不同井网密度及不同平台不同井网密度试验,随后进行动态监测。动态监测主要目的是:(1)根据微地震监测结果估算各压裂段裂缝半长;(2)通过示踪剂跟踪不同压裂段返排液特征,监测压裂措施期间临井沟通程度及不同压裂段相对产能;(3)采用压力计监测邻井在压裂措施期间和措施后气井压力变化;(4)生产分析确定有效裂缝半长;(5)监测对比不同井网密度对应的气井产量变化。依据以上内容确定出合理井网密度后,还需进一步判断不同井网密度条件下是否出现井间干扰。若存在井间干扰,则井网密度还需调整。

2）生产动态分析、随机历史拟合及经济性分析相结合

该方法将生产动态分析、随机历史拟合、经济性分析三者相结合，适合于有一定数量生产井的已开发区块的井网密度优化。首先进行生产动态分析，主要内容包括：（1）生产动态确定气体流动阶段；（2）非稳态流动转化为内部衰减流动后 SRV 尺寸保持恒定；（3）给定的缝间距条件下存在确定的裂缝渗透率和裂缝面积；（4）计算裂缝面积和裂缝半长。第二是进行随机历史拟合，主要内容为：（1）基于蒙特卡洛方法建立随机模型；（2）进行历史拟合；（3）对参数分布范围进行抽样，获取动态预测的潜在模型。第三是进行经济性分析，主要内容包括：（1）设定产量压力限定值，通过不同井网密度对裂缝面积和渗透率进行修正，并对每种模型进行预测；（2）对每种井网密度条件下的所有预测模型进行经济性分析，给出对应的净现值。最后依据每种井网密度对应的净现值累计分布函数，给出 P10、P50、P90（指净现值的统计概率，即某种井网密度对应的 10%、50% 和 90% 可能性的净现值。）不同情景预测，分析预测的不确定性，从而优化井网密度。

三、国外工厂化钻井设计及作业流程

工厂化模式下的页岩气钻井方式为多井平台水平井钻井，即在同一平台布多口水平井，可以极大地减少井场用地，降低开发成本，并将对生态环境影响降至最低。

1. 井身结构设计

水平钻井能否取得成功主要取决于有效的井身设计，页岩气工厂化模式下的井身结构与单井钻井模式下差别不大，设计时主要考虑区域的地质情况和后期压裂作业时的承压能力。Woodford 和 Haynesville 两个区块的页岩气钻井都是采用三级井身结构，其井身参数见下表。

表 4-1-1 Woodford 和 Haynesville 井身结构参数

气藏名称	井眼尺寸（mm）	套管尺寸（mm）	套管钢级	测深（m）
Woodford	508	406.4	J-55	9.14
	444.5	339.7	H-40	141.73
	311.15	219.08	N-80	1676.4
	222.25	139.7	P-110	4206.24
Haynesville	508	406.4	J-55	9.14
	342.9	273.05	N-80	768.10
	205.8	193.68	P-110	3108.96
	171.45	127	P-110	5151.12

2. 轨迹设计

水平段井眼位置主要依据页岩层的物性，水平段方位的设计主要依据地应力资料。水平井段应选择在有机质与硅质富集、天然微裂缝发育程度高的页岩层段，水平井的方位角及水平

段长度对页岩气产量有着重要影响。理论上讲,在与最大水平应力方向垂直的方向上进行钻井,可使井筒穿过尽可能多的人工裂缝和天然裂缝,从而提高页岩气采收率。

3. 钻井流程

同一平台井依次一开,依次固井,依次二开,再依次固完井。钻井、固井、测井设备连续作业。同一平台井一开、二开钻井液体系以及三开油基钻井液体系分别相同,回收后重复利用。根据井场大小及布井数量,每个平台可选择单钻机或双钻机作业。

四、国外工厂化压裂模式

国外页岩气工厂化压裂作业模式的迅速成形主要受三个关键技术应用的推进:(1)水平井的大规模使用;(2)分段压裂增加了裂缝与地层的接触面积,提高了初始产气量和采收率;(3)水平井组间相邻井的同步压裂或者拉链式压裂产生的裂缝改变了地应力,增大了裂缝波及范围。

工厂化压裂与工厂化钻井一样,在一个固定场所进行压裂施工,连续向地层泵注压裂液和支撑剂。工厂化压裂可以大幅提高压裂设备的利用率,减少设备动迁和安装,减少压裂罐拉运,降低工人劳动强度。北美地区页岩气工厂化压裂地面流程如图 4-1-11 所示。

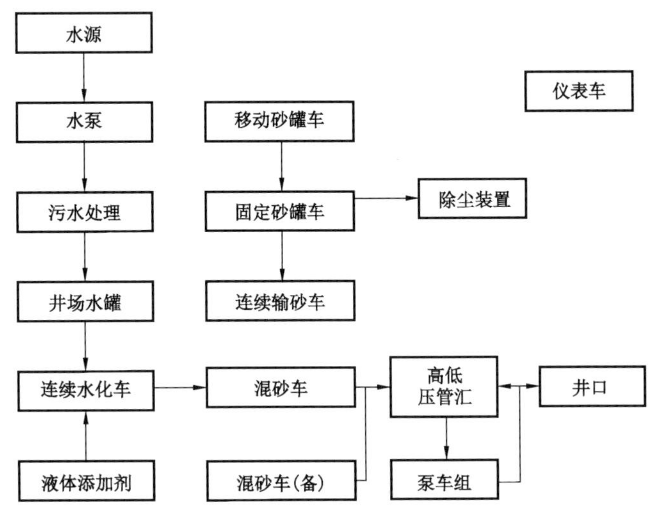

图 4-1-11 工厂化压裂作业主要设备及流程图

1. 工厂化压裂主要设备要求

1)连续泵注循环系统

系统包括压裂泵车、混砂车、仪表车、高低压管汇、各种高压控制阀门、低压软管、井口控制闸门组及控制箱。使用的压裂设备大都是拖车式,其压裂泵车以 2250HP 为主;混砂车的输出排量有 $16m^3/min$ 和 $20m^3/min$ 两种,输砂能力分别为 7.2t/min 和 9.5t/min;高低压管汇上带增压泵(由独立柴油机带动),解决混砂车远离泵车时供液压力不足的问题;羊角式井口内径与套管相同，方便下入各种尺寸的工具，液控闸门使得开关井口安全方便；内径 102mm 的高压主管线，大大减小管线的磨损，延长使用寿命，保证压裂的连续性。

2）连续供砂系统

主要由巨型砂罐、大型输砂器、密闭运砂车、除尘器组成（图4－1－12～图4－1－14）。巨型砂罐适用于大型压裂；实现大规模连续输砂，自动化程度高。双输送带，独立发动机，输砂能力 6.50t/min；密闭运砂车单次拉运砂 22.5t，与巨型固定砂罐连接后，利用风能把支撑剂送到固定砂罐中；除尘设备与巨型固定砂罐顶部出风口连接，把砂罐里带粉尘的空气吸入除尘器进行处理。

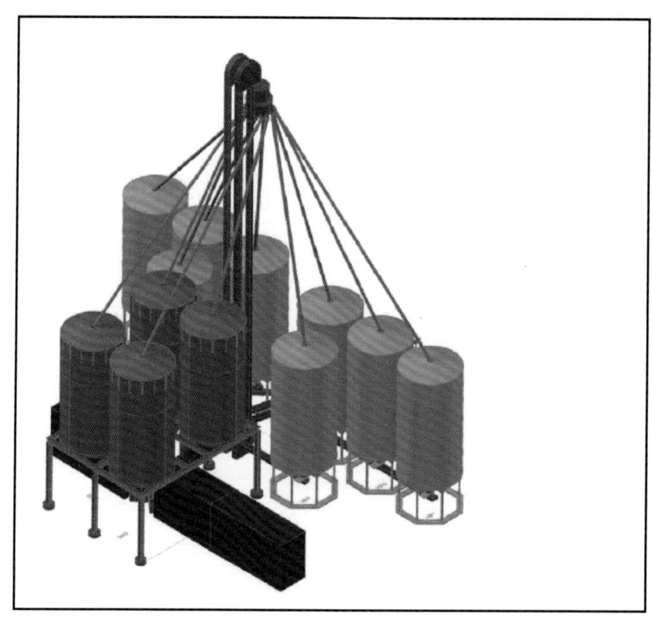

图4－1－12　巨型砂罐组

图4－1－13　大型输砂器

(a)

(b)

图 4-1-14 密闭运砂车与除尘器

3)连续配液系统

由水化车为主,液体添加剂车、液体瓜尔胶罐车、化学剂运输车、酸运输车等辅助设备构成。水化车用于将液体瓜尔胶或减阻剂及其他各种液体添加剂稀释溶解成压裂液的设备。其体积庞大,自带发动机,吸入排量 650m^3/min 以上,可实现连续配液,适用于大型压裂。其他辅助设备把压裂液所需各种化学药剂泵送到水化车的搅拌罐中。

4)连续供水系统

由水源、供水泵、污水处理机等主要设备及输水管线、水分配器、水管线过桥等辅助设备构成。水源可以利用周围河流或湖泊的水直接送到井场的水罐中或者在井场附近打水井做水源,挖大水池来蓄水。对于多个丛式井组可以用水池,压裂后放喷的水直接排入水池,经过处理后重复利用。水泵把水送到井场的水罐中,现场使用的水泵一般是 304.8mm 进口,254mm 出口,排量 21m^3/min,扬程 110m,自吸高度 8m。污水处理机用来净化压裂放喷出来的残液水,主要是利用臭氧进行处理沉淀后重复利用。

5)工具下入系统

主要由电缆射孔车、井口密封系统(防喷管、电缆放喷盒等)、吊车、泵车、井下工具串(射孔枪、桥塞等)、水罐组成。该系统工作过程是:井下工具串连接并放入井口密封系统中,将放喷管与井口连接好,打开井口闸门,工具串依靠重力进入直井段,启动泵车用氯化钾水溶液把桥塞等工具串送到井底。

6)后勤保障及修井作业系统

主要有燃料罐车、润滑油罐车、配件卡车、修井作业车、餐车、野营房车、发电照明系统等。

2. 工厂化压裂模式

要开展工厂化压裂施工,井场布局十分关键,单个井场的施工井数越多、压裂的液量、砂量越大,工厂化压裂的优势越明显。目前工厂化压裂模式有两种:拉链压裂与同步压裂(图 4-1-15)。

1)同步压裂

同步压裂技术是体积压裂的另一种思路,同步压裂是对 2 口或 2 口以上的配对井同时进行体积压裂,压裂过程中通过裂缝的起裂改变地应力场,借助应力的相互干扰以增加水力压裂

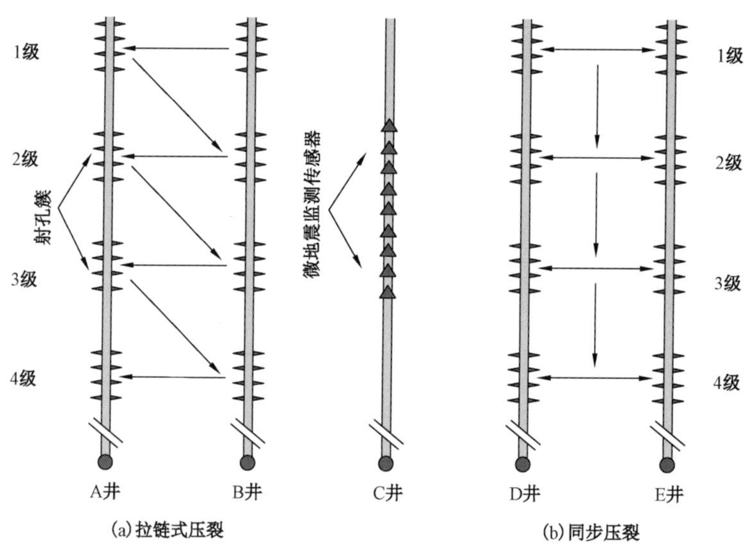

图 4－1－15　拉链式压裂与同步压裂示意图

裂缝网络的密度及表面积，达到初期高产和长期稳产的目的。最初同步压裂是对两口相邻且平行的水平井进行同时压裂，由于技术的进步，目前已发展成 3 口井甚至 4 口井同时压裂。同步压裂对环境伤害较小而且设备利用率很高，压裂井一般在一周内进行完井，节省了压裂成本，因此它的收效很大。采用该技术的页岩气井短期内增产非常明显，是页岩气开发中后期比较常用的压裂技术。

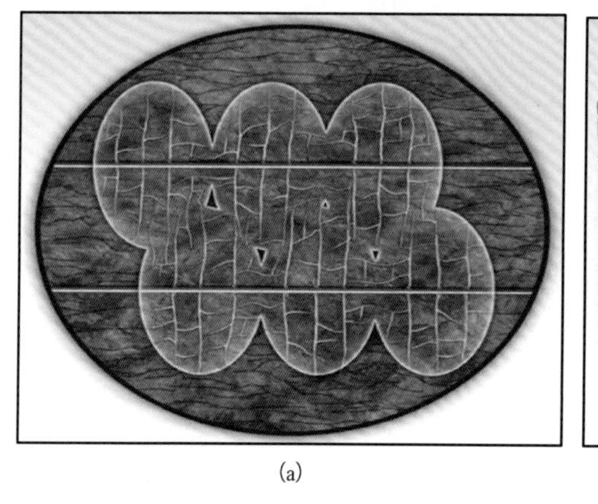
(a)

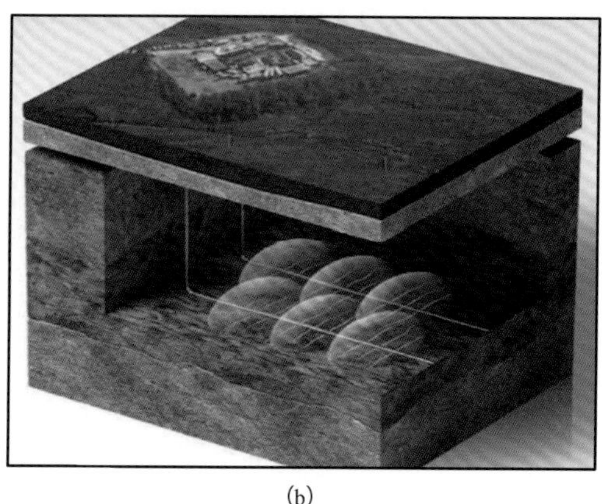
(b)

图 4－1－16　同步压裂形成缝网示意图

2）拉链式压裂

拉链式压裂原理与同步压裂相似，能够大幅度提高工厂化压裂效率。拉链式压裂工作模式是对同一平台上的 2 口水平井进行施工时，只需要一支压裂队伍和一支射孔队伍即可快速地完成作业。压裂人员对 1 口井进行压裂施工时，射孔人员可以在邻井进行射孔、下桥塞作业。两支队伍在 2 口井之间短距离交替施工，可以高效完成 2 口井的作业。如果在一个区域内同时对超过两口井进行压裂施工，可以通过顺序压裂产生高密度缝网。例如，4 口井进行压裂施工，两支队伍先对外侧的2口井进行施工，再对内侧的2口井进行施工，可以产生密度更高的裂缝网络。施工规模可以结合井网密度、地质构造、水力裂缝长度以及密度来进行调整。

五、国外工厂化地面配套

美国页岩气地面工艺大多采用标准化和模块化设计，且考虑一定的设计弹性，通过对相关模块化设备的组装或拆减来快速调整站场的处理能力，以适应页岩气产能的波动，可提高地面工艺系统的施工效率与设备重复利用率，节约气田开发成本。

美国页岩气田的组成单元一般包括：单井（井组）—井场—集气站（增压站）—中心处理站—水处理中心。典型页岩气井场布局为气井布置在井场中间，生产设施布置在一边，同时需要考虑后续钻井、压裂、试采等操作所需空间，每个页岩气井场所管辖的页岩气井或井组的数量一般为4～20口。

1. 集气站布置

一般一口页岩气井配置一个气液分离器。开采出来的页岩气在井场进行除砂、气液分离等简易处理后，通过集气支线进入相应集气增压站进行二次气液分离、增压。从集气增压站出来的页岩气通过集输干线进入中心处理站。美国页岩气田的中心处理站一般布置在整个气田中心区域，方便接收页岩气田各井场或集气增压站来气。页岩气田中心处理站一般包括入口气液分离、脱酸、脱水、气体计量、压缩装置等。首先进行气液分离，如果分离出的液体中含有凝析油，还需进行油水分离，分离出的凝析油运输到炼油厂进行处理，分离出的产出水运送至水处理中心。气液分离后的页岩气经过脱酸、脱水以及脱汞、脱氮气的净化处理。经过增压、计量后大部分页岩气进入长输管道外输，还有一部分页岩气用作气举气返输至井场（图4－1－17、图4－1－18）。

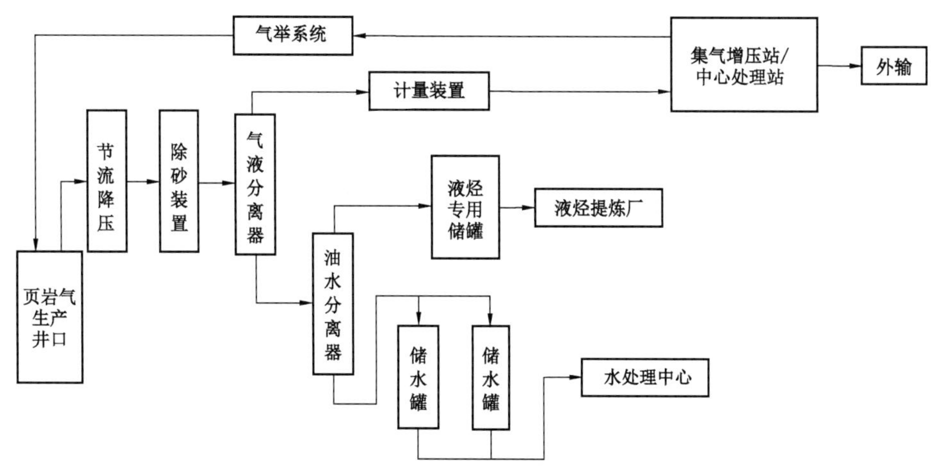

图4－1－17　美国 Barnett 页岩气田典型井场工艺流程图

此外，井场内每口气井均设有数据远传装置，在井场附近的操作控制室以及页岩气田远程控制中心可以实时监控每口井的产量、压力等的变化情况，实现页岩气开发的自动化管理。

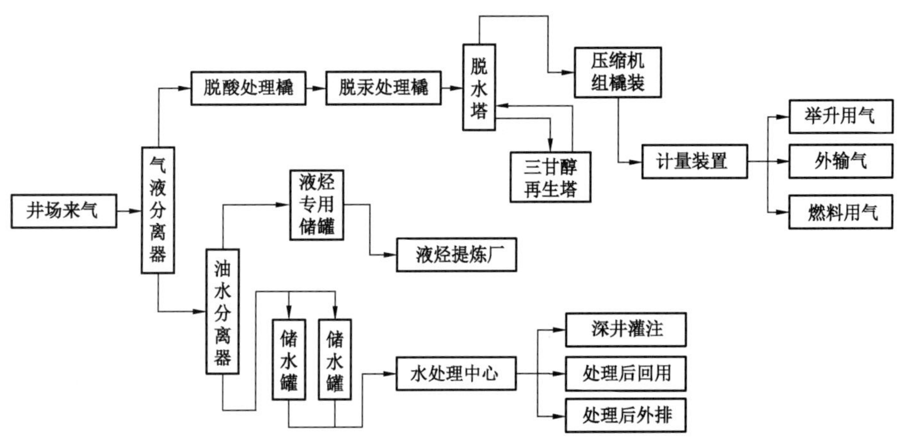

图 4-1-18　美国典型页岩气中心处理站工艺流程

中心处理站中的脱水、计量、增压等装置一般均采用橇装设计，可根据页岩气产能的变化对橇的数量进行相应调整，以适应页岩气田产能波动。

2. 管网形式

美国页岩气富集区地势一般较为平坦，地广人稀，有利于地面集输系统建设，可选用的地面集输管网布置形式较多，主要分为 4 类，即枝状管网、放射(辐射)状管网、环状管网以及组合型管网。管网形式的选择主要取决于页岩气田开发方案、气井井口压力、井间距、气体组分、地形地貌、井位布置、集气规模、当地的环保法规以及所处地区交通、环境等因素。

枝状管网一般适用于不进行井口增压且井口压力大于或等于 0.689MPa、产气热值低于 45MJ/m^3、气井间距分布均匀的页岩气田，其布置形式如图 4-1-19 所示。当页岩气井场分布在狭长的带状区域内，位置相对分散时，也可采用枝状管网，美国 Haynesville 页岩盆地许多页岩气集输管网布置均采用枝状管网。

放射(辐射)状管网适用于井口压力保持在 0.35MPa 左右，且开采出的页岩气中凝析油含量较高的页岩气田(图 4-1-20)，如美国北达科他州的 Bakken 页岩气田以及美国绝大多数煤层气田。

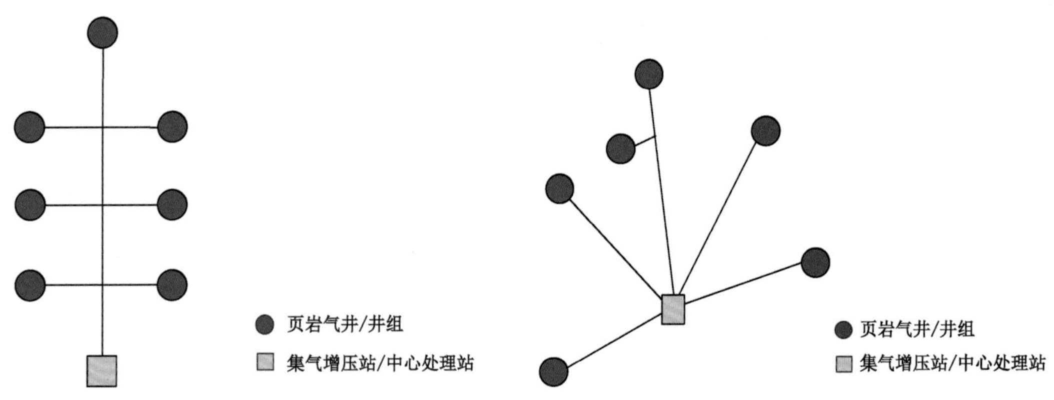

图 4-1-19　枝状管网示意图

图 4-1-20　放射(辐射)状管网示意图

环状管网通常适用于井场基础设施安装初期，该阶段的井场布局和各页岩气井压力变化特征不清楚。同时，适用于面积较大且呈圆形或椭圆形的页岩气田，不适用于地形复杂的页岩气田，如美国的 Barnett 页岩气田和 Marcellus 页岩气田等均采用环状管网布置形式（图 4－1－21）。对于同样的输送规模，环状管网与枝状管网相比水力可靠性更高，但环状管网的投资建设费用普遍高于枝状管网。

在实际工程中，页岩气集输管网多数为两种及两种以上管网形式的组合（图 4－1－22），如美国 Barnett 的一些区块即采用环状与枝状组合管网。

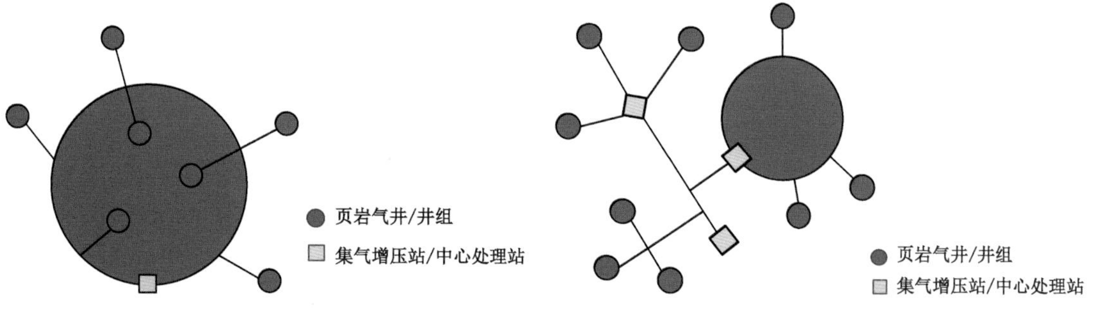

图 4－1－21　环状管网示意图　　图 4－1－22　组合状管网示意图

3. 地面设备配置

国外在页岩气工厂化开发地面设备配置方面，从早期的单井配备固定数量的永久性设备逐渐向数量精简、模块化方向发展。

早期每口井配备两级分离器，一个 12 口页岩气井的平台上，需要配备 63 台套的永久性处理设备。

图 4－1－23　国外早期的页岩气井平台地面设备布局

经过逐步优化并借鉴海上的试气分离方式后，一个 14 口页岩气井的平台上，只需配备少量的永久性处理设备（图 4－1－24）。

图 4-1-24　国外优化后的页岩气井平台地面设备布局

未来将按照每个平台的产量数据合理确定采集系统的规模，配置相应的地面设备，达到既满足生产需要，又能降低设备成本的目的（图 4-1-25）。

图 4-1-25　国外未来发展的模块化概念多井平台地面设备布局

通过不断改进和发展，平均单井占地面积和井场使用的地面设备数量逐渐减少，极大地降低了成本（表 4-1-2）。

表 4-1-2　国外多井平台占地面积及地面装置数量的演变

平台演变	单井	1 代多井平台	2 代多井平台	2.1 代多井平台	3 代多井平台
井场占地面积（ft×ft）	300×300	525×375	550×450	575×530	400×400
单个平台井数	1	8	16	32	32
分离器数量	—	16	12	12	10
单井占地面积	—	0.56acre/井	0.36acre/井	0.22acre/井	0.12acre/井
预计产气峰值（$10^6ft^3/d$）	—	10	10	15	15
建设周期（mon）	—	3	3	3	3

第二节　适用于南方海相页岩气开发的工厂化生产模式

南方海相页岩气区块所处的地理环境、交通运输条件等与国外有很大差异，因此照搬国外的工厂化开发模式不一定适用，应根据我国的具体情况，确定适用的开发模式。

一、南方海相页岩气区块的地理条件

南方海相页岩气富集区主要分布在四川盆地、鄂东渝西及下扬子地区，尤以四川盆地为主。目前已经证实的有利区块多位于丘陵和中低山地区，耕地肥沃但平地面积不多，交通和水源受限，且人口相对稠密，受环境生态因素制约多(图4－2－1)。

(a)

(b)

图4－2－1　四川盆地典型地形地貌

在这种环境条件下开发页岩气，开发方式会受到一些因素的影响。例如不能占用农田；因交通运输的不便井场选址需要考虑就近取水；要尽可能最大化地利用井场和水资源。

二、适用的工厂化布井模式

依据美国页岩气开发成功经验，南方海相页岩气要进行“工厂化”开发，也应采取“平台＋丛式井组”的布井模式，这种模式不仅有利于地下资源的动用，而且能够实现作业的集约化，从人、财、物上最大化地降低成本。

1. 常规双排布置

常规双排布置即单平台双排对称布置，工程难度适中，平均单井占用井场面积小，平台利用率高，但平台正下方存在较大面积的开发盲区。这种布井技术基本成熟，是目前南方海相页岩气区块水平井的主要布井方式，一般井间距5m、排间距30m、垂直靶前距300m、巷道间距300m，采用双钻机作业(图4－2－2、图4－2－3)。

2. 常规单排布置

单平台同向布置，占用的井场面积小，工程难度适中，布井灵活，受地面条件限制相对小，但平台利用率低。单排顺序布置采用单钻机作业，井间距5m，垂直靶前距300m，巷道间距300m(图4－2－4、图4－2－5)。

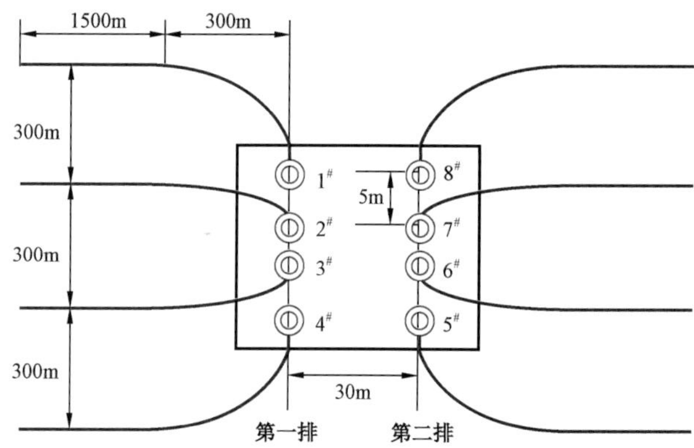

图 4－2－2　单平台 8 口井双排布置平面示意图

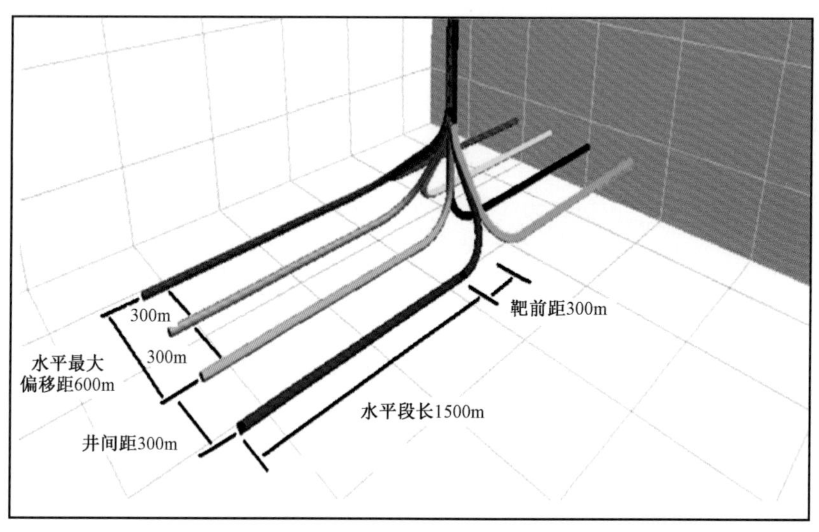

图 4－2－3　单平台 8 口井双排布置 3D 示意图

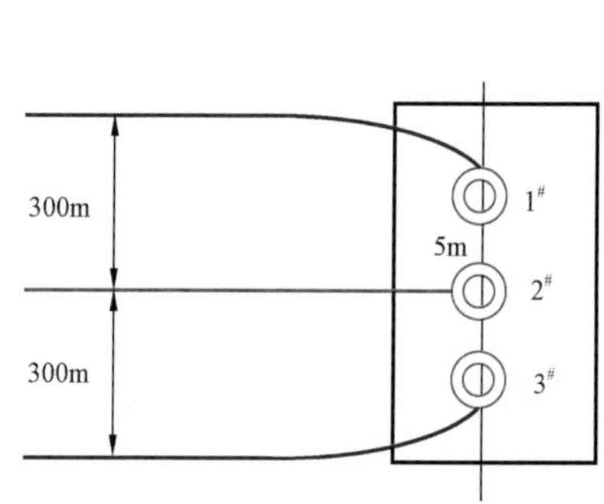

图 4－2－4　单排 3 口井示意图

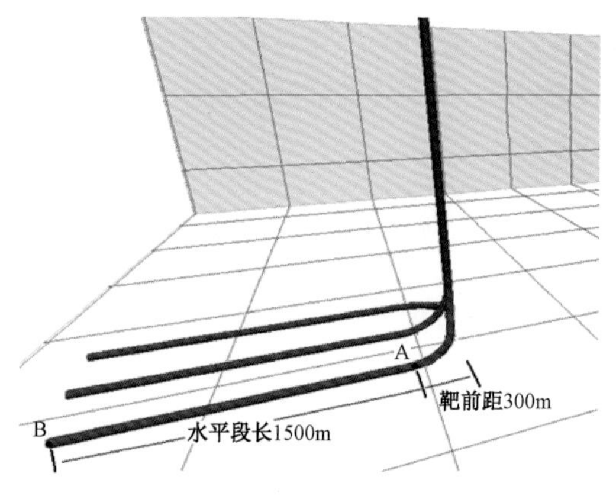

图 4－2－5　单排顺序布置 3D 示意图

3. 双平台交叉布置

双平台交叉布置即采用两个平台双排交叉式布井,两个水平井组单侧井互相对另一平台正下方储量进行利用,但对布井地面条件要求高(平台间距1700m)(图4-2-6、图4-2-7)。

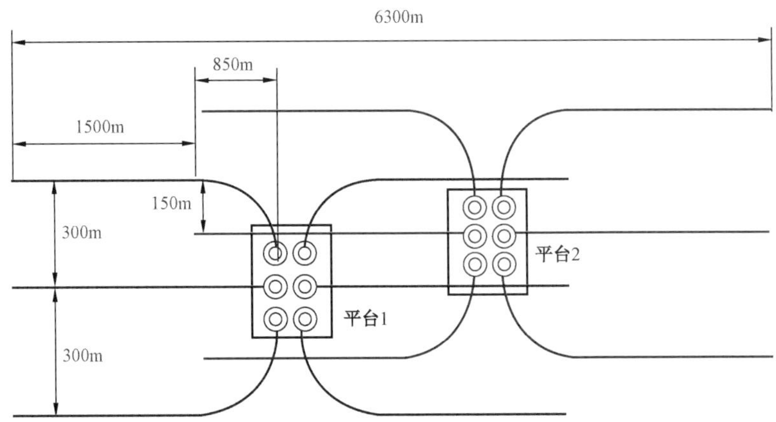

图4-2-6 双平台交叉布置平面示意图

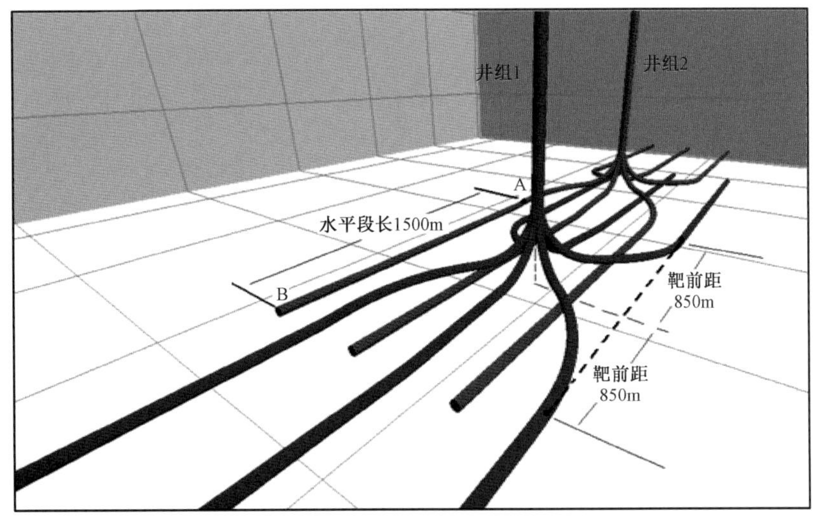

图4-2-7 双平台交叉布置3D示意图

该类布井,对钻井而言主要是垂直靶前距大,井眼轨迹中的狗腿度较小,施工难度相对较小。但随着水平段延伸,垂直靶前距增大,稳斜段也相应增长,从而摩阻扭矩增大。

4. "勺"形井组布置

"勺"形井利用"勺"形反向位移,可缩短垂直靶前距,达到减小平台正下方开发盲区的目的,反向位移越大,垂直靶前距越短,"盲区"则减小越多,但同时反向位移越大,钻进中摩阻扭矩越大,因此合适的垂直靶前距是"勺"形井布井要考虑的关键因素。目前这种布井方式已在南方海相页岩气部分区块实施,推荐垂直靶前距不低于50m。为降低邻井碰撞几率,相邻两井水平段方向应相反(图4-2-8、图4-2-9)。

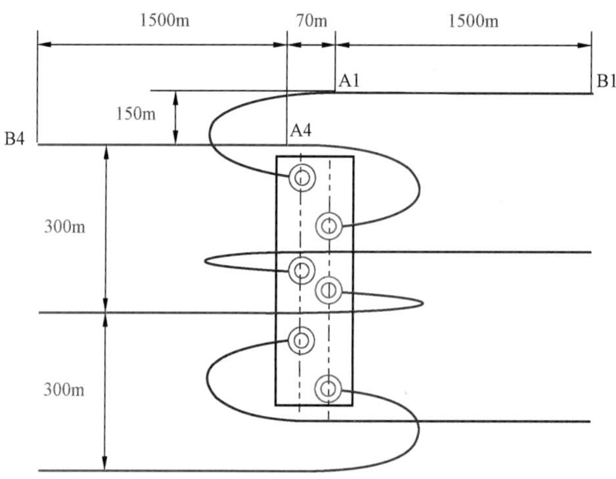

图 4－2－8 “勺”形井组布置平面示意图

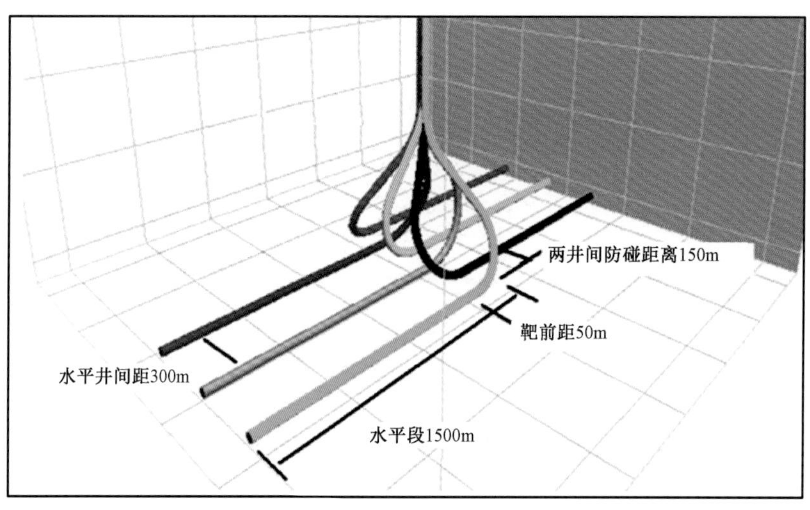

图 4－2－9 “勺”形井组布置 3D 示意图

对上述 4 种布井模式，从工程参数、工程难易程度、钻井成本、布井要求等方面进行对比（表 4－2－1、表 4－2－2）。

表 4－2－1 四种布井模式相关参数指标对比

方案	全开发面积（km^2）	井数（口）	平台数（个）	靶前距（m）	理论盲区面积（km^2）	总进尺（m）	总水平段长×井数（m×口）	平均单井进尺（m）	最大造斜率（°/30m）	下套管最大摩阻（t）
常规双排	2.16	6	1	300	0.36	26041	1500×6	4335	5	23.2
常规单排	1.08	3	1	300	0.18	12985	1500×3	4328	5	19.23

续表

方案	全开发面积（km^2）	井数（口）	平台数（个）	靶前距（m）	理论盲区面积（km^2）	总进尺（m）	总水平段长×井数（m×口）	平均单井进尺（m）	最大造斜率（°/30m）	下套管最大摩阻（t）
平台交叉	3.78	12	2	850	0.12	56258	1500×12	4688	4.5	20.85
“勺”形井组	1.86	6	1	50	0.04	25729	1500×6	4288	6	23.5

表4-2-2 4种布井方式优缺点对比

方案	优点	缺点
常规双排	(1)技术成熟,为目前主要布井方式; (2)布井灵活,受地面条件限制相对小; (3)可双钻机作业	“盲区”面积大
常规单排	(1)单平台面积小; (2)不存在开发“盲区”; (3)单井进尺少; (4)成本低	平台利用率低
平台交叉	(1)造斜率低、狗腿度小; (2)钻井相对容易; (3)不存在开发“盲区”; (4)可双钻机作业	(1)布井受地面限制; (2)单井进尺多; (3)成本高
“勺”形井组	(1)布井灵活,受地面条件限制相对小; (2)单井进尺少; (3)开发“盲区”面积小; (4)可双钻机作业; (5)成本低	(1)三维井身剖面复杂; (2)下套管摩阻、扭矩大

通过对比分析,南方海相页岩气工厂化布井模式应以双排型和单排型布井模式为主,具体布井模式的选择需综合地面平台部署条件、地层倾角等因素。在技术成熟条件下,为最大限度提高资源动用率,可采用“勺”形布井模式。

三、适用的工厂化钻井模式

1. 钻井流程

工厂化模式下的钻井流程可以说是一个批量作业流程。一个平台上单钻机作业时主要包含4项作业内容,即导管与表层作业、二开钻进与技术套管固井作业、三开钻进与生产套管固井作业和完井与试气准备作业(图4-2-10)。当一个平台有多部钻机的情况下,每部钻机作业流程与单钻机作业相同(图4-2-11)。钻井期间的钻井液进行回收再利用,大幅缩减材料消耗。

作业流程	作业内容		作业进程（平台开钻 ——→ 平台完钻）			
	在线时间	离线时间	导管与表层作业	二开钻进与技术套管固井作业	三开钻进与生产套管固井	完井作业与试气准备
导管与表层作业	立井架+调试钻机					
	开孔钻进					
	下导管+固井+装防喷器+试压+一开准备		第1口井			
	一开钻进		第2口井 …			
	下表层套管+固井					
	移钻机至下口井					
二开钻进与技术套管固井作业	安装一级套管头	安装上口井一级套管头				
	组装二开井口防喷器组+连接井控管汇			第N口井		
	连接井控装置+试压					
	下钻探塞+钻塞					
	二开直井段钻进	配制水基钻井液				
	定向造斜钻进			… 第2口井		
	通井+电测					
	下入技术套管+固井					
	移钻机至下口井					
三开钻进与生产套管固井	安装二级套管头	安装上口井二级油管头				
	配置油基钻井液				第1口井	
	连接井控装置+试压					
	下钻探塞+钻塞					
	三开定向造斜钻进					
	水平段钻进				第2口井 …	
	通井+电测					
	下生产套管+固井					
	移钻机至下口井					第N口井
完井作业与试气准备	安装油管头	安装上口井油管头				
	安装井控装置+试压					
	接小钻具					
	下钻探塞+扫塞					
	刮壁					… 第2口井
	通径+替射孔液					第1口井
	测固井质量+套管试压					
	移钻机至下口井					
	安装盖板法兰	安装上口井盖板法兰				
	甩钻具放井架准备搬迁					

图 4-2-10　单钻机页岩气工厂化钻井作业流程

在井场布局允许的情况下，单个平台采用双钻机的钻井效率更高，但同时对生产组织的要求也更高。在人员设备的调度、作业的衔接、物资的配置共享等方面，需要在相关页岩气专项作业规范指导下有序进行（图 4-2-12）。

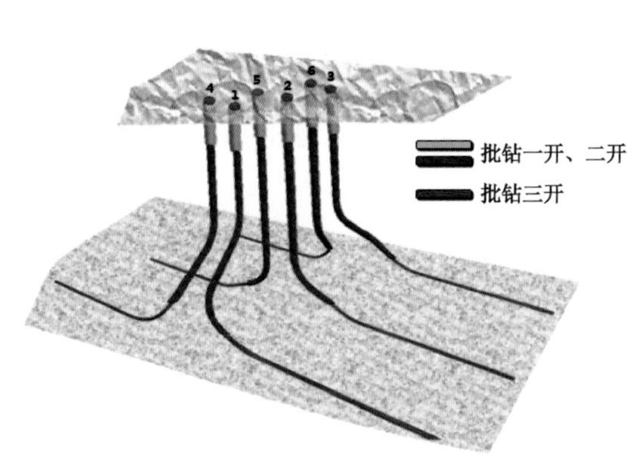

图 4-2-11　批量钻井示意图

图 4-2-12　双钻机平台钻井作业现场

2. 工厂化专用钻机

由于地形条件限制，井场面积相对较小，实施工厂化作业需要便于灵活移动的钻机，选择滑轨式钻机能够满足快速移动要求。通过对比（表4－2－3），滑轨式钻机运移装置结构简单，操作和维护方便，配套周期短，只需增加滑轨和液压运移装置，且液压运移装置可以多平台共用，适用性较好（图4－2－13、图4－2－14）。

表4－2－3 不同移动方式钻机对比

移动方式	移动方向	移动速度（m/min）	地基最低强度（MPa）	井位要求	定位方向	现有钻机改造可行性
轮轨式	横向	0.3	0.4	单列/直线	单向	×
滑轨式	x/y 方向	0.3	0.4	多列/直线	单向	√
步进式	任意方向	0.11	0.8	任意排列	任意	√

图4－2－13 滑轨式液压移动装置

图4－2－14 步进式液压移动装置

四、适用的工厂化压裂模式

1. 压裂方式

拉链式和同步压裂是工厂化压裂的两种方式。在设备需求、施工场地和供水要求、压裂效果等方面有所差异（表4－2－4）。

表4－2－4 同步压裂与拉链式压裂对比

作业模式	同步压裂	拉链压裂
优点	（1）时效更高； （2）同时压裂，应力干扰强，形成裂缝更复杂	（1）设备使用量少； （2）应对设备故障能力更强； （3）占用场地少，现场协调组织容易； （4）对供水要求相对更低

续表

作业模式	同步压裂	拉链压裂
缺点	(1)设备及配套设施多,至少2套; (2)需要较高的设备保障能力; (3)占用场地面积大; (4)现场组织协调难度大; (5)对供水要求更高; (6)噪声污染更严重	与同步压裂相比,时效相对较低,形成的缝间干扰较小

通过南方海相页岩气区块两个平台分别开展的拉链式和同步压裂试验对比(表4-2-5),两者工厂化压裂方式的效率明显高于单井压裂,而拉链式压裂和同步压裂平均每天压裂段数相差不大,即施工效率相当。但是因为同步压裂对场地大小和供水能力要求更高,因此拉链式压裂方式更适合于南方山地条件(图4-2-15、图4-2-16)。

表4-2-5 不同作业方式压裂时效分析对比

井号	作业模式	压裂段数	平均每天压裂段数	单天最多压裂段数
长宁H3-1、长宁H3-2	拉链式压裂	24	3.2	4
长宁H2井组	同步压裂	48	4.0	6
长宁H3-3井	单井压裂	8	2	2

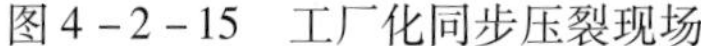

图4-2-15 工厂化同步压裂现场

图4-2-16 工厂化拉链式压裂现场

现场试验证明,实施拉链式压裂后,井间和段间的应力干扰有助于裂缝转向,能够形成更加复杂的缝网和沟通更大范围的储层有利区域,形成更大的储层改造体积,完全能够满足储层改造的需要。

2. 拉链式压裂流程

工厂化拉链式压裂流程:压裂泵车一次连接所需压裂井(井数视设备及作业能力而定),每口井压裂段之间采用桥塞封隔,分段进行射孔压裂。压完第一口井的第一级立刻切换到另一口井的第一级,直至所有水平井作业全部完成(图4-2-17)。

压裂井次	压裂顺序 →															
第1口井	第1级				第2级				…				第N级			
第2口井		第1级				第2级				…				第N级		
…			第1级				第2级				…				第N级	
第N口井				第1级				第2级				…				第N级

图 4－2－17　拉链式压裂作业流程

3. 适用的压裂专用配套设备

为了更好地根据压裂施工情况进行实时调整，节约材料和减少环境污染，在工厂化压裂实施时采用压裂液连续混配工艺。

对于瓜尔胶压裂液的连续混配，可以借助国产连续混配车实现。连续混配车主要包括液压系统、动力系统、混合系统、搅拌系统、控制系统、粉料输送系统、液体添加剂系统等。改造后的国产连续混配车，具有计算机自动控制、压裂液精确配比等功能，目前速溶瓜尔胶压裂液的连续混配能力达到 $14m^3/min$，具体工艺流程如图 4－2－18 所示。

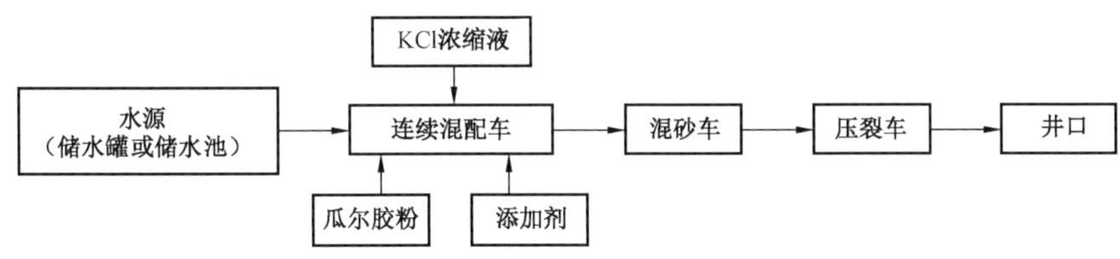

图 4－2－18　速溶瓜尔胶压裂液连续混配工艺流程图

滑溜水连续混配流程包括连续供水系统、添加剂在线精确加入系统、工作液混合系统等。工艺流程如图 4－2－19 所示，首先泵入清水并计量其流量，根据清水流量大小添加剂系统按比例加入各类添加剂后供给混砂车。目前该工艺可满足不低于 $25m^3/min$ 的连续混配要求。

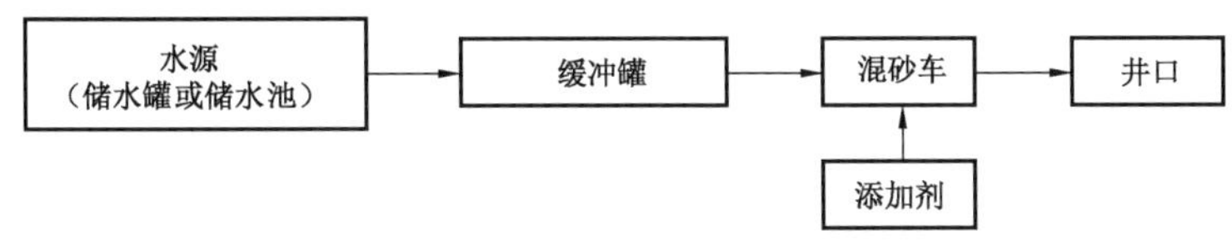

图 4－2－19　滑溜水连续混配工艺流程图

页岩气工厂化压裂施工规模大，用液量、用砂量巨大。目前南方海相页岩气开发井场用地受到地形条件限制，传统的钢制储液罐因占地面积大不适用，在这种条件下，可折叠软体储液罐应运而生（图 4－2－20），与同积钢制罐相比（表 4－2－6），可折叠软体储液罐的应用不仅能满足页岩气井压裂液的储液需求，而且大幅度减小井场占地面积，降低运输成本和施工费用。

图 4－2－20　可折叠软体储液罐先导试验情况

表 4－2－6　同容积（$40m^3$）可折叠软体储液罐、钢制罐技术参数对比

技术参数	可折叠软体储液罐	钢制罐
底座规格（m×m）	4.3×3.3	9.0×2.6
占地面积（m^2）	13.2	23.4
运输状态高度（m）	1.47	2.95
工作状态高度（m）	6.3	2.95
罐体质量（t）	3.7	10.5
每车运输罐体数量（个）	4	1

五、适用的地面集输系统

页岩气田具有初期产量较高，而后期快速衰减的显著特征，且不同页岩气田产能差异非常大，甚至同一页岩气田不同区块产能差异都很大。而且早期返排液量较大，后期减小。我国南方海相页岩气富集区地形以山地为主，多井平台分布较为分散，且因井场大小受限，平台布井数量以 4～8 口井居多。针对以上特点，国内的页岩气工厂化开发地面集输系统设计应因地制宜，地面设备应尽量橇装化，实现不同生产阶段的任意橇装组合和平台间快速复用。

对于集气量较大气田，为了避免压力波动和满足集气要求，需设置集气站进行集气，推荐采用二级布站形式。在布置集气站和处理厂时，可以使用井组划分和最优化方法对集气站和处理厂的数量和位置进行优化设计。

1. 管网布局

页岩气内部集输管网根据平台建设时间和外界地形限制，主要选择两种管网布局形式（图 4－2－21）。

上图所示两种布局，图 4－2－21（a）为典型放射型管网，主要应用于不同时期建设平台，以减小平台间因压力不一致而造成的影响，利于集中增压，减少平台压缩橇装的使用。图 4－

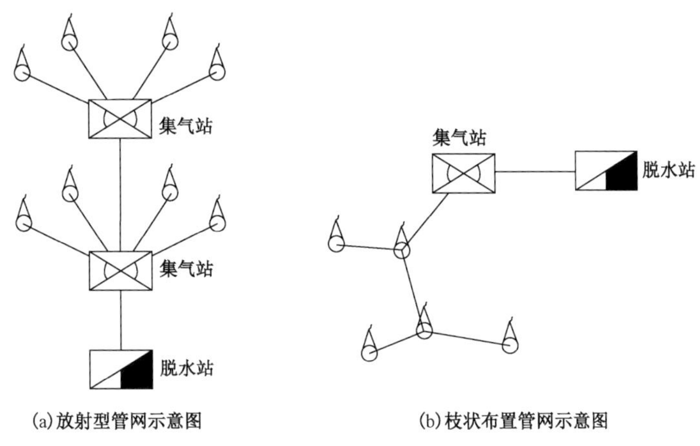

图 4－2－21　页岩气内部集输管网典型图

2－21(b)为枝状布置管网，主要应用于同时期建设、压力基本一致的平台，此类型管网可减少集气站数量，降低工程投资；此类型管网亦适用于受地形限制不能按照放射状布置管网的区域，缺点是当平台间压力不一致时，低压平台需要使用平台增压橇装进行生产。

根据页岩气井生产特点，管径选择以“高压、厚壁、小管径”为原则，统筹计算，兼顾页岩气井各个生产时期要求。单个集气站负责 4～6 个平台井站(30～40 口单井)，以降低集气站处理规模，降低系统运行风险。根据以上原则，确定管网布局以放射状为主，局部因地形限制呈枝状布置。

由于在我国南方海相页岩气富集区，单一形式的地面集输管网难以实现高效低成本开发的目的，集输工艺应根据气田内部与外输条件的具体情况进行多组合方案的技术经济性比选后最终确定。

2. 平台井站工艺流程

根据生产阶段的不同，平台井站采用 4 种不同的工艺流程及设备进行生产。4 个阶段分别为：排液生产期(开井后约 45 天)，此阶段气井井口压力高，产气、产液量均较大；正常生产早期(排液生产期后约 3 年)：此阶段气井以定产降压方式生产，压力降至输压后将采取增压方式生产，表现为井口压力平输压后压力、产气量、产液量逐步降低；正常生产中期(正常生产早期结束后约 2 年)：此阶段气井压力、产气、产液量进一步降低，采取增压方式生产；正常生产末期(正常生产中期结束后至气井废弃)：此阶段气井生产主要特点为低压低产，生产参数趋于稳定。根据页岩气井不同阶段的生产特点，平台工艺与设备应采用“五化”设计，即标准化工艺、集成化功能、模块化设计、规模化采购、橇装化制造，以提高工厂化效率。

排液生产期：开井后约 45 天，此阶段为气井测试期，产气、产液量大，井口压力高。站场内使用井下试油队安装的测试设备进行生产，该部分设备不纳入地面工程部分。为保护采气管道，在测试流程下游由地面工程安装一套橇装汇管及过滤分离器，避免测试设备未完全分离的返排液及砂进入采气管道。该阶段结束后将地面工程安装的橇装汇管及过滤分离器拆除，搬迁使用。

正常生产早期:测试期结束后,地面工程建设进入正常生产早期阶段。根据气藏、采气工程需要,采用单井连续计量工艺流程,以获取连续准确的生产数据。每口井设置独立的分离计量橇装,井口产物经除砂后单独进行分离计量,再汇集输送至集气站(图4-2-22)。

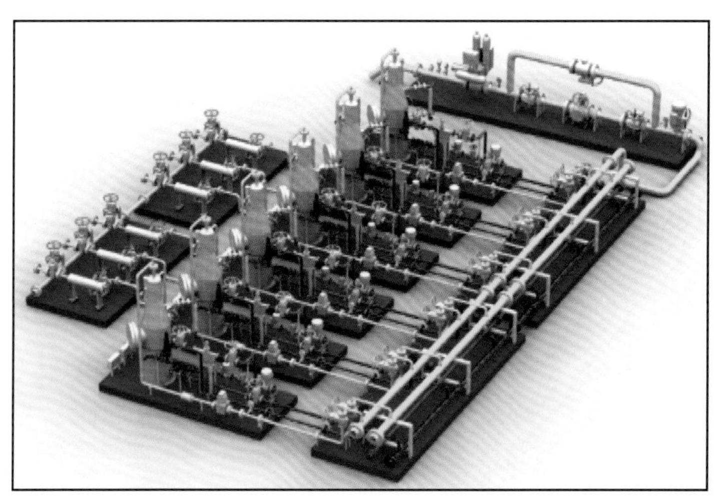

图4-2-22 页岩气生产早期平台工艺

正常生产中期:正常生产早期(约3年)结束后,气井压力、产气量、产液量都降低,工艺设备处理能力富余。富余设备将搬迁至新建平台使用,减少新购设备,降低工程投资(图4-2-23)。

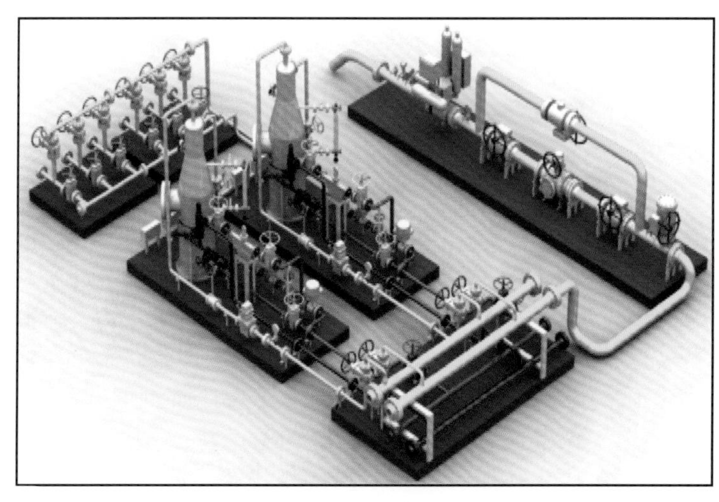

图4-2-23 生产中期平台工艺

正常生产末期:正常生产中期(约2年)结束后,气井压力、产气量、产液量趋于稳定且液量极低,进入低压低产阶段。此时拆除除砂分离计量橇装,更换为一套2路计量一体化橇装,其他的工艺流程及设备保留不变,外输采用气液混输模式。拆除的除砂分离计量橇装搬迁至其新建平台使用,降低新建平台工程投资(图4-2-24)。

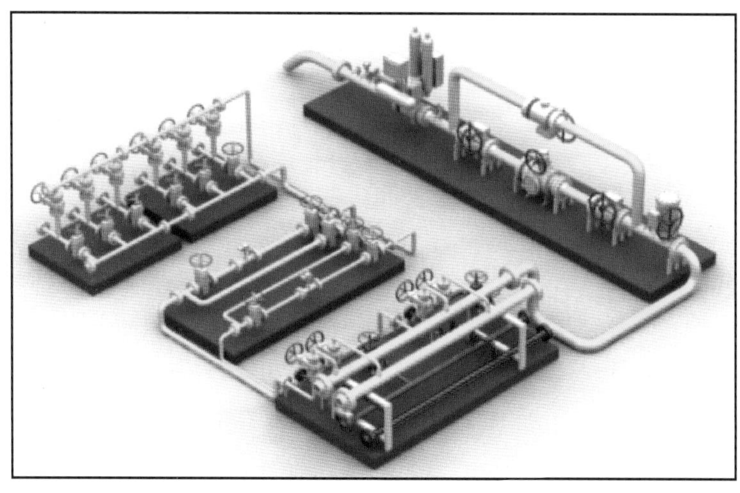

图4－2－24 生产末期平台工艺

在井口工艺中应考虑除砂和抑制水合物的生成问题，在集气站内需设置增压设备以适应页岩气开采后期的压力衰减问题，在脱酸过程中应根据页岩气的气质特性选用不同化学溶剂进行脱硫，对于对水露点要求不高的气田可采用三甘醇工艺脱水。

3. 信息化管理系统

为了进一步提高页岩气工厂化生产的效率，在地面配套建设当中应考虑将信息化融合到其中。开展三维化站场、数字化管道建设，实现“单井无人值守＋中心站集中控制＋远程支持协作”的管理新模式。在脱水站、集气站、平台井站等各站设置光通信设备，采用光纤通信方式构建气田系统数据传输主通道，各站根据所处地理位置，利用或新建光缆，就近接入光通信网络，建立与所在井区脱水站的通信通道。各无人值守站安装摄像头，配置智能分析模块，具备移动侦测功能，图像实时上传所属井区中心站进行监控（图4－2－25、图4－2－26）。

图4－2－25 站场无人值守

图 4－2－26　生产分析管理中心

建立以数字化气藏、数字化井筒、数字化地面和辅助决策平台为核心的数字化气田，满足页岩气气藏开发对数字化的功能要求，全面提高气田安全生产管理水平。

第三节　南方海相页岩气工厂化模式试验效果及未来发展方向

国内目前在南方海相页岩气区块实施的页岩气开发工厂化试验正在稳步推进，在生产效果上取得了突出的进展，逐渐缩小了与国外的差距。

一、南方海相页岩气工厂化模式试验效果

1. 钻井周期显著下降

南方海相页岩气区块通过工厂化实践，钻井周期大幅下降。钻前工程周期节约 30%，设备安装时间减少 70%，钻井作业效率提高 50% 以上。目前测深 4000～4500m 的井，钻井周期约在 60 天左右。

表 4－3－1　国内区块页岩气井钻井周期统计

区块名称	平均垂深(m)	平均测深(m)	平均钻井周期(d)
S1	2500	4850	68
S2	2720	4240	70
S3	2560	4610	56
S4	3490	5380	88

国外页岩气工厂化开发模式已经成熟，配套的专用设备与优化的作业流程在施工中发挥了重要作用。美国页岩气富集区地势一般较为平坦，地质条件相对简单，这些有利条件使其钻井周期相对较短。垂深范围为 3000～5000m、测深范围 4500～5500m 的页岩气丛式水平井，平均钻井周期在 40 天左右。

表 4-3-2 美国页岩气水平井钻井周期统计表

区块名称	平均垂深(m)	平均测深(m)	平均钻井周期(d)
Barnett	2500	3700	30
Marcellus	2100	4330	23
Haynesville	3700	5330	42

通过对比,在垂深和测深相近的情况下,目前国内的钻井周期仍大于国外对比区块。因此在页岩气开发的个性化技术和高效新技术方面还需进一步加大创新力度,工厂化钻井提速提效也是今后进一步降低页岩气开发成本的主要途径之一。

2. 压裂效率明显提高

国内目前在南方海相页岩气区块实施的拉链式工厂化压裂,技术逐步成熟,作业效率得到很大提升。统计不同区块25口井的数据,每天在只有12小时作业时间的情况下,平均单日压裂3段,最高单日压裂4段(图4-3-1)。压裂作业效率提高50%以上。

据国外QEP公司数据,一个压裂施工队伍每月压裂130段,平均单日压裂4.3段。目前国内的工厂化压裂施工效率基本与国外相当。

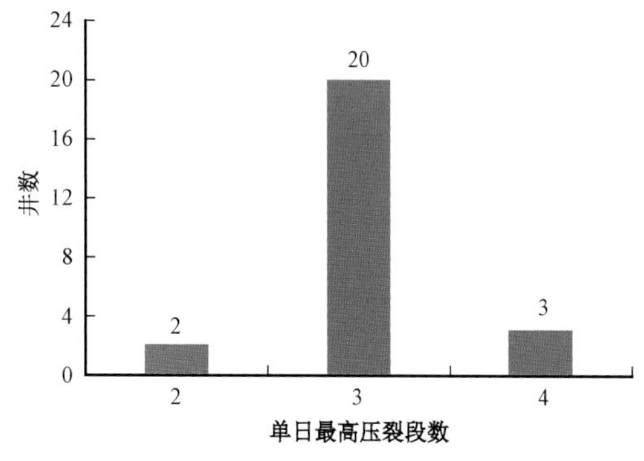

图4-3-1 南方海相页岩气井单日最高压裂段数统计

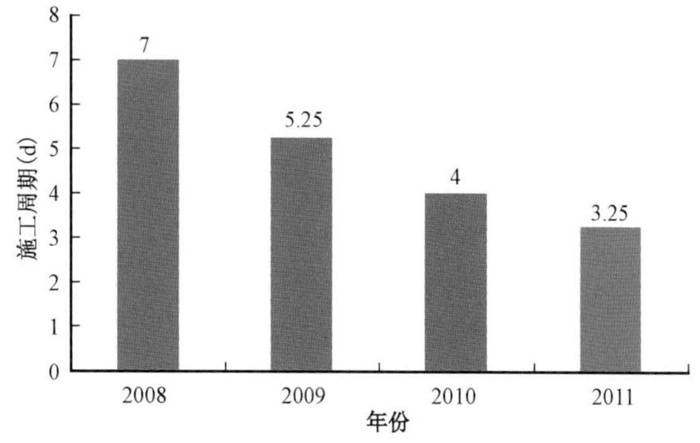

图4-3-2 Haynesville页岩区带平均单井(14级)压裂施工周期变化(据QEP公司数据)

3. 地面配套建设周期大幅缩短

平台工艺与设备全面推行"标准化工艺、集成化功能、模块化设计、规模化采购、橇装化制造"设计,地面配套的工厂化预制率达到90%以上,平均建设周期缩短80天,设备重复利用系数达到2.3以上。建成数字化页岩气田,信息化覆盖率超过90%。

4. 作业成本大幅降低

通过在南方海相页岩气区块全面采用工厂化部署、钻井、压裂及地面建设模式,单井建井成本、平台地面建设费用、生产期间操作成本大幅降低,有效地提高了开发效益,实现了页岩气的商业开发。

"平台+丛式井"的布井模式节约用地70%;单井建井成本由1.3亿元下降至0.5亿元,降幅达到60%;井均平台地面投资由1200万元下降至700万元,降幅达到40%;生产期间的操作成本由0.36元/m^3下降至0.18元/m^3,降幅达到50%。

二、未来页岩气低成本工厂化模式发展方向

工厂化是实现低成本页岩气开发的必经之路。根据国外经验,要提高页岩气开发的经济性,在实施工厂化模式的同时,还需要在工艺、专用设备、作业流程、管理各方面持续改进,不断完善。

1. 施工工艺及装备持续优化

1)简化水平井井身结构

美国Fayetteville页岩气产区为降低钻完井成本,简化了水平井的井身结构,除了使用φ406.4mm(16in)导管外,套管层数从3层简化为2层(图4-3-3):φ244.475mm(9⅝in)表层套管通常下至310m左右,φ139.7mm(5½in)生产套管下至井底。通常钻一口水平井只需起下钻3次,"造斜段+水平段"一般只用1只钻头,即实现"一趟钻"。

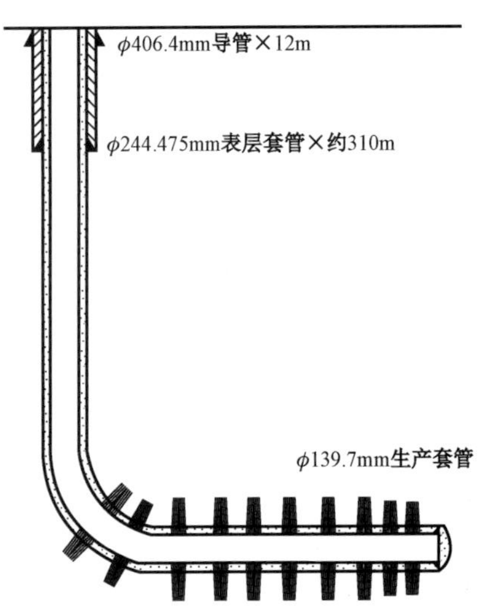

图4-3-3 Fayetteville页岩气区简化后的典型井身结构

2)不断优化表层钻机性能提升其作业能力

美国Haynesville页岩气产区采用新型Schramm T250XD表层钻机,自动化程度更高,缩短了作业时间,从而降低钻井成本。增加了顶部驱动,大钩载荷110t,配套实时文档编制系统和全自动管柱装卸系统(图4-3-4)。

图4-3-4 Schramm T250XD表层钻机

3）采用集地质导向于一体的高造斜率旋转导向钻井系统

美国 Marcellus 页岩气产区应用 AutoTrak Curve 系统[直径 ϕ171.45mm（6¾in），长度为 11.6m，设计造斜能力达 15°/30m，集成了近钻头地质导向仪]。“造斜段 + 水平段”的平均钻井进尺从之前的 1813.8m 增加到了 2508.5m（图 4－3－5），但平均钻井用时却从 15.8d 减至 7.6d（图 4－3－6），减少 51.9%，而平均日进尺从 114.5m 增至 328.7m，提高 178%。加上直井段钻井用时，平均钻井周期锐减 40% 以上。

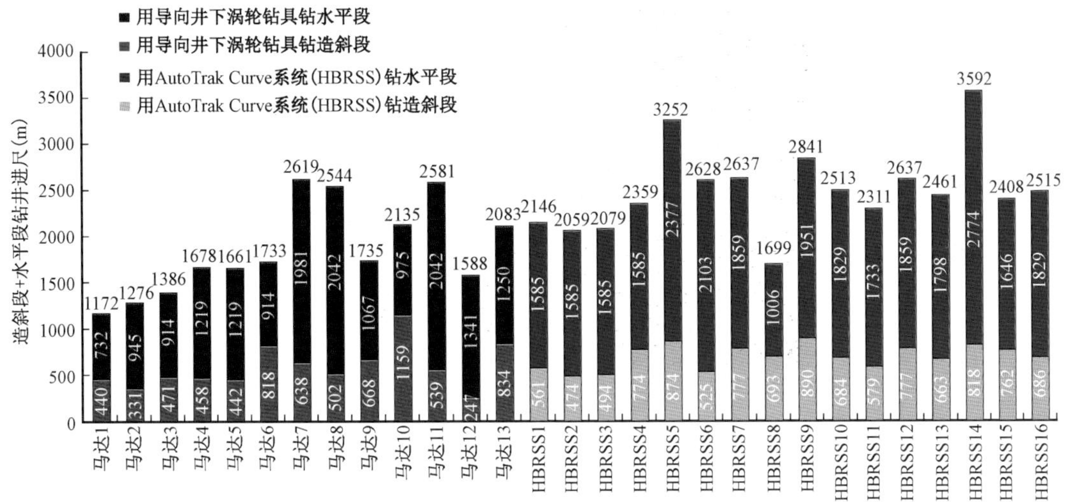

图 4－3－5 Marcellus 页岩气产区造斜段 + 水平段钻井进尺

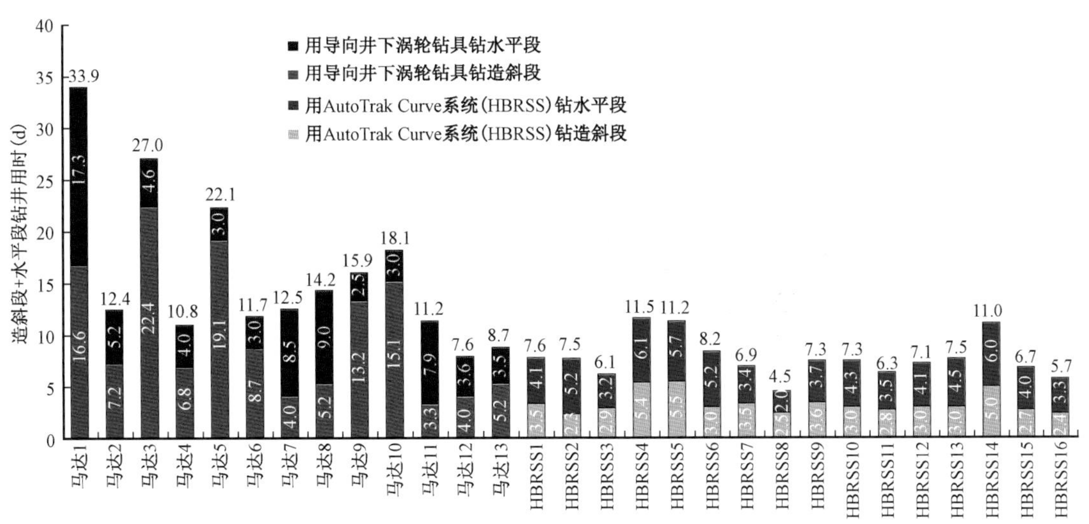

图 4－3－6 Marcellus 页岩气产区造斜段 + 水平段钻井用时对比

4）采用适合高造斜率旋转导向钻井和页岩地层的个性化 PDC 钻头

为适应页岩地层和“造斜段 + 水平段”“一趟钻”需要，要求 PDC 钻头要具备很好的可导向性和耐磨性，要有足够长的使用寿命。贝克休斯公司定制了一种 6 刀翼 PDC 钻头（图

4-3-7),应用表面抛光的大尺寸 PDC 复合片(19mm),并配置一些辅切削齿——表面抛光的16mm PDC 复合片,同时优化了钻井参数。

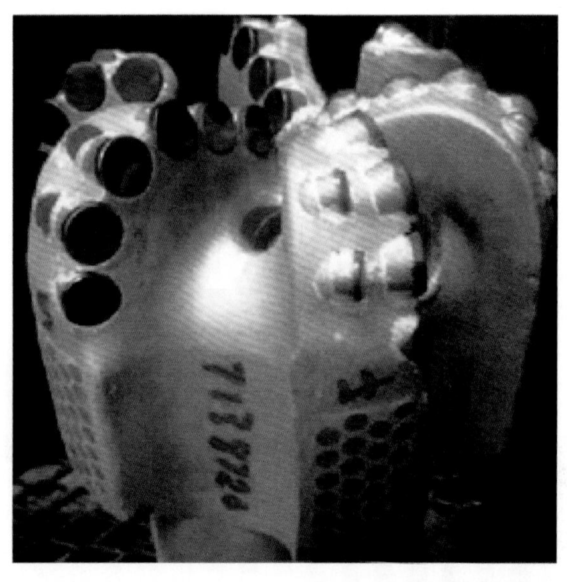

图 4-3-7 “一趟钻”完成造斜段和水平段后的 PDC 钻头

2. 作业流程持续优化

随着工厂化模式的出现,作业公司又在传统作业方式上不断改进,使各工序之间衔接得更加顺畅,尽最大可能缩短非作业时间,同步作业由此形成。同步施工作业是指在同一平台内一口井完钻之后钻机移动至另一个井位进行钻井施工,而完钻井开始完井作业。连续施工作业模式中在同一平台同一时间内同时进行钻井、完井、压裂返排和生产措施。如图 4-3-8[31] 所示,当4号井进行钻井施工时,3号井进行压裂作业、2号井进行压裂返排、1号井以稳定工作制度投产。整个施工作业周期显著下降,缩减了运营成本并缩减了开钻至投产的时间间隔。成功实施同步作业的公司在成本和周期方面均下降了 30% ~40%。

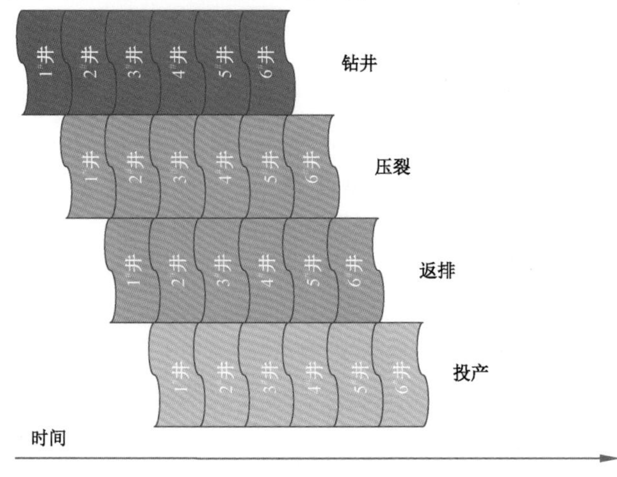

图 4-3-8 多井平台同步作业示意图

在图4－3－9中，平台上同步作业分割线（绿线）上方已钻8口井，正在进行压裂作业。钻机正在钻同步作业分割线（绿线）下方的一组6口井。这种作业方式的优势在于，除了减少动员费之外，作业施工能以更有效的方式开展，节约施工人员和服务人员方面的费用。

图4－3－9 Horn River盆地典型的14口页岩气井同时作业勘探平台鸟瞰图（据Encana公司，2011）

3. 管理和作业流程的标准化

随着作业流程的不断优化，对管理的要求越来越高。连续施工作业模式的实现有4个重要组成部分：标准化的井场设计、标准化设备和设施、同步作业和跨职能的作业标准化。

标准化平台设计是每个作业区内连续施工作业的首要组成部分。标准化井场设计使得多井平台之间能够共享地面设施，进而整合并缩减生产中和多井之间集输的成本。标准化的井场布局使作业过程可重复，能够应用标准设备，从而保障施工安全、实现连续施工作业模式。非标准的平台设计因不同的平台设计和布局会带来不同的挑战和局限性，可能会在一个重复的施工作业过程中带来安全隐患。

设备和设施的标准化，主要包括钻井、水力压裂设备的标准化、集输设备及其他井场装置的标准化。通过采用可互换的设备提高时序安排的灵活度，进而减少因时序安排变化导致的设备到位延迟，还能够降低关键设备和材料的库存需求，实现经济有效的设备维修。

作业流程标准化是最重要的一个环节。由于要求同步作业对不同作业之间的衔接更加顺畅,因此对作业时间和作业内容要求更高。只有建立了各工序的标准,依照标准执行才能保证各项作业顺利有序地进行。

通过对比传统分批作业和优化的连续作业流程可以看出,要实现高效的连续同步作业,稳定、周密的作业计划和时间安排必不可少。只有在管理和作业流程上做文章,才能真正发挥出工厂化连续作业的优势(表4-3-3)。

表4-3-3 传统的分批作业流程与连续作业流程对比

对比内容	分批作业流程	连续作业流程
施工顺序	依次钻完所有井—所有井完井压裂—全部井返排和生产	同一平台同步进行钻井、完井压裂、返排和生产
设施和设备	共享	共享
井场钻机移动	较少	较少
作业周期	上口井与下口井开钻之间周期缩短	上口井与下口井开钻之间周期缩短
	从开钻到第一口井投产的周期延长	从开钻到第一口井投产的周期缩短
资金需求	需要大量的营运资金	减少营运资金
绩效考核对象	针对单项作业(钻井、完井压裂、生产)	针对交叉作业能力
面临挑战	施工人员和长周期使用设备缺口加大	需要稳定的作业计划和时间安排

页岩气开发工厂化模式是实现页岩气低成本商业化开采的有效途径。通过工厂化模式可以实现集约化的高效生产,最有效地利用人力、物力和财力。真正的页岩气开发工厂化模式,要做到"神形兼备","形"是指多井平台的布井、钻完井、压裂及地面配套的形式,"神"是指在特定的工厂化形式下必须具备的、满足工厂化作业的更为有效的专业化装备和科学合理的标准化作业流程。管理是成功的工厂化模式中的重要一环,要从平台各项施工作业之间的协调组织和衔接、重要设备及零部件的维修及保障供应等细节抓起,只有管理到位才能最大限度地缩短现场的非作业时间,保障施工安全高效地进行。

参 考 文 献

[1] EIA US. Pad drilling and rig mobility lead to more efficient drilling[DB/OL]. 2012. http://www. eia. gov/todayinenergy/detail. cfm? id=7910.

[2] Kevin Thuot. On the Launch Pad:The Rise of Pad Drilling[DB/OL]. 2014. http://info. drillinginfo. com/launch-pad-rise-pad-drilling/.

[3] Chesapeake Energy. Chesapeake Energy Marcellus Shale Development[DB/OL]. http://www. institutepa. org/pdf/marcellus/sheppard. pdf.

[4] 夏家祥,韩烈祥,朱丽华,等. 北美移动钻机技术现状[J],钻采工艺,2013,36(4):1-6.

[5] EIA US. Review of emerging resources:U. S. shale gas and shale oil plays [EB/OL]. 2011-07-08 [2016-07-10]. http://www. eia. gov/analysis/studies/usshalegas/.

[6] Vivek Sahai,Greg Jackson,Rakesh Rai. Optimal well spacing configurations for unconventional gas reserviors,Society of Petroleum Engineers 155751,2012.

[7] Krisanne L. Edwards,Sean Weissert. Marcellus shale hydraulic fracturing and optimal well spacing to maximize recovery and control costs,Society of Petroleum Engineers140463,2011.

[8] Quanxin Guo,Lujun Ji,Vusal Rajabov,et al. 2012. Marcellus and Haynesville drilling data:Analysis and lessons

learned [C]. SPE 158894 presented at the SPE Asia Pacific Oil and Gas Conference and Exhibition held in Perth, Australia, 22 - 24 October 2012.

[9] King G E. Thirty years of gas shale fracturing: What have we learned? [J]. SPE 133456, 2010.

[10] 王林,马金良,苏凤瑞,等. 北美页岩气工厂化压裂技术[J]. 钻采工艺,2012,35(6):48-50.

[11] G. D. Vassilellis, C. Li, R. Seager, et al. 2010. Investigating the expected long-term production performance of shale reservoirs[R]. SPE 138134.

[12] Fisher M K, Wright C A, Davidson B M, et al. Integrating fracture mapping technologies to optimize stimulations in the Barnett Shale [R]. SPE 77441, 2002.

[13] 李勇明,彭瑀,王中泽. 页岩气压裂增产机理与施工技术分析[J]. 西南石油大学学报(自然科学版) 2013,35(2):90-95.

[14] Mutalik P N, Gibson B. Case history of sequential and simultaneous fracturing of the Barnett shale in parker country[R]. SPE116124, 2008.

[15] Waters G, Dean B, Downie R, et al. Simultaneous hydraulic fracturing of adjacent wells in the Woodford shale [R]. SPE119635, 2009.

[16] Soliman MY, East LE, Adams D. Geomechanics aspects of multiple fracturing of horizontal and vertical wells [J]. SPE Drilling&Completion, 2008, 23(3):217-228.

[17] Soliman MY, East LE, Augustine JR. 2010. Fracturing design aimed at enhancing fracture complexity[C]. SPE conference 2010, Barcelona, Spain.

[18] 岑康,江鑫,朱远星,等. 美国页岩气地面集输工艺技术现状及启示[J]. 天然气工业,2014,34(6):102-110.

[19] Tyler Farley, Travis Hutchinson. Overcome engineering challenges for multi-well gathering facilities. http://www.gasprocessingnews.com/features/201404/overcome-engineering-challenges-for-multi-well-gathering-facilities.aspx.

[20] 吴奇,梁兴,鲜成钢,等. 地质—工程一体化高效开发中国南方海相页岩气[J]. 中国石油勘探,2015,20(4):1-23.

[21] 周贤海,臧艳彬. 涪陵地区页岩气山地"井工厂"钻井技术[J]. 石油钻探技术,2015,43(3):45-49.

[22] 钱斌,张俊成,朱炬辉,等. 四川盆地长宁地区页岩气水平井组"拉链式"压裂实践[J]. 天然气工业,2015,35(1):81-84.

[23] 叶登胜,王素兵,蔡远红,等. 连续混配压裂液及连续混配工艺应用实践[J]. 天然气工业,2013,33(10):47-51.

[24] 刘友权,陈鹏飞,吴文刚,等. 页岩气藏"工厂化"作业压裂液技术研究——以 CNH3 井组"工厂化"作业为例[J]. 石油与天然气化工,2015,44(4):65-68.

[25] 潘健,侯治明,潘敏,等. 用于页岩气压裂液的可折叠软体储液罐研制[J]. 天然气工业,2015,35(7):91-95.

[26] 马国光,李晓婷,李楚,等. 我国页岩气集输系统的设计[J]. 石油工程建设,2016,42(3):69-72.

[27] 梁光川,佘雨航,彭星煜. 页岩气地面工程标准化设计[J]. 天然气工业,2016,36(1):115-122.

[28] 周亚云,侯磊,刘梦琦,等. 页岩气田集输系统工艺技术分析与研究[J]. 油气田地面工程,2016,35(2):12-16.

[29] Jeff Thompson, Linden Bailey. QEP energy: Southern region. 2011. http://media.corporate-ir.net/media_files/irol/23/237732/qepenergy-southernregion_qepanalystday_nov2011.pdf.

[30] Michael Dawson, Peter Howard, Mark Salkeld. Improved productivity in the development of unconventional gas. 2012. http://www.csur.com/images/news/2012/UG_Productivity_May2012.pdf.

[31] Alvarez & Marsal. 2015. Simultaneous Operations: The Key to Speed and Efficiency for Unconventional Oil and Gas. http://www.alvarezandmarsal.com/sites/default/files/BC-SimultaneousOperationsW-P_0.pdf.

[32] 杨金华,田洪亮,郭晓霞,等. 美国页岩气水平井钻井提速提效案例与启示[J]. 石油科技论坛,2013(6):44-67.

[33] Keithville Well Drilling to deploy new Schramm rig to Haynesville. 2014. http://www.drillingcontractor.org/keithville-well-drilling-to-deploy-new-schramm-rig-to-haynesville-30903.

第五章　页岩气生产对环境的影响

第一节　页岩气开发现状及环境特点

页岩气是指赋存于富有机质泥页岩及其夹层中，以吸附或游离状态为主要存在方式的非常规天然气，成分以甲烷为主，是一种清洁、高效的能源。近年来，美国加快了页岩气开发，这不仅改变了美国的天然气供需结构，对全球能源供求也产生了重要影响。中国页岩气资源丰富，分布广泛，有望成为重要的替代能源之一。本章首先介绍了全球及中国页岩气开发现状，然后对比分析国内外页岩气的成藏及环境特点。

一、国内外页岩气开发现状

美国是世界上最早进行页岩气商业开发的国家，在1998—2007年的10年间，美国的非常规天然气产量由$1258\times10^8m^3$增加至$2519\times10^8m^3$，其中，页岩气对非常规天然气产量增加的贡献达到40%；2011年，页岩气产量超过$1700\times10^8m^3$，占美国天然气总产量的1/4。据美国能源信息署的数据，2013年美国页岩气产量更是达到$3368\times10^8m^3$。目前，美国主要有5套具有商业开发价值的页岩气系统，即：Fortworth盆地密西西比系Barnett页岩、Appalachian盆地泥盆系Ohio页岩、Michigan盆地泥盆系Antrim页岩、Iilinois盆地的泥盆系NewAlbany页岩和SanJuan盆地白垩系Lewis页岩。

中国的页岩气勘探开发尚处于探索研究阶段，已取得一定的阶段性成果，目前已有区块投入商业性开发。2009年国土资源部在重庆启动中国首个页岩气资源勘查项目，标志着中国页岩气勘探开发已提上日程；2011年底国土资源部批准页岩气成为独立矿种，对其按单独矿种进行投资管理；2012年，财政部和国家能源局联合发布《关于出台页岩气开发利用补贴政策的通知》（以下简称《通知》），《通知》界定了页岩气的标准及补贴条件；2013年10月国家能源局发布《页岩气产业政策》（以下简称《政策》），《政策》主要包括产业监管、示范区建设、技术政策、市场与运输、节约利用与环境保护等方面内容。2016年9月国家能源局发布《页岩气发展规划（2016—2020年）》（以下简称《规划》），该《规划》指出：美国页岩气革命对国际天然气市场及世界能源格局产生重大影响，世界主要资源国都加大了页岩气勘探开发力度。“十二五”期间，中国页岩气勘探开发取得重大突破，成为北美洲之外第一个实现规模化商业开发页岩气的国家；通过“十二五”攻关和探索，南方海相页岩气资源基本落实，并实现规模开发；页岩气开发关键技术基本突破，工程装备初步实现国产化；页岩气矿权管理、对外合作和政策扶持等方面取得重要经验。中国页岩气开发通过“十二五”的探索与攻关，在页岩气资源调查、勘探开发、科技攻关与政策机制等方面取得显著成绩。可以看出，从上游的勘探权、到下游的补贴及贯穿勘探开发全过程的政策措施，为中国页岩气产业的健康快速发展奠定了基础。

中国页岩气基础地质调查评价取得重要进展，圈定10余个有利目标区，并不断在新区新层系中取得重要发现，基本查明南方下古生界地层是近期中国页岩气开发主力层系，为进一步拓展商业性勘探奠定了基础。根据2015年国土资源部资源评价最新结果，全国页岩气技术可采资源量$21.8\times10^{12}m^3$，其中海相$13.0\times10^{18}m^3$、海陆过渡相$5.1\times10^{12}m^3$、陆相$3.7\times10^{12}m^3$。

全国共设置页岩气探矿权44个，面积$14.4\times10^4km^2$。通过近年勘探开发实践，四川盆地及周缘大批页岩气井在志留系龙马溪组海相页岩地层勘探获得工业气流，证实了良好的资源及开发潜力；鄂尔多斯盆地三叠系陆相页岩地层也勘探获气。2012年，国家发改委、能源局批准设立了长宁—威远、昭通、涪陵等3个国家级海相页岩气示范区和延安陆相国家级页岩气示范区，集中开展页岩气技术攻关、生产实践和体制创新。中国石油化工股份有限公司（以下简称中国石化）、中国石油天然气股份有限公司（以下简称中国石油）积极推进页岩气勘探开发，大力开展国家级页岩气示范区建设，取得焦页1井等一批页岩气重大发现井，率先在涪陵、长宁—威远和昭通等国家级示范区内实现页岩气规模化商业开发。截至目前，全国累计探明页岩气地质储量$5441\times10^8m^3$，2016年全国页岩气产量$78.82\times10^8m^3$。

国家加大页岩气科技攻关支持力度，设立了国家能源页岩气研发（实验）中心，在“大型油气田及煤层气开发”国家科技重大专项中设立《页岩气勘探开发关键技术》研究项目，在“973”计划中设立《南方古生界页岩气赋存富集机理和资源潜力评价》和《南方海相页岩气高效开发的基础研究》等项目，广泛开展各领域技术探索。中国石化、中国石油等相关企业也加强各层次联合攻关，在山地小型井工厂、优快钻完井、压裂改造等方面进行技术创新，并研制了3000型压裂车等一批具有自主知识产权的装备。通过“十二五”攻关，目前中国已经基本掌握3500米以浅海相页岩气勘探开发主体技术，有效支撑了中国页岩气产业健康快速发展。

根据《国家能源局关于印发页岩气发展规划（2016—2020年）的通知》，2012年，财政部、国家能源局出台页岩气开发利用补贴政策，2012—2015年，中央财政按0.4元/m^3标准对页岩气开采企业给予补贴；2015年，两部门明确“十三五”期间页岩气开发利用继续享受中央财政补贴政策，补贴标准调整为前三年0.3元/m^3、后两年0.2元/m^3。2013年，国家能源局发布《页岩气产业政策》，从产业监管、示范区建设、技术政策、市场与运输、节约利用与环境保护等方面进行规定和引导，推动页岩气产业健康发展。“十二五”期间，探索建立了页岩气合资合作开发新机制，中国石化和中国石油分别与地方企业成立合资公司，开发重庆涪陵、四川长宁—威远等页岩气区块。

为落实《页岩气发展规划（2011—2015年）》，加强页岩气勘探开发技术集成和突破，推动中国页岩气产业化的发展，2012年3月国家发改委、国家能源局批复了国内首个国家级页岩气示范区，即长宁—威远国家级页岩气产业示范区，该示范区长宁区块有利区块面积$2050km^2$，资源量$9200\times10^8m^3$，其中，优质页岩厚度大于30m、埋深小于4000m建产区面积$1200km^2$，资源量$5380\times10^8m^3$；威远区块有利开发区面积$4216km^2$，资源量$18900\times10^8m^3$，其中，优质页岩厚度大于30m、埋深小于4000m建产区面积$1000km^2$，资源量$4483\times10^8m^3$。2016年，四川长宁—威远国家级页岩气示范区完成配套井45口，全年累计产气达$23.04\times10^8m^3$，与2015年相比，实现了产量翻番，预计2017年计划新建年产能$15\times10^8m^3$。根据中国石油西南油气田公司“十三五”页岩气产能建设规划部署，川南地区2020年页岩气年产能将达到$100\times10^8m^3$，年产量将达到$80\times10^8m^3$，届时，川南地区将成为我国最大的页岩气生产基地。

二、中国页岩气开发的环境特点

中国与美国在页岩气地质条件上具有许多相似之处，页岩气富集地质条件优越，具有与美国大致相同的页岩气资源前景和开发潜力。从现有资料看，页岩气除分布在四川、鄂尔多斯、渤海湾、松辽、江汉、吐哈、塔里木和准噶尔等含油气盆地外，在中国广泛分布的海相页岩地层、海陆交互相页岩地层及陆相煤系地层也都有分布。然而，从页岩气资源储层分布和地面环境来看，中国页岩气开发面临更多环境挑战。

1. 中国页岩气成藏特征

中国主要发育海相、海陆过渡相湖沼相和湖相三类页岩，分别形成于不同类型的沉积盆地，且分布规律不同。近10年大量的地质调查、钻探、评价等生产实践和理论研究表明：三类页岩的地质条件存在很大差异，其中海相是页岩气最为富集的、近中期可实现商业性开发的页岩层。而四川盆地龙马溪组是目前中国发现的最有利的页岩气富集区，有利面积约$4.8\times10^4km^2$，埋深2500～4500m，目的层平均厚度45m，含气量4～$7m^3/t$，页岩气可采资源量为$4.2\times10^{12}m^3$，主要分布于蜀南、川东地区。

美国在页岩气开发领域拥有成熟的技术、规模开发的经验。但由于各国的具体情况不同，美国页岩气开发的软硬条件难以在中国全面复制。中国、美国页岩气在成藏地质特性方面的主要区别见表5－1－1。

表5－1－1 中国、美国页岩气综合条件对比表

项目		中国	美国
地质条件	构造	复杂，多次改造，断裂发育	简单，一次抬升，断裂较少
	沉积类型	发育3大类，海相有效范围保存少	单一，主要为海相页岩
	有机碳含量	中等—好，以1%～5%为主	丰富，以5%～10%为主
	含气量	偏低（平均1～$3m^3/t$）	高（平均3～$6m^3/t$）
	热演化程度	变化大，海相偏高（$R_o>2\%$），陆相偏低（$R_o<1.3\%$）	适中（R_o为1.1%～2.0%），普遍为成气高峰阶段
开发条件	埋深	偏大，大于3500m埋深为主	较浅，以1500～3500m为主
	地表条件	复杂，南方多高山，北方少水	平原或丘陵，水源好
	油气管网	总体不够匹配，部分地区无管网	发达，遍及全国

2. 资源机遇和环境挑战

丰富的页岩气储量将给中国经济发展带来资源机遇。与传统的煤和石油相比，天然气更清洁。开发页岩气可有效缓解国内天然气供需矛盾、改善能源结构。并且页岩气的开发也有助于缓解能源对外依赖，确保能源安全。从2005年开始，美国的一次能源自给率已经从历史最低点的69.2%，逐步回升到2011年的78%。

丰富的页岩气储量也将给中国带来相应量级的环境挑战。虽然中国页岩气开发潜力较为乐观，但在成功实施商业化、规模化运作之前，仍需要很大努力。目前中国页岩气开发尚无较为完善的开采规划，技术不成熟、经验不足、政策缺位等问题成为页岩气开发利用的障碍。从地理环境的角度来看,中国页岩气资源丰富地区主要是四川盆地、渝东鄂西地区、黔湘地区、鄂尔多斯盆地、塔里木盆地等偏远地区。这种特殊的地理分布也导致中国页岩气开发的环境问题与美国相比可能更加棘手。与美国相比,中国页岩气勘探开发受地表环境影响较大。北美人少地多,开发页岩气的地区以平原为主,水源丰富,交通便利,钻前工程量小,费用较低,有利于页岩气的开发。而中国的页岩气主要分布在川、黔、渝等人口密集、地形地貌地质条件复杂、地质灾害多发的地区,该地区地下水资源丰富,农业发达,人均耕地面积非常有限。同时,页岩气开采需要大量的钻井,大概是常规气藏的10倍,且压裂井场占地面积较大,钻井和压裂作业对地面生态环境影响更大。因此,中国页岩气的勘探开发也面临诸多环境挑战。

第二节　页岩气开发技术与伤害工艺

理论进步扩大了视野,技术发展提高了产能。技术进步是页岩气产量提高的根本原因,特别是水平钻井技术和水力压裂技术的进步,使页岩气产量有了突飞猛进的增长。以页岩气开发技术成熟的美国为例,水平井和水力压裂技术是页岩气开发的关键技术,在页岩气开发初期,由于工程规模有限,页岩气的开采对环境的影响没有显现,随着工程规模的扩大,水平井钻井、水力压裂技术的大范围使用,各种环境问题可能不断涌现。

一、页岩气开发关键技术

1. 水平钻井技术

页岩储层厚度薄,渗透率低,孔隙度小,水平井是页岩气开发最合理的方式。水平井钻井技术主要有低压欠平衡空气钻井、控制压力钻井和旋转导向钻井等技术,低压欠平衡空气钻井技术应用较成熟,控制压力钻井技术能够很好地克服井壁坍塌问题,旋转导向钻井技术是页岩气水平钻井技术发展的方向。目前,旋转导向钻井系统形成了两大发展方向,一是以 Baker Hughes 公司的 AutoTrak 和 Halliburton 公司的 Geo - Ploit 为代表的不旋转外筒式闭环自动导向钻井系统,二是以 Schlumberger 公司的 Power Driver 为代表的全旋转自动导向钻井系统。

水平井单井生产周期长,特别是对于像页岩这样储层薄、渗透率低的储层,会表现出直井无法比拟的效果,水平井是增加渗流面积、穿过更多储层、捕获天然裂缝的最好方式。1992年,Mitchell 能源公司在 Barnett 页岩区块完成第一口水平井,但此时水平井只是作为一种新的尝试,并没有大规模的应用在页岩气开发中;2002 年,Devon 能源公司收购 Mitchell 能源公司后,开始在 Barnnet 页岩区块大规模打水平井;2004 年,Barnett 页岩区块共有生产井 3889 口,其中水平井 377 口,天然气年产量为 $1.08\times10^{10}m^3$;2007 年,Barnett 页岩区块生产井数达到了 8419 口,其中水平井 4078 口,天然气年产量达到了 $1.42\times10^{10}m^3$;2008 年,整个 Barnett 页岩区块共有生产井 10000 口左右,其中 2/3 的井为水平井,天然气年产量达到了 $4.54\times10^{10}m^3$。据 Pickering Energy Partners 公司对 2004 年 Texas 州的 11 个县的 Barnett 页岩生产井情况统计,水平井的月最大产量明显高于直井,特别是在核心地区,这一现象更加明显,水平井的月最大产量是直井的4倍左右。

2. 水力压裂技术

页岩气井钻井完成后，只有少数天然裂缝特别发育的井可直接投入生产，90%以上的井需要经过酸化、压裂等储层改造措施后才能获得比较理想的产量，水力压裂技术是页岩气储层改造的主要技术。

水力压裂技术在美国页岩气开发中的应用是一个不断发展改进的过程，从最初的大型水力压裂发展到现今以清水加减阻剂为压裂液的混合清水压裂，水平井多级压裂技术的应用，不但使压裂成本有较大的降低，增产效果也取得巨大的突破。目前常用的水力压裂技术有多级压裂、清水压裂、同步压裂、水力喷射压裂和重复压裂。多级压裂技术是目前应用在页岩气水力压裂作业中最广泛的技术，"多级压裂 + 水平井"是页岩气开发合理的方式。清水压裂改变了以往依靠交联冻胶延长裂缝的境况，既达到了增产的效果，又减小了对地层的伤害。同步压裂技术作业的特点是2口或2口以上的井同时压裂，尤其适用于开发中后期井眼密集时。水力喷射压裂的应用不受完井方式的限制，可在裸眼及各种完井结构水平井实现压裂，缺点是受到压裂井深和加砂规模的限制。重复压裂技术能够有效地改善单井产量与生产动态特性，除了用来恢复低产井的产能外，对于那些产量相对较高的井提高产量同样适用。

水力压裂技术在国内常规油气田开发中应用广泛，尤其是多级压裂技术、清水压裂技术、重复压裂技术，均有较多成功应用的实例，国内学者对这些技术也进行了较多的研究，是中国页岩气开发现实可行的压裂技术。国内在煤层气、致密砂岩气等非常规天然气开发中广泛使用多级压裂、清水压裂、重复压裂等技术，积累了大量的经验，可以作为中国页岩气开发的借鉴。目前国内页岩气井水力压裂已取得良好的效果，2010年5月10号，由中原油田成功实施大型压裂改造的页岩气井"方深1井"，顺利进入排液施工阶段，这口气井压裂施工的成功，标志着中国石化页岩气勘探开发工作迈出了实质性的重要一步。2010年9月10日，中国石油西南油气田公司经过两年多在页岩气勘探新领域研究后，于2009年部署的威201井喜获井口测试日产能$1.08\times10^4m^3$的天然气工业性气流。

二、页岩气开发的环境问题

水平井技术、大规模水力压裂技术是页岩气开发过程中的关键技术。由于页岩储层渗透率极低，一般需要进行压裂改造，通过高压泵将大量水、化学添加剂和支撑剂混合物注入地层，形成复杂的裂缝网络来提高渗透率。随着水力压裂技术的推广应用，其可能导致的环境问题也引发了诸多争议，主要包括：消耗淡水资源、增加水供给压力、导致地表水和地下水污染、引发微地震、造成大气污染等。

根据页岩气开发产能建设项目的特点，主要从施工期、运行期和退役期三个阶段来考虑。施工期对环境造成影响的主要工程活动包括钻前工程、钻井工程（钻井、完井、压裂、试气）、采气工程、地面集输工程、压裂供水工程及辅助工程的建设；运行期井场、地面集输工程的站场排污如生产废水、生活污水、废气、噪声等会对环境造成一定影响；退役期，由于没有生产性排污，对环境影响小。因此，页岩气开发过程的环境影响矩阵见表5-2-1。

表 5-2-1　页岩气开发环境影响矩阵

阶段	活动	环境影响					
		地下水	地表水	土壤	空气	栖息地干扰	社区干扰
钻前准备	清场、建设道路、井场、管线和其他设施	—	暴雨径流、物种入侵	暴雨径流	常规空气污染物和 CO_2	栖息地分割、物种入侵	工业景观、光污染、噪声污染
	道路运输活动	—	暴雨径流	—	常规空气污染物和 CO_2	其他	噪声污染、道路拥挤/事故
	非公路用车活动	—	暴雨径流	—	常规空气污染物和 CO_2	其他	噪声污染
钻井	地面设备运行	钻井液/碎屑	钻井液/碎屑	钻井液/碎屑	常规空气污染物和 CO_2	—	工业景观、光污染、噪声污染
	直井/水平井	甲烷、钻井液/碎屑、含盐地层水侵入地下淡水	钻井液/碎屑	—	甲烷	—	—
	井套与固井	甲烷、钻井液/碎屑、含盐地层水侵入地下淡水	钻井液/碎屑	钻井液/碎屑	甲烷	—	—
	道路与非道路运输	—	暴雨径流	—	常规空气污染物和 CO_2	其他	噪声污染、道路拥挤/事故
	地表水与地下水利用	取水	取水、物质入侵	—	—	取水、物质入侵	—
	排甲烷	—	—	—	甲烷、硫化氢	—	—
	甲烷燃烧	—	—	—	常规空气污染物和 CO_2、甲烷、硫化氢	—	工业景观
	钻井液地表储存	钻井液/碎屑	钻井液/碎屑	钻井液/碎屑	VOCs	钻井液/碎屑	工业景观
	钻井液和钻井碎屑处置	钻井液/碎屑	钻井液/碎屑	钻井液/碎屑	VOCs	钻井液/碎屑	—

续表

阶段	活动	环境影响					
		地下水	地表水	土壤	空气	栖息地干扰	社区干扰
水力压裂与完井	地表水与地下水利用	取水	取水、物质入侵	—	—	取水、物质入侵	—
	井套与固井穿孔	—	—	—	—	—	微地震振动
	水力压裂开始	压裂液	压裂液	—	—	压裂液	微地震振动
	导入支撑剂	压裂液、支撑剂	压裂液、支撑剂	—	二氧化硅	压裂液、支撑剂	微地震振动
	井眼冲洗	压裂液、支撑剂、甲烷	压裂液、支撑剂	压裂液	VOCs、甲烷	压裂液、支撑剂	—
	储层流体返排	返排/产出水、甲烷、硫化氢	返排/产出水、硫化氢	返排/产出水、硫化氢	VOCs、甲烷、硫化氢	返排/产出水	—
	排甲烷	—	—	—	甲烷、硫化氢	—	—
	燃烧甲烷	—	—	—	常规空气污染物和CO_2、甲烷、硫化氢	—	工业景观
	压裂液井场储层	压裂液	压裂液	压裂液	VOCs	压裂液	工业景观
	道路与非道路运输	—	暴雨径流、物质入侵	—	常规空气污染物和CO_2	物质入侵、其他	噪声污染、道路拥挤/事故
	压裂设备运行	—	—	—	常规空气污染物和CO_2	—	工业景观、光污染、噪声污染
钻井运行与生产	钻井生产	返排/产出水	返排/产出水	返排/产出水	VOCs、甲烷、硫化氢	返排/产出水	—
	冷凝槽、脱水单元运行	冷凝与脱水添加物	冷凝与脱水添加物	冷凝与脱水添加物	常规空气污染物和CO_2、VOCs、甲烷	—	工业景观
	压缩机运行	—	—	—	常规空气污染物和CO_2	—	工业景观、噪声污染
	甲烷燃烧	—	—	—	常规空气污染物和CO_2、甲烷、硫化氢	—	工业景观

续表

阶段	活动	环境影响					
		地下水	地表水	土壤	空气	栖息地干扰	社区干扰
压裂液、返排水、产出水储存与处置	现场深坑或池储存	压裂液、返排/产出水	压裂液、返排/产出水	压裂液、返排/产出水	VOCs	压裂液、返排/产出水	压裂液、返排/产出水
	现场储罐储存	压裂液、返排/产出水	压裂液、返排/产出水	压裂液、返排/产出水	VOCs	压裂液、返排/产出水	压裂液、返排/产出水
	井场外运输	压裂液、返排/产出水	压裂液、返排/产出水、物种入侵	—	常规空气污染物和 CO_2	压裂液、返排/产出水、物种入侵	压裂液、返排/产出水、道路拥挤/事故、噪声污染
	现场处理和再利用	压裂液、返排/产出水	压裂液、返排/产出水	—	VOCs	—	噪声污染
	工业废水处理厂处理和排放	压裂液、返排/产出水	压裂液、返排/产出水	—	—	—	压裂液、返排/产出水
	城市污水处理厂处理和排放	压裂液、返排/产出水	压裂液、返排/产出水	—	—	—	压裂液、返排/产出水
	污泥和其他固废运输至填埋场	压裂液、返排/产出水	压裂液、返排/产出水	压裂液、返排/产出水	VOCs	—	压裂液、返排/产出水、道路拥挤/事故、噪声污染
	地下深井回注	压裂液、返排/产出水	压裂液、返排/产出水	—	VOCs	—	微地震振动
	废水用于道路融冰和降尘	压裂液、返排/产出水	压裂液、返排/产出水	压裂液、返排/产出水	VOCs	压裂液、返排/产出水	压裂液、返排/产出水

续表

阶段	活动	环境影响					
		地下水	地表水	土壤	空气	栖息地干扰	社区干扰
其他	关闭	钻井液/碎屑、压裂液、返排/产出水、含盐地下水入侵地下淡水	钻井液/碎屑、压裂液、返排/产出水	钻井液/碎屑、压裂液、返排/产出水	常规空气污染物和 CO_2、甲烷	—	—
	堵井与废弃	钻井液/碎屑、压裂液、返排/产出水、含盐地下水入侵地下淡水	钻井液/碎屑、压裂液、返排/产出水	钻井液/碎屑、压裂液、返排/产出水	常规空气污染物和 CO_2、甲烷	栖息地分割	工业景观
	气井维修	钻井液/碎屑、返排/产出水、含盐地下水入侵地下淡水	钻井液/碎屑、返排/产出水	钻井液/碎屑、返排/产出水	常规空气污染物和 CO_2、甲烷、硫化氢	—	—
	下游活动（如管线等）	—	—	—	甲烷	—	臭味

注：修改自 Krupnick A, Gordon H, Olmstead S. 2013. Pathways to Dialogue: What the Experts Say about the Environmental Risks of Shale Gas Development. Washington, DC: Resources for the Future.

第三节　页岩气开发环境影响

虽然页岩气作为一种重要的非常规新能源,已经成为国际关注的焦点,但是对其开采所带来的一系列环境问题也是不容忽视的。最显著也是公众最为关注的几个方面包括:水资源消耗与水污染、地面侵蚀和生态破坏、甲烷泄漏以及引发微地震等。

一、水资源的消耗

1. 水力压裂用水量

页岩气开发多采用水平井多段压裂,一般压裂用水量占钻完井阶段用水量 80% 以上。从单井用水量来看,页岩气水平井远高于常规天然气直井,一般在 8000 ~ 100000m^3,平均 15000m^3。单位长度生产段用水量相对集中,2010 年 Barnett、Haynesville 和 Eagle Ford 页岩气井单位长度生产段用水量为 9.5 ~ 14.0m^3/m。压裂用水量影响因素包括井深、水平井段长、压裂段数、地质特征以及压裂液等。

综合分析,应当从单位能源用水密度、是否增加地区供水压力两方面来评估页岩气开发水资源消耗影响。就能源生产用水密度而言,页岩气用水密度高于常规天然气、低于常规石油、远低于常规油气(提高石油采收率)(图 5 - 3 - 1),页岩气用于发电耗水密度远小于地热能、核能和太阳能。由此可见,与常规油气和其他能源生产方式相比,页岩气开发并非“高耗水”行业,但页岩气井用水几乎全部集中于初期完井阶段(不考虑重复压裂),气井生命周期可达 30 年,基于现有生产数据估计用水密度存在较大不确定性。从地区供水角度,美国页岩气开发中用水量占整个州用水总量的比例小于 1% ,远小于灌溉、公共用水等,不会造成显著的额外供水压力。但由于生产活动和压裂取水通常集中于某一区域,占当地用水比例可能较高,且开发作业时需要在较短时间内获取钻井压裂所需用水,在干旱季节或缺水地区仍会存在供水压力,会对流域产生累积影响。

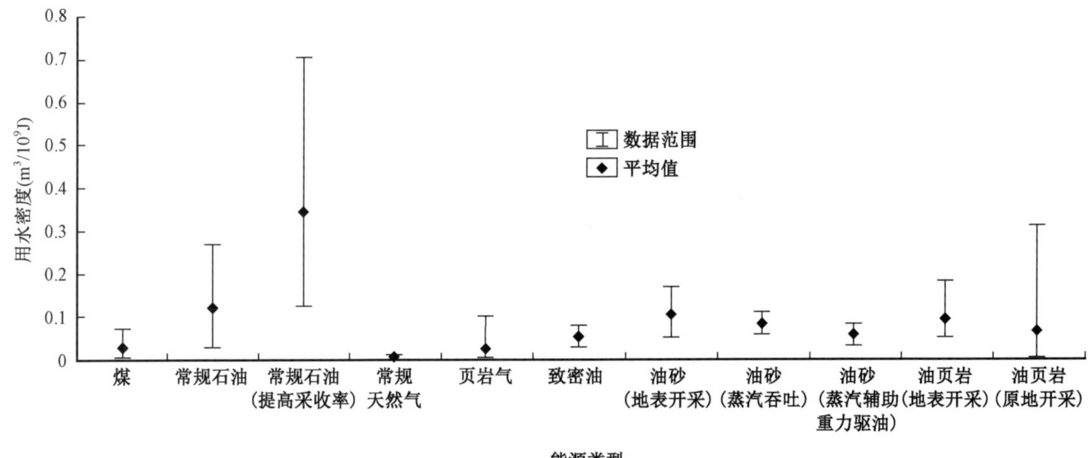

图 5 - 3 - 1　不同能源类型用水密度估计

2. 页岩气生产用水量大，局部水资源供应紧张

中国页岩气储量丰富的地区多分布在人口相对密集、水资源短缺的区域。2010 年，拥有中国 40% 页岩气储备的西南地区 5 个省份（四川、重庆、贵州、云南和广西），却遭受了持续六个月的严重干旱灾害。如表 5－3－1 所示，“页岩气十二五发展规划”中指定的 13 个重点省、直辖市中有 7 个属于水资源短缺地区。华北和东北拥有 26% 的页岩气资源，但华北地区人均水资源量却低于全国平均水平，每年仅有 $700m^3$。

表 5－3－1　2014—2016 年页岩气重点勘探开发区水资源统计数据

地区	2016 年（10^8m^3）	2015 年（10^8m^3）	2014 年（10^8m^3）
四川	2892.36	2239.49	2575.30
重庆	476.89	514.58	464.30
贵州	974.02	626.02	956.50
湖南	1988.94	1126.94	1906.60
湖北	813.88	757.54	1268.70
云南	1689.77	1480.20	1941.40
江西	2174.36	1037.88	2275.50
安徽	701.00	602.25	922.80
江苏	373.33	492.40	383.50
陕西	390.49	604.42	507.50
河南	265.54	327.97	534.90
辽宁	547.30	294.79	606.70
新疆	900.63	885.65	1113.10

3. 典型区块页岩气开发对水资源的影响

1）区域水资源现状

（1）威远区块。

威远页岩气区块所涉及开发井位主要位于四川省内江市威远县境内，区块内水系发育较为发达，涉及的较大河流有威远河、镇西河、达木河、龙会河、乌龙河，其中镇西河、达木河、龙会河先后汇入威远河，乌龙河于区块下游 40km 处（自贡境内）汇入威远河，进入釜溪河段，最终于自贡市富顺县境内汇入沱江。威远全县多年平均降水量 960.36mm，多年平均蒸发量 801.6mm，多年平均径流深 344.6mm，全县总水资源量 $47072\times10^4m^3$，人均 $639m^3$，地下水储量 $2715\times10^4m^3$。新中国成立后，全县大兴水利，20 世纪六七十年代陆续建成以长沙坝（库容 $4574\times10^4m^3$）、葫芦口（库容 $7580\times10^4m^3$）两座中型水库，45 座小型水库，团结渠、联合渠为主体的配套水利工程，有效灌面 40.26 万亩❶，保证灌溉面积 $14487hm^2$❷，旱涝保收面积

❶ 1 亩≈$666.7m^2$。

❷ $1hm^2=10^4m^2$。

14320hm²。全县库堰塘水面 2425hm²,其中可养鱼水面 1923hm²。

(2)长宁区块。

长宁页岩气区块涵盖兴文县西部与珙县中北部区域。兴文水利资源丰富,全县共有大小溪河 19 条,总长 313.98km,均属长江水系,分别汇集南广河、长宁河、永宁河注入长江(长宁昭通区域主要涉及南广河)。全县已建成各类水利工程共 1624 处,其中水库 17 座,山坪塘 1114 口,引水渠堰 460 条,石河堰 1 条,机电提灌站 28 个,机电井 1 个;珙县境内有大小溪河 79 条,总长 638km,呈树枝状布及全县,其中常年性河流 7 条,总长 158.38km。溪河流向多变,主干流从东南流向西北贯穿县境。主要水系南广河(区块涉及南广河)和洛浦河均注入长江。管线经过区域均属长江水系,主要河流为南广河。

(3)昭通区块。

昭通页岩气区块涵盖珙县中南部以及筠连县西北边界区域。筠连境内水系共有大小溪河 129 条,主要分布在南部山区。属涨跌无定晴干雨满的 98 条,常年有水的 31 条,汇成出境河川 7 条,径流总量 $35.28m^3/s$。以大雪山、老君山为分水岭,发源于岭北属长江水系的有浑水河、镇舟河、巡司河、定水河(筠连河)、落阳河 5 条,注入长江一级支流南广河;发源于岭南属金沙江水系的有头道河(即热坝河)、鹿井沟 2 条,注入金沙江二级支流白水江(即牛街河)。昭通区块主要涉及的河流为南广河、汉村河(珙县境内)、浑水河(又名乐义河)。

2)区域水资源的影响

(1)威远区块。

根据四川省内江水文水资源勘测局《中国石油集团长城钻探工程有限公司威 202/204 区块页岩气压裂供水工程水资源论证报告书》以及《中国石油集团川庆钻探工程有限公司威 202/204 区块页岩气压裂供水工程水资源论证报告书》,威远县全县多年平均地表水资源量为 $4.443\times10^8m^3$,其中,沱江流域 $3.5651\times10^8m^3$,岷江流域 $0.8779\times10^8m^3$。2012 年全县现状用水总量为 $0.8798\times10^8m^3$,水资源开发利用率为 19.8%,总体水资源开发利用程度不高,且区域水资源开发利用程度差别较大,部分区域开发利用程度较高。从现阶段供需分析和产生的影响看,一般水资源开发利用率最高控制在 40% 左右较为适宜。按水资源开发利用率 40% 控制,则全县多年平均水资源可利用量约为 $1.77\times10^8m^3$,开发利用潜力较大。威远区块页岩气开发取水量统计见表 5-3-2。

表 5-3-2　威远页岩气区块取水量统计

区块	取水口	所属水系	设计规模(m^3/h)	最大取水量(m^3/s)	日最大取水量(m^3/d)	年最大取水量($10^4m^3/a$)
威 202 井区	威远河	威远河	900	0.250	14400	156
威 204 井区	乌龙沱水库	乌龙河	600	0.167	4800	77.8

根据水资源论证报告,威远地区进行页岩气开发在乌龙河、威远河的取水口可供水量见表 5-3-3。从表中数据可以看出,威远区块在威远河、乌龙沱水库的最大取水量分别仅占两条河流可供水量(减去现有用水户的用水量之后)的 0.88%、1.78%,论证认为,威 202 井区和威 204 井区取水行为对区域水资源可利用量影响较小。

表 5-3-3 取水口断面可供水量分析 单位:10^4m^3

取水口断面	水平年	丰水年 10%	平水年 50%	枯水年 90%	多年平均	威远区块年最大取水量
威远河鸭子凼	来水量	30148	16273	7537	17849	156
	用水户	240	240	240	240	
	可供水量	29908	16033	7297	17609	
乌龙沱水库	来水量	8104	3847	1734	4509	77.8
	用水户	150	150	150	150	
	可供水量	7954	3697	1584	4539	

(2)长宁区块。

根据重庆渝佳环保评估有限公司《长宁区块(宁 201 井区)页岩气开发产能项目一期工程水资源论证报告书》以及《长宁区块(宁 201 井区)页岩气开发产能项目二期工程水资源论证报告书》,长宁区块境内地表水资源量多年平均值为 $26.5\times10^8m^3$,地下水资源量 $3.3\times10^8m^3$。目前各类水利工程多年平均供水总量 $1.44\times10^8m^3$,其中提水工程供水量约 $0.85\times10^8m^3$,蓄水引水工程供水量 $0.52\times10^8m^3$,水资源开发利用率仅为 5.4%,开发利用程度相对较低,因此本地水资源开发利用空间较大,可进一步增加骨干型需水工程的建设,以增加对本地水资源的调蓄和利用能力。长宁区块取水量统见表 5-3-4。

表 5-3-4 长宁页岩气区块取水量统计

区块	取水口	所属水系	设计规模(m^3/h)	最大取水量(m^3/s)	日最大取水量(m^3/d)	年最大取水量($10^4m^3/a$)
长宁区块	南广河珙县上罗镇河段、曹营乡河段	南广河	1200	1.33	28800	207.36

根据长宁区块页岩气开发项目水资源论证报告,长宁区块页岩气开发工程年取水量 $207.36\times10^4m^3$,上罗镇取水口最大取水流量为 $1.33m^3/s$,曹营乡取水口最大取水流量为 $0.67m^3/s$。上罗镇取水口最大取水流量占取水口断面以上多年平均流量的 3.04%,占取水口断面以上最枯月平均流量的 7.07%,占取水口断面以上 $P=97\%$(P 为水资源供给的可靠程度及供水保证率)最枯月平均流量的 16.7%。曹营乡取水口最大取水流量占取水口断面以上多年平均流量的 1.75%,占取水口断面以上最枯月平均流量的 4.06%,占取水口断面以上 $P=97\%$ 最枯月平均流量的 9.6%。

工程在南广河的取水流量占所取河段的水资源量比重很小,宁 201 井区页岩气开发产能项目取水对区域水资源的质和量及时空分布、水流流态、方向等的影响均较小。

(3)昭通区块。

根据四川省水利水电勘测设计研究院编制的《昭通示范区黄金坝页岩气开发产能建设项目水资源论证报告书》,昭通示范区黄金坝页岩气开发产能建设项目从南广河及支流取水,区域水资源量丰沛,取水主要为施工期用水,施工期(2014—2024 年)总取用新鲜水量为 $293.13\times10^4m^3$。昭通页岩气区块取水量统计见表 5-3-5。工程建设期间,本项目取用水量仅占区域水资源两河口断面多年平均径流量 $19.25\times10^8m^3$ 的 0.015%,取水时段短且方式较灵活,对区域水资源总量及时空分布影响甚微。各取水点取水量小,具有用水时段短、用水时段较灵活、年月内用水不连续、取水方式灵活等特点，取水不会对取水口上游及下游的工业、农业生产和生活用水造成影响。

表 5－3－5　昭通页岩气区块取水量统计

区块	取水口	所属水系	日平均取水量(m^3/d)	年平均取水量(m^3/a)	年最大取水量($10^4m^3/a$)	总取水量(10^4m^3)
昭通区块	南广河、浑水河、冷水河、镇州河	长江	740	26.65	78.74	299.13

二、水资源的污染

页岩气开发过程中的水资源污染是页岩气开发中后果最严重也最具争议的问题，其污染途径主要包括：钻井过程中的泄漏、压裂过程及返排过程中污染物的泄漏和压裂返排液的处理等（图 5－3－2）。据国外资料显示，2001—2011 年间美国完钻页岩气井数超过 20000 口，多数环境评估良好，但也有研究指出页岩气开采可能造成水资源污染。

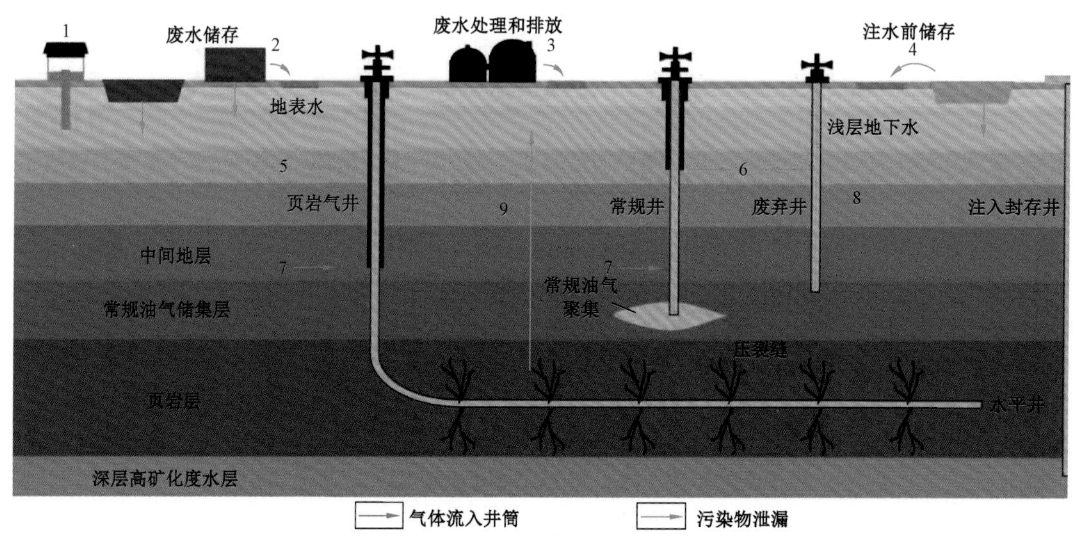

图 5－3－2　页岩气开发相关的水资源风险示意图

1—过度取水引起水资源匮乏和水质恶化；2—蓄水池和储水坑废水渗漏造成地表水和浅层地下水污染；3—处理不达标的废水排放污染河流和土壤；4—注入前储存不当造成泄漏；5—天然气和压裂液、产出水等从页岩气井套管缺损处泄漏污染浅层地下水；6—气体从常规油气井套管或废弃井泄漏污染浅层地下水；7—中间地层的气体流入页岩气或常规油气井；8—中间地层或储集层的气体流入放弃；9—压裂缝直接贯通浅层含水层

钻井过程中漏失的流体主要是废弃钻井液和钻井废水，钻遇破碎带地层、异常低压地层或地层裂缝、岩溶空洞，会造成大量钻井液漏失，可能造成地下水污染。在钻遇压力异常地层还可能会发生溢流井喷，以及大量钻井液通过井喷后压井作业失败形成的裂缝进入地层，造成水资源污染。

压裂过程以及压裂液返排过程可能通过地层中的地层裂缝、断层、既有废弃矿井等原生通道和压裂产生的裂缝等次生通道发生压裂液泄漏，造成水资源污染。页岩深部地层中存在着多种潜在的污染流体,主要指束缚水和压裂液中的抗菌剂:压裂目标层内已存在于地下数百万年的束缚水中通常含有高浓度的盐类、苯、砷和汞等污染物,以及伴生放射性物质;而用于抑制细菌生长的盐酸、戊二醛等抗菌剂均对环境有一定的危害性,对水体可造成污染。这些污染流体一般在压裂钻塞作业完成后,通过井筒返排回地表,且这个返排周期最长可以延续整个生产期间。研究显示,页岩气藏压裂液返排率较低,仅为10%~40%。针对大量没有被回收的压裂液去向,Engelder 分析了 Marcellus 页岩气田的测井资料后发现,低渗透的页岩仅含有较少的游离水,大量的压裂液可以就此被页岩吸收。这些残留在页岩层内的压裂液,一般不会对位于储层数百米甚至数千米上方的地下水层造成污染,但是在返排液的回收以及处理过程中易造成污染,特别是压裂液和地层水中的天然污染物可以穿过井筒和套管之间没有完全密闭的环空,或者压裂目标层以外的天然裂缝以及断层等水文通道,运移到含水层造成对地下水的污染。而近来的研究发现,当前对于返排废水的放射性评估集中在单一元素镭上,忽略了铀、钍、钶等放射性元素,大大低估了其总放射性污染水平,从而也低估了污染流体造成淡水污染的风险。

在返排液处置前的临时存储或运输过程中,也存在着环境污染的风险。这些液体通常被储藏在管线中甚至露天蒸发池里,暴雨和大风等极端天气可能导致蒸发池中的返排液溢出,造成径流污染,进而给当地的生态环境和社会生产生活带来难以预计的影响。

1. 浅层流体泄漏和运移

套管和固井缺陷会造成浅层流体泄漏,导致地下水污染,常规油气井出现这一问题的比例约为1%~3%,非常规油气井出现此类问题的比例可能会高于常规油气井。浅层流体泄漏和运移的原因包括:套管损伤导致流体泄漏;固井不完善,使套管和储层间存在流体流动空间。

美国 Osborn 等和 Jackson 等的研究显示距离 Marcellus 页岩气井 1km 范围以内的地下水中含有较高浓度的甲烷。Osborn 等分析 68 口浅层饮用水井发现,距离页岩气井 1km 范围以内的下水中甲烷平均浓度为 19.2mg/L,是距离页岩气井 1km 范围以外地下水(1.1mg/L)的 17 倍。地球化学分析表明距离页岩气井 1km 范围内地下水中的天然气主要来源于深层热成因天然气,与页岩气井产出气一致,但水样中并未检测到压裂液或深层咸水成分。Jackson 等分析 144 口浅层饮用水井发现,距离页岩气井 1km 范围以内地下水中甲烷平均浓度是距离页岩气井 1km 范围以外地下水的 6 倍,而前者的乙烷浓度是后者的 23 倍,仅在距离页岩气井 1km 范围以内的 10 口水井中检测到丙烷。

采用相同方法对 Fayetteville 页岩气井附近 127 口饮用水井进行分析,结果显示其并未被天然气污染。有学者认为 Osborn 的研究样本容量过小且非随机取样,缺少与钻井前基线数据的比较。同时该地区地下水中普遍存在热成因甲烷,且在页岩气开发前有其他固井问题导致的甲烷泄漏事件,不能表明是由于页岩气开发造成了地下水中甲烷浓度高。目前仅有较少研究采集页岩开发后的水样数据并和开发前的基线数据进行了对比,结果显示钻井前后地下水中的甲烷浓度没有统计差异,甲烷浓度与采集水样水井至页岩气井距离也没有统计相关性。地下水中天然气的成因和来源分析是判别页岩气开发是否导致了高甲烷浓度的关键,其指标主要包括烃类浓度、长短链烃比例(C_2/C_1、C_3/C_1)、天然气同位素组成($\delta^{13}C_1$、$\delta^{13}C_2$、δ^2H_{CH4})和惰性气体同位素特征(^4He、^{20}Ne、^{36}Ar)。

Fontenot 等分析距离 Barnett 页岩气井 3km 附近的饮用水井，发现部分水样中 As、Se 的溶解性固体（TDS）总量超标，3km 之外的饮用水井也存在 TDS 超标情况，但近井区域浓度更高。产生这一现象可能的原因包括该地区水位下降、页岩气开发影响地下水运移和平衡、套管或固井缺陷。但该研究中近井和远井样本数量差别较大，且仅检测了 As、Se、甲醇等物质的浓度，难以判断污染的来源和成因。钻井和压裂活动如何影响地层中天然存在的有害物质运移还需要进一步研究。美国相关研究存在争议的主要原因在于已经大规模开发的页岩区块缺少基线数据。中国的页岩气开发还处于起步阶段，只有在开发前设计污染监测方案和监测指标体系、采集水样的基线数据，才能有效判断页岩气开发中浅层天然气和其他污染物的来源，评估页岩气开发是否造成污染。

2. 地下深层流体运移

页岩气开发过程中，注入的压裂液和储层高矿化度地层水是否会向上运移，直接污染地下水，是水力压裂技术争议的另一焦点。此问题的关键在于页岩储层和地下水的连通性，以及向上运移的驱动力。就连通性而言，目前学术界较为普遍的共识是水力压裂不会产生连通地表的裂缝。最直接的证据是微地震成像显示水力压裂产生裂缝的顶端距离地下水仍有上千米，一般页岩压裂作业层的深度在 1000m 以上，地下水深度不超过 300m，裂缝的发展会受到储层上下方不渗透岩层和压裂液滤失的限制，页岩气井附近检测到高甲烷浓度的水样中也并未监测到压裂液的成分。从运移驱动力来看，当压裂结束后，随着压裂液返排，储层压力下降，即使存在运移通道，受毛细管力限制，流体也会倾向于被束缚、封存在储层中，缺少足够向上运移的动力。

但是理论上并不能排除天然裂缝成为运移通道的可能性。Warner 等研究显示，宾夕法尼亚州东北部浅层地下水的地球化学特征与深层高矿化度地层水一致，二者之间可能存在运移通道。虽然此类通道与页岩气钻完井活动无关，但其存在可能会成为深层流体运移的路径，因此需要进一步研究高矿化度地层水的运移路径以及水力压裂对其影响。Myers 认为注入压裂液会增强储层中原有流体的流动，数值模拟结果显示压裂后污染物从储层运移至浅层地下水的时间可能从上百年缩短至不到 10 年。也有学者认为上述研究的水文地质模型和储层流体运移模型过度简化、存在明显错误，其结论不具参考价值。

美国劳伦斯伯克利国家实验室在《水力压裂对水资源影响报告》中提出了 3 种深层流体运移机理假设：（1）储层流体通过压裂裂缝进入封隔不当的探井或废弃井；（2）压裂裂缝穿过整个上覆岩层，连通地下水；（3）休眠的断层和天然裂缝被激活，连通储层和地下水。虽然理论上不能排除后两类污染机理的可能性，但目前没有证据表明存在这样的裂缝或断层。目前美国已知 1 例在浅层地下水中检测到压裂液成分的事故，发生在位于怀俄明州的致密砂岩气藏。该地区居民水井的深度为 6 ~ 240m，储层深度约 1000m，最浅的水力裂缝深度约 370m。可能的泄漏原因包括：储水池泄漏；天然气井完井、固井不完善；压裂施工层位和最深的居民水井水源层之间缺乏足够的垂向封隔。这一案例中致密砂岩压裂作业深度和地下水深度接近，而页岩储层和地下水间隔上千米，并且之间发育不渗透岩层，压裂作业不会产生连通地表的裂缝。尽管如此，压裂施工的整个过程仍需要可靠的设计和监测来保证作业的安全性。

3. 返排水和产出水处理

不同页岩储层的返排比例差别较大，如 Haynesville 页岩返排比例约 5%，Barnett 和 Marcellus 页岩返排比例约 50%，四川盆地页岩气井返排比例为 15% ~80%。除了压裂液之外，返排水和产出水的成分主要取决于地层水，不同储层有所差异。返排水含有高浓度的 TDS、大量盐类（如 Cl、Br），还可能含有低浓度的金属元素（如 Ba、Sr）、有毒的非金属元素（如 As、Se）和放射性元素（如 Ra），一般有毒成分的浓度和矿化度正相关，由于矿化度高、污染物种类多、成分复杂，所以其处理难度大、成本高。规模开发阶段井数多、返排量大，如何处理这些废水是保护水资源的关键。

美国页岩气开发中返排水的处理方式包括处理后再利用、处理后排放，或注入二类注入井封存。处理工艺包括膜蒸馏、反渗透、蒸发结晶、离子交换和电容去离子化等，现有的处理设施和技术难以经济、有效地处理污染成分复杂、含有高 TDS 的返排水。返排水循环利用需要考虑如何在高矿化度环境下保持添加剂的活性和稳定性，同时防止沉淀。用注入封存法处理返排水受到地质条件制约，如科罗拉多州和得克萨斯州的地质条件适合建设注入井，而宾夕法尼亚州只有 5 口用于废水处理的二类注入井。

返排水处理过程中可能的污染途径包括：(1) 操作过程中的地表泄漏，如蓄水池隔离层渗漏、运输途中溢漏；(2) 返排水未经处理直接排放；(3) 返排水处理不达标排放，一般的污水处理设施不能有效去除如卤素、重金属和放射性元素等污染物。由于返排水的矿化度远高于地表水，即使很小的污染量也会恶化水质。Marcellus 页岩的返排水处理后虽然去除了 90% 的 Ba 和 Ra，但排放点和下游的 Cl、Br 浓度明显高于上游，^{226}Ra 的放射性强度是上游的 200 倍，超出了安全标准。

页岩气井产量一般递减较快，需要不断完钻新井。在规模开发阶段，生产活动密度增加，出现返排水地表污染事故的概率也有所增加。为监测和追踪返排水污染，需要研究返排水的地球化学特征，并确定监测指标体系和监测方案。不同页岩返排水的组成受区域地质和水质影响差异较大，监测指标也有所不同，如用于区分 Marcellus 页岩返排水和其他污水的指标包括 ^{226}Ra/^{225}Ra、^{87}Sr/^{86}Sr 和 Sr/Cl 等。返排水污染主要与生产操作和管理有关，可以通过研究控制返排比例、研发改进污水处理工艺、有效监测污染、识别污染诊断、加强返排水处理规划和管理来降低风险。

4. 降低水资源污染的措施

(1) 缺少基线数据是美国页岩气开发对水质影响相关研究存在争议的重要原因。美国国家能源技术实验室和地质勘探局均已开展研究项目，采集尚未规模开发页岩区块的基线数据并进行持续监测。对于中国尚未规模开发的页岩区块，设计监测方案和监测指标体系、开发前采集地表水和地下水的基线数据，是今后开展此类研究的必要基础。

(2) 套管损伤和固井缺陷会导致天然气泄漏运移进入浅层地下水，可以通过优化工程实践、加强检测和监管降低这一风险。压裂不会诱发直接连通浅层地下水的裂缝，受滤失、不渗透岩层和毛细管力的限制，流体从页岩储层直接运移至浅层地下水造成污染的可能性很低。但现有技术手段仍然无法准确预测裂缝发展，压裂前需要尽可能了解地下构造和断层、裂缝分布，压裂中需要实时监测、压后监测、评估水文地质学的变化情况。

(3)注入的压裂液和储层流体的运移规律及影响因素需要进一步研究,包括注入的压裂液对储层流体运移的影响、压裂液与储层发生的反应和作用、压裂液最终去向及其影响因素、天然高矿化度地层水运移通道对压裂液运移的影响、伴随地下水循环更长期的运移和泄漏风险等问题。

(4)返排水污染物种类多、成分复杂,处理不当会造成污染。未来研究方向包括:改进压裂液配方提高废水的兼容性,以提高返排水再利用比例;研发适用于页岩气返排水的处理技术,处理高矿化度、高放射性的返排水;研究用于返排水监测和污染来源识别的技术和指标体系。

(5)中国目前没有针对页岩气废水处理的具体规定,现阶段依照常规油气的办法管理。页岩气规模开发阶段具有返排水量大、污染物成分复杂、地表波及区域广的特点,需要综合管理、监管和规划,应加快完善页岩气开发的环境监管制度和相关法规。

三、有害气体的泄漏

页岩气开采过程中所泄漏的有害气体主要就是甲烷。甲烷是页岩气的主要成分,同时也是导致全球气候变暖的温室气体之一,当前全球气候变暖 1/3 的原因可以归结于甲烷气体的排放。研究证明,在过去 100 年间,甲烷的暖化能力比二氧化碳高 33 倍。此外,泄漏的甲烷在地层中可以被细菌氧化,导致氧气耗尽,而低氧浓度则会导致地层中砷、铁离子的溶解度增加,污染地下水质,并且低氧浓度下厌氧细菌增殖可以将硫酸盐还原为硫化物,会进一步加剧地下水和大气的污染风险。因此限制页岩气开采过程中的甲烷泄漏具有重要意义。

开采页岩气藏时所泄漏的甲烷一般要多于常规气藏。这是由于在压裂后返排期内,返排液回流到地表的同时,伴随着大量的甲烷气体,并最终排放到大气中,导致了大气中甲烷气体含量的增加。Howarth 等人研究了页岩层水力压裂后温室气体的排放情况,结果表明,在页岩气生产过程中,占总产量 3.6% ~7.9% 的甲烷泄漏到大气中,而这些泄漏的甲烷量超出常规气藏开发泄漏量的 30% ~200%。

页岩气开发过程中,环空密封不严也可以导致部分甲烷泄漏,泄漏的通道如图 5-3-3 所示。在气井建井施工中,如果固井失败或者环空密封不严,会造成甲烷沿井筒外壁窜至饮用水层或其他岩层,引发环境风险。据统计,在 2008—2013 年间,宾夕法尼亚州 6466 口非常规气井施工过程中出现 219 次故障,故障率达到了 3.4%,其中套管和水泥胶结的故障率为 1% ~2%。泄漏的甲烷进入到饮用水层,可造成饮用水混浊,当甲烷浓度达到 10mg/L 的极端情况时会发生爆炸。随着页岩气开发力度的加大,发生甲烷泄漏的风险也不断提高。而美国相当一部分页岩气工区位于人口稠密的地区,近年来,得克萨斯州的 DeSoto、宾夕法尼亚州的 Dimock 和 Milanville 等地页岩气工区的邻近居民水井中常有甲烷被发现。关于这些甲烷的来源存在着分歧,即甲烷是来自页岩气开采中的泄漏还是由淡水系统中微生物合成的。

其他层中的甲烷同页岩层中的甲烷一样,都可以通过断层由地层深处向上运移,或者通过裂缝由沼泽或冰碛层进行横向运移,并最终进入饮用水层中;此外,居民水井中的甲烷也可能来自储气罐、煤矿、垃圾填埋场、天然气管道和被遗弃的气井等;当甲烷在地下运移时,也可能被部分氧化,进而与其他气体混合,或者沿着移动路径逐渐稀释,这在一定程度上加大了确定

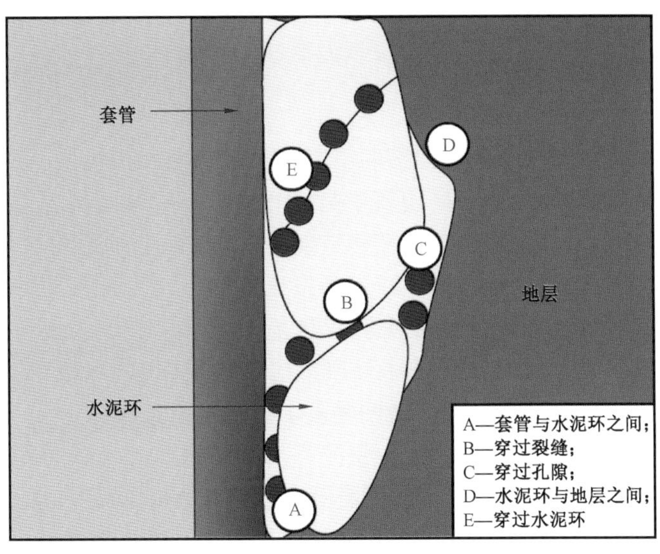

图 5-3-3 甲烷泄漏的通道图

甲烷来源的难度。因此,除了对甲烷泄漏地区水井和页岩气生产过程进行长期地下水取样以及检测之外,也应当采用多种手段分析水井中甲烷的来源,减小甲烷泄漏带来的地下水层环境风险。

页岩气开采过程中产生的有害气体还包括氮氧化物(NOx)、返排液中易挥发的有机废气、PM2.5 和 PM10 等大气颗粒悬浮物以及臭氧等大气有毒物。Robinson 对上述有害气体排放的主要来源和次要来源做出了分析(表 5-3-6),氮氧化物的来源主要是建井过程中的钻机和压裂泵等,有机废气的来源主要是完井放空,PM2.5 等大气悬浮物主要来源自建井过程。

表 5-3-6 有害气体的泄漏来源

过程	排放源	氮氧化物	有机废气	颗粒物	有毒物
建井过程	钻机	●	○	●	●
	压裂泵	●	○	●	●
	货车运输	●	○	●	●
	完井放空	●	○	●	●
	返排压裂池		○		?
生产过程	压缩机站	●	●	○	●
	井口压缩机	○	○	○	○
	脱水设备		○	○	○
	排污放空		○		○
	冷凝储罐		●		○
	气动阀		○		○

注:● 代表主要来源;○ 代表次要来源;? 代表来源不明。

四、诱发地质灾害

1. 地质灾害现状

长宁—威远国家级页岩气示范区位于四川省宜宾市和内江市境内，该区域地处云贵高原和四川盆地边缘山地过渡区域，长宁区块属于高、中山地貌，威远区块主要为低山、丘陵地貌。总体来说，区内地形起伏大，地形地貌、地质构造复杂，新构造运动强烈，区域地质环境脆弱，是我国地质灾害易发区和高发区之一，地质灾害隐患点具有“点多、面广”的特点。

根据区域地质灾害调查与区划成果报告，该区域地质灾害类型主要包括：滑坡、崩塌和泥石流与地裂缝。滑坡（含不稳定斜坡）体主要以上覆覆盖层、残坡积堆积层、松散土石堆积体为主，基岩滑坡较少。滑坡发育过程中，斜坡体发生蠕变蠕滑持续时间较长，坡体变形征兆明显，具有可预报性。当蠕变加剧裂缝宽度由量的积累发展到质的飞跃时即发生滑坡。崩塌多发生在区内石灰岩、砂岩地层分布区，崩塌发育具有以岩体裂缝为依托，坡体变形为条件，各种裂缝渐次由隐到显、由里到外，发育时间不均匀的特征。泥石流多与滑坡、崩塌等灾害相伴生，滑坡、崩塌堆积物在暴雨的诱发下成为泥石流的物源区。塌陷、地裂缝大多由矿山无序开采形成的采空区，在持续强降雨因素下诱发形成。

2. 地面地质灾害

一般而言，把高压水通过钻杆注入地下 1500～3000m 冲击页岩层而使岩层出现裂缝水是压裂技术的技术要求，从而通过裂缝开采页岩气。并且水力压裂作业通常具有规模化的特征，如果开发井位建设的十分密集，在反复压裂的过程中，高压液体从上而下注入页岩层，从而使页岩产生许多的裂缝，页岩的抗压强度会慢慢地减小，而中国南方长宁、威远、昭通页岩气区块等地区属于典型的喀斯特地区，地面塌陷地质灾害相对发育，规划开采页岩气可能会加剧地面的沉陷、山体的塌陷、滑坡等地质灾害发生。最危险的是当压裂液注入深井，钻井液的浸泡可能会导致井壁岩层的松动塌陷和地层应力不稳定，大面积规模化的开采页岩气，很可能诱发产生微地震。尤其是中国的扬子台地区本就是地震多发带，如果在这一地带大面积规模化的开采页岩气，诱发产生微地震的可能性会大大增加，严重威胁到当地居民的人身安全和生存环境。

页岩气的勘探、开发和生产运输过程中，由于建设井场、道路和管道基建等难以避免会进行大面积的地表清理工作，而页岩气工厂化生产模式比常规天然气单井开采模式增加了土地占用，例如页岩气井水力压裂液储蓄池的挖掘、压裂设备的布置等土地占用面积远大于常规油气藏的钻井井场。在原生态地区，开采页岩气会造成大量的野生植被破坏，不仅会影响野生动物的栖息环境，而且还会导致局部水土流失和泥石流灾害等；在农垦区，页岩气的开采会占用大量的耕地资源，从而加剧耕地匮乏的矛盾。

3. 微地震的发生

页岩气开发中需要注意的风险还包括水力压裂以及污水回注可能导致的低震级地震，学者们对于页岩气开发是否能诱发地震持有不同的观点。

Frohlich 等的研究认为得克萨斯州 Fort Worth 盆地（Barnett 页岩气藏所在地）发生的低震级地震与该地区页岩气开采中的水力压裂之间没有确凿的联系，但是发现返排液加压回注盐水处理井后，部署在附近水井中的井下地震仪阵列检测到了约1000次微地震，其中最大的震级约为里氏1.6级。Ellsworth的研究也发现俄克拉何马州一系列微地震的增加主要是由于返排液废水回注引起的，和压裂关系不大。

De Pater等则持有不同的观点，他们认为水力压裂引发低震级地震的可能性非常大，这是因为在压裂液高压注入断裂带后，缓解了断层间的摩擦，使其更加容易滑移，从而引发地震。Lamontagne的研究发现，在加拿大的不列颠哥伦比亚省和阿尔贝塔省，较为频繁的中等强度的地震与水力压裂相关，震级最高达到里氏4.4级，而这一地区在开展压裂之前，仅有较微弱的地震发生。

五、其他环境影响

页岩气钻井和压裂过程中的噪声污染也不可忽视，尤其是对于靠近村落及城镇的施工地点。井场建设中大量重型机械的运作和交通运输，水平钻井和压裂施工都会产生高分贝噪声。井场建设和交通运输可以通过限定作业时间来规避噪声对周边居民区正常生活作息的影响；而水平钻井的长期性、钻井和压裂操作的连续性则无法从根源上消除噪声污染。后续天然气输送过程中，压缩机站的运行也将产生长期的噪声污染，即便安装了消音器也难以完全消除。

页岩气开发还可能会造成土地资源浪费、地震危害、噪声污染、交通影响、景观破坏等环境问题。页岩气可开发周期长，但初期产量递减快，需打很多井，占地面积大；高压水力导致岩层能量释放，可能诱发微地震；页岩气开发作业过程均有噪声产生，其中钻井过程是噪声产生最为严重的环节；井场大量运输设备往来，可能会对当地交通造成影响；页岩气开发施工阶段，大量施工机械及人员活动可能会对农村景观造成一定破坏，但随着施工结束后的土地复垦，景观影响将会消失。

第四节　环境友好型开采模式

页岩气勘探开发涉及地震勘探、钻井、水力压裂、采气、集输等多个环节，这些环节均存在对水资源、大气和土壤等方面的污染及对当地社区的影响，为此须加强对页岩气勘探开发事前、事中、事后全过程的严格监管，走环境友好型页岩气开发之路。事前监管主要针对页岩气勘探开发前的规划和准备工作，从源头上杜绝环境风险。事中监管应着重对土地利用、水资源取用、地表水及地下水污染、废气排放、废弃物处置等进行监管。事后监管应对页岩气开发引发的长期风险进行评估和环境质量跟踪监测，并严格执法，对达不到标准的企业给予重罚。

一、水资源的循环利用

页岩气开发过程中产生的水资源消耗对区域环境的影响与该地区的水资源可利用量和其他竞争用水需求有关，因此在页岩气开发过程中应加强用水监测、制订综合用水规划，减少页岩气水力压裂过程中的淡水消耗量。2014年世界资源研究所（WRI）发布了首个全球页岩气资源与可利用水资源量分布的评估报告，指出中国超过60%的页岩区块分布在干旱或基线水资源压力较高的地区。目前页岩气开发较为活跃的四川盆地面临水资源分布不均、人口密度高等问题，可能成为页岩气发展的制约因素。为避免影响当地水资源供给和生态环境，应收集页岩气开发用水量、用水来源数据,并结合钻采计划,制订综合用水方案,同时监测水资源变化。

减少页岩气水力压裂过程中的淡水消耗量。研究重点及方向包括:返排水处理和再利用,采用咸水、污水、酸性矿排水等不能用作饮用水的“边际”水资源进行压裂,从而减少淡水消耗量。对于中国水资源匮乏的地区,应提高循环用水比例,发展咸水压裂及无水压裂技术。

1. 压裂返排液的水质特点

与其他传统油气不同,页岩层水含量极少。一般而言,从阶段和时间上对水力压裂后返排至地表的大量液体进行区分,包括返排液和采出水两种。“返排液”定义为施工过程中完井所产生的洗井废水,其处理费用可看作完井成本的一部分,也指压裂施工完成后从井筒返排出来的液体,这里将这两类都视为返排液。

在开发过程中,随着返排液数量的不断累积,其中总溶解固体(TDS)、固体悬浮物、氯离子、总钙、总镁、总钡和总锶盐以及细菌的含量也随之不断增大;特别是产出水期间,返排液在地层内的停留时间比较长,总溶解固体、金属离子和有机物等的含量都相当高。

以美国宾夕法尼亚州 Marcellus 和得克萨斯州 Barnett 页岩气开采为例,压裂返排液悬浮物含量多,总溶解固体含量较高,并且组成成分复杂(表 5-4-1);但鉴于地质环境条件差异等因素,不同页岩地区水质指标可能有较大差别。即使在同一页岩地区,不同井位的气井返排液也存在一定的差别。

表 5-4-1 美国 Marcellus 页岩气区和 Barnett 页岩气区主要返排液水质指标概况

序号	水质指标	Marcellus 页岩气区 第 14 天返排液		Barnett 页岩气区 第 10~12 天返排液	
		范围	中位值	范围	中位值
1	pH 值	4.9~6.8	6.2	6.5~7.2	7.1
2	总碱度(mg/L)	26.1~121	85.2	215~1240	725
3	总悬浮固体含量(mg/L)	17~1150	209	120~535	242
4	氯离子含量(mg/L)	1670~181000	78100	9600~60800	34700
5	总溶解固体含量(mg/L)	3010~261000	120000	16400~97800	50550
6	总有机碳含量(mg/L)	1.2~509	38.7	6.2~36.2	9.75
7	油脂含量(mg/L)	7.4~103	30.8	88.2~1430	163.5
8	硫化物含量(mg/L)	1.6~3.2	2	—	—
9	硫酸盐含量(mg/L)	0.078~89.3	40	120~1260	709
10	总钡含量(mg/L)	133~4220	1440	0.93~17.9	3.6
11	总锶含量(mg/L)	1220~8020	3480	48~1550	529
12	总钙含量(mg/L)	8500~24000	18300	1110~6730	1600
13	总镁含量(mg/L)	933~1790	1710	149~755	255
14	总铁含量(mg/L)	69.7~158	93	12.1~93.8	24.9
15	总锰含量(mg/L)	2.13~9.77	4.72	0.25~2.20	0.86
16	总硼含量(mg/L)	13~145	25.3	7.0~31.9	30.3

2. 常用水处理技术及其特点

对页岩气田地面压裂所产生的返排液进行净化处理的主要方法有过滤法、化学沉淀法、热技术和膜过滤技术等。

1)过滤法

废水中的悬浮固体一般应用过滤法去除。过滤的种类和方法繁多,包括类似于家用的简易过滤装置和经过精心设计的价格高昂、性能优良的过滤器。较低端的处理技术主要是指最基本的过滤技术,如筒式过滤器和媒体吸收装置。过滤用页岩气作业装置的孔径尺寸从 0.04μm 到 3μm 变化不等,尽管如此,过滤也不能有效降低废水中 TDS 浓度,经过处理后的水常常被运往新井与淡水混合后再用于压裂。

2)化学沉淀法

化学沉淀法就是通过调节废水 pH 值或者向返排液废水中投加化学药剂,生成难溶的沉淀物后去除,最后对净化后的水进行再利用或外排。化学沉淀法一般用于去除成垢物质,例如钙、镁、铜、钡、铅、锶、铁和锰,也可以用来去除金属杂质。

3)热技术

要降低 TDS 浓度水平,过滤和化学沉淀法并不适用。对于 TDS 含量较高的返排液废水,一般采用热技术进行脱盐处理。热技术主要包括热蒸馏、蒸发以及结晶等。热技术是将水加热到接近沸点温度后,生成清洁的蒸馏水、浓盐水或结晶盐,然后将蒸馏水收集再利用或者直接蒸发,从而实现零水排放(ZWD)的要求。热技术显著降低了 TDS 浓度水平,符合环保法规所要求的处理标准。浓缩盐水平均只占原有废水的 20%,大大降低了将水运送到注入井的运输成本。

4)膜过滤技术

膜过滤技术一般有正渗透技术和反渗透技术。反渗透技术广泛用于海水淡化、高纯工业用水制备以及废水处理。反渗透工艺主要利用外界施加压力克服渗透压差,促进水分子向逆渗透压的方向扩散,从而获得纯水。膜过滤技术通过膜的传输生成净化水,膜孔很小,可以阻隔比膜孔尺寸大的悬浮颗粒以及溶解颗粒。有文献指出,若 TDS 浓度水平高于 40000×10^6,则反渗透膜过滤技术不能达到预期的净化效果。

3. 水资源循环利用

页岩气的水处理和再利用主要包括回注、回用和外排三种方式,其中以回收利用为重点。回收再利用具有减轻供水压力、降低采出水处理量、减少总成本等优点。

对于页岩气开发作业者来说,有多种因素决定处理后的水是否能够有效再利用,包括页岩区地质成分和压裂液化学性质等。页岩区的地质成分决定了采出水的特征;而压裂液的化学性质则取决于其可溶性有机物种类、碳氢化合物浓度、悬浮物及铁、钙、硼、镁的含量等,主要表现为盆地 TDS 或者盐性的显著变化。

页岩气压裂返排液的回收再利用方法一般有 3 种。第一种方法是将其运输到中央设施进行最简单的处理,除去悬浮固体以后再利用;但此方法因为没有除去 TDS 浓缩物,所以不仅会影响水的再利用程度，而且还会影响压裂水安全，同时也会带来一些环境问题。第二种方法是在现场进行返排液的处理，此方法可以降低运输成本。第三种方法是在第二种方法的基础上，尽可能清除结垢成分，然后与水混合再利用。为了高效实现水的回收再利用，必须解决 TDS 和盐度问题，查明返排液使用的化学添加剂成分及其处理方式。

每进行一次压裂作业，都应对返排液和采出水的再利用适用性进行评估，盐度、TDS 等指标对评估结果起决定作用。在页岩气开发早期阶段，如果满足一定的地质条件，返排水可以多次使用。一般经过基本过滤后再与淡水混合，然后再添加压裂化学剂来提高油气产量。但是，随着开发的不断推进，返排液中盐水和其他化学成分不断积聚，生产成本会越来越高，环保问题也会越来越突出，所以应对返排液进行及时处理。

上述页岩气压裂返排液回收再利用的基本方法由于没有彻底解决清除盐和其他化学成分的问题，将会干扰聚合物的交联。热蒸馏通过采用机械蒸汽再压缩的过程可以较为有效地去除影响循环利用的所有成分（不足 50×10^{-6}），这是一种在智能水处理、预测井产能、降低成本和减少页岩气开采环境不良影响等方面很有发展前景的方法。

4. 页岩气开发中水的监管

埃森哲公司发布的《水资源和页岩气开发》报告中指出，一般情况下，每口页岩气水平井在进行钻井和压裂作业过程中需要消耗约 500×10^4gal（1gal = 3.785L）的水，其中，压裂过程用水量所占比重将近 90%。美国曾在开发初期对无水压裂液进行研究，然而无水压裂液在使用过程中存在一些问题与隐患。例如，应用液态丙烷时，需在地下使用爆炸性气体，很可能会造成严重的安全事故。因此，淡水供应不足成为制约页岩气行业发展的严重障碍。

除此之外，美国自然资源保护委员会曾指出，页岩气单井的生命周期最长可达 40 年，其产生的生产废水总量可达数百万升。如果对废水排放前的处理不达标，就有可能对地表及地下水造成污染，污水中的化学物质会通过浅层土壤渗透到含水层，在储存和往返于钻井现场的运输过程中水力压裂液及废水有可能发生地表溢漏。美国主要采取以下方法进行废水管理：尽可能降低生产废水量；循环回收利用气井作业过程中的水；在生产场地采用储水罐或储水池；对作业外水进行处理和再利用。

在美国，如采用地下注入方法处理废水，必须按照地下注入控制（UIC）计划由州级机构或州环保署批准，监管机构一般会限制在注入井中进行废水处理的压力。另外，考虑其环境风险很大，美国各方机构也在加强对压裂液的管制。怀俄明、得克萨斯、宾夕法尼亚、阿肯色、印第安纳、路易斯安那、密西根、蒙大拿、新墨西哥、北达科他、俄亥俄和西弗吉尼亚等州相继出台了水力压裂液体化学成分披露条例，开展监管工作的部门通常是负责监管地下水和地表水源质量的政府机构，例如环保部、水资源部，以及国土资源部。

2015 年年末，中国页岩气计划开采产量将达到 $65 \times 10^8 m^3$，2020 年产量将有望达到 $600 \times 10^8 \sim 1000 \times 10^8 m^3$，这预示着随着页岩气的大规模开发与开采，水监管问题将日益严峻。

页岩气在中国起步较晚，经验欠缺，并且当前的环境保护法只针对石油与天然气的传统领域。2007 年，中国颁布的《环境影响评价技术导则：陆地石油天然气开发建设项目》制定了明确的废水排放标准，用以防止因石油和天然气工业废水造成的污染。2012 年 3 月，环境保护部门发布《石油天然气开采业污染防治技术政策》报告，强调了废水回收利用的重要性，并对压裂液的使用作出指导。同时,文件还要求制定地下水监测计划,以证实当前地下注水的工业做法不会导致任何的水质污染。但是,这两份指导性文件并没有明确针对页岩气开采及与之相关的水资源问题。

值得关注的是,在国家发改委制定的《页岩气发展规划(2011—2015 年)》中陈述了一系列有关环保问题的领先实践,其中包括水力压裂的废水回收利用、严格的钻探规定,以及强化废水排放监控计划,同时要求页岩气运营商减少对当地环境的负面影响。

二、地下水环境保护对策措施

1. 多层套管封隔含水层

采用水力压裂进行页岩气开采的过程包括:钻取地下深度数千米的垂直井和水平井,并将水、沙和添加剂注入页岩地层,以便将该地层打开并开采天然气。有人认为,因为气井穿过含水层抵达页岩层,而且气井中注入有水和化学添加剂,所以饮用水源可能会受到影响。然而,研究证明,正常的页岩地层的钻探以及水力压裂作业导致饮用水源受影响的可能性是微乎其微的。

人们普遍担心的是,水力压裂作业可能导致的水污染,包括水井中甲烷含量升高以及发现地下水中含有与水力压裂作业可能有关的化学品。事实上,美国国家地下水协会曾总结道,正常实施的水力压裂作业不会导致地下水污染。该协会于 2011 年发表报告称,没有明确的证据可以证明水力压裂作业以及在石油和天然气现场的相关活动可引起广泛的水质、水量问题,但在某些非正常情况下,如套管出现故障(包括水泥胶结较差)或地面上材料/化学品管理不规范时,有可能对地下水、地表水或水井造成负面影响。区域水文地质资料显示,中国南方海相页岩气典型区块的浅部淡水地下水含水层一般分布在地面以下 300m 范围以内,而页岩气储层通常在 3000m 至 4000m 深处,其两者之间还有数千米的岩石隔离层。

美国各州油气管理法律法规非常重视对地下水资源的保护。目前,钻井建设过程中需要安装多层套管和水泥保护层,用于保护含水层中的淡水资源,同时确保将储层和上覆地层隔离开。钻井过程中,在适当的地方,设置了导管和外层套管柱,并用水泥进行固定,有时也可能需要安装中间套管等额外的套管柱。当各套管柱安装好之后,用水泥密封地层和套管之间,或者两侧套管之间的缝隙。图 5-4-1 描述了页岩气钻井井身结构设计中套管和水泥的安装过程,并强调了套管安装技术在隔离不同水层方面的作用。由此图可以看出,多层套管、水泥胶结层和生产油管是页岩气完井技术的重要组成部分,主要是为了避免污染淡水资源,确保页岩气沿着钻井方向向上流动,用于生产和销售,而不是流入套管外的其他低压地层。

导向套管是页岩气钻井施工过程中的基础,目的是防止地表土壤的塌落。表层套管可以将淡水层隔离开来,使含水层避免受到钻井液和返排水的污染。为了更好地保护淡水资源,通常使用空气旋转钻井方法钻探此类性质的地层,可避免钻井液接触淡水层。中间套管可将淡水层从生产井筒中隔离出来。有些时候会存在自然超高压区域或者在深部地层存在咸水层,此时必须使用中间套管。安装中间套管的下方区域通常未使用水泥进行胶结固定,但有一种情况例外,即水平腿造斜点上方区域通常需使用中间套管,否则这些区域将会被钻井液填满。

套管柱主要用来隔离套管内外两层的液体,避免其互相接触。页岩气运营商采取了一系列的检查措施,来确保不同的区域能够根据需要被隔离开来,主要内容包括检查所使用的套管

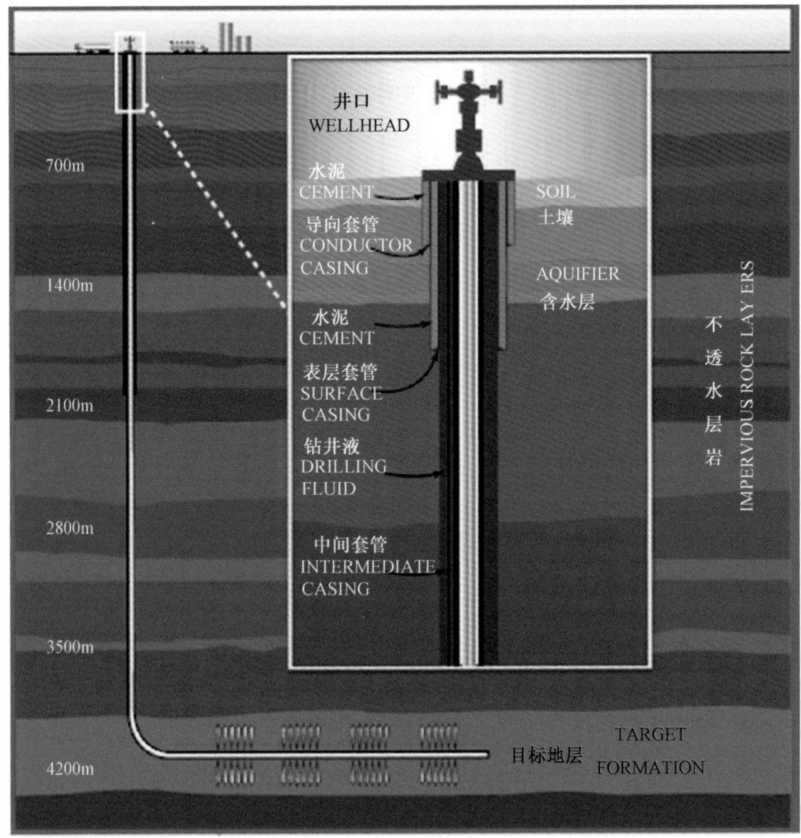

图 5－4－1　井筒设计示意图

是否具有足够的支撑强度、水泥和套管之间是否已合理稳固的胶结在一起。这些检查方法包括声波水泥胶结测井方法、检验确保套管机械完整性的压力测试等。此外，各州油气管理机构经常指定保护性套管的深度，并要求在下一步钻井之前，提供一定的时间用于凝固水泥。这些要求具有一定的区域性，会根据开采地区的法律规则进行相应调整，主要是为了避免盲目开采活动。上述要求主要是各州油气管理机构为保护地下水资源而设立的。因此，一旦套管柱胶结工作完成后，在生产油管和含水层之间会存在 5 层以上的隔离层。

20 世纪 80 年代，在给美国石油组织提供的一系列报告和文献中，分析测试了套管和水泥胶结多重保护作用。这些调查研究评估了第二类注入井的腐蚀等级，该类注入井主要用于油气生产中的常规注水活动。基于此类研究，建立了一种检测第二类注入井液体对于地下饮用水源潜在影响或危害的方法。研究首先评估了各油气生产盆地的相关数据，然后决定是否具有可能会腐蚀钻井套管的自然含水层。根据对钻井套管的潜在腐蚀程度，对美国 50 个盆地进行了排序。

对于可能腐蚀钻井套管的盆地，需要开展更加细致地测试分析工作。风险概率分析为估计压裂液到达地下饮用水源的可能性提供了一个上限。根据计算结果，在现代水平完井中安装表面套管基本能够避免对地下水源系统的影响。当然，对地质盆地可能会有一定程度的腐蚀。若这些钻井的操作过程同注入井一致的话，则压裂液在深层对地下水源产生影响的概率

介于 $2\times10^{-8}\sim2\times10^{-5}$之间。其他研究发现，在威利斯顿盆地区域，当蓄水层有表面套管保护时，注入水泄漏并进入地下饮用水系统的最大可能性是每年 100 万口钻井中发现有 7 例。

这些评估并不能用来说明页岩气井和注入井作业之间的差别。注入井工作时，利用压力持续注入液体，会增加接收水层的压力，增大液体泄漏或钻井失败的风险。生产井则是通过排出气体和有关液体来降低生产区域的压力，从而降低了污染淡水层的可能性。进一步来讲，相较于注入井，页岩气井的作业压力较低，因此遇到套管泄漏的可能性也较低。在生产油管中，生产井与具有腐蚀性质水的接触面非常小，唯一可能接触的地方是储层压裂处理时，向生产井注入压裂液的时候。

美国石油组织和其他有关研究表明，注入井对地下水的影响非常小。根据美国石油组织估计，若监管得力，新安装的深层页岩气井水力压裂过程中压裂液对可处理地下水产生影响的概率小于 2×10^{-8}。

除了多层套管和水泥胶结防护外，在岩石层还存在一个天然屏障来防止页岩气的泄漏。如果没有该防护层，油气在自然情况下会向地球表面迁移。根据油气地质学理论，如果不存在防护层，油气便不会在其生成地保存富集，不会达到可以开采使用的储藏量。这类密封层同时能够阻止液体向上流进地下饮用水层。大多数页岩气钻井的钻探深度均在地表以下 3000m。对于生产区域中任何液体来说，必须穿过上覆地层才能到达浅部具有供水意义的含水层。

2. 井场分区防渗措施

对页岩气开发项目各个建设工程单元可能泄漏污染物的地面进行防渗处理，可有效防治污染物渗入地下，并及时地将泄漏、渗漏的污染物收集并进行集中处理。具体如下：

1）*井场防渗措施*

（1）井场防渗区用防渗混凝土对地面进行硬化，钻井平台区域、柴油罐区、钻井岩屑暂存区采用 C30 混凝土防渗层，厚度为 20cm；

（2）柴油罐区、废油和含油岩屑暂存区设置围堰，并采用 C30 混凝土防渗层，厚度为 20cm；

（3）清污分流区域采用 C15 混凝土防渗层，厚度为 8cm。

2）*废水池防渗措施*

（1）池底处理：池底开挖后夯实整平后，先铺设 10cmC15 混凝土垫层，再打 40cm 厚的 C25 钢筋混凝土，总共厚度为 50cm；

（2）墙身和基础处理：墙身采用条石砌筑，砌筑用 M7.5 水泥砂浆；墙身内、外壁和池底防水层抹面均采用 M7.5 水泥砂浆，抹面厚度 2cm。基础采用 40cm 厚的钢筋混凝土。

3）*岩屑池防渗*

（1）池底夯实整平后，先打一层厚 10cm 的 C15 垫层，再打 40cm 厚的 C25 钢筋混凝土，总共厚度为 50cm；

（2）岩屑池的墙身和基础均采用 Mu25 号条石、M7.5 水泥砂浆浆砌；墙身和池底防水层均采用 M7.5 水泥砂浆。

4）*放喷池防渗*

放喷池池底采用 C15 混凝土，厚度为 50mm，并按“三油两布”作防腐、防酸处理。

5）清水池防渗

（1）清水池施工时将表层土全部用于砌筑池干和铺设池底，待施工完成后，表层土全部用于复耕；

（2）清水池池内（即池底、池内壁、池干外壁）铺设3mm的HDPE膜用于防渗。在清水池外侧设置抽水泵基础，泵头基础采用C20钢筋混凝土浇筑，清水池内集水坑底部、防渗膜上方设置10cm厚的C20混凝土，防止抽水时泵头吸附防渗膜。

6）页岩气钻井期间应在污染物产生、装卸及存储区域加强防渗措施，即在钻井平台区域（含井口）、钻井液设备场地（含钻井液储备罐区、废水池和岩屑池）、柴油罐区、含油岩屑暂存区及废油暂存区围堰在已设计的混凝土防渗层之上均增加2mm高密度聚乙烯膜，再用水泥砂浆抹面，渗透系数不大于10^{-10}cm/s，可有效防止污染物渗入，防止废水外溢、渗漏污染地表水和地下水。并定期对农户水井进行监测，有效防止废水外溢、渗漏污染地表水和地下水。以上防渗措施均按相关要求和规定执行。各池子建设完毕后，用清水进行试漏，在无渗漏的前提下方可投入使用。根据防渗层功能随年限的变化，站场化粪池和工艺污水池（主要装场站设备冲洗水）应当在运营期间内，每隔一定年限（6～8年）重新做加固防渗处理，以保证生活污水和生产污水不会渗入地下污染地下水。

7）参照GB/T 50934—2013《石油化工工程防渗技术规范》，根据工程各功能单元可能产生污染的地区，划分为重点污染防渗区、一般污染防渗区和非污染防渗区。分区防渗方案见表5－4－2。

表5－4－2　页岩气开发地面工程分区防渗方案

<table>
<tr><th>污染防渗区类别</th><th>防渗性能要求</th><th colspan="2">建设项目场地</th><th>装置、单元名称</th><th>污染防渗区域或部位</th></tr>
<tr><td rowspan="14">重点污染防渗区</td><td rowspan="14">防渗性能不应低于6.0m厚、渗透系数为1.0×10^{-7}cm/s的黏土层的防渗性能</td><td colspan="2" rowspan="7">钻井工程（井场）</td><td>钻井基础区域</td><td>地面</td></tr>
<tr><td>废水池</td><td>池底及池壁</td></tr>
<tr><td>岩屑池</td><td>池底及池壁</td></tr>
<tr><td>集酸池</td><td>池底及池壁</td></tr>
<tr><td>钻井液循环系统（含储备罐区）</td><td>装置区的地面、围堰四周及底部</td></tr>
<tr><td>压裂作业系统（含压裂液储槽）</td><td>装置区的地面、储液槽池底及池壁</td></tr>
<tr><td>油罐区、废油暂存区</td><td>地面、围堰四周及底部</td></tr>
<tr><td rowspan="6">地面集输工程</td><td>丛式井</td><td>污水池</td><td>池底板及壁板</td></tr>
<tr><td rowspan="3">集气站</td><td>压裂返排液储存池</td><td>池底板及壁板</td></tr>
<tr><td>检修污水池</td><td>池底板及壁板</td></tr>
<tr><td>生产钻井废水池</td><td>池底板及壁板</td></tr>
<tr><td rowspan="2">回注站</td><td>压裂返排液输送管线</td><td>地下输送管道</td></tr>
<tr><td>压裂返排液储存池</td><td>池底板及壁板</td></tr>
<tr><td colspan="2">配套工程与辅助工程</td><td>生活污水处理池</td><td>池底板及壁板</td></tr>
</table>

续表

污染防渗区类别	防渗性能要求	建设项目场地	装置、单元名称	污染防渗区域或部位
一般污染防渗区	防渗性能不应低于 1.5m 厚、渗透系数为 1.0×10^{-7} cm/s 的黏土层的防渗性能	钻井工程	清水池	池底板及壁板
			放喷池	池底板及壁板
		地面集输工程	厂房地面	装置区地面
			工艺区地面	装置区地面
			脱水装置	装置区地面

(1)重点污染防渗区。

参照 GB/T 50934—2013《石油化工工程防渗技术规范》,重点污染防渗区防渗层的防渗性能应不低于 6.0m 厚渗透系数为 1.0×10^{-7} cm/s 的黏土层;该防渗性能要求与 GB 18599—2001《一般工业固体废物贮存、处置场污染控制标准》第 6.2.1 条等效。防渗结构示意如图 5-4-2 所示。

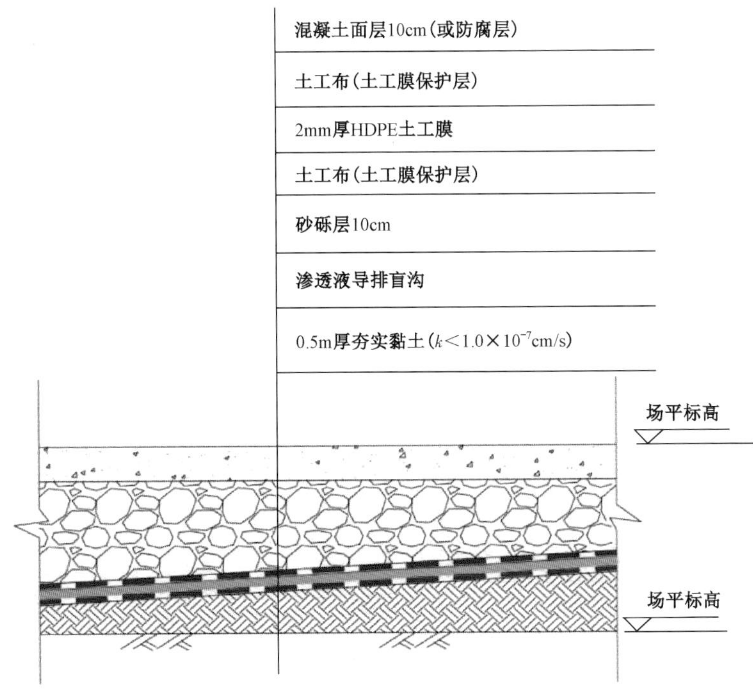

图 5-4-2 重点污染防渗区防渗结构示意图

① 钻井工程。

钻井液主要用于钻井期间循环使用,剩余废弃钻井液储存于井场的废水池,钻井岩屑储存于井场的岩屑池。废水池、岩屑池的池壁和池底按照 GB/T 50934—2013《石油化工工程防渗技术规范》重点污染防渗区进行防渗处理,其防渗层的防渗性能不低于 6.0m 厚渗透系数为 1.0×10^{-7} cm/s 的黏土层的防渗性能。完井后根据 Q/SY XN0276—2015《钻井废弃物无害化处理技术规范》进行无害化处理。

钻井井场的柴油罐区和废油暂存区设置围堰，钻井基础区域、钻井液设备场地（钻井液循环系统、钻井液储备罐区）、柴油罐区和废油暂存区的围堰均采用“防渗混凝土 + 高密度聚乙烯膜”进行防渗，其防渗层的渗透系数不大于 1.0×10^{-10}cm/s。区域地面采用 C30 混凝土进行硬化防渗处理。

钻井液循环系统（含储备罐区）、柴油罐区等。

罐区地面采用水泥硬化和严格防渗、防腐和防爆措施，罐区周围须设置具有强防渗性的围堰和集水沟。

罐区基础的防渗，需从上至下依次采用“罐底板、沥青砂绝缘层、砂垫层、防水涂料层、钢筋混凝土承台、混凝土垫层”的防渗方式。

压裂作业系统（含压裂液储槽）地面采用 C30 混凝土进行硬化防渗处理。压裂液储槽的池壁和池底按照 GB/T 50934—2013《石油化工工程防渗技术规范》重点污染防渗区进行防渗处理，其防渗层的防渗性能不低于 6.0m 厚渗透系数为 1.0×10^{-7}cm/s 的黏土层的防渗性能。

② 地面集输工程。

回注站内的返排压裂液存储池，应参照 GB/T 50934—2013《石油化工工程防渗技术规范》，按照重点污染防渗区的防渗要求，做好防渗处理。其防渗层的防渗性能不低于 6.0m 厚渗透系数为 1.0×10^{-7}cm/s 的黏土层；该防渗性能要求与 GB 18599—2001《一般工业固体废物贮存、处置场污染控制标准》第 6.2.1 条等效。

压裂返排液输送管网铺设防渗压裂返排液输送管网采用地下管道，应加强地下管道及设施的固化和密封，采用防腐蚀、防爆材料，防止发生沉降引起渗漏，并按明渠明沟敷设。埋地管道防渗，需依次采用“中粗砂回填 + 中砂垫层 + 原土夯实”的结构进行防渗。管线穿越村庄段，需进行立体（管沟底部、两侧）防渗处理。

③ 污（废）水池防渗。

混凝土池体采用防渗钢筋混凝土，池体内表面涂刷水泥基渗透结晶型防水涂料（渗透系数不大于 1.0×10^{-7}cm/s）。池底采用“抗渗钢筋混凝土整体基础 + 砂石垫层 + 长丝无纺土工布 + 原土夯实”。

混凝土强度等级不低于 C30，结构厚度不小于 250mm，混凝土的抗渗等级不低于 P8，水泥基渗透结晶型防水涂料厚度不小于 1.0mm，水泥基渗透结晶型防水剂掺量宜为胶凝材料总量的 1% ~2%。在涂刷防水涂料之前，水池应进行蓄水试验。水池的所有缝均应设止水带，止水带采用橡胶止水带或塑料止水带，施工缝可采用镀伴钢板止水带。橡胶止水带选用氯丁橡胶和三元乙丙橡胶止水带；塑料止水带宜选用软质聚氯乙烯塑料止水带。钢筋混凝土水池的设计符合现行行业标准 SH/T 3132—2013《石油化工钢筋混凝土水池结构设计规范》的有关规定。

（2）一般污染防渗区。

参照 GB/T 50934—2013《石油化工工程防渗技术规范》，一般污染防渗区防渗层防渗性能不低于 1.5m 厚渗透系数为 1.0×10^{-7}cm/s 的黏土层的防渗性能；该防渗性能要求与 GB 18599—2001《一般工业固体废物贮存、处置场污染控制标准》第 6.2.1 条等效。

通过在抗渗混凝土面层（包括钢筋混凝土、钢纤维混凝土）中掺水泥基渗透结晶型防水剂，其下铺砌砂石基层，原土夯实达到防渗的目的。对于混凝土中间的伸缩缝和实体基础的缝隙,通过填充柔性材料达到防渗目的,渗透系数不大于 1.0×10^{-7}cm/s。一般污染防渗区抗渗混凝土的抗渗等级不低于 P8,其厚度不小于 100mm。

防渗结构示意如图 5-4-3 所示。

① 钻井工程:清水池、防喷池等一般污染防渗区水池结构厚度不小于 250mm,混凝土的抗渗等级不低于 P8。

② 地面集输工程:集气站厂房、工艺区、脱水装置区等地面按一般污染防治区地面防渗处理。

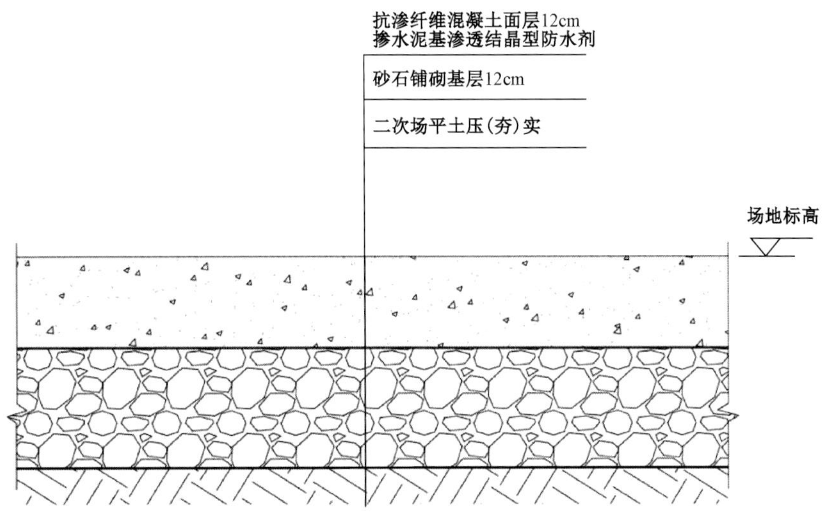

图 5-4-3 一般污染防治区防渗结构示意图

三、甲烷泄漏和大气污染的对策

(1)优化开采方案,使页岩气储层与其他地层完全隔离。在水力压裂阶段,页岩气抽出井口输送时采用密闭的形式,并储存在密封的储罐内,以保证最大程度杜绝页岩气的泄漏。(2)在页岩气输送阶段,提前要对输送设备的严密性和试压进行严格测试,输送时要定期对管道进行检测,防止气体泄漏对大气造成危害。(3)使用塑料管道或塑料衬垫,防护涂料在金属管道、复合包装修复泄漏损失,优化的压力水平,改造设备的限制。(4)在页岩气的开采地周围安装甲烷气体检测设备、报警装置,在初期发生泄漏时及时监测发现,采取措施及时处理。

减少其他排放最好的方式是从源头上阻止气体排放的发生。防止污染的方式可以有很多种,如更新设备、改进操作规范、通过形成副产物来减少废物的排放、改进管理方法以及安装气体控制设备。美国已针对开发生产活动制订了几项计划,提出了避免、最小化以及缓和三大战略。

天然气 STAR 项目是需自愿遵守规范中的一个例子,该项目于 1995 年由美国环保署和天然气企业共同志愿合作形成,旨在找到一种方式,来确保天然气生产企业为防止能源损失和减少温室气体排放做出最大努力。项目的主要目标是通过减少甲烷气体排放,促进技术转让和实施经济有效的最佳管理办法。该项目还提供了很多技术信息,不仅可以用来减少甲烷的排放,还能为生产商保留尽量多的天然气以供销售。

通过天然气 STAR 项目改进的最经济有效的方法包括：

（1）将高流量气动装置（传感器、安全阀、控制器等）替换为低流量气动装置，以减少短时排放产生的气体损失。传统的气动装置控制程序主要通过检测压力变化进行，在这过程中会排放少了的天然气。而新设备只需排放非常少量的气体即可实现原有的检测功能。

（2）在现场使用红外照相机，用于直观监测短时的烃类化合物泄漏，这样发生泄漏的地方能够很快得到修复，从而减少气体损失。这些照相机可以调准到烃类气体能够反射的波段，这样肉眼不能观测到的气体在红外照相机中能以“烟”的形式被观测到，因此公司能够快速检测和修复这些发生泄漏的地方。

（3）在脱水装置中安装快速油罐分离器，可以回收 90% ~99% 原本只能被燃烧或排放进大气的甲烷。

（4）使用绿色完井技术和油井维护检修技术。在页岩气操作过程中，通常使用便携式设备将生产得到的页岩气直接送入油罐或管道，而不是像传统做法那样将之燃烧或者向空气中排放。绿色完井能够回收 53% 原本用于燃烧或排放的天然气。这些回收的天然气能够得到保留并在市场中进行销售。

四、地面环境保护措施

1. 减少地表的扰动

尽管页岩气产自深层地下，但开采活动需要在地表进行动土作业。必须在地面建设气井、开采设施，以及通路。然而，由于使用水平钻井技术，页岩气开采实际占用的土地面积，明显小于常规油气开采所需面积，以及风能和太阳能发电所占用的土地面积。页岩气、常规天然气、风能和太阳能能源开采占用土地情况如图 5 –4 –4 所示。

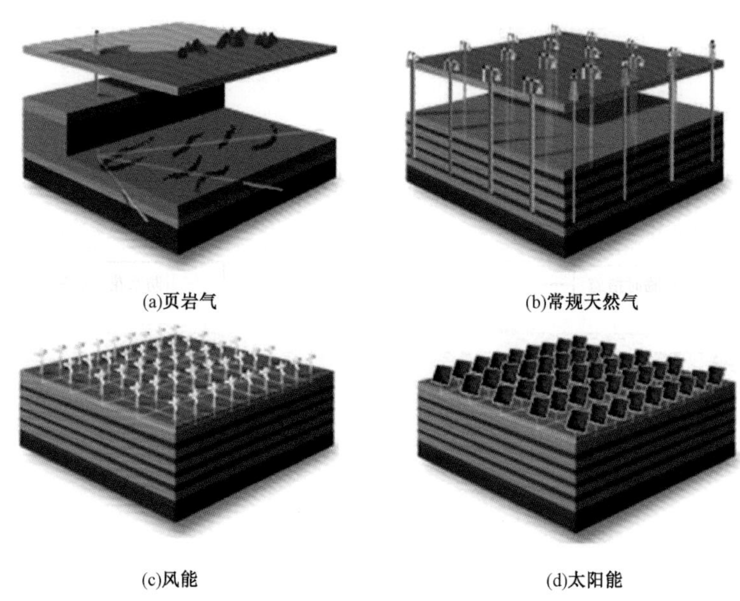

(a)页岩气　(b)常规天然气

(c)风能　(d)太阳能

图 5 –4 –4　不同能源开采占用土地情况

当前的页岩气开发活动中，通常先钻一口深度达几千米的垂直井，并从该垂直井水平钻取多口水平井。通过该技术，可在大幅减少占地面积的同时，明显增大可开采的地下页岩区面积，因为，该技术需要的气井、道路和开采设施更少。

美国能源部（DOE）报道，同一口垂直井的水平井中，只需6至8口水平井就可以开采出相同或超过16口以上常规垂直井开采的页岩储层体积——每口垂直井都需要各自独立的井场。美国能源部也表示，同样面积的区域，钻取常规垂直井时，通常每2.6km^2需要安排16个井场并钻取16口垂直井。然而，钻取水平井的话，仅需一个井场。美国能源部还表示，开采相同体积的页岩气，16口常规垂直井将占地约0.3km^2，而4口水平井的井场，仅占用0.03km^2，远远低于垂直井的十分之一。

随着页岩气行业的发展，开采者逐渐发现了更多的方法以减少地表土地的占用，例如从同一个井场钻取多口垂直井，并从每一口垂直井中钻取多口水平井。尽管一个多井场比一个单井场占地面积大，但是开采相同的天然气量时，这类多井场所占用的组合空间比多个单井场开采所需空间要明显小得多。因此，建议继续在同一井场钻取多口垂直井，以便进一步减少土地占用面积。

2. 地面环境恢复措施

水土流失防治措施由工程措施、植物措施和临时措施构成。水土流失防治措施布局按照综合防治的原则进行规划，确定井场及配套工程区为防治重点，从而确定本工程水土流失防治体系和总体布局（图5-4-5）。

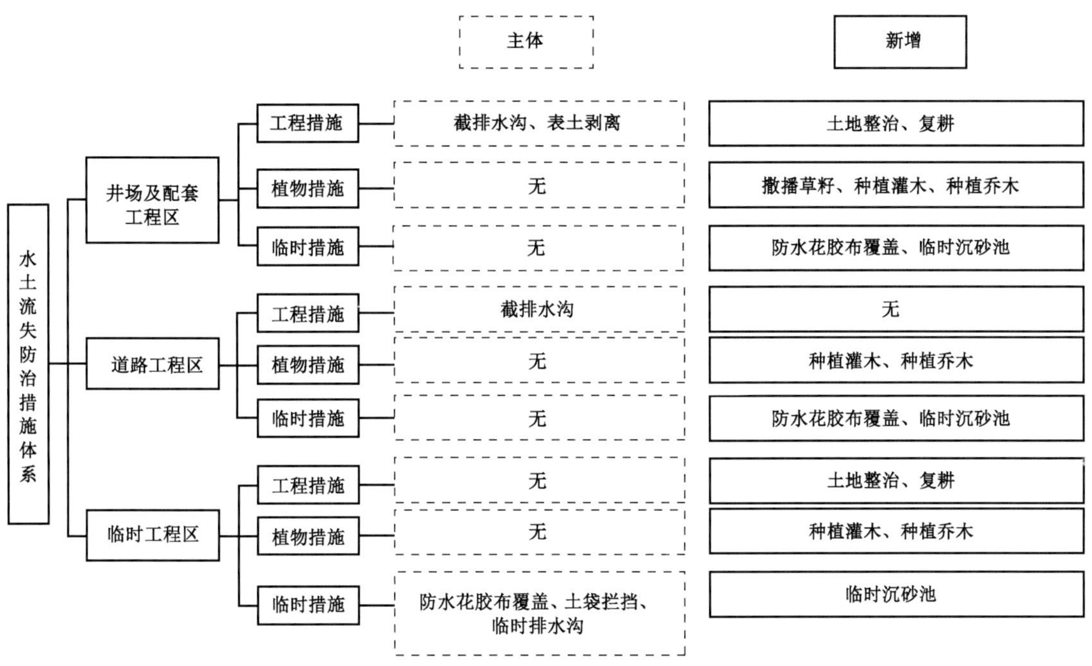

图5-4-5 水土流失防治措施体系框图

土地复垦措施包括土地复垦工程划分、预防控制措施、工程措施、生物措施、监测措施和管护措施。

1)预防控制措施

页岩气开采过程中会引起地表占压等一系列土地损毁问题,预防从源头入手,把因施工造成的土地破坏控制到最小,预防土地损毁的有效措施主要是在不影响施工的情况下,尽最大可能减少对土地的破坏面积,紧凑合理规划井场布局,避免出现散而密的布置,同时尽量选择土地利用价值低的土地,如荒草地等。

2)工程复垦措施

(1)剥离表土。

在主体工程施工前,应将原有土地表层或耕作层的熟土剥离堆放在临时堆土场,范围包括井场全部用地和生活区有挖损的区域,以及修建改线农村道路前对原有耕地的表土剥离。剥离厚度一般至少0.3m,需分为表土层和心土层来分层剥离和堆放。表土剥离厚度根据原土壤表土层厚度、复垦土地利用方向和覆土需要量确定。表土在土地复垦工程中起着非常重要的作用,它关系着复垦后土壤的质量和肥力。因此,剥离出来的表土需要妥善存放。

① 堆存场地的要求。防止放牧、机器和车辆的进入,防止粉尘、盐碱的覆盖;不应位于计划中将受施工损毁的地段或靠近卡车拖运道;地势较高,没有径流流入或流过堆存场地;防止主导风。在堆存场地的选择上应当尽量避免水蚀、风蚀和各种人为损毁。

② 堆土高度不宜太高,以3~4m为宜,四周采用编织袋挡土墙进行围挡。在挖掘机堆放表土时同时进行边坡修筑,边坡比以不超过1:0.5为宜。

③ 堆存期不宜过长。剥离土壤长期堆放,风蚀、淋蚀等因素都会使土壤的肥力丧失,堆存期越短土壤受到的影响越小。堆存期不应超过6~12个月,堆存期较长时,应在土堆上播种一年生或多年生的草类。

④ 为了保持土壤结构、避免土壤板结,应避免雨天剥离、搬运和堆存表土。若表土堆存过程中遇降雨,则需要用防雨布遮挡堆存表土,防止水土流失带走土壤中的有机质,导致土壤肥力下降。

(2)填充工程。

页岩气井场复垦填充工程主要采取:拆除、挖方回填、机械翻耕、表土覆盖、修建田埂和挡土墙修建等工程技术措施。

① 拆除工程。拆除井场内所有构筑物,拆除工程包括混凝土拆除(分为有钢筋和无钢筋)、砖砌体拆除、砂砾垫层拆运。

② 挖方回填。对井场进行场地平整,现一般采用蛙式打夯机进行机械夯填,包括取土、倒土、平土、洒水、夯实工序,干密度不低于15.3kN/m^3。

③ 机械翻耕。井场长期占压后的土地土壤渗水率降低,因此在表土回填前采用拖拉机和三铧犁进行机械翻耕,翻耕深度为30cm,翻耕的目的是打破压实土壤的紧实层,增加土壤的透气性和渗透性,有利于与表土结合,尽快恢复地力。

④ 表土覆盖。平整后的土地进行覆土,将施工前剥离的表土铺覆于施工场地内,表土覆盖充分利用预先收集的种植层。

⑤ 修建田埂。对于不同类型的土壤,在复垦后需要修建田埂来完善功能,通常田埂断面为梯形,埂坎修建为上宽0.30m、下宽0.50m、高0.30m的梯形断面。

⑥ 挡土墙。对于井场内土地复垦后,土壤高出地表的情况,需要适当修建挡土墙来预防土壤流失。挡土墙在修建时底部留 100mm × 25mm 大小的排水孔,排水孔内靠近土层一侧铺设 100mm × 25mm × 150mm 厚的砂石反滤层,避免泥沙堵塞排水口。排水孔间距为 1m,以排出复垦区域内积水,防止产生内涝。

(3)坡面工程。

坡面是水土流失的起源,治坡是治理水土流失的关键,对于原地表坡度在 8° ~ 15° 的坡地,在各项防治区的土地平整措施中,应结合原土地利用类型,在地质条件允许的前提下,配合挡土墙,截、排水沟的设置,采取增大挡土墙竖向高度的原则,对原坡地进行降坡,以形成小面积梯地带,改善防治责任范围的原有土地利用条件,降低侵蚀模数。

(4)灌溉与排水工程。

根据现场调研,灌溉设施在页岩气开采主体工程中如果遭到破坏,会立即恢复,如占用了沟渠,则改道重新修建沟渠连接原有灌溉设施;如占用了蓄水工程,则在安全距离外重新选址修建蓄水工程。

在页岩气开采主体工程中已采用的临时措施有袋装土拦挡、防水花胶布覆盖、土质临时排水沟(排水沟处设置临时沉砂池)。井场配备的排水工程一般都连入当地自然排水系统内。

(5)道路工程。

复垦工程中的道路修建,主要用于后期页岩气生产开采用途,并包含了当地乡村农业运输的功能。道路的选线受到地形地势、地质、水文等自然条件和土地用途、耕作等社会经济条件的影响,因此需要因地制宜、讲究实效,做到有利生产,节约成本并综合兼顾。

3)生物措施

土地复垦生物措施是土地复垦工作的重要组成部分,主要包括土壤改良与培肥,适宜植被筛选等。

(1)植被筛选。

根据具体项目区所在地分析适宜种植的植被。长宁—威远示范区地处亚热带湿润季风气候区,应选择喜湿、喜温、根系发达、固土作用强、生长迅速的植物种类。根据项目区植被分布及植被类型,尽量选用当地乡土树草种或适生树草种作为绿化树草种。

(2)植被种植。

根据立地条件不同,常见种植类有农业种植和林草种植。其中农业种植要求在土地复垦工程措施后进行,种植和一般土壤要求相一致;林草种植按照国家相关标准执行。

(3)抚育及管护。

种植的植被需要实时管护,特别是林草地。适时将树穴中的杂草除去,松土、正苗、浇水灌溉。一年后调查苗木成活率,成活率低时应及时补植;定时修枝;加强抚育管理。

(4)农田防护工程。

完善在主体工程中没有完善或修建的防护措施,如合理调整林带结构配置、树种合理搭配、修建农田防护林等措施。

(5)土壤培肥。

通过各种农艺措施,使土壤的耕性不断完善、肥力不断提高。

① 增施有机肥料,提高土壤肥力。有机质是土壤肥力的重要影响因素,切实提高土壤有

机质含量对复垦后土地快速恢复地力有非常重要的意义。在改良土壤过程中,有机肥料和无机肥料配合施用,以有机肥料为主,包括厩肥、人粪尿、堆肥等,可以增加土壤有机质和养分,改良土壤性质,提高土壤肥力。

② 秸秆堆沤还田,增加土壤有机质。可疏松土壤,增加土壤有机质含量与保水保肥能力,改善其理化性状,培肥地力,提高农作物产量。方法是将秸秆铡碎后与人畜粪便、有机生活垃圾等进行堆沤腐熟后,翻耕施与田间。

③ 增施复合肥和微肥,提高土壤肥力。在增施有机肥、种植绿肥和秸秆还田的基础上,根据土壤肥力状况,有针对性地增施复合肥和微肥,提高土壤肥力。

4)监测措施

主要为定位监测与实地调查相结合的方法,监测内容主要包括:地貌地表情况监测,土地复垦效果监测,复垦动态监测,水土流失类型、方式、强度,生态环境变化,各项措施防治效果,植物措施成活率、保存率,重大水土流失事件等。

5)管护措施

管护措施是恢复地表环境工作的最后程序,包括林地管护、草地管护、水保设施管护、其他建筑设施管护等几个方面。

现代页岩气开发和常规天然气开发最大的区别在于水平井和分段水力压裂技术的广泛使用。水平井和水力压裂技术引发的环境问题主要包括:水资源的大量消耗、水资源的污染和地面环境的破坏等。水平井的整个过程和常规钻井相比变化不大,都需要使用多层套管和水泥胶结技术来保护淡水和可供饮用的地下水资源。使用水平井技术,以及多个井同时使用一个钻井平台,大大减少了对地表环境的扰动面积,进而减少了对野外生物的影响。水力压裂过程中的取水量需要与取水地区现有水资源的使用要求相平衡,压力返排液进行适当处理后循环使用,以保护地表水和地下水资源。总之,中国页岩气开发尚处于探索发展阶段,建立健全页岩气环境保护相关的技术和管理政策显得尤为必要,将页岩气开发技术与环境管理有机结合可以共同保护人类健康,减少对环境的影响。

参考文献

[1] 国家发展改革委,财政部,国土资源部,国家能源局.2012. 关于印发页岩气发展规划(2011-2015年)的通知(发改能源[2012]612号).

[2] 王兰生,廖仕孟,陈更生,等. 中国页岩气勘探开发面临的问题与对策[J]. 天然气工业,2011,31(12):119-122.

[3] 王政,唐春凌,余婷婷,等.2013. 我国页岩气开发现状与环境挑战.2013 全国天然气学术年会.

[4] Lewis A. Wastewater generation and disposal from natural gas wells in Pennsylvania[D]. Durham:Duke University,2012.

[5] Polizzotti DM,Mcdaniel CR,Pierce CC,Vasconcellos SR. Methods and compositions for remediating microbial induced corrosion and environmental damage, and for improving wastewater treatment processes: US, 20140030306A1[P]. 2012-03-29.

[6] Fagan MN. Resource depletion and technical change:Effects on US crude oil finding costs from 1977 to 1994 [J]. The Energy Journal,1997,18(4):91-105.

[7] Alkouh AB,Mcketta SF,Wattenbarger RA. Estimation of fracture volume using water flowback and production da-

ta for shale gas wells[C]//SPE Annual Technical Conference and Exhibition,30 September - 2 October 2013, New Orleans,Louisiana,USA. DOI:http://dx. doi. org/10. 2118/166279 - MS.

[8] Engelder T,Cathles LM,Bryndzia LT. The fate of residual treatment water in gas shale[J]. Journal of Unconventional Oil and Gas Resources,2014,7:33 - 48.

[9] Fisher MK,Warpinski NR. Hydraulic - fracture - height growth:Real data[J]. SPE Production & Operations, 2012,27(1):8 - 19.

[10] 王林,马金良,苏凤瑞,等. 2012. 北美页岩气工厂化压裂技术[J]. 钻采工艺,35(6):48 - 49.

[11] Warner NR,Christie CA,Jackson RB,et al. Impacts of shale gas wastewater disposal on water quality in western Pennsylvania[J]. Environmental Science & Technology,2013,47(20):11849 - 11857.

[12] Delaware Riverkeeper Network. Natural gas well drilling and production in the upper Delaware River Watershed [R/OL]. (2010 - 05 - 10)[2016 - 03 - 20]. http://www. calcium25. com/drilling_and_production. pdf.

[13] Shindell DT,Faluvegi G,Koch DM,Schmidt GA,Unger N,Bauer SE. Improved attribution of climate forcing to emissions[J]. Science,2009,326(5953):716 - 718.

[14] Intergovernmental Panel on Climate Change. Fifth Assessment Report(AR5)[R/OL]. (2015 - 06 - 10)[2016 - 03 - 20]. https://www. ipcc. ch/pdf/assessment - report/ar5/syr/SYR_AR5_FINAL_full_wcover. pdf.

[15] 吴青芸,郑猛,胡云霞. 页岩气开采的水污染问题及其综合治理技术[J]. 科技导报,2014,32(13):74 - 83

[16] 陈莉,任玉. 页岩气开采的环境影响分析[J]. 环境与可持续发展,2012,37(3):52 - 55.

[17] Howarth RW,Santoro R,Ingraffea A. Venting and leaking of methane from shale gas development:Response to Cathles et al[J]. Climatic Change,2012,113(2):537 - 549.

[18] Gorody AW. Factors affecting the variability of stray gas concentration and composition in groundwater [J]. Environmental Geosciences,2012,19(1):17 - 31.

[19] Considine T,Watson R,Considine N,et al. Environmental impacts during Marcellus Shale gas drilling:Causes, impacts,and remedies[R/OL].

[20] Earthworks TML Oil & Gas Accountability Project. Pennsylvania Department of Environmental Protection inadequate enforcement guarantees irresponsible oil and gas development in Pennsylvania[R/OL].

[21] Révész KM,Breen KJ,Baldassare AJ,et al. Carbon and hydrogen isotopic evidence for the origin of combustible gases in water - supply wells in north - central Pennsylvania[J]. Applied Geochemistry,2010,25(12):1845 - 1859.

[22] Laughrey CD,Baldassare FJ. Geochemistry and origin of some natural gases in the Plateau Province,central Appalachian Basin,Pennsylvania and Ohio[J]. AAPG Bulletin,1998,82(2):317 - 335.

[23] Etiope G,Drobniak A,Schimmelmann A. Natural seepage of shale gas and the origin of "eternal flames" in the northern Appalachian Basin,USA[J]. Marine and Petroleum Geology,2013,43:178 - 186.

[24] Breen KJ,Revesz K,Baldassare FJ,et al. Natural gases in ground water near Tioga junction,Tioga county,north - central Pennsylvania - occurrence and use of isotopes to determine origins[R/OL]. 2005.

[25] Molofsky LJ,Connor JA,Wylie AS,et al. Evaluation of methane sources in groundwater in northeastern Pennsylvania[J]. Groundwater,2013,51(3):333 - 349.

[26] 黄玉珍,黄金亮,葛春梅,等. 技术进步是推动美国页岩气快速发展的关键[J]. 天然气工业,2009,29(5):7 - 10.